“十二五”普通高等教育本科国家级规划教材
普通高等教育“十一五”国家级

数据库原理及应用教程

第4版 | 微课版

DATABASE PRINCIPLES AND APPLICATIONS
(4th edition)

陈志泊 ◆ 主编
许福 韩慧 ◆ 副主编
崔晓晖 路贺俊 阮豫红 ◆ 编著

人 民 邮 电 出 版 社
北 京

图书在版编目（CIP）数据

数据库原理及应用教程 ： 微课版 / 陈志泊主编 ；
崔晓晖，路贺俊，阮豫红编著. -- 4版. -- 北京 ： 人民
邮电出版社，2017.11
ISBN 978-7-115-45700-4

Ⅰ. ①数… Ⅱ. ①陈… ②崔… ③路… ④阮… Ⅲ.
①关系数据库系统－高等学校－教材 Ⅳ. ①TP311.138

中国版本图书馆CIP数据核字(2017)第100923号

内 容 提 要

本书是第 3 版的修订版，全面系统地讲述了数据库技术的基本原理和应用，内容取舍合理，重点突出，符合教学和读者的认识规律。

全书共 7 章，主要内容包括：数据库系统概述、关系数据库、关系数据库标准语言 SQL、关系数据库理论、数据库安全保护、数据库设计和 SQL Server 2012 高级应用。本书除介绍数据库技术的基本原理外，还以 SQL Server 2012 为背景介绍了数据库技术的实现，包括数据库和数据表的维护、查询与统计、视图管理、存储过程和触发器的管理、用户管理、数据库的备份和还原、Transact-SQL 程序设计等内容，使读者可以充分利用 SQL Server 2012 平台深刻理解数据库技术的原理，达到理论和实践的紧密结合。

本书内容循序渐进、深入浅出、概念清晰、条理性强，每一章都给出了大量的实例，并进行解释说明。同时，每章后面都附有习题，包括选择题、填空题、简答题、实验题等，从不同的角度进一步帮助读者掌握所学知识点；对重要的知识点和实践操作内容制作了相关的讲解微视频（全书共提供 38 个微课视频）、微课件，大大方便了读者的学习，读者可利用手机扫描二维码下载观看相关的内容讲解。

为方便读者学习和教师讲课，本书还提供了 PowerPoint 电子讲稿和习题答案，读者可到人邮教育社区（www.ryjiaoyu.com.cn）下载。

本书可作为高等院校计算机及相关专业的教材，也可供从事计算机软件工作的科技人员、工程技术人员以及其他有关人员参阅。

◆ 主　　编　陈志泊
副 主 编　许　福　韩　慧
编　　著　崔晓晖　路贺俊　阮豫红
责任编辑　邹文波
责任印制　陈　犇

◆ 人民邮电出版社出版发行　　北京市丰台区成寿寺路 11 号
邮编　100164　　电子邮件　315@ptpress.com.cn
网址　http://www.ptpress.com.cn
固安县铭成印刷有限公司印刷

◆ 开本：787×1092　1/16
印张：19.25　　　2017 年 11 月第 4 版
字数：492 千字　　2024 年 7 月河北第 20 次印刷

定价：49.80 元

读者服务热线：(010)81055256　印装质量热线：(010)81055316
反盗版热线：(010)81055315
广告经营许可证：京东市监广登字20170147号

第 4 版前言 PREFACE

本书自第 1 版出版以来，受到了广大读者和计算机爱好者的热烈欢迎，被百余所高校选为数据库原理及应用方面的教材，并于 2005 年被评为北京市高等教育精品教材，2006 年被评为“十一五”国家级规划教材，2008 年进行了第 2 版的修订工作，2012 年被评为第一批“十二五”普通高等教育本科国家级规划教材，2014 年进行了第 3 版的修订工作。随着数据库技术的飞速发展，新技术、新知识层出不穷，一本教材的内容不可能一成不变，也不可能包罗万象。同时，在本书第 1、2、3 版的使用过程中，很多读者也给我们提出了许多有益的建议和意见，在这种情况下，我们经过认真分析、讨论，将第 1、2、3 版中的部分内容进行了合理的取舍，使之更加完善。

本书是对原来第 3 版的进一步修订。在修订过程中，作者深入调查了目前许多高校讲授数据库课程的详细情况，同时参阅和借鉴了国内外许多优秀教材的内容和优点，并进一步吸取了第 3 版教材的优点和教学过程中的体会和经验。与上一版相比，本书具有以下几方面的特点。

（1）更加符合初学者学习数据库课程的认识规律，进一步提高了概念讲解的准确性，内容讲解循序渐进，深入浅出，易于读者学习和掌握。

（2）紧跟业界相关技术的发展动态，增加了大数据相关概念、技术以及应用领域的讲解。

（3）在对教材内容进一步完善、补充和修订的基础上，对部分章节及其内容进行了适当调整，提高了教材内容的条理性、逻辑性。

（4）对重要的知识点和实践操作内容制作了相关的讲解微视频（全书共提供 38 个微课视频）、微课件，并对应设计了二维码，读者可随时利用手机扫描二维码下载观看相关的内容讲解，大大方便了读者的学习。

（5）在部分章后面增加了有关的实验题和实验指导，方便任课教师组织相关实验和学生练习。

（6）对例题进行了重新设计，将所学内容和相关知识点组织到相应例题中，使读者能进一步加深对知识点的理解和掌握。

（7）对原有部分习题进行了重新设计，同时补充了新习题，从各种不同的角度帮助读者进一步的巩固和掌握所学知识点。

（8）采用了较新的 SQL Server 2012 管理库管理系统平台，并扩充了相关的高级应用知识，使读者很容易地学会利用 SQL Server 2012 环境进行数据库的管理工作，真正做到学以致用。

全书内容相互衔接，成为一个逻辑整体。为方便读者学习和教师讲课，本书还提供了PowerPoint 电子讲稿和习题答案，读者可到人邮教育社区（www.ryjiaoyu.com.cn）下载。

本书内容全面，深入浅出，概念清晰，条理清楚，不仅适合课堂教学，也适合读者自学。如果作为教材，建议总学时为 60 学时，其中主讲学时 40 学时。由于课程学时的限制，实验学时各学校可适当调整，一般为 20 学时左右；另外，除实验学时外，最好安排学生自由上机的时间，以加强学生的实际动手能力。

本书由陈志泊担任主编，许福、韩慧担任副主编，并由陈志泊、许福修改定稿，全书由韩慧、崔晓晖、路贺俊、阮豫红编写。其中，第 1 章由阮豫红编写，第 4、6 章主要由崔晓晖编写；第 2、3、5 章主要由韩慧编写；第 7 章主要由路贺俊编写。另外，许福、王春玲、范春梅对教材的修订做了先期的工作；孙海峰、周纪文、刘璐等参与了文字校对和修改工作；李宛璐制作了 PowerPoint 电子讲稿，在此一并表示感谢。

编　者

2017 年 8 月

目录 CONTENTS

01

第1章　数据库系统概述

数据库技术是数据管理的最新技术，是计算机科学技术中发展最快的领域之一，也是应用最广的技术之一，它是专门研究如何科学地组织和存储数据，如何高效地获取和处理数据的技术。它已成为各行各业存储数据、管理信息、共享资源和决策支持的最先进、最常用的技术。因此，数据库课程不仅是计算机科学与技术专业、信息管理与信息系统专业的必修课程，也是许多非计算机专业的必修课程。

随着计算机技术的飞速发展，信息已成为当今社会各种活动的核心资源。通过对这些信息资源的进一步开发利用，人们可有效降低相应活动的成本，各种社会资源得到最大限度节约和合理运用。而这其中起着基础和核心作用的就是数据库。二十大报告明确提出“加快建设数字中国”，数字中国建设需要我们更加努力学习数据库技术，为国产数据库的建设和发展壮大贡献自己的力量。

数据库（Database），简单地说就是数据的仓库，即数据存放的地方。在现实世界中，存在许多数据库的例子，如手机通信录是一个关于联系人信息的小型数据库，图书馆则是一个各类馆存图书的大型数据库。小型数据库尚可用手工管理，而大型数据库必须由计算机辅助管理。在计算机三大主要应用领域（科学计算、过程控制和数据处理）中，数据处理所占比例约为 70%。

本章首先引入信息、数据等基本术语并回顾数据管理技术的三个发展阶段，然后介绍数据库中的相关概念。学习本章后，读者应了解数据库的发展阶段及各阶段的主要特点，掌握数据库中的基本概念、数据库系统的组成及各部分的主要功能，重点掌握数据库的二级映像以及数据库中实体、属性和实体之间的联系种类，了解表示数据的四种模型和数据库技术的最新领域。

1.1 信息、数据、数据处理与数据管理

1.1.1 数据与信息

在数据处理中，最常用到的基本概念就是数据和信息，二者既有区别又有联系。

1. 信息

（1）信息（Information）的定义。信息是人脑对现实世界事物的存在方式、运动状态以及事物之间联系的抽象反映。信息是客观存在的，人类有意识地对信息进行采集并加工、传递，从而形成了各种消息、情报、指令、数据及信号等。例如，对于学生基本情况来说，某同学的学号是“S1”，姓名是“赵亦”，性别是“女”，年龄是“17 岁”，所在系别是“计算机”等，这些都是关于某个同学的具体信息，是该同学当前存在状态的反映。

（2）信息的特征。

① 信息源于物质和能量。信息不可能脱离物质而存在，信息的传递需要物质载体，信息的获取和传递要消耗能量，如信息可以通过报纸、电台、电视和计算机网络进行传递。

② 信息是可以感知的。人类对客观事物的感知，可以通过感觉器官，也可以通过各种仪器仪表和传感器，不同的信息源有不同的感知形式。如报纸上刊登的信息通过视觉器官感知，电台中广播的信息通过听觉器官感知。

③ 信息是可存储、加工、传递和再生的。人们用大脑存储信息，叫做记忆。计算机存储器、录音、录像等技术的发展，进一步扩大了信息存储的范围。借助计算机，还可对收集到的信息进行整理。

2. 数据

（1）数据（Data）的定义。数据是由用来记录信息的可识别的符号组合的，是信息的具体表现形式。例如，上面提到的某个同学的信息，可用一组数据“S1、赵亦、女、17、计算机”表示。当给这些符号赋予特定语义后，它们就转换为可传递的信息。

可见，数据和它的语义是不可分割的。例如，对于数据：（赵亦，计算机），可以赋予它相关的语义，即学生“赵亦”属于“计算机”系。如果不了解其语义，则无法对数据进行正确解释，甚至解释为“赵亦”学习的课程为“计算机”。

（2）数据的表现形式。可用多种不同的数据形式表示同一信息，而信息不随数据形式的不同而改变。如“2000 年硕士研究生将扩招 30%”，其中的数据可改为汉字形式“两千年”“百分之三十”，而表达的信息是一致的。

由于早期的计算机系统主要用于科学计算，因此计算机中处理的数据主要是整数、浮点数等传统数学中的数字。但是，在现代计算机系统中，数据的概念已被大大地拓宽了，其表现形式不仅包括数字，还包括文字、图形、图像、声音和视频等，它们都可以经过数字化后存储到计算机中。

3. 数据与信息的联系

通过前面的分析可以看出，信息与数据之间存在着固有的联系：数据是信息的符号表示，信息则是对数据的语义解释。如上例中的数据“2000”“30%”被赋予了特定的语义，此处的 2000 表示的是“2000 年”，30%表示的是“研究生将扩招 30%”，因此，它们就具有了传递信息的功能。可以用

下式简单地表示信息与数据的关系：

信息=数据+语义

数据表示了信息，而信息只有通过数据形式表示出来才能被人们理解和接受。尽管两者在概念上不尽相同，但通常人们并不严格地区分它们。

1.1.2　数据处理与数据管理

数据处理是将数据转换成信息的过程，包括对数据的收集、管理、加工利用乃至信息输出等一系列活动。其目的之一是从大量的原始数据中抽取和推导出有价值的信息，作为决策的依据；目的之二是借助计算机科学地保存和管理大量复杂的数据，以便人们能够方便地充分利用这些信息资源。

在数据处理过程中，数据是原料，是输入；而信息是产出，是输出结果。“数据处理”的真正含义应该是为了产生信息而处理数据。

在数据处理中，数据管理过程比较复杂，主要包括数据的分类、组织、编码、存储、维护、检索等操作。对于这些数据管理的操作，应研制一个通用、高效而又使用方便的管理软件，把数据有效地管理起来，以便最大限度地减轻程序员管理数据的负担；至于处理业务中的加工计算，因不同业务而存在实现上的差异，要靠程序员根据实际业务情况编写相关应用程序加以解决。所以，数据管理是与数据处理相关的必不可少的环节，其技术的优劣将直接影响数据处理的效果。数据库技术正是瞄准这一目标而研究、发展并完善起来的。

1.2　数据库技术的产生、发展

通过前面的学习可知，数据处理的中心问题是数据管理。随着计算机硬件和软件的发展，数据管理经历了人工管理、文件系统和数据库系统三个发展阶段。数据库技术正是应数据管理任务的需要而产生、发展的。

1. 人工管理阶段

在 20 世纪 50 年代中期以前，计算机主要用于科学计算，当时只有卡片、纸带和磁带，没有磁盘等直接存取设备，机器通过指定位置是否存在空洞确定该位置的二进制数值，如图 1-1 所示。软件只有汇编语言，没有操作系统和管理数据的软件。所以，为了给程序提供科学计算和数据处理的数据，必须手工制作穿孔纸带。因此，称这样的数据管理方式为人工管理数据。

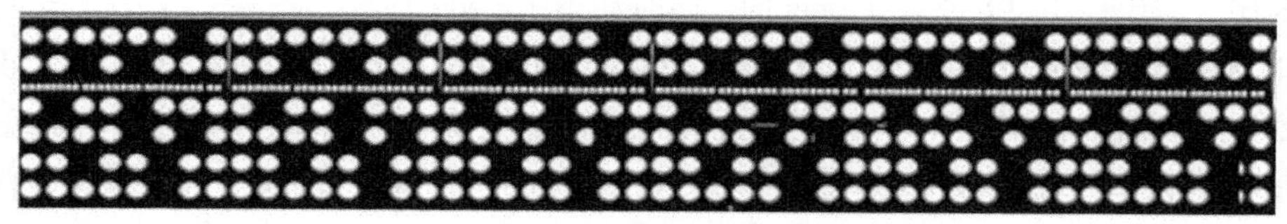

图 1-1　人工管理阶段管理数据的穿孔纸带

人工管理数据有如下几个特点。

（1）数据没有专门的存取设备。由于当时的计算机主要用于科学计算，对于数据保存的需求尚不迫切。只有在计算某一课题时才将原始数据随程序一起输入内存，运算结束后将结果数据输出。随着计算任务的完成，数据和程序一起从内存中被释放；若再计算同一课题时，还需要再次输入原始数据和程序。可见，由于缺少磁盘这样的可直接存取数据的存储设备，不仅参加运算的原始数据不保存，运算的结果也不保存。

（2）数据没有专门的管理软件。数据需要由应用程序自己管理，没有相应的软件系统负责数据的管理工作。每个应用程序不仅要规定数据的逻辑结构，而且要设计数据的物理结构，包括输入数据的物理结构、对应物理结构的计算方法和输出数据的物理结构等，因此，程序员的负担也很重。

（3）数据不共享。数据是面向程序的，一组数据只能对应一个程序。即使多个应用程序涉及某些相同的数据时，也必须各自定义，无法互相利用、互相参照，因此，程序之间有大量的冗余数据。

（4）数据不具有独立性。由于以上几个特点，以及没有专门对数据进行管理的软件系统，所以，这个时期的每个程序都要包括数据存取方法、输入/输出方式和数据组织方法等。因为程序是直接面向存储结构的，所以，如果数据的类型、格式或输入/输出方式等逻辑结构或物理结构发生变化，必须对应用程序做出相应的修改，因而，数据与程序不具有独立性，这也进一步加重了程序员的负担。

在人工管理阶段，程序与数据之间是一一对应的关系，其特点可用图 1-2 表示。

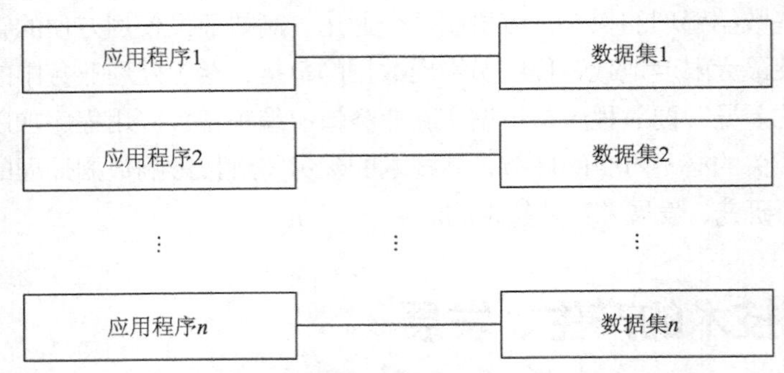

图 1-2 人工管理阶段应用程序与数据之间的对应关系

2. 文件系统阶段

在 20 世纪 50 年代后期至 60 年代中期，计算机应用范围逐步扩大，不仅用于科学计算，还大量用于信息管理。随着数据量的增加，数据的存储、检索和维护成为紧迫的需要。

此时，在硬件方面，已有了磁盘、磁鼓等数据存取设备；在软件方面，出现了高级语言和操作系统，操作系统中有了专门管理数据的软件。

文件系统阶段数据管理有如下特点。

（1）数据以文件形式长期保存。数据以文件的组织方式，长期保存在计算机的磁盘上，可以被多次反复使用。应用程序可对文件进行查询、修改和增删等处理。

（2）由文件系统管理数据。文件系统提供了文件管理功能和文件的存取方法。文件系统把数据组织成具有一定结构的记录，并以文件的形式存储在存储设备上，这样，程序只与存储设备上的文件名打交道，不必关心数据的物理存储（存储位置、物理结构等），而由文件系统提供的存取方法实现数据的存取，从而实现了“按文件名访问，按记录进行存取”的数据管理技术。

（3）程序与数据间有一定独立性。由于文件系统在程序与数据文件之间的存取转换作用，使得程序和数据之间具有“设备独立性”，即当改变存储设备时，不必改变应用程序。程序员也不必过多地考虑数据存储的物理细节，而将精力集中于算法设计上，从而大大减少了维护程序的工作量。

（4）文件的形式已经多样化。由于有了磁盘这样的数据存取设备，文件也就不再局限于顺序文件，有了索引文件、链表文件等。因此，对文件的访问方式既可以是顺序访问，也可以是直接访问。但文件之间是独立的，它们之间的联系需要通过程序去构造，文件的共享性也比较差。

（5）数据具有一定的共享性。有了文件以后，数据就不再仅仅属于某个特定的程序，而可以由多个程序反复使用。但文件结构仍然是基于特定用途的，程序仍然是基于特定的物理结构和存取方法编制的。因此，数据的存储结构和程序之间的依赖关系并未根本改变。

在文件系统阶段，程序与数据之间的对应关系如图 1-3 所示。

与人工管理阶段相比，文件系统阶段对数据的管理有了很大的进步，但一些根本性问题仍没有彻底解决，主要表现在以下几个方面。

（1）数据共享性差、冗余度大。一个文件基本上对应于一个应用程序，即文件仍然是面向应用的。当不同的应用程序所使用的数据具有共同部分时，也必须分别建立自己的数据文件，数据不能共享。

（2）数据不一致性。这通常是由数据冗余造成的。由于相同数据在不同文件中的重复存储、各自管理，在对数据进行更新操作时，不但浪费磁盘空间，同时也容易造成数据的不一致性。

（3）数据独立性差。在文件系统阶段，尽管程序与数据之间有一定的独立性，但是这种独立性主要是指设备独立性，还未能彻底体现用户观点下的数据逻辑结构独立于数据在外部存储器的物理结构要求。因此，在文件系统中，一旦改变数据的逻辑结构，必须修改相应的应用程序，修改文件结构的定义。而应用程序发生变化，如改用另一种程序设计语言来编写程序，也将引起文件的数据结构的改变。

（4）数据间的联系弱。文件与文件之间是独立的，文件间的联系必须通过程序来构造。因此，文件系统只是一个没有弹性的、无结构的数据集合，不能反映现实世界事物之间的内在联系。

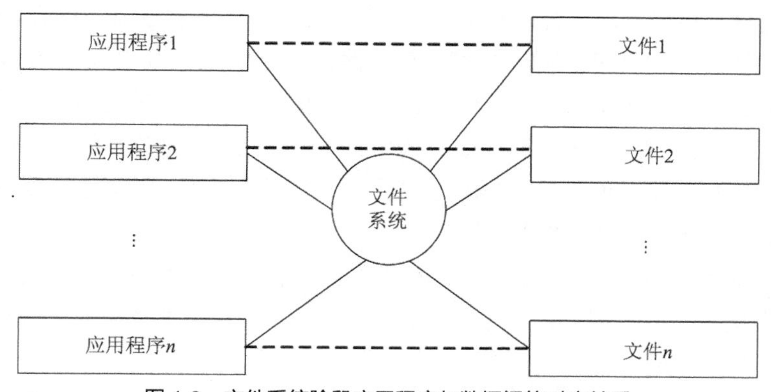

图 1-3 文件系统阶段应用程序与数据间的对应关系

3. 数据库系统阶段

从 20 世纪 60 年代后期开始，计算机用于管理的规模更加庞大，应用越来越广泛，数据量急剧增加，同时，多种应用、多种语言互相覆盖地共享数据集合的要求也越来越强烈。

在这种情况下，为了提高数据管理的效率，人们开始对文件系统进行扩充，但这样做没能解决问题。而此时，硬件方面出现了大容量、存取快速的磁盘，使计算机联机存取大量数据成为可能，也为数据库技术的产生和发展提供了物质条件。同时，硬件价格下降和软件价格上升，使开发和维护系统软件的成本相对增加。因此，文件系统的数据管理方法已无法适应各种应用的需要。于是为解决多用户、多个应用程序共享数据的需求，数据库技术应运而生，出现了统一管理数据的专门软件系统，即数据库管理系统（DataBase Management System，DBMS）。

可见，计算机技术的发展、数据管理的需求迫切性共同促进了数据库技术的诞生。

20 世纪 60 年代末期出现的对数据管理技术有着奠基作用的三件大事，标志着以数据库管理系统为基本手段的数据管理新阶段的开始。

（1）1968 年，美国 IBM 公司推出了商品化的信息管理系统（Information Management System，IMS）。

（2）1969 年，美国数据系统语言协会（Conference On Data System Language，CODASYL）下属的数据库任务组（DataBase Task Group，DBTG）发布了一系列研究数据库方法的 DBTG 报告。该报告建立了数据库技术的很多概念、方法和技术。

（3）1970 年起，美国 IBM 公司的研究员 E. F. Codd 连续发表文章，开创了数据库关系方法和关系数据理论的研究，为关系数据库的发展和理论研究奠定了基础，该模型一直沿用至今。

20 世纪 70 年代以来，数据库技术得到迅速发展，开发出了许多产品，并投入运行。数据库系统克服了文件系统的缺陷，提供了对数据更高级、更有效的管理，与人工管理和文件系统相比，数据库系统阶段管理数据的特点有如下几个方面。

（1）结构化的数据及其联系的集合。在数据库系统中，将各种应用的数据按一定的结构形式（即数据模型）组织到一个结构化的数据库中，不仅考虑了某个应用的数据结构，而且考虑了整个组织（即多个应用）的数据结构，也就是说，数据库中的数据不再仅仅针对某个应用，而是面向全组织，不仅数据内部是结构化的，整体也是结构化的；不仅描述了数据本身，也描述了数据间的有机联系，从而较好地反映了现实世界事物间的自然联系。

例如：要建立学生成绩管理系统，系统包含学生（学号、姓名、性别、系别、年龄）、课程（课程号、课程名）、成绩（学号、课程号、成绩）等数据，分别对应三个文件。对比文件系统的数据存储方式，因为文件系统只表示记录内部的联系，而不涉及不同文件记录之间的联系，要想查找某个学生的学号、姓名、所选课程的名称和成绩，必须编写一段比较复杂的程序来实现，即不同文件记录间的联系只能写在程序中。而采用数据库方式，由于数据库系统不仅描述数据本身，还描述数据之间的联系，上述查询可以非常容易地联机查到。

此外，在数据库系统中，不仅数据是结构化的，而且存取数据的方式也很灵活，可以存取数据库中的某一个数据项、一组数据项、一个记录或一组记录。而在文件系统中，数据的最小存取单位是记录，不能细化到数据项。

（2）数据共享性高、冗余度低。所谓数据共享是指数据库中的一组数据集合可为多个应用和多个用户共同使用。

由于数据库系统从整体角度看待和描述数据，数据不再面向某个或某些应用，而是全盘考虑所有用户的数据需求，面向整个应用系统，所有用户的数据都包含在数据库中。因此，不同用户、不同应用可同时存取数据库中的数据，每个用户或应用只使用数据库中的一部分数据，同一数据可供多个用户或应用共享，从而减少了不必要的数据冗余，节约了存储空间，同时也避免了数据之间的不相容性与不一致性，即避免了同一数据在数据库中重复出现且具有不同值的现象。

同时，在数据库系统中，用户和程序不像在文件系统中那样各自建立自己对应的数据文件，而是从数据库中存取其中的数据子集。该数据子集是通过数据库管理系统从数据库中经过映射而形成的逻辑文件。同一个数据可能在物理存储上只存一次，但可以把它映射到不同的逻辑文件里，这就是数据库系统提高数据共享、减少数据冗余的根本所在，如图 1-4 所示。

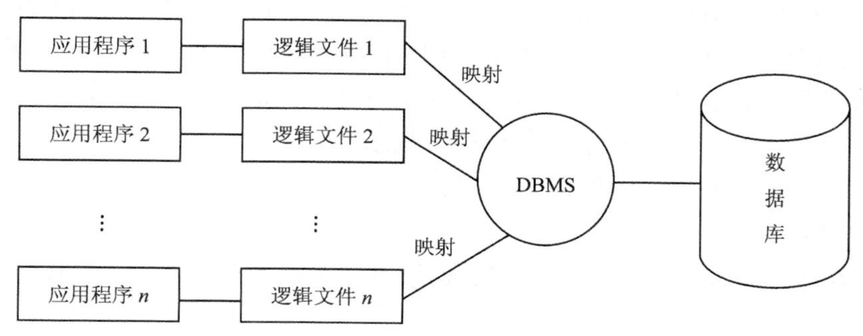

图 1-4　数据库系统中的数据共享机制示意图

（3）数据独立性高。所谓数据的独立性是指数据库中的数据与应用程序间相互独立，即数据的逻辑结构、存储结构以及存取方式的改变不影响应用程序。

在数据库系统中，整个数据库的结构可分成三级：用户逻辑结构、数据库逻辑结构和物理结构。数据独立性分为两级：物理独立性和逻辑独立性，如图 1-5 所示。

数据的物理独立性是指当数据库物理结构（如存储结构、存取方式、外部存储设备等）改变时，通过修改映射，使数据库逻辑结构不受影响，进而用户逻辑结构以及应用程序不用改变。例如，在更换程序运行的硬盘时，数据库管理系统会根据不同硬件，调整数据库逻辑结构到数据库物理结构的映射，保持数据库逻辑结构不发生改变，因此用户逻辑结构无需改变。

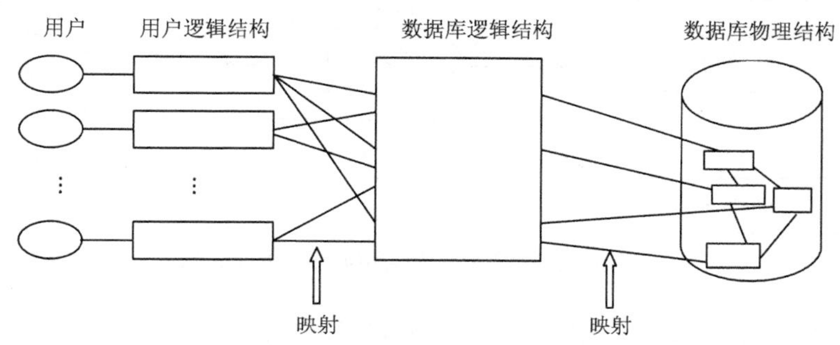

图 1-5　数据库的三级结构及其映射关系示意图

数据的逻辑独立性是指当数据库逻辑结构（如修改数据定义、增加新的数据类型、改变数据间的关系等）发生改变时，通过修改映射，用户逻辑结构以及应用程序不用改变。例如，在修改数据库中数据的内容时，数据库管理系统会根据调整后的数据库逻辑结构，调整用户逻辑结构到数据库逻辑结构的映射，保持用户逻辑结构访问的数据逻辑不改变，因此用户逻辑结构无需改变。

数据独立性把数据的定义从程序中分离出去，加上数据的存取是由 DBMS 负责，从而简化了应用程序的编写，大大减轻了应用程序的维护和修改的代价。

（4）有统一的数据管理和控制功能。在数据库系统中，数据由数据库管理系统进行统一管理和控制。数据库可为多个用户和应用程序所共享，不同的应用需求可以从整个数据库中选取所需要的数据子集。另外，对数据库中数据的存取往往是并发的，即多个用户可以同时存取数据库中的数据，甚至可以同时存取数据库中的同一个数据。为确保数据库数据的正确、有效和数据库系统的有效运行，数据库管理系统提供下述 4 个方面的数据控制功能。

① 数据的安全性（Security）控制：防止不合法使用数据库造成数据的泄露和破坏，使每个用户只能按规定对某些数据进行某种或某些操作和处理，保证数据的安全。例如，系统提供口令检查用户身份或用其他手段来验证用户身份，以防止非法用户使用系统。也可以对数据的存取权限进行限制，用户只能按所具有的权限对指定的数据进行相应的操作。

② 数据的完整性（Integrity）控制：系统通过设置一些完整性规则等约束条件，确保数据的正确性、有效性和相容性。

正确性是指数据的合法性，如年龄属于数值型数据，只能含有 0，1，…，9，不能含有字母或特殊符号。

有效性是指数据是否在其定义的有效范围，如月份只能用 1～12 的正整数表示。

相容性是指表示同一事实的两个数据应相同，否则就不相容，如一个人不能有两个性别。

③ 并发（Concurrency）控制：多个用户同时存取或修改数据库时，系统可防止由于相互干扰而提供给用户不正确的数据，并防止数据库受到破坏。

④ 数据恢复（Recovery）：由于计算机系统的硬件故障、软件故障、操作员的误操作及其他故意的破坏等原因，造成数据库中的数据不正确或数据丢失时，系统有能力将数据库从错误状态恢复到最近某一时刻的正确状态。

在数据库系统阶段，程序与数据之间的关系，如图 1-6 所示。

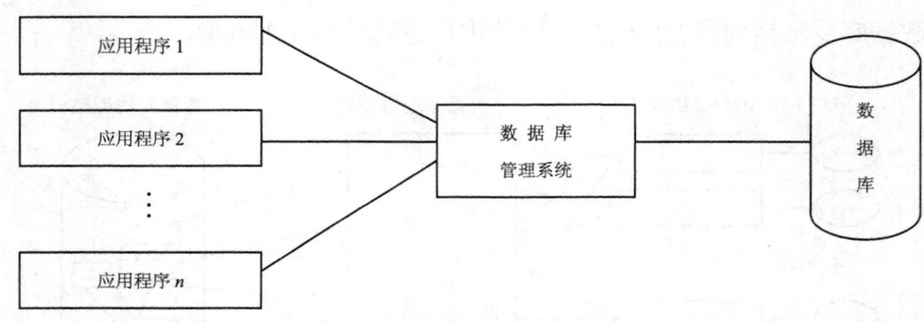

图 1-6　数据库系统阶段程序与数据之间的关系

从文件系统管理发展到数据库系统管理是信息处理领域的一个重大变化。在文件系统阶段，人们关注的是系统功能的设计，因此，程序设计处于主导地位，数据服从于程序设计；而在数据库系统阶段，数据占据了中心位置，数据的结构设计成为信息系统首先关心的问题。

1.3　数据库系统的组成

数据库系统（DataBase System，DBS）是指在计算机系统中引入数据库后的系统。它主要由数据库、数据库用户、计算机硬件系统和计算机软件系统等几部分组成。有时人们将数据库系统简称为数据库，它可用图 1-7 表示。

1. 数据库

数据库（DataBase，DB）是存储在计算机内、有组织的、可共享的数据和数据对象（如表、视图、存储过程和触发器等）的集合，这种集合按一定的数据模型（或结构）组织、描述并长期存储，同时能以安全和可靠的方法进行数据的检索和存储。

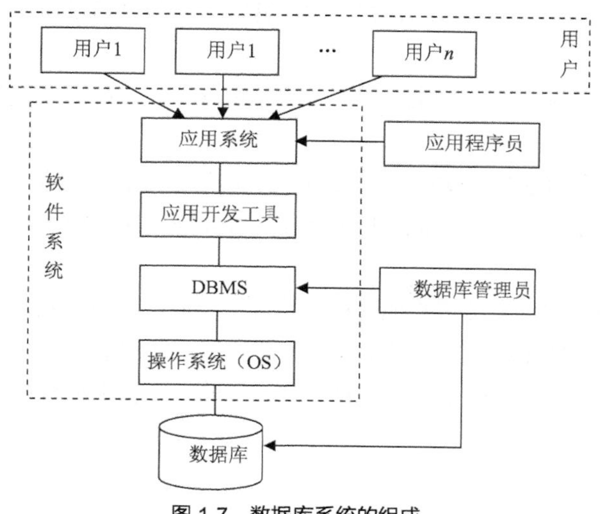

图 1-7 数据库系统的组成

数据库有如下两个特点。

（1）集成性。将某特定应用环境中的各种应用相关的数据及其数据之间的联系全部集中地并按照一定的结构形式进行存储，或者说，把数据库看成为若干个性质不同的数据文件的联合和统一的数据整体。

（2）共享性。数据库中的数据可为多个不同的用户所共享，即多个不同的用户可使用多种不同的语言，为了不同的应用目的，而同时存取数据库，甚至同时存取数据库中的同一数据。

2. 用户

用户是指使用数据库的人，他们可对数据库进行存储、维护和检索等操作。用户分为以下三类。

（1）第一类用户：即最终用户（End User）。最终用户主要是使用数据库的各级管理人员、工程技术人员和科研人员，一般为非计算机专业人员。他们主要利用已编写好的应用程序接口使用数据库。

（2）第二类用户：即应用程序员（Application Programmer）。应用程序员负责为最终用户设计和编写应用程序，并进行调试和安装，以便最终用户利用应用程序对数据库进行存取操作。

（3）第三类用户：即数据库管理员（DataBase Administrator，DBA）。数据库管理员是负责设计、建立、管理和维护数据库以及协调用户对数据库要求的个人或工作团队。DBA 应熟悉计算机的软硬件系统，具有较全面的数据处理知识，熟悉最终用户的业务、数据及其流程。

可见，DBA 不仅要有较高的技术水平和较深的资历，并应具有了解和阐明管理要求的能力。特别对于大型数据库系统，DBA 极为重要。常见的小型数据库系统只有一个用户，常常不设 DBA，DBA 的职责由应用程序员或最终用户代替。而对于大型数据库系统，DBA 常常是一个团队。

DBA 的主要职责如下。

① 参与数据库设计的全过程，决定整个数据库的结构和信息内容。

② 决定数据库的存储结构和存取策略，以获得较高的存取效率和存储空间利用率。

③ 帮助应用程序员使用数据库系统，如培训、解答应用程序员日常使用数据库系统时遇到的问题等。

④ 定义数据的安全性和完整性约束条件，负责分配各个应用程序对数据库的存取权限，确保数据的安全性和完整性。

⑤ 监控数据库的使用和运行，DBA 负责定义和实施适当的数据库备份和恢复策略，当数据库受到破坏时，在最短时间内将数据库恢复到正确状态；当数据库的结构需要改变时，完成对数据结构的修改。

⑥ 改进和重构数据库，DBA 负责监视数据库系统运行期间的空间利用率、处理效率等性能指标，利用数据库管理系统提供的监视和分析程序对数据库的运行情况进行记录、统计分析，并根据实际情况不断改进数据库的设计，不断提高系统的性能；另外，还要不断根据用户需求情况的变化，对数据库进行重新构造。

3. 软件系统

软件（Software）系统主要包括操作系统（Operating System，OS）、数据库管理系统（DBMS）及应用开发工具和应用系统等。在计算机硬件层之上，操作系统统一管理计算机资源。这样，DBMS 可借助操作系统完成对硬件的访问，并能对数据库的数据进行存取、维护和管理。另外，数据库系统的各类人员、应用程序等对数据库的各种操作请求，都必须通过 DBMS 完成。DBMS 是数据库系统的核心软件。

4. 硬件系统

硬件（Hardware）系统指存储和运行数据库系统的硬件设备，包括 CPU、内存、大容量的存储设备、输入/输出设备和外部设备等。

数据库管理系统（DBMS）在整个计算机系统中的地位，如图 1-8 所示。

由图 1-8 看出，DBMS 在操作系统的支持下工作，应用程序在 DBMS 支持下才能使用数据库。

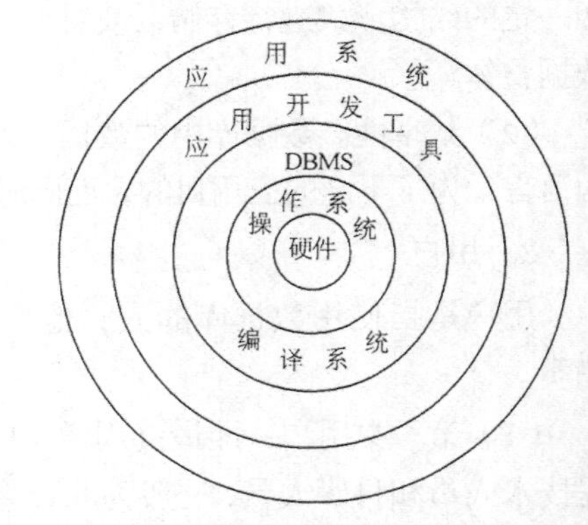

图 1-8 数据库在计算机系统中的地位示意图

1.4 数据库系统的内部体系结构

从数据库管理系统的角度看，虽然不同的数据库系统的实现方式存在差异，但它们在体系结构上均可表示为三级模式结构。这是数据库系统内部的体系结构。

1.4.1 数据库系统的三级模式结构

1. 数据库系统模式的概念

数据库中的数据是按一定的数据模型（结构）组织起来的，而在数据模型中有“型”（Type）和“值”（Value）的概念。“型”是指对某一类数据的结构和属性的说明，而“值”是“型”的一个具体赋值。例如，在描述学生基本情况的信息时，学生基本情况可以定义为（学号，姓名，性别，年龄，系别），称为学生的型，而（001101，张立，男，20，计算机）则是某一学生的具体数据。

模式（Schema）是数据库中全体数据的逻辑结构和特征的描述，它仅涉及型的描述，而不涉及具体的值。模式的一个具体值称为模式的一个实例（Instance）。同一个模式可以有很多实例。

对于数据库描述的业务，模式相对稳定，由于数据库中数据的不断更新变化，实例频繁改变。模式反映的是数据的结构，而实例反映的是数据库某一时刻的状态。

例如，描述学生基本情况的数据库中，包含了学生的基本情况，则 2012 级和 2013 级的所有学生的基本情况就形成了两个年级学生基本情况的数据库实例。显然，这两个实例的模式是相同的，都是学生基本情况，相关的型都是（学号，姓名，性别，年龄，系别）；但两个实例的数据是不同的，因为 2012 级学生的基本情况信息与 2013 级学生的基本情况信息肯定是不相同的。同时，当学生在学习过程中出现转系、退学等情况时，以上两个实例可能随时发生变化，但它们的模式不变。

2. 数据库系统的三级模式结构

美国国家标准学会（American National Standards Institute，ANSI）所属标准计划和要求委员会在 1975 年公布的研究报告中，把数据库系统内部的体系结构从逻辑上分为外模式、模式和内模式三级抽象模式结构和二级映像功能，即 ANSI/SPARC 体系结构。对用户而言，外模式、模式和内模式分别对应一般用户模式、概念模式和物理模式，它们分别反映了看待数据库的三个角度。三级模式结构和二级映像功能如图 1-9 所示。

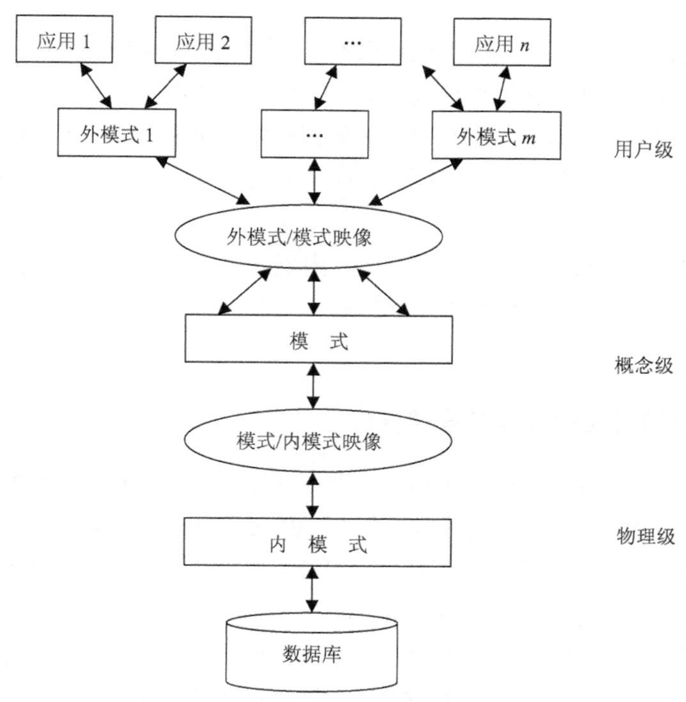

图 1-9　数据库系统的三级模式结构和二级映像功能示意图

（1）模式。模式也称为概念模式，是数据库中全体数据的逻辑结构和特征的描述，处于三级模式结构的中间层，不涉及数据的物理存储细节和硬件环境，与具体的应用程序、所使用的应用开发工具及高级程序设计语言（如 C、FORTRAN 等）无关。

一个数据库只有一个模式，因为它是整个数据库数据在逻辑上的视图，即是数据库的整体逻辑。也可以认为，模式是对现实世界的一个抽象，是将现实世界某个应用环境（企业或单位）的所有信息按用户需求而形成的一个逻辑整体。

（2）外模式。外模式（External Schema）又称为子模式（Subschema）或用户模式（User Schema），外模式是三级结构的最外层，是数据库用户能看到并允许使用的那部分数据的逻辑结构和特征的描述，是与某一应用有关的数据的逻辑表示，也是数据库用户的数据视图，即用户视图。

可见，外模式一般是模式的子集，一个数据库可以有多个外模式。由于不同用户的需求可能不同，因此，不同用户对应的外模式的描述也可能不同。另外，同一外模式也可以为多个应用系统所使用。

因此，各个用户可根据系统所给的外模式，用查询语言或应用程序去操作数据库中所需要的那部分数据，这样每个用户只能看到和访问所对应的外模式中的数据，数据库中的其余数据对他们来说是不可见的。所以，外模式是保证数据库安全性的一个有力措施。

（3）内模式。内模式（Internal Schema）又称存储模式（Storage Schema）或物理模式（Physical Schema），是三级结构中的最内层，也是靠近物理存储的一层，即与实际存储数据方式有关的一层。它是对数据库存储结构的描述，是数据在数据库内部的表示方式。例如，记录以什么存储方式存储（顺序存储、B+树存储等）、索引按照什么方式组织、数据是否压缩、是否加密等，它不涉及任何存储设备的特定约束，如磁盘磁道容量和物理块大小等。

通过对数据库三级模式结构的分析可以看出，一个数据库系统，实际存在的只是物理级数据库，即内模式，它是数据访问的基础。概念数据库只不过是物理级数据库的一种抽象描述，用户级数据库是用户与数据库的接口。用户根据外模式进行的操作，通过外模式到模式的映射与概念级数据库联系起来，又通过模式到内模式的映射与物理级数据库联系起来。事实上，DBMS 的中心工作之一就是完成三级数据库模式间的转换，把用户对数据库的操作转化到物理级去执行。

三级模式和二级映像

在数据库系统中，外模式可有多个，而模式、内模式只能各有一个。内模式是整个数据库实际存储的表示，而模式是整个数据库实际存储的抽象表示，外模式是逻辑模式的某一部分的抽象表示。

1.4.2 数据库系统的二级映像与数据独立性

数据库系统的三级模式是数据的三个抽象级别，它使用户能逻辑地处理数据，而不必关心数据在计算机内部的存储方式，把数据的具体组织交给 DBMS 管理。为了能够在内部实现这三个抽象层次的联系和转换，DBMS 在三级模式之间提供了二级映像功能。正是这两级映像保证了数据库系统中的较高的数据独立性，即逻辑独立性与物理独立性。

（1）外模式/模式映像。模式描述的是数据的全局逻辑结构，外模式描述的是数据的局部逻辑结构。数据库中的同一模式可以有任意多个外模式，对于每一个外模式，都存在一个外模式/模式映像。它确定了数据的局部逻辑结构与全局逻辑结构之间的对应关系。例如，在学生的逻辑结构（学号，姓名，性别）中添加新的属性“出生日期”时，学生的逻辑结构变为（学号，姓名，性别，出生日期），由数据库管理员对各个外模式/模式映像作相应改变，这一映像功能保证了数据的局部逻辑结构不变（即外模式保持不变）。由于应用程序是依据数据的局部逻辑结构编写的，所以应用程序不必修改，从而保证了数据与程序间的逻辑独立性。

（2）模式/内模式映像。数据库中的模式和内模式都只有一个，所以模式/内模式映像是唯一的。它确定了数据的全局逻辑结构与存储结构之间的对应关系。存储结构变化时，如采用了更先进的存储结构，由数据库管理员对模式/内模式映像作相应变化，使其模式仍保持不变，即把存储结构的变化影响限制在模式之下，这使数据的存储结构和存储方法较高地独立于应用程序，通过映像功能保证数据存储结构的变化不影响数据的全局逻辑结构的改变，从而不必修改应用程序，即确保了数据的物理独立性。

1.4.3　数据库系统的三级模式与二级映像的优点

数据库系统的三级模式与二级映像使数据库系统具有以下优点。

（1）保证数据的独立性。将模式和内模式分开，保证了数据的物理独立性；将外模式和模式分开，保证了数据的逻辑独立性。

（2）简化了用户接口。按照外模式编写应用程序或输入命令，而不需了解数据库内部的存储结构，方便用户使用系统。

（3）有利于数据共享。在不同的外模式下可由多个用户共享系统中的数据，减少了数据冗余。

（4）有利于数据的安全保密。在外模式下根据要求进行操作，只能对限定的数据操作，保证了其他数据的安全。

1.5　数据库系统的外部体系结构

从最终用户角度来看，数据库系统分为单用户结构、主从式结构、分布式结构以及建立在主从式和分布式结构基础上的客户机/服务器结构和浏览器/服务器结构。这是数据库系统的外部体系结构。

1. 单用户结构的数据库系统

单用户结构的数据库系统又称桌面型数据库系统，其主要特点是将应用程序、DBMS 和数据库都装在一台计算机上，由一个用户独占使用，不同计算机间不能共享数据。

DBMS 提供较弱的数据库管理和较强的应用程序和界面开发工具，开发工具与数据库集成为一体，既是数据库管理工具，同时又是数据库应用程序和界面的前端工具。如：在 Visual Foxpro 6.0 里就集成了开发工具，在 Access 97 和 Access 2000 里集成了支持脚本语言的开发工具等。

因此，桌面型数据库工作在单机环境，用以实现业务流程简单的应用程序，适用于未联网用户、个人用户等。

2. 主从式结构的数据库系统

主从式结构的数据库系统是一个大型主机带多终端的多用户结构的系统。在这种结构中，将应用程序、DBMS 和数据库都集中存放在一个大型主机上，所有处理任务由这个大型主机来完成，而连于主机上的终端，只是作为主机的输入/输出设备，各个用户通过主机的终端并发地存取和共享数据资源。而主机则通过分时的方式轮流为每个终端用户服务。在每个时刻，每个用户都感觉自己独占主机的全部资源。

主从式结构的主要优点是结构简单、易于管理与维护。缺点是所有处理任务由主机完成，对主机的性能要求较高。当终端数量太多时，主机的处理任务和数据吞吐任务过重，易形成瓶颈，使系统性能下降；另外，当主机遭受攻击而出现故障时，整个系统无法使用。因此，对主机的可靠性要求较高。

3. 分布式结构的数据库系统

分布式结构的数据库系统是指数据库中的数据在逻辑上是一个整体，但在物理上却分布在计算机网络的不同结点上。它有以下主要特点。

（1）数据在物理上是分布的：数据库中的数据不集中存放在一台服务器上，而是分布在不同地域的服务器上，每台服务器被称为结点。

（2）所有数据在逻辑上是一个整体：数据库中的数据在物理上是分布的，但在逻辑上却互相关联，是相互联系的整体。

（3）结点上分布存储的数据相对独立：在普通用户看来，整个数据库系统仍然是集中的整体，用户不关心数据的分片存储，也不关心物理数据的具体分布，完全由网络数据库在分布式文件系统的支持下完成。

分布式数据库系统是分布式网络技术与数据库技术相结合的产物，是分布在计算机网络上的多个逻辑相关的数据库的集合。

这种数据库系统的优点是可以利用多台服务器并发地处理数据，从而提高计算型数据处理任务的效率。缺点是数据的分布式存储给数据处理任务的协调与维护带来困难。同时，当用户需要经常访问过程数据时，系统效率明显地受到网络流量的制约。

4. 客户机/服务器结构的数据库系统

主从式结构的数据库系统中的主机和分布式结构的数据库系统中的结点机，既执行 DBMS 功能，又执行应用程序。随着工作站功能的增强和广泛使用，人们在主从式和分布式结构的基础上，开始把 DBMS 的功能与应用程序分开，网络上某个（些）结点机专门用于执行 DBMS 的功能，完成数据的管理功能，称为数据库服务器，其他结点上的计算机安装 DBMS 的应用开发工具和相关数据库应用程序，称为客户机，这就是客户机/服务器结构（Client/Server，C/S）的数据库系统，如图 1-10 所示。

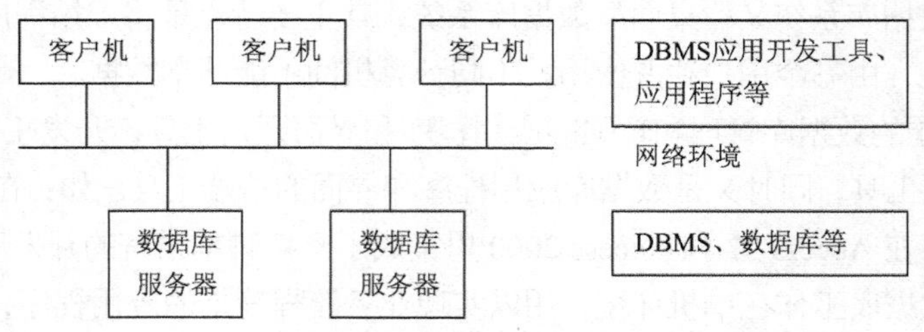

图 1-10　客户机/服务器结构的数据库系统示意图

在客户机/服务器结构中，DBMS 和数据库存放于数据库服务器上，应用程序和相关开发工具存放于客户机上。客户机负责管理用户界面、接收用户数据、处理应用逻辑、生成数据库服务请求，将该请求发送给服务器，数据库服务器进行处理后，将处理结果返回给客户机，并将结果按一定格式显示给用户。因此，这种客户机/服务器模式，又称为富客户机（Rich Client）模式，是一种两层结构。

客户机/服务器结构的数据库系统的主要优点如下。

（1）网络运行效率大大提高，这主要因为服务器只将处理的结果返回到客户机，从而大大降低了网络上的数据传输量。

（2）应用程序的运行和计算处理工作由客户机完成。这样，既减少了与服务器不必要的通信开销，也减轻了服务器的处理工作，从而减轻了服务器的负载。

客户机/服务器结构的主要缺点是维护升级很不方便，需要在每个客户机上安装客户机程序，而且当应用程序修改后，就必须在所有安装应用程序的客户机上升级此应用程序。

5. 浏览器/服务器结构的数据库系统

浏览器/服务器结构（Browser/Server，B/S）是针对客户机/服务器结构的不足而提出的。

在浏览器/服务器结构中，客户机端仅安装通用的浏览器软件，实现用户的输入/输出，而应用程序不安装在客户机端，而是安装在介于客户机和数据库服务器之间的另外一个称为应用服务器的服务器端，即将客户端运行的应用程序转移到应用服务器上，这样，应用服务器充当了客户机和数据库服务器的中介，架起了用户界面与数据库之间的桥梁。因此，浏览器/服务器模式是瘦客户机（Thin Client）模式，是一种三层结构，如图 1-11 所示。

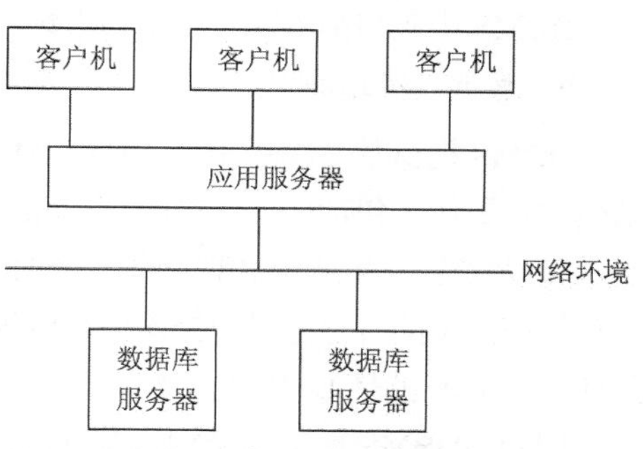

图 1-11 浏览器/服务器结构的数据库系统示意图

可见，浏览器/服务器结构有效地克服了客户机/服务器结构的不足，客户机只要能运行浏览器即可，其配置与维护也相对很容易。浏览器/服务器结构在 Internet 中得到了最广泛的应用。此时，Web 服务器即为应用服务器。

1.6 数据库管理系统

数据库管理系统（DBMS）是对数据进行管理的大型系统软件，它是数据库系统的核心组成部分，用户在数据库系统中的一切操作，包括数据定义、查询、更新（包括插入、删除和修改）及各种控制，都是通过 DBMS 进行的。DBMS 就是把抽象逻辑数据处理转换成计算机中的具体的物理数据的处理软件，这给用户带来很大的方便。

1.6.1 DBMS 的主要功能

数据库管理系统的主要功能包括数据定义功能、数据操纵功能、数据库运行管理功能、数据库的建立和维护功能、数据通信接口及数据组织、存储和管理功能，如图 1-12 所示。

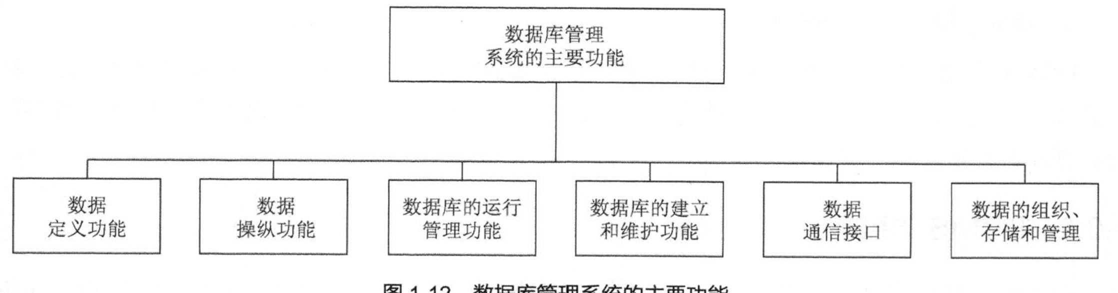

图 1-12 数据库管理系统的主要功能

1. 数据定义功能

DBMS 提供数据定义语言（Data Define Language，DDL），定义数据的模式、外模式和内模式三级模式结构，定义模式/内模式和外模式/模式二级映像，定义有关的约束条件。例如，为保证数据库安全而定义用户口令和存取权限，为保证正确语义而定义完整性规则等。再如，DBMS 提供的结构化查询语言（SQL）提供 Create、Drop、Alter 等语句可分别用来建立、删除和修改数据库。

用 DDL 定义的各种模式需要通过相应的模式翻译程序转换为机器内部代码表示形式，保存在数据字典（Data Dictionary，DD）（或称为系统目录）中。数据字典是 DBMS 存取数据的基本依据。因此，DBMS 中应包括 DDL 的编译程序。

2. 数据操纵功能

DBMS 提供数据操纵语言（Data Manipulation Language，DML）实现对数据库的基本操作，包括检索、更新（包括插入、修改和删除）等。因此，DBMS 也应包括 DML 的编译程序或解释程序。DML 有两类：一类是自主型的或自含型的，这一类属于交互式命令语言，语法简单，可独立使用；另一类是宿主型的，它把对数据库的存取语句嵌入在高级语言（如 Fortran、Pascal、C 等）中，不能单独使用。SQL 就是 DML 的一种。

例如，DBMS 提供的结构化查询语言 SQL 提供查询语句（SELECT）、插入语句（INSERT）、修改语句（UPDATE）和删除语句（DELETE），可分别实现对数据库中数据记录的查询、插入、修改和删除等操作。

3. 数据库运行管理功能

对数据库的运行进行管理是 DBMS 运行的核心部分。DBMS 通过对数据库的控制以确保数据正确有效和数据库系统的正常运行。DBMS 对数据库的控制主要通过四个方面实现：数据的安全性控制、数据的完整性控制、多用户环境下的数据并发性控制和数据库的恢复。

4. 数据库的建立和维护功能

数据库的建立包括数据库的初始数据的装入与数据转换等，数据库的维护包括数据库的转储、恢复、重组织与重构造、系统性能监视与分析等。这些功能分别由 DBMS 的各个实用程序来完成。

5. 数据通信接口

DBMS 提供与其他软件系统进行通信的功能。一般，DBMS 提供了与其他 DBMS 或文件系统的接口，从而使该 DBMS 能够将数据转换为另一个 DBMS 或文件系统能够接受的格式，或者可接收其他 DBMS 或文件系统的数据，实现用户程序与 DBMS、DBMS 与 DBMS、DBMS 与文件系统之间的通信。通常这些功能要与操作系统协调完成。

6. 数据组织、存储和管理

DBMS 负责对数据库中需要存放的各种数据（如数据字典、用户数据、存取路径等）的组织、存储和管理工作，确定以何种文件结构和存取方式物理地组织这些数据，以提高存储空间利用率和对数据库进行增、删、查、改的效率。

1.6.2 DBMS 的组成

DBMS 是由许多程序所组成的一个大型软件系统，每个程序都有自己的功能，共同完成 DBMS 的一个或几个工作。一个完整的 DBMS 通常应由语言编译处理程序、系统运行控制程序及系统建立、维护程序和数据字典等部分组成，如图 1-13 所示。

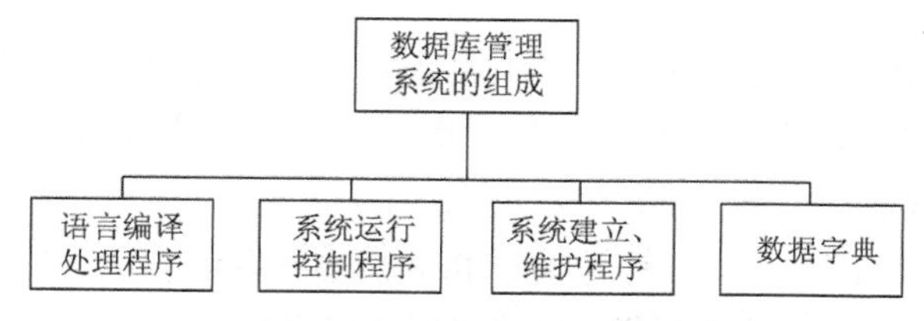

图 1-13　数据库管理系统的组成

1. 语言编译处理程序

语言编译处理程序包括以下两个程序。

（1）数据定义语言 DDL 编译程序。它把用 DDL 编写的各级源模式编译成各级目标模式。这些目标模式是对数据库结构信息的描述，它们被保存在数据字典中，供以后数据操纵或数据控制时使用。

（2）数据操纵语言 DML 编译程序。它将应用程序中的 DML 语句转换成可执行程序，实现对数据库的检索、插入、删除和修改等基本操作。

2. 系统运行控制程序

DBMS 提供了一系列的运行控制程序，负责数据库系统运行过程中的控制与管理，主要包括以下几部分。

系统总控程序：用于控制和协调各程序的活动，它是 DBMS 运行程序的核心。

安全性控制程序：防止未被授权的用户存取数据库中的数据。

完整性控制程序：检查完整性约束条件，确保进入数据库中的数据的正确性、有效性和相容性。

并发控制程序：协调多用户、多任务环境下各应用程序对数据库的并发操作，保证数据的一致性。

数据存取和更新程序：实施对数据库数据的检索、插入、修改和删除等操作。

通信控制程序：实现用户程序与 DBMS 间的通信。

此外，DBMS 还有文件读写与维护程序、缓冲区管理程序、存取路径管理程序、事务管理程序、运行日志管理程序等。所有这些程序在数据库系统运行过程中协同操作，监视着对数据库的所有操作，控制、管理数据库资源等。

3. 系统建立、维护程序

系统建立、维护程序主要包括以下几部分。

装配程序：完成初始数据库的数据装入。

重组程序：当数据库系统性能降低时（如查询速度变慢），需要重新组织数据库，重新装入数据。

系统恢复程序：当数据库系统受到破坏时，将数据库系统恢复到以前某个正确的状态。

4. 数据字典

数据字典（Data Dictionary，DD）用来描述数据库中有关信息的数据目录，包括数据库的三级模式、数据类型、用户名和用户权限等有关数据库系统的信息，起着系统状态的目录表的作用，帮助用户、DBA 和 DBMS 本身使用和管理数据库。

1.6.3 DBMS 的数据存取的过程

在数据库系统中，DBMS 与操作系统、应用程序、硬件等协同工作，共同完成数据各种存取操作，其中 DBMS 起着关键的作用，对数据库的一切操作，都要通过 DBMS 完成。

DBMS 对数据的存取通常需要以下几个步骤。

（1）用户使用某种特定的数据操作语言向 DBMS 发出存取请求。

（2）DBMS 接受请求并将该请求解释转换成机器代码指令。

（3）DBMS 依次检查外模式、外模式/模式映像、模式、模式/内模式映像及存储结构定义。

（4）DBMS 对存储数据库执行必要的存取操作。

（5）从对数据库的存取操作中接受结果。

（6）对得到的结果进行必要的处理，如格式转换等。

（7）将处理的结果返回给用户。

上述存取过程中还包括安全性控制、完整性控制，以确保数据的正确性、有效性和一致性。DBMS 的工作方式如图 1-14 所示。

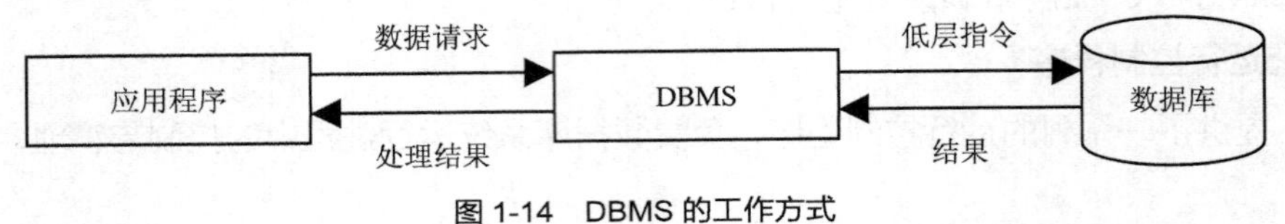

图 1-14 DBMS 的工作方式

1.7 数据模型

1.7.1 数据模型的概念及分类

由于计算机不能直接处理现实世界中的具体事物及其联系，为了利用数据库技术管理和处理现实世界中的事物及其联系，人们必须将这些具体事物及其联系转换成计算机能够处理的数据。

数据库是模拟现实世界中某应用环境（一个企业、单位或部门）所涉及的数据的集合，它不仅要反映数据本身的内容，而且要反映数据之间的联系。因此，这个集合或者包含了信息的一部分（用户视图模拟），或者包含了信息的全部（用概念视图模拟），而这种模拟是通过数据模型来进行的。也就是说，数据模型是数据库的框架，该框架描述了数据及其联系的组织方式、表达方式和存取路径，各种机器上实现的 DBMS 软件都是基于某种数据模型的，它的数据结构直接影响到数据库系统的其他部分的性能，也是数据定义和数据操纵语言的基础。因此，数据模型的选择是设计数据库时的一项首要任务。

1. 数据处理的抽象与转换

为了把现实世界中的具体事物抽象、组织为某一 DBMS 支持的数据模型，在实际的数据处理过程中，首先将现实世界的事物及联系抽象成信息世界的概念模型，然后再抽象成计算机世界的数据模型。概念模型并不依赖于具体的计算机系统，不是某一个 DBMS 所支持的数据模型，它是计算机内部数据的抽象表示；概念模型经过抽象，转换成计算机上某一 DBMS 支持的数据模型。所以说，数据模型是现实世界的两级抽象的结果。在数据处理中，数据加工经历了现实世界、信息世界和计算机世界三个不同的世界，经历了两级抽象和转换，这一过程如图 1-15 所示。

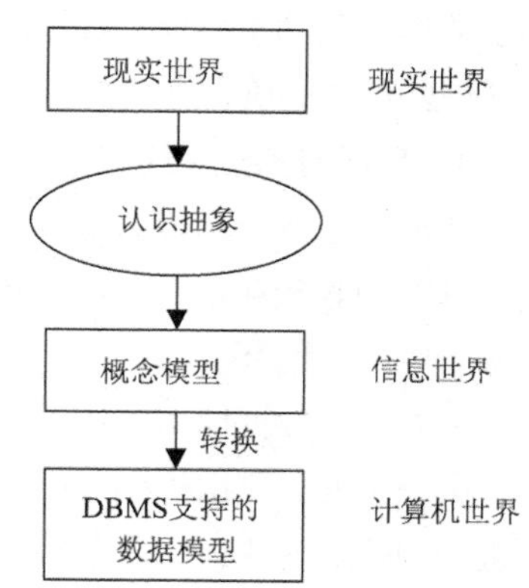

图 1-15　数据处理的抽象和转换过程

2. 数据模型的分类

根据模型应用的不同目的，可以将这些模型划分为两类，它们分属于两个不同的抽象级别。

第一类模型是概念模型，也称为信息模型，它是按用户的观点对数据和信息建模，是对现实世界的事物及其联系的第一级抽象，它不依赖于具体的计算机系统，不涉及信息在计算机内如何表示、如何处理等问题，只是用来描述某个特定组织所关心的信息结构。因此，概念模型属于信息世界中的模型，不是一个 DBMS 支持的数据模型，而是概念级的模型。

第二类模型是逻辑模型（或称数据模型）和物理模型。逻辑模型是属于计算机世界中的模型，这一类模型是按计算机的观点对数据建模，是对现实世界的第二级抽象，有严格的形式化定义，以便于在计算机中实现。任何一个 DBMS 都是根据某种逻辑模型有针对性地设计出来的，即数据库是按 DBMS 规定的数据模型组织和建立起来的，因此逻辑模型主要用于 DBMS 的实现。从概念模型到逻辑模型的转换可以由数据库设计人员完成，也可以用数据设计工具协助设计人员完成。比较成熟地应用在数据库系统中的逻辑模型主要包括层次模型（Hierarchical Model）、网状模型（Network Model）、关系模型（Relational Model）和面向对象模型（Object-oriented Model）等。

物理模型是对数据最底层的抽象，它描述数据在磁盘或磁带上的存储方式和存取方法，是面向计算机系统的。物理模型的具体实现是 DBMS 的任务，用户一般不必考虑物理级细节。从逻辑模型到物理模型的转换是由 DBMS 自动完成的。

1.7.2　数据模型的组成要素

由于数据模型是现实世界中的事物及其联系的一种模拟和抽象表示，是一种形式化描述数据、数据间联系以及有关语义约束规则的方法，这些规则规定数据如何组织以及允许进行何种操作，因此，数据模型通常由数据结构、数据操作和数据的完整性约束三个要素组成。

1. 数据结构

数据结构或数据组织结构，描述了数据库的组成对象以及对象间的联系，也就是说数据结构一方面描述的是数据对象的类型、内容、性质等，另一方面描述了数据对象间的联系。因此，数据结构描述的是数据库的静态特性，是数据模型中最基本的部分，不同的数据模型采用不同的数据结构。

例如，在关系模型中，用字段、记录、关系（二维表）等描述数据对象，并以关系结构的形式进行数据组织。因此，在数据库中，人们通常按照其数据结构的类型来命名数据模型。例如，数据结构有层次结构、网状结构和关系结构三种类型，按照这三种结构命名的数据模型分别称为层次模型、网状模型和关系模型。

2. 数据操作

数据操作是指对数据库中的各种数据允许执行的操作的集合，包括操作及相应的操作规则，描述了数据库的动态特性。数据库有查询和更新（包括插入、删除和修改）两类操作。数据模型必须定义这些操作的确切含义、操作符号、操作规则（如优先级）以及实现操作的语言。

3. 数据的完整性约束

数据的完整性约束条件是一组完整性规则的集合。完整性规则是给定的数据模型中数据及其联系所具有的制约和依存规则，用以限定符合数据模型的数据库状态以及状态的变化，以保证数据的正确、有效、相容。

一方面，数据模型应该反映和规定本数据模型必须遵守的基本的和通用的完整性约束条件。

另一方面，数据模型还应该提供定义完整性约束条件的机制，以反映具体应用所涉及的数据必须遵守的特定的语义约束条件。例如，在学生管理数据库中，学生的年龄不得超过 40 岁。

1.8 三个世界及其有关概念

1.8.1 现实世界

现实世界，即客观存在的世界。其中存在着各种事物及它们之间的联系，每个事物都有自己的特征或性质。人们总是选用感兴趣的最能表征一个事物的若干特征来描述该事物。例如，要描述一个学生，常选用学号、姓名、性别、年龄、系别等来描述，有了这些特征，就能区分不同的学生。

客观世界中，事物之间是相互联系的，而这种联系可能是多方面的，但人们只选择那些感兴趣的联系，无需选择所有的联系。如在学生管理系统中，可以选择“学生选修课程”这一联系表示学生和课程之间的关系。

1.8.2 信息世界

1. 信息世界及其有关概念

信息世界是现实世界在人们头脑中的反映，经过人脑的分析、归纳和抽象，形成信息，人们把这些信息进行记录、整理、归类和格式化后，就构成了信息世界。在信息世界中，常用的主要概念如下。

（1）实体（Entity）。客观存在并且可以相互区别的“事物”称为实体。实体可以是具体的人、事和物，如一个学生、一本书、一辆汽车、一种物资等；也可以是抽象的事件，如一堂课、一次比赛、学生选修课程等。

（2）属性（Attribute）。实体所具有的某一特性称为属性。一个实体可以由若干个属性共同来刻画。如学生实体由学号、姓名、性别、年龄、系等方面的属性组成。属性有“型”和“值”之分。“型”即为属性名，如姓名、年龄、性别都是属性的型；“值”即为属性的具体内容，如学生（990001、张立、20、男、计算机），这些属性值的集合表示了一个学生实体。

（3）实体型（Entity Type）。具有相同属性的实体必然具有共同的特征。所以，用实体名及其属性名集合来抽象和描述同类实体，称为实体型。如学生（学号，姓名，年龄，性别，系）就是一个实体型，它描述的是学生这一类实体。

（4）实体集（Entity Set）。同型实体的集合称为实体集。如所有的学生、所有的课程等。

（5）码（Key）。在实体型中，能唯一标识一个实体的属性或属性集称为实体的码。如学生的学号就是学生实体的码，而学生实体的姓名属性可能有重名，不能作为学生实体的码。注意：在有些教材中该概念称为键，具体内容将在本书的第 2 章介绍。

（6）域（Domain）。某一属性的取值范围称为该属性的域。如学号的域为 6 位整数，姓名的域为字符串集合，年龄的域为小于 40 的整数，性别的域为男或女等。

（7）联系（Relationship）。在现实世界中，事物内部以及事物之间是有联系的，这些联系同样也要抽象和反映到信息世界中来，在信息世界中将被抽象为单个实体型内部的联系和实体型之间的联系。单个实体型内部的联系通常是指组成实体的各属性之间的联系；实体型之间的联系通常是指不同实体集之间的联系，可分为两个实体型之间的联系以及两个以上实体型之间的联系。

2. 两个实体型间的联系

两个实体型之间的联系是指两个不同的实体集间的联系，有如下三种类型。

（1）一对一联系（1:1）。实体集 A 中的一个实体至多与实体集 B 中的一个实体相对应，反之，实体集 B 中的一个实体至多与实体集 A 中的一个实体相对应，则称实体集 A 与实体集 B 为一对一的联系，记作 1:1。如，班级与班长、观众与座位、病人与床位之间的联系。

（2）一对多联系（1:*n*）。实体集 A 中的一个实体与实体集 B 中的 *n*（$n\geqslant 0$）个实体相联系，反之，实体集 B 中的一个实体至多与实体集 A 中的一个实体相联系，记作 1:*n*。例如，班级与学生、公司与职员、省与市之间的联系。

（3）多对多联系（*m*:*n*）。实体集 A 中的一个实体与实体集 B 中的 *n*（$n\geqslant 0$）个实体相联系，反之，实体集 B 中的一个实体与实体集 A 中的 *m*（$m\geqslant 0$）个实体相联系，记作 *m*:*n*。如，教师与学生、学生与课程、工厂与产品之间的联系。

实际上，一对一联系是一对多联系的特例，而一对多联系又是多对多联系的特例。

可以用图形来表示两个实体型之间的这三类联系，如图 1-16 所示。

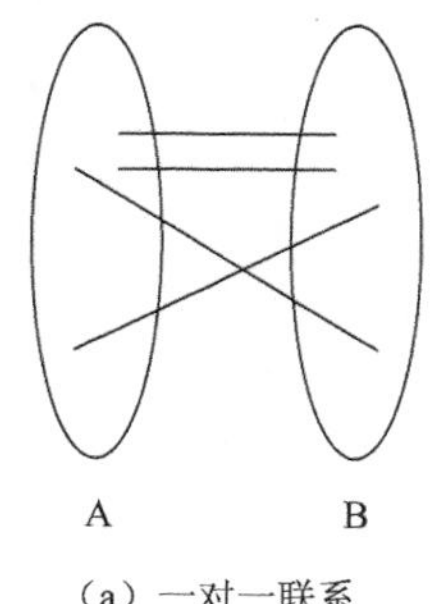

（a）一对一联系

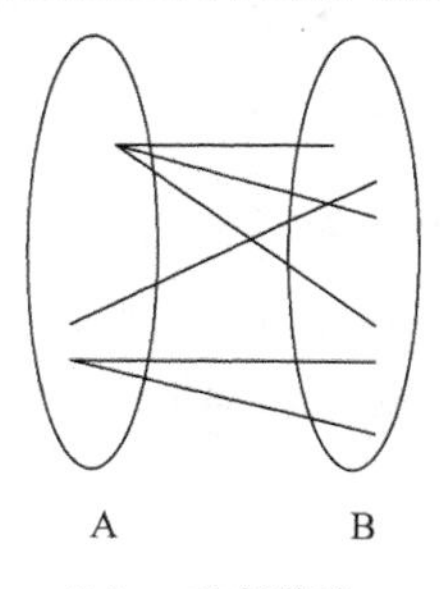

（b）一对多联系

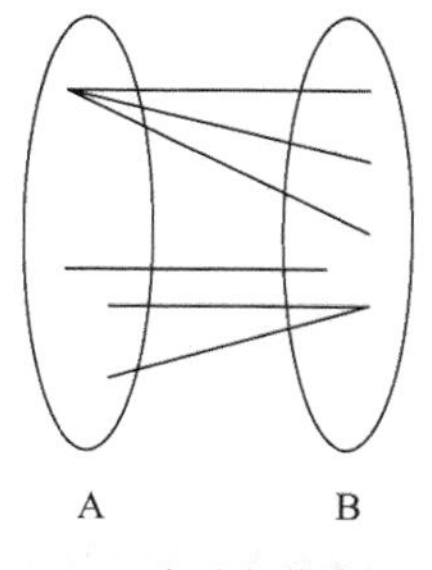

（c）多对多联系

图 1-16　两个实体型之间的联系

3. 两个以上实体型间的联系

两个以上的实体型之间也存在着一对一、一对多和多对多的联系。

例如，对于课程、教师与参考书三个实体型，如果一门课程可以有若干个教师讲授，使用若干本参考书，而每一个教师只讲授一门课程，每一本参考书只供一门课程使用，则课程与教师、参考书之间的联系是一对多的联系。

4. 单个实体型内部的联系

同一个实体集内的各个实体之间存在的联系，也可以有一对一、一对多和多对多的联系。例如，职工实体型内部具有领导与被领导的联系，即某一职工“领导”若干名职工，而一个职工仅被另外一个职工直接领导，因此，在职工实体集内部这种联系，就是一对多的联系。

1.8.3 计算机世界

计算机世界是信息世界中信息的数据化，就是将信息用字符和数值等数据表示，便于存储在计算机中并由计算机进行识别和处理。在计算机世界中，常用的主要概念有如下几个。

（1）字段（Field）。标记实体属性的命名单位称为字段，也称为数据项。字段的命名往往和属性名相同。如学生有学号、姓名、年龄、性别和系等字段。

（2）记录（Record）。字段的有序集合称为记录。通常用一个记录描述一个实体，因此，记录也可以定义为能完整地描述一个实体的字段集。如一个学生（990001，张立，20，男，计算机）为一个记录。

（3）文件（File）。同一类记录的集合称为文件。文件是用来描述实体集的。如，所有学生的记录组成了一个学生文件。

（4）关键字。能唯一标识文件中每个记录的字段或字段集，称为记录的关键字，或简称键。例如，在学生文件中，学号可以唯一标识每一个学生记录，因此，学号可作为学生记录的关键字。

在计算机世界中，信息模型被抽象为数据模型，实体型内部的联系抽象为同一记录内部各字段间的联系，实体型之间的联系抽象为记录与记录之间的联系。

现实世界是信息之源，是设计数据库的出发点，实体模型和数据模型是现实世界事物及其联系的两级抽象。而数据模型是实现数据库系统的根据。通过以上的介绍，我们可总结出三个世界中各术语的对应关系，如图 1-17 所示。

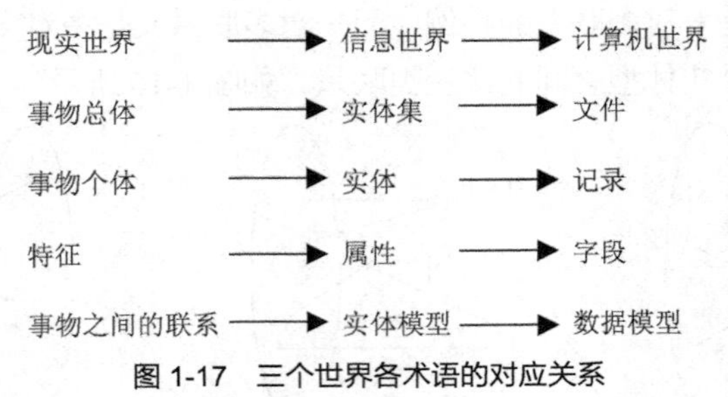

图 1-17 三个世界各术语的对应关系

三个世界的概念

1.9 四种数据模型

目前，在数据库领域中常用的数据模型主要有层次模型（Hierarchical Model）、网状模型（Network Model）、关系模型（Relational Model）和面向对象模型（Object-oriented Model）四种。

其中，层次模型和网状模型是早期的数据模型，统称为非关系模型。20 世纪 70 年代至 80 年代初，非关系模型的数据库系统非常流行，在数据库系统产品中占据了主导地位，现在已逐渐被关系模型的数据库系统取代。

20 世纪 80 年代以来，面向对象的方法和技术在计算机各个领域，包括程序设计语言、软件工程、计算机硬件等各方面都产生了深远的影响，出现了一种新的数据模型——面向对象的数据模型。

由于数据模型包括了数据结构、数据操作和数据的完整性约束三个方面的内容，因此，本节就从这三个方面分别介绍层次模型、网状模型和关系模型三种常用的数据模型，同时对面向对象模型中的有关概念进行简单介绍。

1.9.1 层次模型

层次模型是数据库系统中最早出现的数据模型，采用层次模型的数据库的典型代表是 IBM 公司的 IMS 数据库管理系统。此系统是 IBM 公司于 1968 年推出的第一个大型的商用数据库管理系统，曾经得到广泛的应用。

1. **层次模型的数据结构**

现实世界中，由于许多实体之间的联系都表现出一种很自然的层次关系，如家族关系、行政机构等，因此，层次模型用树形数据结构（有根树）来表示各类实体以及实体间的联系。

在这种树形结构中，每个结点表示一个记录型，每个记录型可包含若干个字段，记录型描述的是实体，字段描述实体的属性，各个记录型及其字段都必须命名。结点间的带箭头的连线（或边）表示记录型间的联系，连线上端的结点是父结点或双亲结点，连线下端的结点是子结点或子女结点，同一双亲的子女结点称为兄弟结点，没有子女结点的结点称为叶结点，如图 1-18 所示。

层次模型有如下特点。

（1）每棵树有且仅有一个结点没有双亲，该结点就是根结点。

（2）根结点以外的其他结点有且仅有一个双亲结点。

（3）父子结点之间的联系是一对多（1:n）的联系。父结点中的一个记录值可能对应 n 个子结点中的记录值，而子结点中的一个记录值只能对应父结点中一个记录值。因此，任何一个给定的记录值只有按其路径查看时，才能显出它的全部意义，没有一个子女记录值能够脱离双亲记录值而独立存在。

以下是一个层次模型的例子，如图 1-19 所示。

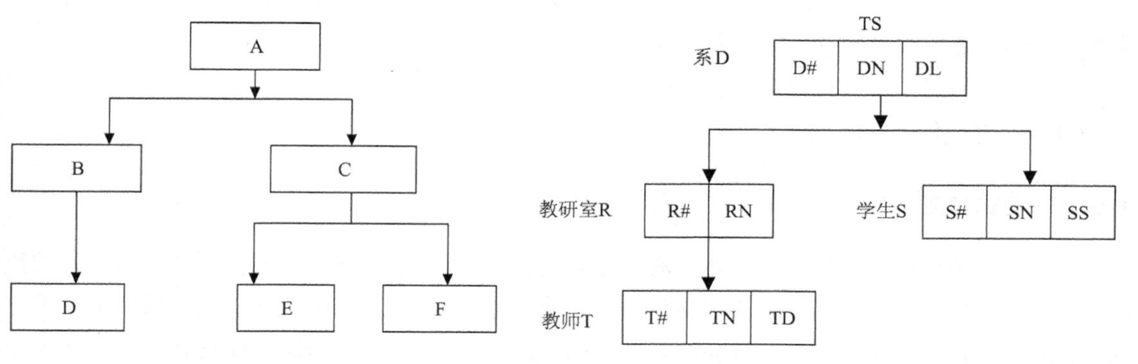

图 1-18 层次模型有向树的示意图　　图 1-19 TS 数据库模型

层次模型为 TS，它具有四个记录型。记录型 D（系）是根结点，由字段 D#（系编号）、DN（系名）和 DL（系地点）组成，它有两个子女结点 R 和 S。记录型 R（教研室）是 D 的子女结点，同时又是 T 的双亲结点，它由 R#（教研室编号）和 RN（教研室名）两个字段组成。记录型 S（学生）由 S#（学号）、SN（姓名）和 SS（成绩）三个字段组成，记录型 T（教师）由 T#（职工号）、TN（姓名）和 TD（研究方向）三个字段组成。S 与 T 是叶结点，它们没有子女结点。由 D 到 R，R 到 T，由 D 到 S 均是一对多的关系。

例如，设对应上述数据模型的一个值，该值是 D01 系（计算机系）记录值及其所有后代记录值组成的一棵有根树，D01 系有两个教研室子记录值 R01、R02 和两个学生记录值 S9901 和 S9902。教研室 R01 有三个教师记录值 T1101、T1102 和 T1103。教研室 R02 有两个教师记录值 T1201 和 T1202。以教师 T1202 来说，只能从根结点开始看起，才能知道其全部信息，也就是说，从根结点看起，该教师属于 D01 系的 R02 教研室。

2. **层次模型的数据操纵与数据完整性约束**

层次模型的数据操纵主要有查询、插入、删除和修改，进行插入、删除和修改操作时要满足层次模型的完整性约束条件。

进行插入操作时，如果没有相应的双亲结点值就不能插入子女结点值。若新进一名教师，如果没有确定他在哪个教研室，则该教师不能插入到数据库中。

进行删除操作时，如果删除双亲结点值，则相应的子女结点值也被同时删除。若删除一个教研室，则该教研室的所有教师都将被删除。

修改操作时，应修改所有相应的记录，以保证数据的一致性。

3. **层次模型的优缺点**

层次模型的主要优点如下。

（1）层次模型结构比较简单，层次分明，便于在计算机内实现。

（2）结点间联系简单，从根结点到树中任一结点均存在一条唯一的层次路径，当要存取某个结点的记录值时，沿着这条路径很快就能找到该记录值，因此，以该种模型建立的数据库系统查询效率很高。

（3）它提供了良好的数据完整性支持。

层次模型的缺点主要有以下几点。

（1）不能直接表示两个以上的实体型间的复杂联系和实体型间的多对多联系，只能通过引入冗余数据或创建虚拟结点的方法来解决，易产生不一致性。

（2）对数据插入和删除的操作限制太多。

（3）查询子女结点必须通过双亲结点。

1.9.2 网状模型

现实世界中事物之间的联系更多的是非层次关系，用层次模型表示这种关系很不直观，网状模型克服了这一弊病，它可以清晰地表示这种非层次关系。20 世纪 70 年代，数据系统语言研究会（Conference On Data System Language，CODASYL）下属的数据库任务组（Data Base Task Group，DBTG）提出了一个系统方案，即 DBTG 系统，也称 CODASYL 系统，它是网状模型的代表。

1. **网状模型的数据结构**

层次模型只能有一个根结点，根结点以外的其他结点有且仅有一个双亲结点。而网状模型中取消了层次模型的这两个限制，它允许多个结点没有双亲结点，允许结点可以有多个双亲结点。因此，网状模型是采用有向图结构表示记录型与记录型之间联系的数据模型，它可以更直接地描述现实世界，层次模型实际上是网状模型的一个特例。

在这种有向图结构中，每个结点表示一个记录型，每个记录型可包含若干个字段，记录型描述的是实体。结点间的带箭头的连线（或有向边）表示记录型间的 1:n 的父子联系。

网状模型有如下特点。

（1）有一个以上的结点没有双亲结点。

（2）允许结点有多个双亲结点。

（3）允许两个结点之间有多种联系（复合联系）。

如学生和课程间的联系，一个学生可以选修多门课程，一门课程可以有多个学生选修，如图 1-20 所示。

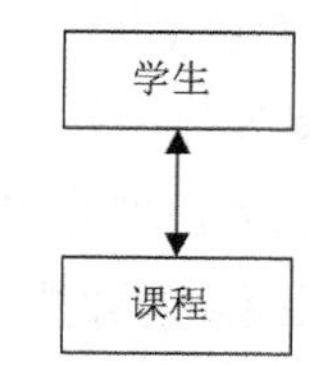

图 1-20　学生与课程的网状模型

2. **网状模型的数据操纵与完整性约束**

网状模型的数据操纵主要包括查询、插入、删除和修改数据。进行插入、删除和修改操作时要满足网状模型的完整性约束条件。

插入数据时，允许插入尚未确定双亲结点值的子女结点值。例如，可增加一名尚未分配到某个教研室的新教师，也可增加一些刚来报到、还未分配宿舍的学生。

删除数据时，允许只删除双亲结点值。如可删除一个教研室，而该教研室所有教师的信息仍保留在数据库中。

修改数据时，可直接表示非树形结构，而无须像层次模型那样增加冗余结点。因此，修改操作时只需更新指定记录即可。

它没有像层次模型那样有严格的完整性约束条件，只提供一定的完整性约束。

3. **网状模型的优缺点**

网状模型的优点主要有以下两点。

（1）能更为直接地描述客观世界，可表示实体间的多种复杂联系。

（2）具有良好的性能和存储效率。

网状模型的缺点主要有以下几点。

（1）数据结构复杂，并且随着应用环境的扩大，数据库的结构变得越来越复杂，不便于终端用户掌握。

（2）其数据定义语言（DDL）和数据操纵语言（DML）极其复杂，不易使用户掌握。

（3）由于记录间的联系本质上是通过存取路径实现的，应用程序在访问数据库时要指定存取路径，即用户需要了解网状模型的实现细节，加重了编写应用程序的负担。

1.9.3 关系模型

关系模型是发展较晚的一种模型。1970 年美国 IBM 公司的研究员 E.F.Codd 首次提出了数据库系统的关系模型。他发表了题为《大型共享数据银行数据的关系模型》（*A Relation Model of Data for Large Shared Data Banks*）的论文。在文中解释了关系模型，定义了某些关系代数运算，研究了数据的函数相关性，定义了关系的第三范式，从而开创了数据库的关系方法和数据规范化理论的研究。为此他获得了 1981 年的图灵奖。此后许多人把研究方向转到关系方法上，陆续出现了关系数据库系统。1977 年 IBM 公司研制的关系数据库的代表 System R 开始运行，其后又进行了不断的改进和扩充，出现了基于 System R 的数据库系统 SQL/DB。

20 世纪 80 年代以后，计算机厂商新推出的数据库管理系统几乎都支持关系模型，非关系数据库管理系统的产品也都加上了关系接口。数据库领域当前的研究工作也都是以关系方法为基础的。关系数据库已成为目前应用最广泛的数据库系统，如现在广泛使用的小型数据库管理系统 Foxpro、Access，开源数据库管理系统 MySQL、MongoDB，商业数据库管理系统 Oracle、SQL Server、Informix 和 Sybase 等都是关系数据库系统。

1. 关系模型的数据结构及有关概念

关系模型的数据结构是一张规范化的二维表，它由表名、表头和表体三部分构成。表名即二维表的名称，表头决定了二维表的结构（即表中列数及每列的列名、类型等），表体即二维表中的数据。每个二维表又可称为关系。关系模型与层次模型、网状模型不同，它是建立在严格的数学概念之上的，严格的定义将在第 2 章给出。图 1-21 所示为教学数据库的关系模型及其实例，包含五个关系：教师关系 T、学生关系 S、课程关系 C、选课关系 SC 和授课关系 TC，分别对应五张表。下面以图 1-21 为例，介绍关系模型中所涉及的一些基本概念。

T（教师关系）

TNO 教师号	TN 姓名	Sex 性别	Age 年龄	Prof 职称	Sal 工资	Comm 岗位津贴	Dept 系别
T1	李力	男	47	教授	1500	3000	计算机
T2	王平	女	28	讲师	800	1200	信息
T3	刘伟	男	30	讲师	900	1200	计算机
T4	张雪	女	51	教授	1600	3000	自动化
T5	张兰	女	39	副教授	1300	2000	信息

S（学生关系）

SNo 学号	SN 姓名	Sex 性别	Age 年龄	Dept 系别
S1	赵亦	女	17	计算机
S2	钱尔	男	18	信息
S3	孙珊	女	20	信息
S4	李思	男	21	自动化
S5	周武	男	19	计算机
S6	吴丽	女	20	自动化

C（课程关系）

CNo 课程号	CN 课程名	CT 课时
C1	程序设计	60
C2	微机原理	80
C3	数字逻辑	60
C4	数据结构	80
C5	数据库	60
C6	编译原理	60
C7	操作系统	60

图 1-21 教学数据库关系模型及其实例

SC（选课关系）

SNo 学号	CNo 课程号	Score 成绩
S1	C1	90
S1	C2	85
S2	C5	57
S2	C6	80
S2	C7	
S2	C4	70
S3	C1	75
S3	C2	70
S3	C4	85
S4	C1	93
S4	C2	85
S4	C3	83
S5	C2	89

TC（授课关系）

TNo 教师号	CNo 课程号
T1	C1
T1	C4
T2	C5
T2	C6
T3	C1
T3	C5
T4	C2
T4	C3
T5	C5
T5	C7

图 1-21　教学数据库关系模型及其实例（续）

（1）关系（Relation）与关系实例。一个关系实例对应一张由行和列组成的二维表，如图 1-21 的五张表就分别对应五个关系实例。通常人们仅用“关系”来代表关系实例。每个关系实例都有一个名称，称为关系名，如图 1-21 的 S 表对应的关系名称为“学生”。

（2）元组（Tuple）。元组是二维表格中的一行，如 S 表中的一个学生记录即为一个元组。

（3）属性（Attribute）。二维表格中的一列，给每一个属性起一个名称即属性名，如 S 表中有五个属性（学号，姓名，性别，年龄，系别）。属性由名称、类型、长度等构成。

（4）域（Domain）。属性的取值范围，如年龄的域是（14～40），性别的域是{男，女}。

（5）分量。每一行元组对应的列的属性值，即为元组中的一个属性值。

（6）候选码。如果一个属性或若干属性的组合，并可唯一标识一个关系的元组，且该属性的组合中不包含多余的属性，则称该属性或属性的组合为候选码。一个关系中可有多个候选码。在最简单的情况下，候选码只包含一个属性。在极端的情况下，候选码由关系中的所有属性组成，此时称为全码。如 S 表中学号可以唯一确定一个学生，为学生关系的候选码。

（7）主码。当一个关系中有多个候选码时，可以从中选择一个候选码作为主码。一个关系上只能有一个主码。

（8）关系模式。关系模式是对关系的描述，一般表示为：关系名（属性 1，属性 2，…，属性 n），关系模式是关系模型的“型”，是关系的框架结构。如学生关系 S 的关系模式可表示为：学生（学号，姓名，性别，年龄，系别）。

在关系模型中，实体是用关系来表示的，如：

学生（学号，姓名，性别，年龄，系别）

课程（课程号，课程名，课时）

实体间的联系也是用关系来表示的，如学生和课程之间的联系可表示为：

选课（学号，课程号，成绩）

（9）关系实例。关系实例是关系模式的“值”，是关系的数据，相当于二维表中的数据。

2. 关系模型的数据操纵与完整性约束

关系模型的数据操纵主要包括查询、插入、删除和修改数据。这些操作必须满足关系的完整性约束条件，即满足实体完整性、参照完整性和用户定义的完整性。

在非关系模型中，操作对象是单个记录，而关系模型中的数据操作是集合操作，操作对象和操作结果都是关系，即若干元组的集合；另外，关系模型把对数据的存取路径隐蔽起来，用户只要指出“干什么”，而不必详细说明“怎么干”，从而大大地加强了数据的独立性，提高了用户操作效率。

3. 关系模型的优缺点

关系模型的优点主要有以下三点。

（1）关系模型与非关系模型不同，它有严格的数学理论根据。

（2）数据结构简单、清晰，用户易懂、易用，不仅用关系描述实体，而且用关系描述实体间的联系。此外，对数据的操纵结果也是关系。

（3）关系模型的存取路径对用户透明，从而具有更高的数据独立性、更好的安全保密性，也简化了程序员的工作和数据库建立和开发的工作。

关系模型的缺点是查询效率不如非关系模型。因此，为了提高性能，必须对用户的查询进行优化，增加了开发数据库管理系统的负担。

本书将重点介绍关系模型及关系数据库。

1.9.4 面向对象模型

虽然关系模型比层次、网状模型简单灵活，但是现实世界存在着许多含有复杂数据结构的应用领域，如 CAD 数据、图形数据等，它们需要更高级的数据库技术表达这类信息。

面向对象的概念最早出现在 1968 年的 Smalltalk 语言中，随后迅速渗透到计算机领域的每一个分支，现已使用在数据库技术中。面向对象数据库是面向对象概念与数据库技术相结合的产物。

面向对象模型中最基本的概念是对象和类。

1. 对象（Object）和对象标识（Object Identifier，OID）

对象是现实世界中实体的模型化。如一个学生、一门课程以及一次考试记录等都可以看作对象。对象与记录的概念相仿，但远比记录复杂。

每一对象都由唯一的对象标识来识别，用于确定和检索这个对象，它把对象的状态（State）和行为（Behavior）封装（Encapsulate）在一起。其中，对象的状态是该对象属性值的集合，对象的行为是在对象状态上操作的方法集。

对象标识独立于对象的内容和存储位置，是一种逻辑标识符，通常由系统产生，它在整个系统范围内是唯一的。两个对象即使内部状态值和方法都相同，如标识符不同，仍认为是两个相等而不同的对象。如同一型号的两个零件，在设计图上被用在不同的地方，这两个零件是“相等”的，但被视为不同的对象，具有不同的标识符。在这一点上，面向对象的模型与关系模型不同，在关系模型中，如果两个元组的属性值完全相同，则被认为是同一元组。

每个对象都包含一组属性和一组方法。属性用来描述对象的状态、组成和特性，它是对象的静态特征。一个简单对象如一个整数，其值本身就是其状态的完全描述，不再需要其他属性，这样的对象称为原子对象。属性的值也可以是复杂对象。一个复杂对象包含若干个属性，而这些属性作为一种对象，又可能包含多个属性，这样就形成了对象的递归引用，从而组成各种复杂对象。

方法用以描述对象的行为特性。一个方法实际是一段可对对象操作的程序。方法可以改变对象的状态，所以称为对象的动态特征。如一台计算机，它不仅具有描述其静态特征的属性：CPU 型号、硬盘大小和内存大小等，还具有开机、关机和睡眠等动态特征。由此可见，每个对象都是属性和方法的统一体。与关系模型相比，对象模型中的对象概念更为全面，因为关系模型主要描述对象的属性，而忽视了对象的方法，因此会产生“结构与行为相分离”的缺陷。

2. 类（Class）和继承（Inheritance）

具有同样属性和方法集的所有对象构成了一个对象类（简称类），一个对象是某一类的实例（Instance）。如把学生定义为一个类，则某个学生（张三、李四等）则是学生类中的对象。类是“型”，对象是某一类的“值”。

类的属性域可以是基本数据类型（如整型、实型、字符型等），也可以是类，或由上述值域组成的记录或集合。也就是说，类可以有嵌套结构。

此外，类的表示具有层次性。在面向对象模型中，可以继承操作形成新的类，新的类是对已有的类定义的扩充和细化，从而形成了一种类间的层次结构，有了超类和子类的概念。超类是子类的父类，规定了子类可以实现或扩展的方法和行为，子类继承了父类的方法和属性，可用于扩展并形成功能更加具体的对象。

一个类可以有多个子类，也可以有多个超类。因此，一个类可以直接继承多个类，这种继承方式称为多重继承。如在职研究生既属于职工类，又属于学生类，他继承了职工和学生的所有性质。如果一个类至多只有一个超类，则一个类只能从单个超类继承属性和方法，这种继承方式称为单重继承。在多重继承情况下，类的层次结构不再是一棵树，而是一个网络结构。

面向对象模型能完整地描述现实世界的数据结构，具有丰富的表达能力，但模型相对比较复杂，涉及的知识比较多，因此，面向对象数据库尚未达到关系数据库的普及程度。

1.10　数据库领域的新技术

计算机领域中其他新兴技术的发展对数据库技术产生了重大影响。面对传统数据库技术的不足和缺陷，人们自然而然地想到借鉴其他新兴的计算机技术，从中吸取新的思想、原理和方法，将其与传统的数据库技术相结合，形成数据库领域的新技术，从而解决传统数据库存在的问题。数据库领域的新技术主要表现为如下几类。

（1）分布式数据库。

（2）数据仓库与数据挖掘技术。

（3）多媒体数据库。

（4）大数据技术。

1.10.1 分布式数据库

1. 集中式系统和分布式系统

所谓集中式数据库就是集中在一个中心场地的计算机上，以统一处理方式所支持的数据库。这类数据库无论是逻辑上还是物理上都是集中存储在一个容量足够大的外存储器上，其基本特点如下。

（1）集中控制处理效率高，可靠性好；

（2）数据冗余少，数据独立性高；

（3）易于支持复杂的物理结构去获得对数据的有效访问。

但是随着数据库应用的不断发展，人们逐渐地感觉到过分集中化的系统在处理数据时有许多局限性。例如，不在同一地点的数据无法共享；系统过于庞大、复杂，显得不灵活且安全性较差；存储容量有限，不能完全适应信息资源存储要求等。正是为了克服这种系统的缺点，人们采用数据分散的办法，即把数据库分成多个，建立在多台计算机上，这种系统称为分散式数据库系统。

由于计算机网络技术的发展，才有可能把并排分散在各处的数据库系统通过网络通信技术连接起来，这样形成的系统称为分布式数据库（Distributed Database）系统。近年来，分布式数据库已经成为信息处理中的一个重要领域，它的重要性还将迅速增加。

2. 分布式数据库的定义

分布式数据库是一组结构化的数据集合，它们在逻辑上属于同一系统，而在物理上分布在计算机网络的不同结点上。网络中的各个结点（也称为“场地”）一般都是集中式数据库系统，由计算机、数据库和若干终端组成。数据库中的数据不是存储在同一场地，这就是分布式数据库的“分布性”特点，也是与集中式数据库的最大区别。

表面上看，分布式数据库的数据分散在各个场地，但这些数据在逻辑上却是一个整体，如同一个集中式数据库。因而，在分布式数据库中有了全局数据库和局部数据库两个概念。所谓全局数据库就是从系统的角度出发，逻辑上的一组结构化的数据集合或逻辑项集；而局部数据库是从各个场地的角度出发，物理结点上的各个数据库，即子集或物理项集。这是分布式数据库的“逻辑整体性”特点，也是与分散式数据库的区别。

3. 分布式数据库的特点

分布式数据库可以建立在以局域网连接的一组工作站上，也可以建立在广域网（或称远程网）的环境中。但分布式数据库系统并不是简单地把集中式数据库安装在不同的场地，而是具有自己的性质和特点。

（1）自治与共享。分布式数据库有集中式数据库的共享性与集成性，但它更强调自治及可控制的共享。这里的自治是指局部数据库可以是专用资源，也可以是共享资源。这种共享资源体现了物理上的分散性，这是由一定的约束条件划分而形成的。因此，要由一定的协调机制来控制以实现共享。

（2）冗余的控制。在研究集中式数据库技术时强调减少冗余，但在研究分布式数据库时允许冗余——物理上的重复。这种冗余（多副本）增加了自治性，即数据可以重复地驻留在常用的结点上以减少通信代价，提供自治基础上的共享。冗余不仅改善系统性能，同时也增加了系统的可用性，即不会由于某个结点的故障而引起全系统的瘫痪。但这无疑增加了存储代价，也增加了副本更新时的一致性代价，特别当有故障时，结点重新恢复后保持多个副本一致性的代价。

（3）分布事务执行的复杂性。逻辑数据项集实际上是由分布在各个结点上的多个关系片段（子集）组成的。一个项可以物理上被划分为不相交（或相交）的片段，也可以有多个相同的副本且存储在不同的结点上。所以，分布式数据库存取的事务是一种全局性事务，它是由许多在不同结点上执行对各局部数据库存取的局部子事务组成的。如果仍保持事务执行的原子性，则必须保证全局事务的原子性。

（4）数据的独立性。数据库技术的一个目标是使数据与应用程序间尽量独立，相互之间影响最小。也就是数据的逻辑和物理存储对用户是透明的。在分布式数据库中，数据的独立性有更丰富的内容。使用分布式数据库时，应该像使用集中式数据库时一样，即系统要提供一种完全透明的性能，具体包括以下内容。

① 逻辑数据透明性。某些用户的逻辑数据文件改变时，或者增加新的应用使全局逻辑结构改变时，对其他用户的应用程序没有或有尽量少的影响。

② 物理数据透明性。数据在结点上的存储格式或组织方式改变时，数据的全局结构与应用程序无需改变。

③ 数据分布透明性。用户不必知道全局数据如何划分。

④ 数据冗余的透明性。用户无须知道数据重复，即数据子集在不同结点上冗余存储的情况。

4. 分布式数据库的应用及展望

一个完全分布式数据库系统在实现共享时，其利用率高、有站点自治性、能随意扩充、可靠性和可用性好，有效且灵活，就像使用本地的集中式数据库一样。分布式数据库已广泛应用于企业人事、财务和库存等管理系统，百货公司、销售店的经营信息系统，电子银行、民航订票、铁路订票等在线处理系统，国家政府部门的经济信息系统，大规模数据资源等信息系统。

此外，随着数据库技术深入各应用领域，除了商业性、事务性应用以外，在以计算机作为辅助工具的各个信息领域，如计算机辅助技术（Computer Aided Design，CAD）、计算机辅助制造（Computer Aided Manufacturing，CAM）、计算机辅助软件工程（Computer Aided Software Engineering，CASE）、办公自动化（Office Automation，OA）、人工智能（Artificial Intelligence，AI）以及军事科学等，同样适用分布式数据库技术，而且对数据库的集成共享、安全可靠等特性有更多的要求。为了适应新的应用，一方面要研究克服关系数据模型的局限性，增加更多面向对象的语义模型，研究基于分布式数据库的知识处理技术；另一方面可以研究如何弱化完全分布、完全透明的概念，组成松散的联邦型分布式数据库系统。这种系统不一定保持全局逻辑一致，而仅提供一种协商谈判机制，使各个数据库维持其独立性，但能支持部分有控制的数据共享，这对 OA 等信息处理领域很有吸引力。

总之，分布式数据库技术有广阔的应用前景。随着计算机软、硬件技术的不断发展和计算机网络技术的发展，分布式数据库技术也将不断地向前发展。

1.10.2 数据仓库与数据挖掘技术

从20世纪80年代初起直到90年代初，联机事务处理（On-line Transaction Processing，OLTP）一直是关系数据库应用的主流。然而，应用需求在不断地变化，当联机事务处理系统应用到一定阶段的时候，企业家们便发现单靠拥有联机事务处理系统已经不足以获得市场竞争的优势，他们需要对其自身业务的运作以及整个市场相关行业的态势进行分析，进而做出有利的决策。这种决策需要对大量的业务数据包括历史业务数据进行分析才能得到。这种基于业务数据的决策分析，我们把它称为联机分析处理（Online Analytical Processing，OLAP）。如果说传统联机事务处理强调的是更新数据库（向数据库中添加信息），那么联机分析处理就是从数据库中获取信息、利用信息。因此，著名的数据仓库专家 Ralph Kimball 写道："我们花了20多年的时间将数据放入数据库，如今是该将它们拿出来的时候了。"

数据仓库（Data Warehouse，DW）是近年来信息领域发展起来的数据库新技术，随着企事业单位信息化建设的逐步完善，各单位信息系统将产生越来越多的历史信息数据，如何将各业务系统及其他档案数据中有分析价值的海量数据集中管理起来，在此基础上，建立分析模型，从中挖掘出符合规律的知识并用于未来的预测与决策中，是非常有意义的，这也是数据仓库产生的背景和原因。

1. **数据仓库的定义**

数据仓库的定义大多依照著名的数据仓库专家 W. H. Inmon 在其著作 *Building Data Warehouse* 中给出的描述：数据仓库就是一个面向主题的（Subject Oriented）、集成的（Integrate）、相对稳定的（Non-Volatile）、反映历史变化（Time Variant）的数据集合，通常用于辅助决策支持（DDS）。

从其定义的描述可以看出，数据仓库有以下几个特点。

（1）面向主题。操作型数据库（如银行柜台存取款、股票交易、商场POS系统等）的数据组织是面向事务处理任务，各个业务系统之间各自分离；而数据仓库中的数据是按照一定的主题域进行组织。主题是一个抽象的概念，是指用户使用数据仓库进行决策时所关心的重点领域，一个主题通常与多个操作型业务系统或外部档案数据相关。如一个超市的数据仓库所组织的主题可能为供应商、顾客、商品等，而按应用来组织，则可能是销售子系统、供应子系统和财务子系统等。可见，基于主题组织的数据被划分为各自独立的领域，每个领域都有自己的逻辑内涵而互不交叉。而基于应用的数据组织则完全不同，它的数据只是为处理具体应用而组织在一起的。

（2）集成的。面向事务处理的操作型数据库通常与某些特定的应用相关，数据库之间相互独立，并且往往是异构的。而数据仓库中的数据是在对原有分散的数据库数据作抽取、清理的基础上经过系统加工、汇总和整理得到的，必须消除源数据中的不一致性，以保证数据仓库内的信息是关于整个企事业单位一致的全局信息。也就是说存放在数据仓库中的数据应使用一致的命名规则、格式、编码结构和相关特性来定义。

（3）相对稳定的。操作型数据库中的数据通常实时更新，数据根据需要及时发生变化。数据仓库的数据主要供单位决策分析之用，对所涉及的数据操作主要是数据查询和加载，一旦某个数据加载到数据仓库以后，一般情况下将作为数据档案长期保存，几乎不再做修改和删除操作，也就是说针对数据仓库，通常有大量的查询操作及少量定期的加载（或刷新）操作。

（4）反映历史变化。操作型数据库主要关心当前某一个时间段内的数据，而数据仓库中的数据通常包含较久远的历史数据，因此总是包括一个时间维，以便可以研究趋势和变化。数据仓库系统通常记录了一个单位从过去某一时点（如开始启用数据仓库系统的时点）到目前的所有时期的信息，通过这些信息，可以对单位的发展历程和未来趋势做出定量分析和预测。

2. 数据仓库的体系结构

数据仓库系统通常是对多个异构数据源的有效集成，集成后按照主题进行重组，包含历史数据。存放在数据仓库中的数据通常不再修改，用于做进一步的分析型数据处理。

数据仓库系统的建立和开发，是以企事业单位的现有业务系统和大量业务数据的积累为基础，数据仓库不是一个静态的概念，只有把信息适时地交给需要这些信息的使用者，供他们做出改善其业务经营的决策，信息才能发挥作用，信息才是有意义的。因此把信息加以整理归纳和重组，并及时提供给相应的管理决策人员，是数据仓库的根本任务，数据仓库的开发是全生命周期的，通常是一个循环迭代开发过程。

一个典型的数据仓库系统通常包含数据源、数据存储与管理、OLAP 服务器以及前端工具与应用 4 个部分，如图 1-22 所示。

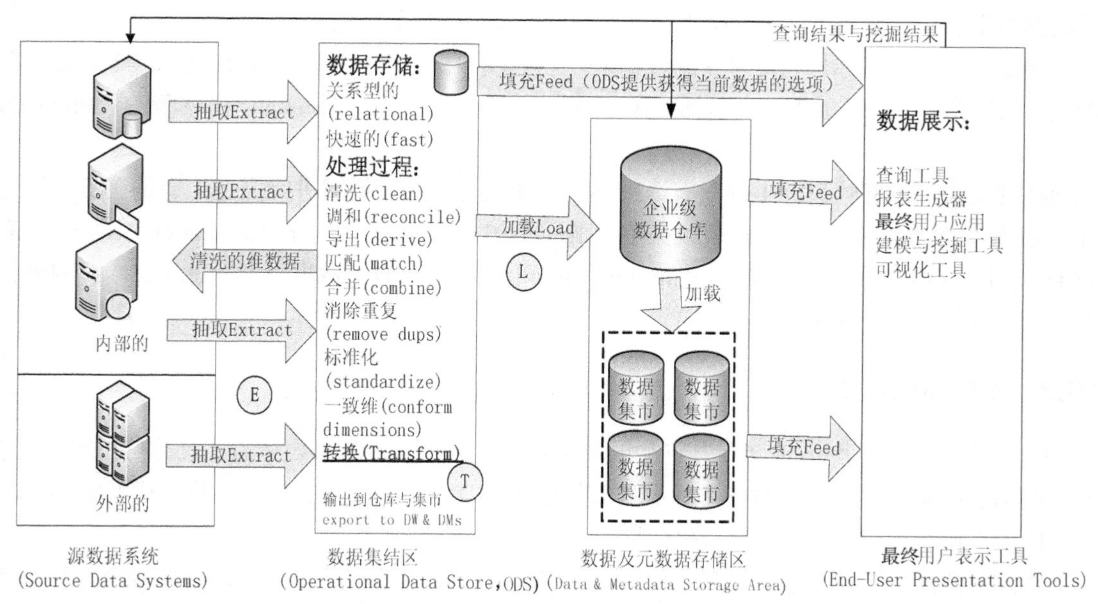

图 1-22　数据仓库系统的体系结构

（1）数据源：是数据仓库系统的基础，即系统的数据来源。通常包括企业（或事业单位）的各种内部信息和外部信息。内部信息，如存于操作型数据库中的各种业务数据和办公自动化系统中包含的各类文档数据；外部信息，如各类法律法规、市场信息、竞争对手的信息，以及各类外部统计数据及其他有关文档等。

（2）数据的存储与管理：是整个数据仓库系统的核心。在现有各业务系统的基础上，对数据进行抽取、清理，并有效集成，按照主题进行重新组织，最终确定数据仓库的物理存储结构。按照数据的覆盖范围和存储规模，数据仓库可以分为企业级数据仓库和部门级数据仓库（也叫“数据集市”，Data Marts）。

（3）OLAP 服务器：对需要分析的数据按照多维数据模型进行重组，以支持用户随时从多角度、多层次来分析数据，发现数据规律与趋势。

（4）前端工具与应用：前端工具主要包括各种数据分析工具、报表工具、查询工具、数据挖掘工具以及各种基于数据仓库或数据集市开发的应用。其中数据分析工具主要针对 OLAP 服务器，报表工具、数据挖掘工具既可针对数据仓库，也可针对 OLAP 服务器。

3. 数据挖掘的定义

数据挖掘（Data Mining），就是从大量数据中获取有效的、新颖的、潜在有用的、最终可理解的模式的非平凡过程，简单地说，数据挖掘就是从大量数据中提取或“挖掘”知识，又被称为数据库中的知识发现（Knowledge Discovery in Database，KDD）。

若将数据仓库比做矿井，那么数据挖掘就是深入矿井采矿的工作。数据挖掘不是一种无中生有的魔术，也不是点石成金的炼金术，若没有足够丰富完整的数据，将很难期待数据挖掘能挖掘出什么有意义的信息。

4. 数据挖掘的方法

数据挖掘的分析方法可以分为两类：直接数据挖掘与间接数据挖掘。

直接数据挖掘的目标是利用可用的数据建立一个模型，这个模型对剩余的数据，比如对一个特定的变量进行描述。直接数据挖掘包括分类（Classification）、估值（Estimation）和预言（Prediction）等分析方法。

而在间接数据挖掘的目标中并没有选出某一具体的变量并用模型进行描述，而是在所有的变量中建立起某种关系，如相关性分组或关联规则（Affinity Grouping or Association Rules）、聚集（Clustering）、描述和可视化（Description and Visualization）及复杂数据类型挖掘（文本、网页、图形图像、音视频和空间数据等）。

1.10.3 多媒体数据库

“多媒体”译自 20 世纪 80 年代初产生的英文词“Multimedia”。多媒体是在计算机控制下文字、声音、图形、图像、视频等多种类型数据的有机集成。其中数字、字符等称为格式化数据，文本、声音、图形图像和视频等称为非格式化数据。

数据库从传统的企业管理扩展到 CAD、CAM 等多种非传统的应用领域。这些领域中要求处理的数据不仅包括一般的结构化数据，还包括大量不同媒体上的非结构化数据。在字符型媒体中，信息是由数字与字母组成的，要按照数字与字母的特征来处理。在图形媒体中，信息用有关的图形描绘，其中包括几何信息与非几何信息，以及描述各几何体之间相互关系的拓扑信息。这些不同媒体上的信息具有不同的性质与特性，因此，为了组织存在于不同媒体上的信息，就要建立多媒体数据库系统（Multimedia Database System，MDBS）。

由于多媒体数据具有数据量大、结构复杂、时序性、数据传输的连续性等特点，因而决定了数据库系统不能采用像结构化数据一样的方式去管理和处理，也不能通过传统数据库的简单扩充满足多媒体应用的需求。多媒体数据库需要有特殊的数据结构、存储技术、查询和处理方式，如支持大对象、基于相似性的检索、连续介质数据的检索等。

所以，多媒体数据库系统是结合数据库技术和多媒体技术，能够有效实现对结构化和非结构化的多媒体数据进行存储、管理和操纵等功能的数据库系统。

多媒体数据库目前有以下三种结构。

第一种结构：由单独一个多媒体数据库管理系统来管理不同媒体的数据库以及对象空间。

第二种结构：主辅 DBMS 体系结构。每一个媒体数据库由一个辅 DBMS 管理。另外有一个主 DBMS 来一体化所有的辅 DBMS。用户在 DBMS 上使用多媒体数据库。对象空间由主 DBMS 来管理。

第三种结构：协作 DBMS 体系结构。每个媒体数据库对应一个 DBMS，称为成员 DBMS，每个成员放到外部软件模型中，外部软件模型提供通信、查询和修改的界面。用户可以在任一点上使用数据库。

多媒体数据库的研究历史不长，但却是计算机科学技术中方兴未艾的一个重要分支。从理论上说，它涉及的内容可以把一切对象装进一个数据库系统，因而所遇到的问题极其复杂，不但有技术问题，也有对现实世界的认识和理解问题。随着对多媒体数据库系统的进一步研究，不同介质集成的进一步实现，商用多媒体数据库管理系统必将蓬勃发展，多媒体数据库领域必将在高科技方面占据越来越重要的地位。

1.10.4　大数据技术

1. 大数据技术的产生背景

IBM 前首席执行官郭士纳指出，每隔 15 年 IT 领域会迎来一次重大变革。截至到目前，共发生了三次信息化浪潮。第一次信息化浪潮发生在 1980 年前后，其标志是个人计算机的产生，当时信息技术所面对的主要问题是实现各类数据的处理。第二次信息化浪潮发生在 1995 年前后，其标志是互联网的普及，当时信息技术所面对的主要问题是实现数据的互联互通。第三次信息化浪潮发生在 2010 年前后，随着硬件存储成本的持续下降、互联网技术和物联网技术的高速发展，现代社会每天正以不可想象的速度产生各类数据，如电子商务网站的用户访问日志、微博中评论和转发信息、各类短视频和微电影、各类商品的物流配送信息、手机通话记录等。这些数据或流入已经运行的数据库系统，或形成具有结构化的各类文件，或形成具有非结构化特征的视频和图像文件。据统计， Google 每分钟进行 200 万次搜索，全球每分钟发送 2 亿封电子邮件，12306 网站春节期间一天的访问量为 84 亿次。总之，人们已经步入一个以各类数据为中心的全新时代——大数据时代。

从数据库的研究历程看，大数据并非一个全新的概念，它与数据库技术的研究和发展密切相关。20 世纪 70～80 年代，数据库的研究人员就开始着手超大规模数据库（Very Large Database）的探索工作，并于 1975 年举行了第一届 VLDB 学术会议，至今该会议仍然是数据库管理领域的顶级学术会议之一。20 世纪 90 年代后期，随着互联网技术的发展、行业信息化建设和水平不断提高，产生了海量数据（Massive Data），于是数据库的研究人员开始从数据管理转向数据挖掘技术，尝试在海量数据上进行有价值数据的提取和预测工作。20 年后，数据库的研究人员发现他们所处理的数据不仅在数量上呈现爆炸式增长，种类繁多的数据类型也不断挑战原有数据模型的计算能力和存储能力，因此，学者纷纷使用“大数据”来表达现阶段的数据科研工作，并随之产生了一个新兴领域和职业——数据科学和数据科学家。

2. 大数据的概念

对大数据的概念，尚无明确的定义，但人们普遍采用大数据的 4V 特性来描述大数据，即“数据量大（Volume）”“数据类型繁多（Variety）”“数据处理速度快（Velocity）”和“数据价值密度低（Value）”。

“数据量大”是从数据规模的角度描述大数据的。大数据的数据量可以从数百TB到数百PB，甚至到EB的规模。

“数据类型繁多”是从数据来源和数据种类的角度描述大数据的。大数据的数据类型可以宏观分为结构化数据和非结构化数据，其中结构化数据以关系型数据库为主，占大数据的10%左右，非结构化的数据主要包括邮件、音频、视频、微信、位置信息、网络日志等，占大数据的90%左右。

“数据处理速度快”是从数据的产生和处理的角度描述大数据的。一方面，现阶段每分钟产生大量的社会、经济、政治和人文等领域的相关数据。另一方面，大数据时代的很多应用，效率是核心，需要对数据具有“秒级”响应，从而进行有效的商业指导和生产实践。

“数据价值密度低”是从大数据潜藏的价值分布情况描述大数据的。虽然大数据中具有很多有价值的潜在信息，但其价值的密度远远低于传统关系型数据库中的数据价值。对于价值密度低，很多学者认为这也体现了解决大数据各类问题的必要性，即通过技术的革新，实现大数据淘金。

3. 大数据的关键技术

目前大数据所涉及的关键技术主要包括数据的采集和迁移、数据的存储和管理、数据的处理和分析、数据安全和隐私保护。

数据采集技术将分布在异构数据源或异构采集设备上的数据通过清洗、转换和集成技术，存储到分布式文件系统中，成为数据分析、挖掘和应用的基础。数据迁移技术将数据从关系型数据库迁移到分布式文件系统或NoSQL数据库中。NoSQL数据库是一种非结构化的新型分布式数据库，它采用键值对的方式存储数据，支持超大规模数据存储，可灵活地定义不同类型的数据库模式。

数据处理和分析技术利用分布式并行编程模型和计算框架，如Hadoop的Map-Reduce计算框架和Spark的混合计算框架等，结合模式识别、人工智能、机器学习、数据挖掘等算法，实现对大数据的离线分析和大数据流的在线分析。

数据安全和隐私保护是指在确保大数据被良性利用的同时，通过隐私保护策略和数据安全等手段，构建大数据环境下的数据隐私和安全保护。

需要指出，上述各类大数据技术多传承自现阶段的关系型数据，如关系数据库上的异构数据集成技术、结构化查询技术、数据半结构化组织技术、数据联机分析技术、数据挖掘技术、数据隐私保护技术等。同时，大数据中的NoSQL数据库本身含义是Not Only SQL，而非Not SQL。它表明大数据的非结构化数据库和关系型数据处理技术在解决问题上各具优势，大数据存储中的数据一致性、数据完整性和复杂查询的效率等方面还需借鉴关系型数据库的一些成熟解决方案。因此，掌握和理解关系型数据库对于日后开展大数据相关技术的学习、实践、创新具有重要的借鉴意义。

大数据技术

4. 大数据技术的应用场景

目前，大数据技术的应用已经非常普遍，涉及的领域包括传统零售业、金融业、医疗业和政府机构等。

在传统零售行业中，用户购物的大数据可用于分析具有潜在购买关系的商品，经销商将分析得到的关联商品以搭配的形式进行销售，从而提高相关商品的销售概率。这类应用的经典案例是“啤酒和尿布”的搭配，两种产品看似是无关的，但是从购买记录中发现，购买啤酒的用户通常会购买尿布，如果将两者就近摆放，则会综合提高两种商品的销售数量。

在金融业中，每日股票交易的数据量具有大数据的特点，很多金融公司纷纷成立金融大数据研发机构，通过大数据技术分析市场的宏观动向并预测某些公司的运行情况。同时，银行可以通过根据区域用户日常交易情况，将常用的业务放置在区域内 ATM 机器上，方便用户更快捷地使用所需的金融服务。

在医疗行业中，各类患者的诊断信息、检查信息和处方信息可用于预测、辨别和辅助各种医疗活动。代表性的案例如“癌症的预测”，研究发现，很多症状能够用于早期的癌症预测，但由于传统医疗数据量较小，导致预测结果精度不高。随着大数据技术与医疗大数据的深度结合，越来越多有意义的癌症指征被发现并用于早期的癌症预测中。

在政府机构中，其掌握的各类大数据对政府的决策具有重要的辅助作用。传统的出租车 GPS 信息只用于掌握出租车的运行情况，目前这一数据可用于预测各主要街道的拥堵情况，从而对未来的市政建设提供决策依据。再有，药店销售的感冒药数量不仅可用于行业的基本监督，还可用于预测当前区域的流感发病情况等。

以上各行业的大数据应用表明，大数据技术已经融入到人们日常生活的方方面面，并正在改变人们的生活方式。未来，大数据技术将会与领域结合得更加紧密，任何决策和研究的成果必须通过数据进行表达，数据将成为驱动行业健康、有序发展的重要动力。

除上述数据库新技术外，数据库技术的研究领域还可分为数据库管理系统软件的研制、数据库设计和数据库理论的研究。本书所介绍的数据库系统的基本概念、基本技术和基本知识都是进行上述三个领域研究和开发的基础。

通过上述对数据库系统的介绍，可以得出这样的结论：传统的数据库技术和其他计算机技术相互结合、相互渗透，使数据库中新的技术内容层出不穷；数据库的许多概念、技术内容、应用领域甚至某些原理都有了重大的发展和变化。新的数据库技术不断涌现，它们提高了数据库的功能、性能，并使数据库的应用领域得到了极大的发展。这些新型的数据库系统共同构成了数据库系统的大家族。

小　　结

本章讲述了信息、数据、数据处理与数据管理的基本概念，介绍了数据管理技术发展的三个阶段及各自的优缺点，说明了数据库系统的特点。

数据库系统主要包括数据库、数据库用户、计算机硬件系统和计算机软件系统等几部分。

数据库是存储在计算机内有组织的大量共享数据的集合，可以供用户共享，具有尽可能小的冗余度和较高的数据独立性，使得数据存储最优，数据最容易操作，并且具有完善的自我保护能力和数据恢复能力。

数据库的用户是指使用数据库的人员，其中数据库管理员（DBA）是数据库系统中的核心人员，它可以决定数据库的结构和内容，控制和监督数据库系统的运行等。

计算机硬件系统是数据库系统存在和运行的硬件基础。

在计算机软件系统中，数据库管理系统和操作系统是核心的系统软件。其中数据库管理系统是对数据进行管理的大型系统软件，用户在数据库系统中的一切操作，包括数据定义、查询、更新及各种控制，都是通过 DBMS 进行的。DBMS 就是实现把用户意义下的抽象的逻辑数据处理转换成计算机中的具体的物理数据的处理软件，这给用户带来很大的方便。当然，数据库管理系统所进行的一系列的操作都要通过操作系统，操作系统负责管理系统中的硬件资源和软件资源。

从数据库管理系统的角度看，数据库系统通常采用三级模式结构，这是数据库系统内部的体系结构；数据库系统的三级模式和二级映像保证了数据库系统的逻辑独立性和物理独立性。

数据库中的数据是按一定的结构和模型进行组织的，通常分为层次模型、网状模型、关系模型和面向对象模型。本章详细介绍了这四种模型各自的优缺点，并重点介绍了关系模型及有关的基本概念。

随着新兴信息技术的发展和影响，数据库领域的新技术包括分布式数据库、数据仓库与数据挖掘、多媒体数据库和大数据技术等。

习　题

一、选择题

1. 数据库（DB）、数据库系统（DBS）、数据库管理系统（DBMS）之间的关系是（　　）。

A）DB 包含 DBS 和 DBMS　　B）DBMS 包含 DB 和 DBS

C）DBS 包含 DB 和 DBMS　　D）没有任何关系

2. 数据库系统的核心是（　　）。

A）数据模型　　B）数据库管理系统　　C）数据库　　D）数据库管理员

3. 数据独立性是数据库技术的重要特点之一。所谓数据独立性是指（　　）。

A）数据与程序独立存放

B）不同的数据被存放在不同的文件中

C）不同的数据只能被对应的应用程序所使用

D）以上三种说法都不对

4. 用树形结构表示实体之间联系的模型是（　　）。

A）关系模型　　B）网状模型　　C）层次模型　　D）以上三个都是

5. “商品”与“顾客”两个实体集之间联系一般是（　　）。

A）一对一　　B）一对多　　C）多对一　　D）多对多

6. 下列关于数据库的正确叙述是（　　）。

A）数据库中只存在数据项之间的联系

B）数据库的数据项之间和记录之间都存在联系

C）数据库的数据项之间无联系，记录之间存在联系

D）数据库的数据项之间和记录之间都不存在联系

7. 在数据库管理系统提供的数据语言中，负责数据的模式定义与数据的物理存取构建的是（　　）。

A）数据定义语言　　B）数据转换语言　　C）数据操纵语言　　D）数据控制语言

8. 数据库系统的三级模式结构中，下列不属于三级模式的是（　　）。

A）内模式　　B）抽象模式　　C）外模式　　D）概念模式

9. 在数据库管理系统提供的语言中，负责数据的完整性、安全性的定义与检查以及并发控制、

故障恢复等功能的是（　　）。

A）数据定义语言　　B）数据转换语言　　C）数据操纵语言　　D）数据控制语言

10. 下面关于数据系统叙述正确的是（　　）。

A）数据库系统避免了一切冗余

B）数据库系统减少了数据冗余

C）数据库系统比文件系统能管理更多的数据

D）数据库系统中数据的一致性是指数据类型的一致

11. 下列叙述中，错误的是（　　）。

A）数据库技术的根本目标是要解决数据共享的问题

B）数据库设计是指设计一个能满足用户要求，性能良好的数据库

C）数据库系统中，数据的物理结构必须与逻辑结构一致

D）数据库系统是一个独立的系统，但是需要操作系统的支持

12. 在数据库管理系统提供的数据语言中，负责数据的查询及增、删、改等操作的是（　　）。

A）数据定义语言　　B）数据转换语言　　C）数据控制语言　　D）数据操纵语言

13. 下列有关数据库的描述，正确的是（　　）。

A）数据库是一个结构化的数据集合　　B）数据库是一个关系

C）数据库是一个 DBF 文件　　D）数据库是一组文件

14. 在数据库的三级模式结构中，描述数据库中全体数据的全局逻辑结构和特征的是（　　）。

A）外模式　　B）内模式　　C）存储模式　　D）模式

15. （　　）是存储在计算机内有结构的数据的集合。

A）数据库系统　　B）数据库

C）数据库管理系统　　D）数据结构

16. （　　）是位于用户与操作系统之间的一层数据管理软件。

A）数据库系统　　B）数据库应用系统

C）数据库管理系统　　D）数据库

17. 数据库系统的三级模式中，表达物理数据库的是（　　）。

A）外模式　　B）模式　　C）用户模式　　D）内模式

18. 供应商可以给某个工程提供多种材料，同一种材料也可以由不同的供应商提供，从材料到供应商之间的联系类型是（　　）。

A）多对多　　B）一对一　　C）多对一　　D）一对多

19. 子模式是（　　）。

A）模式的副本　　B）存储模式

C）多个模式的集合　　D）模式的逻辑子集

20. 数据库中不仅能够保存数据本身，而且能保存数据之间的相互联系，保证了对数据修改的（　　）。

A）独立性　　B）安全性　　C）共享性　　D）一致性

21. 一个数据库系统的外模式（　　）

A）只能有一个　　B）最多只能有一个　　C）至少两个　　D）可以有多个

22. 数据库三级模式中，真正存在的是（　　）

A）外模式　　B）子模式　　C）模式　　D）内模式

23. 在数据库中，数据的物理独立性是指（　　）

A）数据库与数据管理系统的相互独立

B）用户程序与 DBMS 的相互独立

C）用户的应用程序与存储磁盘上数据的相互独立

D）应用程序与数据库中数据的逻辑结果相互独立

24. 为了保证数据库的逻辑独立性，需要修改的是（　　）

A）模式与外模式之间的映射　　B）模式与内模式之间的映射

C）模式　　D）三级模式

25. 层次模型不能直接表示（　　）

A）1:1 联系　　B）1:n 联系　　C）m:n 联系　　D）1:1 和 1:n 联系

二、填空题

1. 数据管理技术发展过程经过人工管理、文件系统和数据库系统三个阶段，其中数据独立性最高的阶段是________。

2. 在关系数据库中，把数据表示成二维表，每一个二维表称为________。

3. 在数据库理论中，数据物理结构的改变，如存储设备的更换、物理存储的更换、存取方式等都不影响数据库的逻辑结构，从而不引起应用程序的变化，称为________。

4. 数据库管理系统是位于用户与________之间的软件系统。

5. 数据库系统中，实现数据管理功能的核心软件称为________。

6. 一个项目具有一个项目主管，一个项目主管可管理多个项目，则实体“项目主管”与实体“项目”间的关系属于________的关系。

7. 数据库三级模式体系结构的划分，有利于保持数据的________。

8. 数据库保护分为：安全性控制、________、并发性控制和数据恢复。

9. 在数据库理论中，数据库总体逻辑结构的改变，如修改数据模式、增加新的数据类型、改变数据间联系等，不需要修改相应的应用程序，称为________。

10. 数据库管理系统常见的数据模型有层次模型、网状模型和________三种。

11. 对现实世界进行第一层抽象的模型，称为________模型；对现实世界进行第二层抽象的模型，称为________模型。

12. 层次模型的数据结构是________结构；网状模型的数据结构是________结构；关系模型的数据结构是________结构；面向对象模型的数据结构之间可以________。

13. 在数据库技术中，编写应用程序的语言一般是 C、Basic 等高级语言，这些语言被称为________语言。

14. 数据库系统中，用于存放三级结构定义的数据库称为________。

15. 从最终用户来看，数据库系统的外部体系结构可分为五种类型：________、________、________、________、________。

16. 现实世界的事物反映到人的头脑中经过思维加工成数据，这一过程需要经过三个世界的转换，依次是________、________、________。

三、简答题

1. 简述数据管理技术发展的三个阶段和各个阶段的特点是什么？

2. 从程序和数据之间的关系分析文件系统和数据库系统之间的区别和联系。

3. 简述数据库、数据库管理系统、数据库系统三个概念的含义和联系。

4. 数据库系统包括哪几个主要组成部分？各部分的功能是什么？画出整个数据库系统的层次结构图。

5. 简述数据库管理系统的组成和功能。

6. DBA 指什么？它的主要职责是什么？

7. 试述数据库三级模式结构，说明三级模式结构的优点是什么。

8. 什么是数据库的数据独立性？它包含哪些内容？

9. 什么是数据字典？它的主要作用是什么？

10. 简述数据库管理系统的数据存取过程。

11. 解释实体、属性、码、实体集、实体型、实体联系类型、记录、数据项、字段、记录型、文件、实体模型和数据模型的含义。

12. 数据模型的主要作用是什么？三类基本数据模型的划分依据是什么？各有哪些优缺点？

13. 实体型间的联系有哪几种？其含义是什么？并举例说明。

14. 解释模式、内模式、外模式、DDL 和 DML 的含义。

15. 试述传统数据库的局限性。

16. 面向对象数据库的主要研究内容是什么？

17. 什么是分布式数据库？其特点是什么？

18. 简述数据挖掘的处理过程分为几个阶段？

19. 大数据定义的 4V 特征包括哪些？

20. 简述大数据的关键技。

02

第2章　关系数据库

关系数据库系统是支持关系模型的数据库系统。关系数据库是目前应用最广泛，也是最重要、最流行的数据库。按照数据模型的三个要素，关系模型由关系数据结构、关系操作集合和关系完整性约束三部分组成。本章主要从这三个方面讲述关系数据库的一些基本理论，包括关系模型的数据结构、关系的定义和性质、关系的完整性、关系代数和关系数据库的基本概念等。

本章内容是学习关系数据库的基础，其中，关系代数是学习的重点和难点。学习本章后，读者应掌握关系的定义及性质、关系码、外部码等基本概念，掌握关系演算语言的使用方法。重点掌握实体完整性和参照完整性的内容和意义、常用的几种关系代数的基本运算等。

2.1　关系模型的数据结构及其形式化定义

关系模型的数据结构非常简单，只包含单一的数据结构——关系。在关系模型中，无论是实体还是实体之间的联系均由单一的结构类型即关系来表示。在第 1 章 1.9.3 小节中已经非形式化地介绍了关系模型及其有关基本概念。而关系模型是以集合代数理论为基础的，因此，可以用集合代数给出“关系”的形式化定义。为此，我们先引入域和笛卡儿积的概念。

2.1.1　关系的形式化定义及其有关概念

1. 域（Domain）

定义 2.1　域是一组具有相同数据类型的值的集合，又称为值域（用 D 表示）。例如，整数、实数和字符串的集合都是域。

域中所包含的值的个数称为域的基数（用 m 表示）。在关系中就是用域来表示属性的取值范围的。例如：

D_1={李力，王平，刘伟}，m_1=3；

D_2={男，女}；m_2=2；

D_3={18，20，18}；m_3=3。

其中，D_1、D_2、D_3 分别表示教师关系中姓名域、性别域和年龄域的集合。域名无排列次序，如 D_2={男，女}={女，男}。

2. 笛卡儿积（Cartesian Product）

定义 2.2　给定一组域 D_1，D_2，…，D_n（它们可以包含相同的元素，既可以完全不同，也可以部分或全部相同），则 D_1，D_2，…，D_n 的笛卡儿积为：

$D_1 \times D_2 \times \cdots \times D_n$={（$d_1$，$d_2$，…，$d_n$）|$d_i \in D_i$，$i$=1，2，…，$n$}。

由定义可以看出，笛卡儿积也是一个集合。其中：

（1）每一个元素（d_1，d_2，…，d_n）中的每一个值 d_i 叫做一个分量（Component），分量来自相应的域（$d_i \in D_i$）。

（2）每一个元素（d_1，d_2，…，d_n）叫做一个 n 元组（n-Tuple），简称元组（Tuple）。但元组是有序的，相同分量 d_i 的不同排序所构成的元组不同。如，以下三个元组是不同的，（1，2，3）≠（2，3，1）≠（1，3，2）。

（3）若 D_i（i=1，2，…，n）为有限集，D_i 中的集合元素个数称为 D_i 的基数，用 m_i（i=1，2，…，n）表示，则笛卡儿积 $D_1 \times D_2 \times \cdots \times D_n$ 的基数 M［即元组（d_1，d_2，…，d_n）的个数］为所有域的基数的累乘之积，即 $M=\prod_{i=1}^{n} m_i$。

例如，上述表示教师关系中姓名和性别两个域的笛卡儿积为：

$D_1 \times D_2$={（李力，男），（李力，女），（王平，男），（王平，女），（刘伟，男），（刘伟，女）}

其中，李力、王平、刘伟、男、女都是分量，（李力，男），（李力，女）等是元组，其基数 $M=m_1 \times m_2=3 \times 2=6$，元组的个数为 6。

（4）笛卡儿积可用二维表的形式表示。例如，上述笛卡儿积 $D_1 \times D_2$ 中的 6 个元组可表示成表 2.1。

由上例可以看出，笛卡儿积实际是一个二维表，表的框架即每一列由域构成。表的每一行就是一个元组，表中的每一列可以来自同一个域，如第一列来自 D_1，第二列来自 D_2。

表 2.1　D_1和D_2的笛卡儿积

姓　名	性　别
李力	男
李力	女
王平	男
王平	女
刘伟	男
刘伟	女

3. 关系（Relation）

定义 2.3　笛卡儿积 $D_1 \times D_2 \times \cdots \times D_n$ 的任一子集称为定义在域 D_1，D_2，…，D_n 上的 n 元关系（Relation），可用 R（D_1，D_2，…，D_n）表示。其中，R 表示关系的名字，n 是关系的目或度（Degree）。

例如，上例 $D_1 \times D_2$ 笛卡儿积的某个子集可以构成教师关系 T_1，如表 2.2 所示。

表 2.2　$D_1 \times D_2$ 笛卡儿积的子集（关系 T_1）

姓　名	性　别
李力	男
王平	女
刘伟	男

下面是对定义 2.3 的几点说明。

（1）在关系 R 中，当 n=1 时，称为单元关系。当 n=2 时，称为二元关系，以此类推。例如，上例中的教师关系 T_1 为二元关系。

（2）关系中的每个元素是关系中的元组，通常用 t 表示，关系中元组个数是关系的基数。例如，上例中的教师关系 T_1 中的三个元素（李力，男），（王平，女），（刘伟，男）为三个元组，关系 T_1 的基数为 3。

如果一个关系的元组个数是无限的，则称为无限关系；如果一个关系的元组个数是有限的，则称为有限关系。由于计算机存储系统的限制，我们一般不去处理无限关系，而只考虑有限关系。

（3）由于关系是笛卡儿积的子集，因此，也可以把关系看成一个二维表。其中：

① 表的框架由域 D_i（i=1，2，…，n）构成，即表的每一列对应一个域；

② 表的每一行对应一个元组；

③ 由于不同域（列）的取值可以相同，为了加以区别，必须对每个域（列）起一个名字，称为属性（Attribute），n 元关系必有 n 个属性，属性的名字唯一；属性的取值范围称为值域，等价于对应域 D_i（i=1，2，…，n）的取值范围；

④ 具有相同关系框架的关系称为同类关系。例如，有另一个关系 T_2，如表 2.3 所示。

表 2.3　关系 T_2的内容

姓　名	性　别
张雪	女
张兰	女

T_1 和 T_2 是同类关系。

（4）在数学上，关系是笛卡儿积的任意子集，但在实际应用中，关系是笛卡儿积中所取的有意义的子集。例如，在表 2.1 中选取一个子集构成如表 2.4 所示关系，表中关系显然不符合实际情况。因此，笛卡儿积的基数大于等于定义在其上的关系的基数。

表 2.4　不符合实际意义的关系

姓　名	性　别
李力	男
李力	女

从关系模型的角度，关系可进一步定义为：

定义 2.4　定义在域 D_1，D_2，…，D_n（不要求完全相异）上的关系由关系头（Heading）和关系体（Body）组成。

关系头由属性名 A_1，A_2，…，A_n 的集合组成，每个属性 A_i 对应一个域 D_i（i=1，2，…，n）。关系头（关系框架）是关系的数据结构的描述，它是固定不变的。

关系体是指关系结构中的内容或者数据，它随元组的插入、删除或修改而变化。

2.1.2 关系的性质

尽管关系与二维表格、传统的数据文件是非常类似的，但它们之间又有着重要的区别。严格地说，关系是一种规范化了的二维表中行的集合，为了使相应的数据操作简化，在关系模型中，对关系作了种种限制，关系具有如下性质。

（1）列是同质的，即每一列中的分量必须来自同一个域，必须是同一类型的数据。

（2）不同的属性可来自同一个域，但不同的属性必须有不同的名字。例如，设有如表 2.5 所示的关系，职业与兼职是两个列，它们来自同一个域，职业={教师，工人，辅导员}，但这两个列是两个不同的属性，必须给它们起不同的名字“职业”和“兼职”。

（3）列的顺序可以任意交换。但交换时，应连同属性名一起交换，否则将得到不同的关系。如关系 T_1 作（如表 2.6 所示）的交换时，对它无任何影响。

如果作表 2.7 的交换时，不交换属性名，只交换属性列中的值，则得到不同的关系。

表 2.5 一个关系的两个属性来自同一域

姓　名	职　业	兼　职
张强	教师	辅导员
王丽	工人	教师
刘宁	教师	辅导员

表 2.6 关系 T_1 的两列交换（连同属性名）后的内容

性　别	姓　名
男	李力
女	王平
男	刘伟

表 2.7 关系 T_1 的两列交换（未交换属性名）后的内容

姓　名	性　别
男	李力
女	王平
男	刘伟

（4）关系中元组的顺序（即行序）可任意，在一个关系中可以任意交换两行的次序。因为关系是以元组为元素的集合，而集合中的元素是无序的，所以作为集合元素的元组也是无序的。根据关系的这个性质，可以改变元组的顺序使其具有某种排序，然后按照顺序查询数据，这样可以提高查询速度，如按照学号对元组进行排序等。

（5）关系中不允许出现相同的元组。因为数学上集合中没有相同的元素，而关系是元组的集合，所以作为集合元素的元组应该是唯一的。

（6）关系中每一分量必须是不可分的数据项，或者说所有属性值都是原子的，即是一个确定的值，而不是值的集合。属性值可以为空值，表示“未知”或“不可使用”，但不可“表中有表”。满足此条件的关系称为规范化关系，否则称为非规范化关系。

例如，在表 2.8 中，籍贯含有省（区市）、市/县两项，出现了“表中有表”的现象，则为非规范化关系，而应把籍贯分成省（区市）、市/县两列，将其规范化，如表 2.9 所示。关于具体衡量一个关系的规范化程度等方法，将于本书第 4 章介绍。

表 2.8 非规范化的关系

姓　名	籍　贯	
	省（区市）	市/县
张强	吉林	长春
王丽	山西	大同

表 2.9 规范化的关系

姓　名	省（区市）	市/县
张强	吉林	长春
王丽	山西	大同

2.1.3 关系模式

在数据库中要区分型和值。关系数据库中，关系模式是型，关系是值。关系模式是对关系的描述，那么一个关系需要描述哪些方面的内容呢？

首先，由于关系是笛卡儿积的子集，该子集中的每一个元素是一个元组，即关系也是元组的集合。因此，关系模式必须指出这个元组集合的结构，即它由哪些属性构成，每个属性的名称是什么，这些属性来自哪些域，以及属性与域之间的映像关系。

其次，一个关系通常是由赋予它的元组语义来确定的。即凡是笛卡儿积集合中的所有符合元组语义的那部分元素的全体就构成了该关系模式的关系。现实世界随着时间在不断地变化，因而在不同的时刻，关系模式的关系也会有所变化。但是，现实世界的许多事实限定了关系模式所有可能的关系必须满足一定的完整性约束条件。这些约束条件或者通过属性取值范围的限定，例如，教师的年龄小于 65 岁（假设 65 岁以后必须退休），或者通过属性值间的相互关联（主要体现于值的相等与否）反映出来。关系模式应当刻画出这些完整性约束条件。

因此，一个关系模式应当是一个五元组。

定义 2.5 关系的描述称为关系模式（Relation Schema）。它可以形式化地表示为：

$$R(U, D, DOM, F)$$

其中，R 为关系名；U 为组成该关系的属性名集合；D 为属性组 U 中属性所来自的域；DOM 为属性向域的映像集合；F 为属性间数据的依赖关系集合。在书写过程中，一般用下划线表示出关系中的主码。

由于属性间的数据依赖 F 将在第 4 章中进行讨论，而域名 D 及属性向域的映像 DOM 常常直接说明为属性的类型、长度。因此，关系模式通常还可简记为：

$$R(U) \text{ 或 } R(A_1, A_2, \cdots, A_n)$$

其中，R 为关系名；U 为属性名的集合；A_1，A_2，…，A_n 为各属性名。

由定义可以看出，关系是关系模式在某一时刻的状态或内容。也就是说，关系模式是型，即关系头；而关系是它的值，即关系体。关系模式是关系的框架（或者称为表框架），是对关系结构的描述，它是静态的、稳定的；而关系是动态的、随时间不断变化的，它是关系模式在某一时刻的状态或内容，这是因为关系的各种操作在不断地更新着数据库中的数据。但在实际中，常常把关系模式和关系统称为关系，读者可以通过上下文加以区别。

例如，在第 1 章的图 1-21 所示的教学数据库中，共有五个关系，其关系模式可分别表示为：

学生（学号，姓名，性别，年龄，系别）

教师（教师号，姓名，性别，年龄，职称，工资，岗位津贴，系别）

课程（课程号，课程名，课时）

选课（学号，课程号，成绩）

授课（教师号，课程号）

在每个关系中，又有其相应的实例。例如，与学生关系模式对应的数据库中的实例有如下六个元组，如图 2-1 所示。

S1	赵亦	女	17	计算机
S2	钱尔	男	18	信息
S3	孙珊	女	20	信息
S4	李思	男	21	自动化
S5	周武	男	19	计算机
S6	吴丽	女	20	自动化

图 2-1 与学生关系模式对应的实例

2.1.4 关系数据库与关系数据库模式

在关系模型中，实体以及实体间的联系都是用关系来表示的。例如，学生实体、课程实体、学生与课程之间的多对多联系都可以分别用一个关系来表示。在一个给定的应用领域中，所有实体以及实体之间联系所对应的关系的集合构成一个关系数据库。

关系数据库也是有型和值之分的。

关系数据库的型称为关系数据库模式，是对关系数据库的描述，它包括若干域的定义以及在这些域上定义的若干关系模式。因此，关系数据库模式是对关系数据库结构的描述，或者说是对关系数据库框架的描述。

而关系数据库的值也称为关系数据库，是这些关系模式在某一时刻对应的关系的集合。也就是说，与关系数据库模式对应的数据库中的当前值就是关系数据库的内容，称为关系数据库的实例。

例如，在第 1 章的图 1-21 所示的教学数据库是五个关系的集合，或者说是五个关系头和五个关系体的集合。其中，各个关系头相对固定，而关系体的内容，会随时间而变化。例如，学生和教师的年龄随时间而增长，教师的工资和岗位津贴也会发生变化。

2.2　关系的码与关系的完整性

2.2.1　候选码（键）与主码（键）

1. 候选码（Candidate Key）

能唯一标识关系中元组的一个属性或属性集，称为候选码，也称候选关键字或候选键，在后续章节中，统一称为候选码。如“学生关系”中的学号能唯一标识每一个学生，则属性“学号”是学生关系的候选码。在“选课关系”中，只有属性的组合“学号+课程号”才能唯一地区分每一条选课记录，则属性集“学号+课程号”是选课关系的候选码。

下面给出候选码的形式化定义。

定义 2.6　设关系 R 有属性 A_1，A_2，…，A_n，其属性集 K=（A_i，A_j，…，A_k），当且仅当满足下列条件时，K 被称为候选码。

（1）唯一性（Uniqueness），关系 R 的任意两个不同元组，其属性集 K 的值是不同的。

（2）最小性（Minimum），组成关系键的属性集（A_i，A_j，…，A_k）中，任一属性都不能从属性集 K 中删掉，否则将破坏唯一性的性质。

例如“学生关系”中的每个学生的学号是唯一的，“选课关系”中“学号+课程号”的组合也是唯一的。在属性集“学号+课程号”满足最小性，从中去掉任一属性，都无法唯一标识选课记录。

2. 主码（Primary Key）

如果一个关系中有多个候选码，可以从中选择一个作为查询、插入或删除元组的操作变量，被选用的候选码称为主码，或称为主关系键、主键、关系键、关键字等，后续章节中，统一称为主码。

例如，假设在学生关系中没有重名的学生，则“学号”和“姓名”都可作为学生关系的候选码。如果选定“学号”作为数据操作的依据，则“学号”为主码。如果选定“姓名”作为数据操作的依据，则“姓名”为主码。

主码是关系模型中的一个重要概念。每个关系必须选择一个主码，选定以后，不能随意改变。因为关系的元组无重复，因此关系的所有属性的组合可以唯一标识每个元组，但通常用属性数量最少的属性组合作为主码。

3. 主属性（Prime Attribute）与非主属性（Non–Prime Attribute）

主属性（Prime Attribute）：包含在主码中的各个属性称为主属性。

非主属性（Non-Prime Attribute）：不包含在任何候选码中的属性称为非主属性（或非码属性）。

在最简单的情况下，一个候选码只包含一个属性，如学生关系中的“学号”，教师关系中的“教师号”。在最极端的情况下，所有属性的组合是关系的候选码，这时称为全码（All-key）。

【例 2-1】假设有教师授课关系 TCS，分别有三个属性教师（T）、课程（C）和学生（S）。一个教师可以讲授多门课程，一门课程可以有多个教师讲授，同样一个学生可以选听多门课程，一门课程可以为多个学生选听。在这种情况下，T，C，S 三者之间是多对多关系，（T，C，S）三个属性的组合是关系 TCS 的候选码，称为全码，T，C，S 都是主属性。

2.2.2 外码（外部关系键）

定义 2.7 如果关系 R_2 的一个或一组属性 X 不是 R_2 的主码，而是另一关系 R_1 的主码，则该属性或属性组 X 称为关系 R_2 的外码（Foreign key）或外部关系键（在后续章节中统一称为外码），并称关系 R_2 为参照关系（Referencing Relation），关系 R_1 为被参照关系（Referenced Relation）。

【例 2-2】假设在第 1 章中的图 1-21 所示的教学数据库中增加一个“系别”关系 D，关系 D 包含两个属性：系别（Dept）和地址（Addr），“系别”是此关系的主码，而“系别”并不是学生关系和教师关系的主码，所以“系别”是学生关系和教师关系的外码。

【例 2-3】第 1 章中的图 1-21 所示的选课关系中，“学号”属性与学生关系的主码“学号”相对应，“课程外号”属性与课程关系的主码“课程号”相对应。因此，“学号”和“课程号”属性是选课关系的码。学生关系和课程关系为被参照关系，选课关系为参照关系。

由外码的定义可知，被参照关系的主码和参照关系的外码必须定义在同一个域上。如选课关系中的属性“学号”与学生关系的主码“学号”要定义在同一个域上，“课程号”属性与课程关系的主码“课程号”要定义在同一个域上。

2.2.3 关系的完整性

为了维护关系数据库中数据与现实世界的一致性，对关系数据库的插入、删除和修改操作必须有一定的约束条件，这些约束条件实际上是现实世界的要求。任何关系在任何时刻都要满足这些语义约束。

关系模型中，有三类完整性约束，即实体完整性、参照完整性和用户自定义的完整性。其中，实体完整性和参照完整性是关系模型必须满足的完整性约束条件，被称作关系的两个不变性。任何关系数据库系统都应该支持这两类完整性。除此之外，不同的关系数据库系统由于应用环境的不同，往往还需要一些特殊的约束条件，这就是用户自定义完整性，用户自定义完整性体现了具体领域中的语义约束。

关系的完整性

1. 实体完整性（Entity Integrity）

实体完整性是指主码的值不能为空或部分为空。

关系模型中的一个元组对应一个实体，一个关系则对应一个实体集。例如，一条学生记录对应着一个学生，学生关系对应着学生的集合。现实世界中的实体是可区分的，即它们具有某种唯一性标识。与此相对应，关系模型中以主关系键来唯一标识元组。例如，学生关系中的属性“学号”可以唯一标识一个元组，也可以唯一标识学生实体。如果主码中的值为空或部分为空，即主属性为空，则不符合关系键的定义条件，不能唯一标识元组及与其相对应的实体。这就说明存在不可区分的实体，从而与现实世界中的实体是可以区分的事实相矛盾。因此主码的值不能为空或部分为空。

例如，学生关系中的主码“学号”不能为空，选课关系中的主码“学号+课程号”不能部分为空，即“学号”和“课程号”两个属性都不能为空。

2. 参照完整性（Referential Integrity）

如果关系 R_2 的外码 X 与关系 R_1 的主码相符，则 X 的每个值或者等于 R_1 中主码的某一个值或者取空值。

在例 2-2 中，学生关系 S 的“系别”属性与系别关系 D 的主码“系别”相对应，因此，学生关系 S 的“系别”属性是该关系 S 的外码，学生关系 S 是参照关系，系别关系 D 是被参照关系。如图 2-2 所示，学生关系中某个学生（如 S1 或 S2）“系别”的取值，必须在参照的系别关系中主码“系别”的值中能够找到，否则表示把该学生分配到一个不存在的部门中，显然不符合语义。如果某个学生（如 S11）“系别”取空值，则表示该学生尚未分配到任何一个系；否则，它只能取系别关系中某个元组的系别号值。

S（学生关系）

SNo 学号	SN 姓名	Sex 性别	Age 年龄	Dept 系别
S1	赵亦	女	17	计算机
S2	钱尔	男	18	信息
…				
S11	王威	男	19	

D（系别关系）

Dept 系别	Addr 地址
计算机	1 号楼
信息	1 号楼
自动化	2 号楼

图 2-2　学生表和系别表

再如，在例 2-3 中，如果按照参照完整性规则，选课关系中的外码“学号”和“课程号”可以取空值或者取被参照关系中已经存在的值。但由于“学号+课程号”是选课关系中的主码，根据实体完整性规则，两个属性都不能为空。所以选课关系中的外码“学号”和“课程号”中只能取被参照关系中已经存在的值。

3. 用户自定义完整性（User-defined Integrity）

用户自定义完整性是针对某一具体关系数据库的约束条件，它反映某一具体应用所涉及的数据必须满足的语义要求。例如，属性值根据实际需要，要具备一些约束条件，如规定选课关系中成绩属性的取值范围在 0 和 100 之间；某些数据的输入格式要有一些限制等。关系模型应该提供定义和检验这类完整性的机制，以便用统一的、系统的方法处理它们，而不要由应用程序承担这一功能。

2.3 关系代数

关系模型由关系数据结构、关系操作和关系完整性约束三部分组成。本节重点介绍关系操作及其有关概念。

关系模型中常用的关系操作包括查询操作和更新操作（包括插入、删除和修改）两大部分。从计算机语言角度看，后者是在前者的基础上工作，前者比后者复杂。但前者有理论基础，是主要研究对象，是关系操作中最主要的部分。

关系操作采用集合操作方式，即操作的对象和结果都是集合，这种操作方式也称为一次一集合（Set-at-a-time）的方式。相应地，非关系数据模型的数据操作方式则为一次一记录（Record-at-a-time）的方式。

早期的关系操作能力通常用代数方式或逻辑方式来表示，分别称为关系代数和关系演算。关系代数用对关系的运算来表达查询要求。关系演算用谓词来表达查询要求。关系演算又可按谓词变元的基本对象是元组变量还是域变量分为元组关系演算和域关系演算。三种运算语言在表达能力上是等价的。

本节主要介绍关系代数，下一节介绍关系演算。

2.3.1 关系代数的分类及其运算符

关系代数是一种抽象的查询语言，是关系数据操纵语言的一种传统表达方式，它是由关系的运算来表达查询的。它是由 IBM 在一个实验性的系统上实现的一种语言，称为 ISBL（Information System Base Language）语言。ISBL 的每个语句都类似于一个关系代数表达式。

任何一种运算都是将一定的运算符作用于一定的运算对象上，得到预期的运算结果。所以，运算对象、运算符和运算结果是运算的三大要素。

关系代数的运算对象是关系，运算结果也是关系。关系代数用到的运算符主要包括以下四类。

（1）集合运算符：∪（并）、−（差）、∩（交）、×（广义笛卡儿积）。

（2）专门的关系运算符：σ（选取）、∏（投影）、$\bowtie_{X\theta Y}$（θ 连接）、⋈（自然连接）、÷（除）。

（3）算术比较运算符：>（大于）、≥（大于等于）、<（小于）、≤（小于等于）、=（等于）、≠（不等于）。

（4）逻辑运算符有：∧（与）、∨（或）、¬（非）。

算术比较运算符和逻辑运算符是用来辅助专门的关系运算符进行操作的，所以，关系代数的运算按运算符的不同主要分为以下两类。

（1）传统的集合运算：该类运算把关系看成元组的集合，以元组作为集合中的元素来进行运算，其运算是从关系的“水平”方向即行的角度进行的。它包括并、差、交和笛卡儿积等运算。

（2）专门的关系运算：该类运算不仅涉及行运算（水平方向），也涉及列运算（垂直方向），这种运算是为数据库的应用而引进的特殊运算。它包括选取、投影、连接和除法等运算。

从关系代数完备性角度看，关系代数分为以下两种操作类型。

（1）五种基本操作：并、差、积、选取和投影，构成关系代数完备的操作集。

（2）其他非基本操作：可用以上五种基本操作合成的所有其他操作。

2.3.2 传统的集合运算

对两个关系进行的传统的集合运算是二元运算，是在两个关系中进行的。但是，并不是任意的两个关系都能进行这种集合运算，而是要在两个满足一定条件的关系中进行运算。那么，对关系有什么要求呢？下面先看一个定义。

定义 2.8 设给定两个关系 R，S，若满足：

（1）具有相同的列数（或称度数）n；

（2）R 中第 i 个属性和 S 中第 i 个属性必须来自同一个域（列同质）。

则说关系 R，S 是相容的。

除笛卡儿积运算外，其他的集合运算要求参加运算的关系必须满足上述的相容性定义。

1. 并（Union）

关系 R 和关系 S 的并运算结果由属于 R 或属于 S 的元组组成，即 R 和 S 的所有元组合并，删去重复元组，组成一个新关系，其结果仍为 n 元关系。记作：

$$R \cup S = \{t \mid t \in R \vee t \in S\}$$

上式中，“∪”为并运算符；t 为元组变量；“∨”为逻辑或运算符。

对于关系数据库，记录的插入和添加可通过并运算实现。

2. 差（Difference）

关系 R 与关系 S 的差运算结果由属于 R 而不属于 S 的所有元组组成，即 R 中删去与 S 中相同的元组，组成一个新关系，其结果仍为 n 元关系。记作：

$$R-S = \{t \mid t \in R \wedge \neg\ t \in S\}$$

上式中，“−”为差运算符；t 为元组变量；“∧”为逻辑与运算符；“¬”为逻辑非运算符。

通过差运算，可实现关系数据库记录的删除。

3. 交（Intersection）

关系 R 与关系 S 的交运算结果由既属于 R 又属于 S 的元组（即 R 与 S 中相同的元组）组成一个新关系，其结果仍为 n 元关系。记作：

$$R \cap S = \{t \mid t \in R \wedge t \in S\}$$

上式中，“∩”为交运算符；t 为元组变量；“∧”为逻辑与运算符。

如果两个关系没有相同的元组，那么它们的交为空。

两个关系的并和差运算为基本运算（即不能用其他运算表达的运算），而交运算为非基本运算，交运算可以用差运算来表示：

$$R \cap S = R - (R - S)$$

4. **广义笛卡儿积**（Extended Cartesian Product）

两个分别为 n 元和 m 元的关系 R 和 S 的广义笛卡儿积是一个（$n+m$）列的元组的集合，元组的前 n 列是关系 R 的一个元组，后 m 列是关系 S 的一个元组。若 R 有 k_1 个元组，S 有 k_2 个元组，则关系 R 和关系 S 的广义笛卡儿积有 $k_1 \times k_2$ 个元组，记作：

$$R \times S = \{t_r \frown t_s \mid t_r \in R \wedge t_s \in S\}$$

关系的广义笛卡儿积可用于两关系的连接操作（连接操作将在下一节中介绍）。

【例 2-4】如图 2-3（a）、（b）所示的两个关系 R 与 S 为相容关系，图 2-3（c）所示为 R 与 S 的并，图 2-3（d）所示为 R 与 S 的差，图 2-3（e）所示为 R 与 S 的交，图 2-3（f）所示为 R 与 S 的广义笛卡儿积。

R

A	B	C
a1	b1	c1
a1	b1	c2
a2	b2	c1

（a）

S

A	B	C
a1	b1	c1
a2	b2	c1
a2	b3	c2

（b）

$R \cup S$

A	B	C
a1	b1	c1
a1	b1	c2
a2	b2	c1
a2	b3	c2

（c）

$R-S$

A	B	C
a1	b1	c2

（d）

$R \cap S$

A	B	C
a1	b1	c1
a2	b2	c1

（e）

$R \times S$

A	B	C	A	B	C
a1	b1	c1	a1	b1	c1
a1	b1	c1	a2	b2	c1
a1	b1	c1	a2	b3	c2
a1	b1	c2	a1	b1	c1
a1	b1	c2	a2	b2	c1
a1	b1	c2	a2	b3	c2
a2	b2	c1	a1	b1	c1
a2	b2	c1	a2	b2	c1
a2	b2	c1	a2	b3	c2

（f）

图 2-3　传统的集合运算

2.3.3　专门的关系运算

由于传统的集合运算，只是从行的角度进行，而要灵活地实现关系数据库多样的查询操作，必须引入专门的关系运算。

在讲专门的关系运算之前，为叙述上的方便先引入几个概念。

（1）设关系模式为 R（A_1，A_2，…，A_n），它的一个关系为 R。$t \in R$ 表示 t 是 R 的一个元组，$t[A_i]$ 则表示元组 t 中相对于属性 A_i 的一个分量。

（2）若 $A=\{A_{i1}$，A_{i2}，…，$A_{ik}\}$，其中 A_{i1}，A_{i2}，…，A_{ik} 是 A_1，A_2，…，A_n 中的一部分，则 A 称为属性列或域列，$\tilde{A}$ 则表示$\{A_1$，A_2，…，$A_n\}$中去掉$\{A_{i1}$，A_{i2}，…，$A_{ik}\}$后剩余的属性组。$t[A]=\{t[A_{i1}]$，$t[A_{i2}]$，…，$t[A_{ik}]\}$表示元组 t 在属性列 A 上各分量的集合。

（3）R 为 n 元关系，S 为 m 元关系，$t_r \in R$，$t_s \in S$。$t_r \frown t_s$ 称为元组的连接（Concatenation），它是一个 $n+m$ 列的元组，前 n 个分量为 R 的一个 n 元组，后 m 个分量为 S 中的一个 m 元组。

（4）给定一个关系 R（X，Z），X 和 Z 为属性组，定义当 $t[X]=x$ 时，x 在 R 中的像集（Image Set）为：

$$Z_x = \{t[Z] | t \in R，t[X] = x\}$$

它表示 R 中的属性组 X 上值为 x 的各元组在 Z 上分量的集合。

1. 选取（Selection）

选取运算是单目运算，它根据一定的条件从关系 R 中选择若干个元组，组成一个新关系，记作：

$$\sigma_F(R) = \{t \mid t \in R \land F(t) = '真'\}$$

其中，σ为选取运算符；F 为选取的条件，它是由运算对象（属性名、常数、简单函数）、算术比较运算符（>、≥、<、≤、=、≠）和逻辑运算符（∨、∧、¬）连接起来的逻辑表达式，结果为逻辑值“真”或“假”。

选取运算实际上是从关系 R 中选取使逻辑表达式 F 为真的元组，是从行的角度进行的运算。

以下例题，除特别说明外，均以第 1 章中的图 1-21 所示的 5 个关系为例进行运算。

【例 2-5】查询计算机系的全体学生。

$$\sigma_{Dept='计算机'}(S)或$$

$$\sigma_{5='计算机'}(S)（其中 5 为属性 Dept 的序号）$$

运算结果如图 2-4 所示。

SNo	SN	Sex	Age	Dept
S1	赵亦	女	17	计算机
S5	周武	男	19	计算机

图 2-4 当选取条件为 Dept= '计算机'的运算结果

【例 2-6】查询工资高于 1000 元（不包括 1000 元）的男教师。

$$\sigma_{(Sal>1000)\land(Sex='男')}(T)$$

运算结果如图 2-5 所示。

注意

字符型数据的值应该使用单引号括起来，例如，'计算机'，'男'。

TNo	TN	Sex	Age	Prof	Sal	Comm	Dept
T1	李力	男	47	教授	1500	3000	计算机

图 2-5 当选取条件为（Sal > 1000）∧（Sex= '男'）的运算结果

2. 投影（Projection）

投影运算也是单目运算，关系 R 上的投影是从 R 中选择出若干属性列，组成新的关系，即对关系在垂直方向进行的运算，从左到右按照指定的若干属性及顺序取出相应列，删去重复元组。记作：

$$\Pi_A(R)=\{t[A] \mid t \in R\}$$

其中，A 为 R 中的属性列；Π为投影运算符。

从其定义可看出，投影运算是从列的角度进行的运算，这正是选取运算和投影运算的区别所在。选取运算是从关系的水平方向上进行运算的，而投影运算则是从关系的垂直方向上进行的。

【例 2-7】查询教师的姓名、教师号及其职称。

$\Pi_{TN,TNo,Prof}(T)$或$\Pi_{2,1,5}(T)$（其中 2，1，5 分别为属性 TN，TNo 和 Prof 的序号）

运算结果如图 2-6 所示。

例 2-7 表明，投影运算可以改变关系的属性次序。

【例 2-8】查询教师关系中有哪些系。

$$\Pi_{Dept}(T)$$

运算结果如图 2-7 所示。

由例 2-8 可以看出，投影后取消了某些属性列后，就可能出现重复行，应该取消这些完全相同的行。所以投影之后，不但减少了属性，元组也可能减少，根据定义 2.8，新关系与原关系不相容。

TN	TNo	Prof
李力	T1	教授
王平	T2	讲师
刘伟	T3	讲师
张雪	T4	教授
张兰	T5	副教授

图 2-6　在 TN、TNo 和 Prof 三个属性列上的投影运算结果

【例 2-9】查询讲授 C5 课程的教师号。

$$\Pi_{TNo}(\sigma_{CNo='C5'}(TC))$$

运算结果如图 2-8 所示。

本例中采用选取运算和投影运算相结合的方式，先在授课表 TC 中选取满足条件的元组，然后在 TNo 属性上进行投影。

Dept
计算机
信息
自动化

图 2-7　在 Dept 属性列上的投影运算结果

TNo
T2
T3
T5

图 2-8　运算结果

3. θ 连接（θJoin）

θ 连接运算是二目运算，是从两个关系的笛卡儿积中选取满足连接条件的元组，组成新的关系。

设有两个关系 R（A_1，A_2，…，A_n）及 S（B_1，B_2，…，B_m），连接属性集 X 包含于{A_1，A_2，…，A_n}，Y 包含于{B_1，B_2，…，B_m}，X 与 Y 中属性列数目相等，且对应属性有共同的域。若 Z={A_1，A_2，…，A_n}/X（/X 表示去掉 X 之外的属性）及 W={B_1，B_2，…，B_m}/Y，则 R 及 S 可表示为 R（Z，X），S（W，Y）；关系 R 和 S 在连接属性 X 和 Y 上的 θ 连接，就是在 $R×S$ 笛卡儿积中，选取 X 属性列上的分量与 Y 属性列上的分量满足θ比较条件的那些元组，也就是在 $R×S$ 上选取在连接属性 X，Y 上满足θ条件的子集组成新的关系。新关系的列数为 $n+m$，记作：

$$R \bowtie_{X\theta Y} S = \{t_r \frown t_s | t_r \in R \wedge t_s \in S \wedge t_r[X]\theta t_s[Y]\text{为真}\}$$

其中，⋈是连接运算符；θ为算术比较运算符，也称θ连接。

$X\theta Y$ 为连接条件，其中：

θ为“=”时，称为等值连接；

θ为“<”时，称为小于连接；

θ为“>”时，称为大于连接。

连接运算为非基本运算，可以用选取运算和广义笛卡儿积运算来表示：

$$R \bowtie_{X\theta Y} S == \sigma_{X\theta Y}(R×S)$$

在连接运算中，一种最常用的连接是自然连接。所谓自然连接就是在等值连接的情况下，当连接属性 X 与 Y 具有相同属性组时，把在连接结果中重复的属性列去掉。即如果 R 与 S 具有相同的属性组 Y，则自然连接可记作：

$$R \bowtie S = \{t_r \frown t_s \mid t_r \in R \wedge t_s \in S \wedge t_r[Y] = t_s[Y]\}$$

自然连接是在广义笛卡儿积 $R \times S$ 中选出同名属性上符合相等条件的元组，再进行投影，去掉重复的同名属性，组成新的关系。

【例 2-10】设有如图 2-9（a）与图 2-9（b）所示的两个关系 R 与 S，图 2-9（c）所示为 R 和 S 的大于连接（$C>D$），图 2-9（d）所示为 R 和 S 的等值连接（$C=D$），图 2-9（e）所示为 R 和 S 的等值连接（$R.B=S.B$），图 2-9（f）所示为 R 和 S 的自然连接。

自然连接运算

结合上例，我们可以看出等值连接与自然连接的区别。

（1）等值连接中不要求相等属性值的属性名相同，而自然连接要求相等属性值的属性名必须相同，即两关系只有同名属性才能进行自然连接。如上例 R 中的 C 列和 S 中的 D 列可进行等值连接，但因为属性名不同，不能进行自然连接。

（2）在连接结果中，等值连接不将重复属性去掉，而自然连接去掉重复属性，也可以说，自然连接是去掉重复列的等值连接。如上例 R 中的 B 列和 S 中的 B 列进行等值连接时，结果有两个重复的属性列 B，而进行自然连接时，结果只有一个属性列 B。

R

A	*B*	*C*
a1	b1	2
a1	b2	4
a2	b3	6
a2	b4	8

（a）

S

B	*D*
b1	5
b2	6
b3	7
b3	8

（b）

大于连接（$C>D$）

A	*R.B*	*C*	*S.B*	*D*
a2	b3	6	b1	5
a2	b4	8	b1	5
a2	b4	8	b2	6
a2	b4	8	b3	7

（c）

等值连接（$C=D$）

A	*R.B*	*C*	*S.B*	*D*
a2	b3	6	b2	6
a2	b4	8	b3	8

（d）

等值连接($R.B = S.B$)

A	*R.B*	*C*	*S.B*	*D*
a1	b1	2	b1	5
a1	b2	4	b2	6
a2	b3	6	b3	7
a2	b3	6	b3	8

（e）

自然连接

A	*B*	*C*	*D*
a1	b1	2	5
a1	b2	4	6
a2	b3	6	7
a2	b3	6	8

（f）

图 2-9 连接运算举例

【例 2-11】查询讲授“数据库”课程的教师姓名。

$$\Pi_{TN}(\sigma_{CN='数据库'}(C) \bowtie TC \bowtie \Pi_{TNo,TN}(T))或$$

$$\Pi_{TN}(\Pi_{TNo}(\sigma_{CN='数据库'}(C) \bowtie TC) \bowtie \Pi_{TNo,TN}(T))$$

运算结果如图 2-10 所示。

TN
王平
刘伟
张兰

图 2-10 运算结果

4. 除法（Division）

除法运算是二目运算，设有关系 R（X，Y）与关系 S（Y，Z），其中 X，Y，Z

为属性集合，R 中的 Y 与 S 中的 Y 可以有不同的属性名，但对应属性必须出自相同的域。关系 R 除以关系 S 所得的商是一个新关系 P（X），P 是 R 中满足下列条件的元组在 X 上的投影：元组在 X 上分量值 x 的像集 Y_x 包含 S 在 Y 上投影的集合。记作：

$$R \div S=\{t_r[X] \mid t_r \in R \land \Pi_y(S) \subseteq Y_x\}$$

其中，Y_x 为 x 在 R 中的像集，$x=t_r[X]$。

【例 2-12】已知关系 R 和 S，如图 2-11（a）和图 2-11（b）所示，则 $R \div S$ 如图 2-11（c）所示。

R

A	B	C	D
a1	b2	c3	d5
a1	b2	c4	d6
a2	b4	c1	d3
a3	b5	c2	d8

（a）

S

C	D	F
c3	d5	f3
c4	d6	f4

（b）

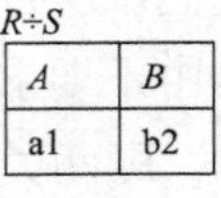

$R \div S$

A	B
a1	b2

（c）

图 2-11 投影

除法运算

与除法的定义相对应，本题中 $X=\{A，B\}$={(a1,b2)，(a2,b4)，(a3,b5)}，$Y=\{C，D\}$={(c3,d5)，(c4,d6)}，$Z=\{F\}$={f3,f4}。其中，元组在 X 上各个分量值的像集分别为：

(a1,b2)的像集为{(c3,d5)，(c4,d6)}

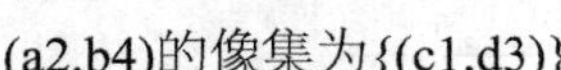

(a2,b4)的像集为{(c1,d3)}

(a3,b5)的像集为{(c2,d8)}

S 在 Y 上的投影为{(c3,d5)，(c4,d6)}

显然只有（a1,b2）的像集包含 S 在 Y 上的投影，所以 $R \div S$={(a1,b2)}

除法运算同时从行和列的角度进行运算，适合于包含“全部”之类的短语的查询。

【例 2-13】查询选修了全部课程的学生学号和姓名。

$$\Pi_{SNo,CNo}(SC) \div \Pi_{CNo}(C) \bowtie \Pi_{SNo,SN}(S)$$

【例 2-14】查询至少选修了 C1 课程和 C3 课程的学生学号。

$$\Pi_{Sno,Cno}(SC) \div \Pi_{CNo}(\sigma_{CNo='C1' \lor Cno='C3'}(C))$$

只有 S4 同学的像集至少包含了 C1 课程和 C3 课程，因此，查询结果为 S4。

2.4 关系演算*

上一节介绍的关系代数语言是通过“对关系的运算”进行查询的，即要求用户说明运算的顺序，通知系统每一步应该“怎样做”，属于过程化的语言。而本节要介绍的关系演算语言是通过“规定查询的结果应满足什么条件”来表达查询要求的，只提出要达到的要求，说明系统要“做什么”，而将怎样做的问题交给系统去解决。所以关系演算语言是非过程化的语言，使用起来更加方便、灵活，受到用户尤其是非专业用户的欢迎。

关系演算是以数理逻辑中的谓词演算为基础，通过谓词形式来表示查询表达式。根据谓词变元的不同，可将关系演算分为元组关系演算和域关系演算。

2.4.1　元组关系演算语言

元组关系演算是以元组变量作为谓词变元的基本对象。元组关系演算语言的典型代表是 E.F.Codd 提出的 ALPHA 语言，这种语言虽然没有实际实现，但较有名气，INGRES 关系数据库上使用的 QUEL 语言，就是在 ALPHA 语言的基础上研制的。我们这里主要介绍 ALPHA 语言和 QUEL 语言。

1. ALPHA 语言

ALPHA 语言是以谓词公式来定义查询要求的。在谓词公式中存在客体变元，这里称为元组变量。元组变量是一个变量，其变化范围为某一个命名的关系。

ALPHA 语言的基本格式是：

<操作符>　<工作空间名>　(<目标表>)[:<操作条件>]

操作符有 GET、PUT、HOLD、UPDATE、DELETE、DROP 等 6 种。工作空间是指内存空间，可以用一个字母表示，通常用 W 表示，也可以用别的字母表示。工作空间是用户与系统的通信区。目标表用于指定操作（如查询、更新等）的对象，它可以是关系名或属性名，一个操作语句可以同时对多个关系或多个属性进行操作。操作条件是用谓词公式表示的逻辑表达式，只有满足此条件的元组才能进行操作，这是一个可选项，缺省时表示无条件执行操作符规定的操作。除此之外，还可以在基本格式上加上排序要求、定额要求等。

下面以教学数据库（见第 1 章图 1-21）为例，说明 ALPHA 语言的使用。

（1）数据查询。

① 简单查询。

【例 2-15】 查询所有学生的数据。

```
GET W (S)
```

GET 语句的作用是把数据库中的数据读入内存空间 W，目标表为学生关系 S，代表查询操作的对象。冒号后面的操作条件缺省，表示无条件查询。

【例 2-16】 查询所有被选修的课程号码。

GET W (SC.CNo)

目标表为选课关系 SC 中的属性 CNo，代表所有被选修的课程号码，查询结果自动消去重复行。

② 条件查询。

由冒号后面的逻辑表达式给出查询条件，在表达式中可以使用如下三类运算符。

比较运算符：包括 >、≥、<、≤、=、≠。

逻辑运算符：包括 ∧（与）、∨（或）、┐（非）。

表示执行次序的括号：( )。

其中，比较运算符的优先级高于逻辑运算符，可以使用 ( ) 改变它们的优先级。

【例 2-17】 查询计算机系工资高于 1000 元（不包括 1000 元）的教师的姓名和工资。

GET W (T.TN,T.Sal):T.Dept= '计算机' ∧ T.Sal > 1000

目标表为教师关系 T 中的两个属性 TN 和 Sal 组成的属性列表。

③ 排序查询。

【例 2-18】 查询 S3 同学所选课程号及成绩，并按成绩降序排列。

GET W (SC.CNo,SC.Score):SC.SNo= 'S3' DOWN SC.Score

这里 DOWN 表示降序，后面紧跟排序的属性名。升序排列时使用 UP。

④ 定额查询。

所谓定额查询就是在查询中规定了查询出元组的个数，也就是通过在 W 后面的括号中加上定额数量，限定查询出元组的个数。如在下面例 2-19 中的（1）表示查询结果中男教师的个数，取出教师表中第一个男教师的教师号和姓名。

【例 2-19】 查询一名男教师的教师号和姓名。

GET W (1) (T.TNo,T.TN):T.Sex= '男'

【例 2-20】 查询一名男教师的教师号和姓名，并使他的年龄最小。

GET W (1) (T.TNo,T.TN):T.Sex= '男' UP T.Age

本例是排序和定额查询一起使用的查询。

此语句的执行过程为：先查询所有男教师的教师号和姓名，再按照年龄由小到大排序，然后找出第一位，也就是年龄最小的男教师。

⑤ 带元组变量的查询。

所谓的元组关系演算就是以元组变量作为谓词变元的基本对象，在关系演算的查询操作时，可以在相应的关系上定义元组变量。元组变量代表关系中的元组，其取值是在所定义的关系范围内变化的，所以也称作范围变量（Range Variable），一个关系可以设多个元组变量。元组变量主要有两个用途。

第一，如果关系的名字很长，使用起来不方便，这时可以设一个名字较短的元组变量来代替关系名，以简化关系名，使操作更加方便。

第二，如果操作条件中使用量词时必须用元组变量。

【例 2-21】 查询 S3 同学所选课程号。

```
RANGE SC X
GET W (X.CNo):X.SNo= 'S3'
```

使用 RANGE 来说明元组变量，*X* 为关系 SC 上的元组变量。

⑥ 带存在量词的查询。

【例 2-22】 查询 S3 同学所选课程名。

```
RANGE SC X
GET W (C.CN):∃X(C.CNo=X.CNo∧X.SNo= 'S3')
```

注意 操作条件中使用量词时必须用元组变量。

【例 2-23】 查询至少选修一门其课时数为 80 的课程的学生的姓名。

```
RANGE C CX
      SC SCX
GET W (S.SN):∃SCX(SCX.SNo=S.SNo∧∃CX(CX.CNo=SCX.CNo∧CX.CT=80))
```

此查询涉及三个关系，需要对两个关系（C 和 SC）使用存在量词，所以用了两个元组变量。

此语句的执行过程为：先查询课时数为 80 的课程号，再根据找到的课程号在关系 SC 中查询其对应的学号，然后根据学号在关系 S 中找到对应的学生姓名。

【例 2-24】 查询选修全部课程的学生姓名。

本例题的求解思路是，对课程表 C 中的所有课程，依次检查每一门课程，看学生表 S 中的某一个学生是否选修了该门课程，如果该学生选修了所有的课程，则该学生为满足要求的学生，把所有这样的学生全都找出来即完成了本题。

```
RANGE C CX
      SC SCX
GET W (S.SN):∀CX∃SCX(SCX.SNo=S.SNo∧CX.CNo=SCX.CNo)
```

⑦ 库函数查询。

库函数也称集函数。用户在使用查询语言时，经常要做一些简单的运算。例如，要统计某个关系中符合某一条件的元组数，或某些元组在某个属性上分量的和、平均值等。为此，在关系数据库语言中提供了有关这类运算的标准函数，增强了基本检索能力。常用的库函数如表 2.10 所示。

表 2.10　ALPHA 常用的库函数及其功能

函数名称	功　能
AVG	按列计算平均值
TOTAL	按列计算值的总和
MAX	求一列中的最大值
MIN	求一列中的最小值
COUNT	按列值计算元组个数

【例 2-25】 求学号为 S1 学生的平均分。

GET W (AVG(SC.Score):S.SNo= 'S1'

【例 2-26】 求学校共有多少个系。

GET W (COUNT(S.Dept))

COUNT 函数自动消去重复行，可计算字段“Dept”不同值的数目。

（2）数据更新。

更新操作包括修改、插入和删除。

① 修改。

修改操作使用 UPDATE 语句实现，具体操作分为以下三步。

读数据：使用 HOLD 语句将要修改的元组从数据库中读到工作空间中。

修改：利用宿主语言修改工作空间中元组的属性。

送回：使用 UPDATE 语句将修改后的元组送回数据库中。

这里 HOLD 语句是带上并发控制的 GET 语句。有关并发控制的概念将在第 5 章详细介绍。

【例 2-27】 把刘伟教师转到信息系。

```
HOLD W(T.Dept):T.TN= '刘伟'
MOVE '信息' TO W.Dept
UPDATE W
```

在 ALPHA 语言中，不允许修改关系的主码。例如，不能使用 UPDATE 语句修改教师表 T 中的教师号。如果要修改主码，应该先使用删除操作删除该元组，再插入一条具有新主码值的元组。

② 插入。

插入操作使用 PUT 语句实现，具体操作分为以下两步。

建立新元组：利用宿主语言在工作空间中建立新元组。

写数据：使用 PUT 语句将元组写入到指定的关系中。

【例 2-28】 在 SC 表中插入一条选课记录（S6，C1，85）。

```
MOVE 'S6' TO W.SNo
MOVE 'C1' TO W.CNo
MOVE 85 TO W.Score
PUT W(SC)
```

PUT 语句的作用是把工作空间 W 中的数据写到数据库中，此例即把已经在工作空间建立的一条选课记录写入到选课关系 SC 中。

注意 PUT 语句只能对一个关系进行操作。在插入操作时，拒绝接受主码相同的元组。

③ 删除。

ALPHA 语言中的删除操作不但可以删除关系中的一些元组，还可以删除一个关系。删除操作使用 DELETE 语句实现，具体操作分为以下两步。

读数据：使用 HOLD 语句将要删除的元组从数据库中读到工作空间中。

删除：使用 DELETE 语句删除该元组。

【例 2-29】删除学号为 S6 的学生的信息。

```
HOLD W(S):S.SNo= 'S6'
DELETE W
```

【例 2-30】删除全部学生的信息。

```
HOLD W(S)
DELETE W
```

2. QUEL 语言

INGRES 是加利福尼亚大学研制的关系数据库管理系统，QUEL 语言是 INGRES 系统的查询语言，它以 ALHPA 语言为基础，具有较为完善的数据定义、数据查询、数据更新和数据控制等功能。QUEL 语言既可以作为独立的语言进行交互式操作，也可以作为子语言嵌入到主语言中去。

（1）数据定义。

QUEL 语言可以使用 CREATE 语句定义一个新关系，CREATE 语句的一般格式为：

```
CREATE <关系名> (<属性名=数据类型及长度>[,<属性名=数据类型及长度>…==
```

【例 2-31】定义学生关系 S。

CREATE S (SNo=C8，SN=C20，Age=I3，Sex=C2，Dept=C20)

关系定义后可以由定义者撤销，撤销关系使用语句 DESTROY。例如，撤销学生关系 S 可以写成：DESTROY S。

另外，QUEL 语言的数据定义功能还包括定义索引、定义窗口等功能，这里就不详细介绍了。

（2）数据查询。

查询语句的一般格式为：

```
RANGE OF t1 IS R1
RANGE OF t2 IS R2
…
RANGE OF tk IS Rk
RETRIEVE（目标表）
WHERE <条件>
```

其中 *t*1，*t*2，…，*tk* 分别是定义在关系 *R*1，*R*2，…，*Rk* 上的元组变量。目标表为查询的目标属性，查询条件是一个逻辑表达式，在表达式中可以使用如下三类运算符。

比较运算符：>（大于）、≥（大于等于）、<（小于）、≤（小于等于）、=（等于）和≠（不等于）。

逻辑运算符：AND（与）、OR（或）、NOT（非）。

表示执行次序的括号：( )。

其中，比较运算符的优先级高于逻辑运算符，可以使用 ( ) 改变它们的优先级。

【例 2-32】查询计算机系工资高于 1000 元的教师的姓名和工资。

```
RANGE OF TX IS T
RETRIEVE (TX.TN,TX.Sal)
WHERE TX.Dept= '计算机'∧TX.Sal＞1000
```

【例 2-33】查询讲授 C5 课程的教师的姓名。

```
RANGE OF TX IS T
RANGE OF TCX IS TC
RETRIEVE (TX.TN)
WHERE TX.TNo=TCX.TNo AND TCX.CNo= 'C5'
```

（3）数据更新。

① 修改。

修改操作使用 REPLACE 语句实现。

【例 2-34】把刘伟教师转到信息系。

```
RANGE OF TX IS T
REPLACE（TX.Dept= '信息'）
WHERE TX.TN= '刘伟'
```

② 插入。

插入操作使用 APPEND 语句实现。

【例 2-35】在 SC 表中插入一条选课记录（S6，C2，80）。

```
APPEND TO SC(SNo= 'S6', CNo= 'C2', Score=80)
```

③ 删除。

删除操作使用 DELETE 语句实现。

【例 2-36】删除学号为 S6 的学生的信息。

```
RANGE OF SX IS S
DELETE SX
WHERE SX.SNo='S6'
```

2.4.2　域关系演算语言 QBE

域关系演算是关系演算的另一种形式。域关系演算是以元组变量的分量即域变量作为谓词变元的基本对象。域关系演算语言的典型代表是 1975 年由 IBM 公司约克城高级研究试验室的 M.M.Zloof 提出的 QBE 语言，该语言于 1978 年在 IBM370 上实现。

QBE 是 Query By Example 的缩写，也称为示例查询，它是一种很有特色的屏幕编辑语言，其特点有如下几个。

（1）以表格形式进行操作。

每一个操作都由一个或几个表格组成，每一个表格都显示在终端的屏幕上，用户通过终端屏幕编辑程序以填写表格的方式构造查询要求，查询结果也以表格的形式显示出来，所以它具有直观和可对话的特点。

（2）通过例子进行查询。

使用示例元素来表示查询结果可能的例子，示例元素实质上是域变量。从而，使该语言更易于为用户接受和掌握。

（3）查询顺序自由。

当有多个查询条件时，不要求使用者按照固定的思路和方式进行查询，使用更加方便。

使用 QBE 语言采用如下步骤。

① 用户根据要求向系统申请一张或几张表格，这些表格显示在终端上。

② 用户在空白表格的左上角的一栏内输入关系名。

③ 系统根据用户输入的关系名，将在第一行从左至右自动填写各个属性名。

④ 用户在关系名或属性名下方的一格内填写相应的操作命令，操作命令包括：P.（打印或显示）、U.（修改）、I.（插入）和 D.（删除）。

表格形式如表 2.11 所示。

表 2.11　QBE 操作框架表

关 系 名	属 性 1	属 性 2	…	属 性 *n*
操作命令	属性值或查询条件	属性值或查询条件	…	属性值或查询条件

下面仍以教学数据库（见第 1 章图 1-21）为例，从数据查询和数据更新两方面来说明 QBE 语言的使用。

1. 数据查询

使用操作符“P.”完成数据查询。如果要打印或显示整个元组时，应将操作符“P.”填在关系名的下方，如果只需打印或显示某一属性，应将操作符“P.”填在相应属性名的下方。

（1）简单查询。

【例 2-37】显示全部学生的信息。

方法一：将操作符“P.”填在关系名的下方。

S	SNo	SN	Sex	Age	Dept
P.					

方法二：将操作符“P.”填在各个属性名的下方。

S	SNo	SN	Sex	Age	Dept
		P.赵亦	P.女	P.17	P.计算机

注意　只有目标属性包括所有的属性时，将 P.填在关系名的下方。

这种语言之所以称为示例查询，就是在操作中采取“示例”的方法，凡用作示例的元素，其下方均加下划线。如上例中的“赵亦”、“女”等均为示例元素，即域变量。示例元素是所给域中可能的一个值，而不必是查询结果中的元素。比如用作示例的学生姓名，可以不是学生表中的学生，只要给出任意一个学生名即可。

（2）条件查询。

查询条件中可以使用比较运算符>、≥、<、≤、=和≠，其中“=”可以省略。

【例 2-38】查询所有女学生的姓名。

S	SNo	SN	Sex	Age	Dept
		P.赵亦	女		

目标属性只有姓名，所以将 P.填在属性名 SN 的下方，并写上示例元素。由于本例只显示女学生的姓名，因此，查询条件“=女”写在 Sex 属性列中，用以表示条件是 Sex='女'，此处“=”被省略。

【例 2-39】查询年龄大于 18 岁的女学生的姓名。

本例的查询条件是 Age > 18 和 Sex= '女'两个条件的“与”。在 QBE 语言中，表示两个条件的“与”有两种方法。

方法一：把两个条件写在同一行上。

S	SNo	SN	Sex	Age	Dept
		P.赵亦	女	> 18	

方法二：把两个条件写在不同行上，但必须使用相同的示例元素。

S	SNo	SN	Sex	Age	Dept
		P.赵亦	女		
		P.赵亦		> 18	

【例 2-40】查询既选修了 C1 号课程，又选修了 C2 号课程的学生的学号。

本例的查询条件是 CNo='C1'和 CNo='C2'两个条件的“与”，但两个条件涉及同一属性 CNo，则必须把两个条件写在不同行上，且使用相同的示例元素。

【例 2-41】查询年龄大于 18 岁或者女学生的姓名。

SC	SNo	CNo	Score
	P.赵亦	C1	
	P.赵亦	C2	

本例的查询条件是 Age > 18 和 Sex='女'两个条件的“或”。在 QBE 语言中，表示两个条件的“或”，要把两个条件写在不同行上，且必须使用不同的示例元素。

S	SNo	SN	Sex	Age	Dept
		P.赵亦	女		
		P.钱尔		> 18	

对于这种多行条件的查询，查询结果与查询条件行的顺序无关，即用户可以根据自己的思考方式任意输入一行查询条件。这便体现了 QBE 语言使用灵活、自由的特点。

【例 2-42】查询选修 C1 号课程的学生的姓名。

本查询涉及两个关系：S 和 SC，这两个关系具有公共的属性 SNo。SNo 作为连接属性，把具有相同的 SNo 值的两个关系连接起来，SNo 在两个表中的值要相同。

S	SNo	SN	Sex	Age	Dept
	S1	P.赵亦			

SC	SNo	CNo	Score
	S1	C1	

此处的示例元素 SNo 是两个关系进行连接运算的连接属性，其值在两个表中要相同。

【例 2-43】查询未选修 C1 号课程的学生的姓名。

查询条件中的“未选修”需使用逻辑非来表示。QBE 中的逻辑非运算符为¬，填写在关系名下方。

S	SNo	SN	Sex	Age	Dept
	S1	P.赵亦			

SC	SNo	CNo	Score
¬	S1	C1	

如果 S1 同学选修 C1 号课程的情况为假，则符合查询的条件，显示 S1 同学的学号，然后再查询其他同学。

（3）排序查询。

【例 2-44】查询全体女教师的教师号和姓名，要求查询结果按工资升序排列，工资相同者按年龄降序排列。

T	TNo	TN	Sex	Age	Dept	Prof	Sal	Comm	Dept
	P.S1	P.赵亦	女	DO（2）			AO（1）		

对查询结果按照某个属性值升序排列时，则在相应的属性下方填入“AO”，降序排列时，填入“DO”。如果按照多个属性值同时排序，则用“AO（*i*）”或“DO（*i*）”表示，其中 *i* 为排序的优先级，*i* 值越小，优先级越高。

（4）库函数查询。

同 ALPHA 语言类似，QBE 语言也提供了一些有关运算的标准函数，以方便用户。使用 QBE 常用的库函数如表 2.12 所示。

表 2.12 QBE 常用的库函数及其功能

函 数 名 称	功 能
AVG	按列计算平均值
SUM	按列计算值的总和
MAX	求一列中的最大值
MIN	求一列中的最小值
CNT	按列值计算元组个数

【例 2-45】求学号为 S1 学生的平均分。

SC	SNo	CNo	Score
	S1		P.AVG.ALL

2. 数据更新

（1）修改。

修改的命令为 U.。关系的主码不允许进行修改，如果需要修改某个元组的主码，只能间接进行，即首先删除该元组，然后再插入新的主码的元组。

【例 2-46】把刘伟教师转到信息系。

这是简单的修改运算，操作符“U.”既可以写在关系名的下方，也可以写在被修改的属性列上。将操作符“U.”写在关系名的下方。

T	TNo	TN	Sex	Age	Dept	Prof	Sal	Comm	Dept
U.		刘伟							信息

将操作符“U.”写在被修改的属性列上。

T	TNo	TN	Sex	Age	Dept	Prof	Sal	Comm	Dept
		刘伟							U.信息

（2）插入。

插入的命令为 I.。

【例 2-47】在 SC 表中插入一条选课记录（S6，C1）。

SC	SNo	CNo	Score
I.	S6	C1	

注意 新插入的元组必须具有主码值，其他属性值可以为空，如本例中的 Score 为空。

（3）删除。

删除的命令为 D.。

【例 2-48】删除 S1 同学选修 C1 课程的信息。

SC	SNo	CNo	Score
D.	S1	C1	

QBE 语言还具有数据定义、数据控制等功能。实验表明，QBE 语言易学、易用，在关系数据库语言中，其用户性能（即易学性）是最佳的。

小　　结

关系数据库系统是目前使用最广泛的数据库系统，本书的重点也是讨论关系数据库系统。本章是在介绍了域和笛卡儿积概念的基础上，给出了关系和关系模式的形式化定义，讲述了关系的性质，指出关系、二维表之间的联系。本章还系统地介绍了关系数据库的一些基本概念，其中包括关系的码、关系模型的数据结构、关系的完整性及其关系操作。结合实例详细介绍了关系代数和关系演算两种关系运算，讲解了关系代数、元组关系演算语言（ALPHA 语言、QUEL 语言）和域关系演算语言（QBE 语言）的具体使用方法。这些概念及方法对理解本书的内容非常重要。

习　题

一、选择题

1. 设有如下关系表：

R

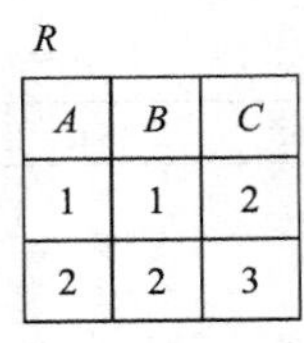

A	B	C
1	1	2
2	2	3

S

A	B	C
3	1	3

T

A	B	C
1	1	2
2	2	3
3	1	3

则下列操作中正确的是（　　）。

A）$T=R\cup S$　　B）$T=R\cap S$　　C）$T=R\times S$　　D）$T=R/S$

2. 关系代数运算是以（　　）为基础的运算。

A）关系运算　　B）谓词运算　　C）集合运算　　D）代数运算

3. 按条件 f 对关系 R 进行选取，其关系代数表达式为（　　）。

A）$R\bowtie R$　　B）$R\bowtie_f R$　　C）$\sigma_f(R)$　　D）$\Pi_f(R)$

4. 关系数据库的概念模型是（　　）。

A）关系模型的集合　B）关系模式的集合　C）关系子模式的集合　D）存储模式的集合

5. 关系数据库管理系统能实现的专门关系运算包括（　　）。

A）排序、索引、统计　　B）选取、投影、连接

C）关联、更新、排序　　D）显示、打印、制表

6. 设有如下关系表：

R

A	B	C
a	b	c
b	a	f
c	b	d

S

A	B	C
b	a	f
d	a	d

W

A	B	C
a	b	C
c	b	d

则下列操作中正确的是（　　）。

A）$W=R\cap S$　　B）$W=R\cup S$　　C）$W=R-S$　　D）$W=R\times S$

7. 设有一个学生档案的关系数据库，关系模式是：S(SNo，SN，Sex，Age)，其中 SNo，SN，Sex，Age 分别表示学生的学号、姓名、性别、年龄。则“从学生档案数据库中检索学生年龄大于 20 岁的学生的姓名”的关系代数式是（　　）。

A）$\sigma_{SN}(\Pi_{Age>20}(S))$　　B）$\Pi_{SN}(\sigma_{Age>20}(S))$

D）$\Pi_{SN}(\Pi_{Age>20}(S))$　　D）$\sigma_{SN}(\sigma_{Age>20}(S))$

8. 一个关系只有一个（　　）。

A）超码　　B）外码　　C）候选码　　D）主码

9. 在关系模型中，以下有关关系键的描述正确的是（　　）。

A）可以由任意多个属性组成

B）至多由一个属性组成

C）由一个或多个属性组成，其值能唯一标识关系中的一个元组

D）以上都不对

10. 同一个关系模型的任两个元组值（ ）。

A）不能完全相同 B）可以完全相同 C）必须完全相同 D）以上都不对

11. 一个关系数据库文件中的各条记录（ ）。

A）前后顺序不能任意颠倒，一定要按照输入的顺序排列

B）前后顺序可以任意颠倒，不影响库中的数据关系

C）前后顺序可以任意颠倒，但排列顺序不同，统计处理的结果就可能不同

D）前后顺序不能任意颠倒，一定要按照关键字段值的顺序排列

12. 关系模式的任何属性（ ）。

A）不可再分 B）可再分

C）命名在关系模式中可以不唯一 D）以上都不对

13. 设有关系 R 和 S，关系代数表达式 $R-(R-S)$ 表示的是（ ）。

A）$R \cap S$ B）$R \cup S$ C）$R-S$ D）$R \times S$

14. 关系运算中花费时间可能最长的是（ ）。

A）选取 B）投影 C）除 D）笛卡儿积

15. 设有关系模式 R 和 S，下列各关系代数表达式不正确的是（ ）。

A）$R-S=R-(R \cap S)$ B）$R=(R-S) \cup (R \cap S)$ C）$R \cap S=S-(S-R)$ D）$R \cap S=S-(R-S)$

16. 有两个关系 R 和 S，分别含有 15 个和 10 个元组，则在 RUS、R－S 和 R∩S 中不可能出现的元组数据的情况是（ ）。

A）15,5,10 B）18,7,7 C）21,11,4 D）25,15,0

17. 在关系模型中，一个候选键是（ ）。

A）必须由多个任意属性组成

B）至多由一个属性组成

C）可由一个或多个其值能唯一标识元组的属性组成

D）以上都不是

二、填空题

1. 在关系运算中，查找满足一定条件的元组的运算称之为________。
2. 在关系代数中，从两个关系中找出相同元组的运算称为________运算。
3. 传统的集合“并、差、交”运算施加于两个关系时，这两个关系必须________。
4. 在关系代数运算中，基本的运算是________、________、________、________、________。
5. 在关系代数运算中，传统的集合运算有________、________、________、________。
6. 关系代数运算中，专门的关系运算有________、________、________。
7. 设有关系 R，从关系 R 中选择条合条件 f 的元组，则关系代数表达式应是________。
8. 关系运算分为________和________。
9. 当对两个关系 R 和 S 进行自然连接运算时，要求 R 和 S 含有一个或多个共有的________。
10. 在一个关系中，列必须是________的，即每一列中的分量是同类型的数据，来自同一域。

11．如果关系 $R2$ 的外部关系键 X 与关系 $R1$ 的主关系键相符，则外部关系键 X 的每个值必须在关系 $R1$ 中主关系键的值中找到，或者为空，这是关系的________规则。

12．设有关系模式为：系（系编号，系名称，电话，办公地点），则该关系模型的主关系键是________，主属性是________，非主属性是________。

13．关系演算分为________演算和________演算。

14．实体完整性规则是对________的约束，参照完整性规则是对________的约束。

15．等式 $R \bowtie S = R \times S$ 成立的条件是________。

16．在关系数据库中，把数据表示成二维表，每一个二维表称为________。

三、简答题

1．关系模型的完整性规则有哪几类？

2．举例说明什么是实体完整性和参照完整性。

3．关系的性质主要包括哪些方面？为什么只限用规范化关系？

4．举例说明等值连接与自然连接的区别与联系。

5．解释下列概念：笛卡儿积、关系、同类关系、关系头、关系体、属性、元组、域、关系键、候选键、主键、外部键、关系模式、关系数据库模式、关系数据库、关系数据库的型与值。

6．已知关系 R，S，T 如图 2-12 所示，求下列关系代数的运算结果：

（1）$R \cap S$　（2）$R \cup S$　（3）$R-S$　（4）$\prod_A(S)$

（5）$R \bowtie T$　（6）$R \underset{A<C}{\infty} T$　（7）$\sigma_{R.A='a2'}(R \times T)$

R

A	B
a1	b1
a1	b2
a2	b2

S

A	B
a1	b2
a1	b3
a2	b2

T

A	C
a1	c1
a1	c2
a2	c3

图 2-12　关系 R，S，T

7．以第 1 章的图 1-21 所示的教学管理数据库为例，用关系代数表达式表示以下各种查询要求。

（1）查询 T1 老师所授课程的课程号和课程名。

（2）查询年龄大于 18 岁的男同学的学号、姓名、系别。

（3）查询“李力”老师所讲授课程的课程号、课程名、课时。

（4）查询学号为 S1 的同学所选修课的课程号、课程名和成绩。

（5）查询“钱尔”同学所选修课程的课程号、课程名和成绩。

（6）查询至少选修“刘伟”老师所授全部课程的学生姓名。

（7）查询“李思”同学未选修的课程号和课程名。

（8）查询全部学生都选修了的课程的课程号、课程名。

（9）查询选修了课程号为 C1 和 C2 的学生的学号和姓名。

（10）查询选修了全部课程的学生的学号和姓名。

03

第3章 关系数据库标准语言——SQL

SQL 是结构化查询语言（Structured Query Language）的缩写，尽管它被称为查询语言，但其功能包括数据查询、数据定义、数据操纵和数据控制四部分。SQL 简洁方便、功能齐全，是目前应用最广的关系数据库语言。本章主要介绍 SQL 的使用和 SQL Server 2012 数据库管理系统的主要功能。通过本章的学习，读者应了解 SQL 的特点，掌握 SQL 的四大功能及使用方法，重点掌握数据查询功能。结合 SQL Server 2012，加深对数据库管理系统在数据查询、数据定义、数据操纵和数据控制功能实现原理的理解，掌握利用 SQL Server 2012 进行数据库应用程序设计的方法。

3.1 SQL 的基本概念与特点

3.1.1 SQL 的发展及标准化

1. SQL 的发展

SQL 是当前最成功、应用最广的关系数据库语言，其发展主要经历了以下几个阶段：

（1）1974 年，由 Chamberlin 和 Boyce 提出，当时称为 SEQUEL（Structured English Query Language）；

（2）1976 年，IBM 公司对 SEQUEL 进行了修改，将其用于 System R 关系数据库系统中；

（3）1981 年，IBM 推出了商用关系数据库 SQL/DS。由于 SQL 功能强大，简洁易用，得到了广泛使用；

（4）今天，SQL 广泛应用于各种大、中型数据库，如 Sybase、SQL Server、Oracle、DB2、MySQL、PostgreSQL 等；也用于各种小型数据库，如 FoxPro、Access、SQLite 等。

2. SQL 标准化

随着关系数据库系统和 SQL 应用的日益广泛，SQL 的标准化工作也在紧张地进行着，30 多年来已制订了多个 SQL 标准：

（1）1982 年，美国国家标准化协会（American National Standard Institute，ANSI）开始制订 SQL 标准；

（2）1986 年，ANSI 公布了 SQL 的第一个标准 SQL-86；

（3）1987 年，国际标准化组织（International Organization for Standardization，ISO）正式采纳了 SQL-86 标准为国际标准；

（4）1989 年，ISO 对 SQL-86 标准进行了补充，推出了 SQL-89 标准；

（5）1992 年，ISO 推出了 SQL-92 标准（也称 SQL2）；

（6）1999 年，ISO 推出了 SQL-99 标准（也称 SQL3），它增加了对象数据、递归和触发器等的支持功能；

（7）2003 年，ISO 推出了 ISO/IEC 9075: 2003 标准（也称 SQL4）。

3.1.2 SQL 的基本概念

1. 基本表（Base Table）

一个关系对应一个基本表。基本表是独立存在的表，不是由其他表导出的。一个或多个基本表对应一个存储文件。

2. 视图（View）

视图是从一个或几个基本表导出的表，是一个虚表。数据库中只存放视图的定义而不存放视图对应的数据，这些数据仍存放在导出视图的基本表中。当基本表中的数据发生变化时，从视图查询出来的数据也随之改变。

例如，设教学数据库中有一个学生基本情况表 S（SNo，SN，Sex，Age，Dept），此表为基本表，对应一个存储文件。可以在其基础上定义一个男生基本情况表 S_Male（SNo，SN，Age，Dept），它是从 S 中选择 Sex='男'的各个行，然后在 SNo、SN、Age、Dept 上投影得到的。在数据库中只存储 S_Male 的定义，而 S_Male 的记录不重复存储。

在用户看来，视图是通过不同路径去看一个实际表，就像一个窗口一样，通过窗口去看外面的高楼，可以看到高楼的不同部分，而透过视图可以看到数据库中用户所感兴趣的内容。

SQL 支持数据库的三级模式结构，如图 3-1 所示。其中，外模式对应于视图和部分基本表，模式对应于基本表，内模式对应于存储文件。

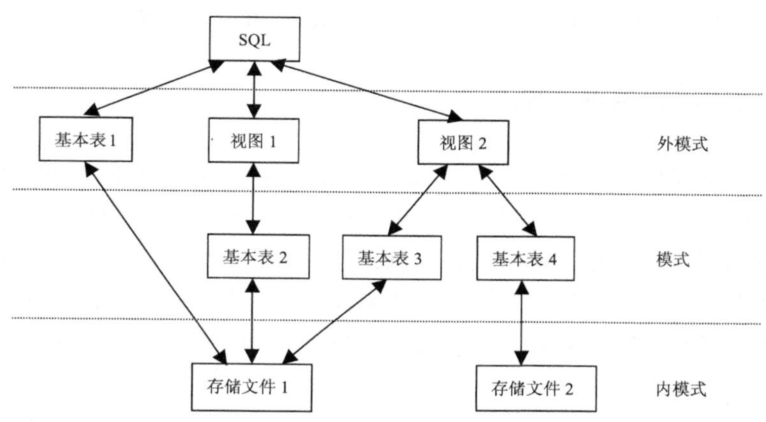

图 3-1　SQL 支持的关系数据库的三级模式结构

3.1.3　SQL 的主要特点

SQL 之所以能够成为标准并被业界和用户接受，是因为它具有简单、易学、综合、一体等鲜明的特点，主要有以下几个方面。

（1）SQL 是类似于英语的自然语言，语法简单，且只有为数不多的几条命令，简洁易用。

（2）SQL 是一种一体化的语言，它包括数据定义、数据查询、数据操纵和数据控制等方面的功能，可以完成数据库活动中的全部工作。

（3）SQL 是一种非过程化的语言，用户不需要关心具体的操作过程，也不必了解数据的存取路径，即用户不需要一步步地告诉计算机“如何”去做，而只需要描述清楚“做什么”，SQL 语言就可将要求交给系统，系统自动完成全部工作。

（4）SQL 是一种面向集合的语言，每个命令的操作对象是一个或多个关系，结果也是一个关系。

（5）SQL 既是自含式语言，又是嵌入式语言。自含式语言可以独立使用交互命令，适用于终端用户、应用程序员和 DBA；嵌入式语言使其嵌入在高级语言中使用，供应用程序员开发应用程序。

（6）SQL 具有数据查询（Query）、数据定义（Definition）、数据操纵（Manipulation）和数据控制（Control）四种功能。

本章各例题均采用第 1 章图 1-21 所示的基本表，后文不再赘述。

3.2 SQL Server 2012 简介

SQL Server 是一个支持关系模型的关系数据库管理系统，是 Microsoft 公司的产品。最初是由 Microsoft、Sybase 和 Ashton-Tate 三家公司联合开发，于 1988 年推出了第一个 OS/2 版本。后来，Ashton-Tate 公司退出了 SQL Server 的开发。在 Windows NT 操作系统推出后，Sybase 与 Microsoft 在 SQL Server 的开发上就分道扬镳了。其中，Sybase 专注于 SQL Server 在 UNIX 操作系统上的应用；Microsoft 则将 SQL Server 移植到 Windows NT 操作系统上，专注于开发 Windows NT 版本的 SQL Server。若无特殊说明，本书所指的 SQL Server 专指 Microsoft 公司的 SQL Server。

3.2.1 SQL Server 的发展与版本

Microsoft SQL Server 目前已历经多个版本的发展演化。Microsoft 公司于 1995 年发布 SQL Server 6.0 版本；1996 年发布 SQL Server 6.5 版本；1998 年发布 SQL Server 7.0 版本，在数据存储和数据引擎方面做了根本性的变化，确立了 SQL Server 在数据库管理工具中的主导地位；2000 年发布的 SQL Server 2000，在数据库性能、可靠性、易用性方面做了重大改进；2005 年发布的 SQL Server 2005，可为各类用户提供完善的数据库解决方案；2008 年发布的 SQL Server 2008 R2 安全性、延展性和管理能力等方面进一步提高。

现在比较流行的 SQL Server 2012 不仅继承了早期版本的优点，同时增加了许多新的功能，具有高安全性、高可靠性、高效智能等优点。SQL Server 2012 包括以下几个常见版本。

（1）企业版（Enterprise Edition）：一个全面的数据管理与商业智能平台，为关键业务应用提供企业级的可扩展性、数据仓库、安全、高效分析和报表支持。可作为大型 Web 站点、企业 OLTP（联机事务处理）以及数据仓库系统等的数据库服务器。

（2）标准版（Standard Edition）：提供完整的数据管理和商业智能平台，提供了最佳的易用性和可管理性，适用于部门级等中小规模的应用。

（3）Web 版（Web Edition）：面向 Internet Web 服务环境设计。这一版本为实现低成本、大规模、高可用性的 Web 应用或客户托管解决方案提供了必要的支撑工具。

（4）开发者版（Developer Edition）：允许开发人员构建和测试基于 SQL Server 的任意类型应用。这一版本拥有企业版的特性，但只限于在开发、测试和演示中使用。基于这一版本开发的应用和数据库可以很容易地升级到企业版。

除上述主流版本外，SQL Server 2012 还有工作组版（Workgroup Edition）、速成版（Express Edition）和移动版（Compact Edition），用户可根据实际情况选择相应的 SQL Server 版本。本书以 Microsoft SQL Server 2012 标准版（为叙述简洁，后文简称 SQL Server 2012）为例，进行有关内容的讲解。

3.2.2 SQL Server 2012 的主要组件

SQL Server 2012 提供了完善的管理工具套件，主要包括以下几部分。

1. SQL Server 数据库引擎

SQL Server 数据库引擎包括用于存储、处理和保护数据的核心引擎，复制，全文搜索以及用于管理关系数据和 XML 数据的工具。

2. SQL Server Management Studio

SQL Server Management Studio（后文简称 Management Studio）是一个集成环境，用于配置和管理 SQL Server 的主要组件。Management Studio 提供了直观易用的图形工具和强大的脚本环境，使各种技术水平的开发人员和管理人员都能访问 SQL Server。

3. 分析服务

分析服务（Analysis Services）包括用于创建和管理联机分析处理（OLAP）以及数据挖掘应用的工具。

4. 报表服务

报表服务（Reporting Services）是一个开发报表应用程序的可扩展平台，用于创建、管理和部署表格报表、矩阵报表、图形报表以及自由格式报表等应用。

5. 集成服务

集成服务（Integration Services）是一组图形工具和可编程对象，用于移动、复制和转换数据。

6. 配置管理器

SQL Server 配置管理器（Configuration Manager）为 SQL Server 服务、服务器协议、客户端协议和客户端别名提供配置管理。

7. 数据库引擎优化顾问

数据库引擎优化顾问可协助创建索引、索引视图和分区的最佳组合，提升数据库的访问性能。

8. 商业智能开发向导

商业智能开发向导（Business Intelligence Development Studio）是一个集成开发环境（IDE），集成了上述分析服务、报表服务和集成服务的功能。

9. 连接组件

安装客户端和服务器通信的组件，以及用于 DB-Library、ODBC 和 OLE DB 的网络库。

10. 联机丛书

SQL Server 2012 提供了大量的联机文档，用户可以查询到许多有价值的信息。一个优秀的 SQL Server 管理员和应用程序员，应能熟练使用联机文档。

3.2.3 SQL Server 2012 企业管理器（Management Studio）

Management Studio 将早期 SQL Server 版本中包含的企业管理器、查询分析器和分析管理器等工具的功能整合到单一环境中，可以和报表服务、集成服务等组件协同工作。开发人员可以获得熟悉的体验，而数据库管理员可获得功能齐全的单一实用工具，其中包含易于使用的图形工具和丰富的脚本撰写功能。

用户可以通过执行“开始→所有程序→Microsoft SQL 2012→SQL Server Management Studio”命令，启动 Management Studio，如图 3-2 所示。

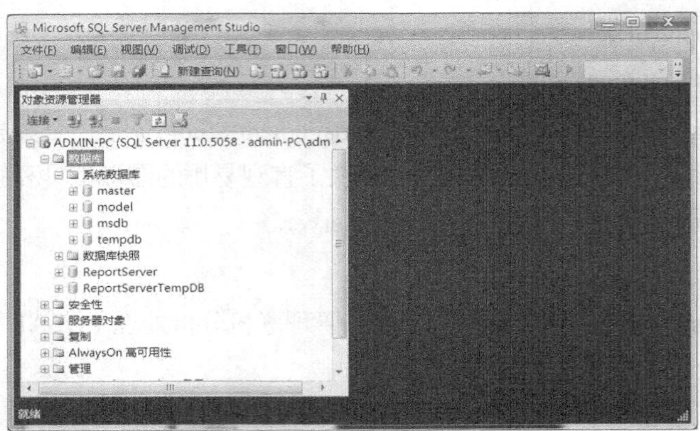

图 3-2　Management Studio

3.3　数据库的创建和使用

3.3.1　数据库的结构

对于数据库，从逻辑上看，描述信息的数据存在数据库中并由 DBMS 统一管理；从物理上看，描述信息的数据是以文件的方式存储在物理磁盘上，由操作系统进行统一管理。

数据库的存储结构是指数据库文件在磁盘上如何存储。在 SQL Server 2012 中，创建一个数据库时，SQL Server 会对应地在物理磁盘上创建相应的操作系统文件，数据库中的所有数据、对象和数据库操作日志都存储在这些文件中，其中，将至少产生两个文件：数据文件和事务日志文件。一个数据库至少应包含一个数据文件和一个事务日志文件。

一个数据库的所有物理文件，在逻辑上通过数据库名联系在一起。也就是说一个数据库在逻辑上对应一个数据库名，在物理存储上会对应若干个存储文件。

1. 数据文件

数据文件（Database File）是存放数据库数据和数据库对象的文件。一个数据库可以有一个或多个数据文件，一个数据文件只属于一个数据库。当有多个数据文件时，有一个文件被定义为主数据文件（Primary Database File），扩展名为.mdf，用来存储数据库的启动信息和部分或全部数据。一个数据库只能有一个主数据文件，其他数据文件被称为次数据文件（Secondary Database File），扩展名为.ndf，用来存储主要数据文件未存储的其他数据。采用多个数据文件来存储数据的优点体现如下：

（1）数据文件可以不断扩充，不受操作系统文件大小的限制；

（2）可以将数据文件存储在不同的硬盘中，这样可以同时对几个硬盘并行存取，提高了数据的处理性能。

2. 事务日志文件

事务日志文件（Transaction Log File）保存用于恢复数据库的日志信息，扩展名是.ldf，每个数据库必须至少有一个事务日志文件。Microsoft SQL Server 将任何一次更新操作立即写入事务日志文件，之后更改计算机缓存中的数据，再以固定的时间间隔将缓存中的内容批量写入数据文件。Microsoft SQL Server 重启时会将事务日志中最新标记点后面的事务记录抹去，因为这些事物记录并没有真正的从缓存写入数据文件。

3．文件组

文件组（File Group）是将多个数据文件集合起来形成的一个整体，每个文件组有一个组名。与数据文件一样，文件组也分为主要文件组和次要文件组。一个数据文件只能存在于一个文件组中，一个文件组也只能被一个数据库使用。当建立数据库时，主要文件组包括了主要数据文件和未指定组的其他文件。在次要文件组中可以指定一个缺省文件组，在创建数据库对象时，如果没有指定将其放在哪一个文件组中，就会将它放在缺省文件组中；如果没有指定缺省文件组，则主要文件组为缺省文件组。日志文件不分组，它不属于任何文件组。

3.3.2 SQL Server 2012 的系统数据库

SQL Server 2012 的系统数据库有 master、model、msdb、tempdb 和 resource。其中，前 4 个数据库显示在图 3-2 所示的系统数据库列表中，它们的存储路径为<drive>:\Program Files\Microsoft SQL Server\MSSQL11.SQLSERVER\MSSQL\DATA\；第 5 个数据库 resource 是一个只读和隐藏的数据库，不显示在系统数据库列表中，它的物理文件名为 mssqlsystemresource.mdf 和 mssqlsystemresource.ldf，存储路径为<drive>:\Program Files\Microsoft SQL Server\MSSQL11. SQLSERVER\MSSQL\Binn\。

1．master 数据库

master 数据库是核心数据库，记录 Microsoft SQL Server 系统的所有系统级信息，包括实例范围的元数据（例如登录账户）、端点、链接服务器和系统配置信息。此外，master 数据库还记录了所有其他数据库的存在、数据库文件的位置以及 Microsoft SQL Server 的初始化信息。如果 master 数据库不可用，则 Microsoft SQL Server 无法启动。因此，用户尽量不要对 master 数据库执行操作，而且要保证始终有一个 master 数据库的当前备份可用。执行了创建与使用任意数据库、更改服务器或数据库的配置值、修改或添加登录账户等操作之后，应尽快备份 master 数据库。如果 master 数据库不可用，可以从当前数据库备份还原 master，也可以重新生成 master。注意，重新生成 master 将重新生成所有系统数据库。

2．model 数据库

model 数据库是所有用户数据库的创建模板，必须始终存在于 Microsoft SQL Server 系统中。当创建用户数据库时，系统将 model 数据库的全部内容（包括数据库选项）复制到新的数据库中，由此可以简化数据库及其对象的创建及设置工作。

3．msdb 数据库

SQL Server Agent 使用 msdb 数据库来计划警报和作业。此外，SQL Server Management Studio、Service Broker 和数据库邮件等功能也使用该数据库。

4．tempdb 数据库

tempdb 数据库用作系统的临时存储，主要用于保存以下内容。

（1）显式创建的临时用户对象，如临时表、临时存储过程、表变量或游标。

（2）数据库引擎创建的内部对象，如用于存储假脱机或排序中间结果的工作表。

每次重新启动 SQL Server 时，SQL Server 都会重新创建 tempdb，从而获得一个干净的数据库副本。tempdb 数据库采用最小日志策略，在该数据库中的表上进行数据操作，比在其他数据库中要快得多。

5. resource 数据库

resource 数据库包含了 Microsoft SQL Server 中的所有系统对象，这些系统对象在物理上保留在 resource 数据库中，但在逻辑上显示在每个数据库的 sys 架构中。通过 resource 数据库可以更为轻松快捷地升级到新的 Microsoft SQL Server 版本。在早期版本的 Microsoft SQL Server 中，进行升级需要删除和创建系统对象。由于 resource 数据库文件包含所有系统对象，因此，现在仅通过将 resource 数据库文件复制到本地服务器便可完成升级。

3.3.3 SQL Server 的示例数据库

SQL Server 2012 提供了 AdventureWorks 示例数据库。与 SQL Server 2000 等早期版本不同，SQL Server 2012 默认并不安装示例数据库，需要手工下载安装，具体的下载地址可在网上搜索到。SQL Server 2012 联机丛书基本都以该数据库为例讲解，建议读者手工下载安装该示例数据库。

3.3.4 创建用户数据库

创建用户数据库有两种典型方法：一是通过 Management Studio 创建；二是通过 SQL 语句创建。

1. 用 Management Studio 创建数据库

在 SQL Server 2012 的 Management Studio 中，按下列步骤创建用户数据库。

（1）在图 3-2 所示的 Management Studio 界面中，在“对象资源管理器”窗口，右键单击“数据库”节点，在弹出的快捷菜单中选择“新建数据库(N)...”命令（见图 3-3），即可打开新建数据库窗口（见图 3-4）。

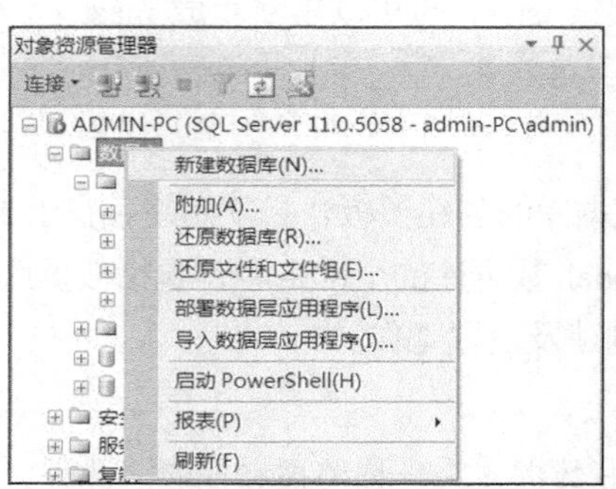

图 3-3 新建用户数据库

（2）图 3-4 中，在“常规”选项卡的“数据库名称”文本框中输入数据库的名称。在“数据库文件”列表中，指定数据库文件的名称、存储位置、初始容量大小和所属文件组等信息，并进行数据库文件大小、扩充方式和容量限制的设置。

（3）单击“确定”按钮，则创建一个新数据库。

Management Studio 的使用

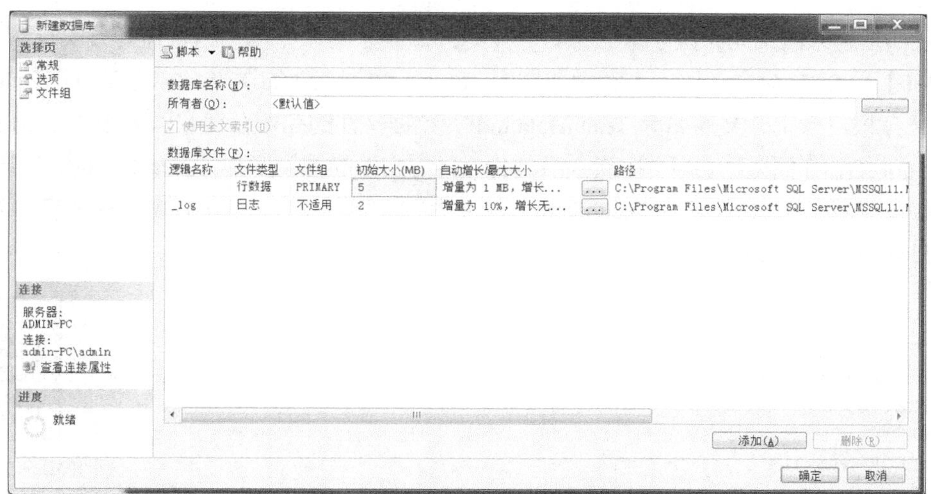

图 3-4　新建数据库窗口

2. 用 SQL 命令创建数据库

创建数据库的 SQL 命令的语法格式如下所示：

```
CREATE DATABASE 数据库名称
[ON
[FILEGROUP 文件组名称]
(
  NAME=数据文件逻辑名称,
  FILENAME='路径+数据文件名',
  SIZE=数据文件初始大小,
  MAXSIZE=数据文件最大容量,
  FILEGROWTH=数据文件自动增长容量,
)]
[LOG ON
(
  NAME=日志文件逻辑名称,
  FILENAME='路径+日志文件名',
  SIZE=日志文件初始大小,
  MAXSIZE=日志文件最大容量,
  FILEGROWTH=日志文件自动增长容量,
)]
[COLLATE 数据库校验方式名称]
[FOR ATTACH]
```

对于上述命令，有以下几点说明。

（1）用[ ]括起来的语句，表示在创建数据库的过程中可以选用或者不选用，例如，在创建数据库的过程中，如果只用第一条语句“CREATE DATABASE 数据库名称”，DBMS 将会按照默认的“逻辑名称”“文件组”“初始大小”“自动增长”和“路径”等属性创建数据库。

（2）“FILEGROWTH”可以是具体的容量，也可以是 UNLIMITED，表示文件无增长容量限制。

（3）“数据库校验方式名称”可以是 Windows 校验方式名称，也可以是 SQL 校验方式名称。

（4）“FOR ATTACH”表示将已经存在的数据库文件附加到新的数据库中。

（5）用( )括起来的语句，除了最后一行命令之外，其余的命令都用逗号作为分隔符。

【例 3-1】 用 SQL 命令创建一个教学数据库 Teach，数据文件的逻辑名称为 Teach_Data，数据文件存放在 E 盘根目录下，文件名为 TeachData.mdf，数据文件的初始存储空间大小为 10MB，最大存储空间为 500MB，存储空间自动增长量为 10MB；日志文件的逻辑名称为 Teach_Log，日志文件物理地存放在 E 盘根目录下，文件名为 TeachData.ldf，初始存储空间大小为 5MB，最大存储空间为 500MB，存储空间自动增长量为 5MB。

```
CREATE DATABASE Teach
ON
(  NAME=Teach_Data,
   FILENAME='D:\TeachData.mdf',
   SIZE=10,
   MAXSIZE=500,
   FILEGROWTH=10)
LOG ON
(   NAME=Teach_Log,
   FILENAME='D:\TeachData.ldf',
   SIZE=5,
   MAXSIZE=500,
   FILEGROWTH=5)
```

SQL 命令创建数据库

3.3.5 修改用户数据库

创建数据库后，还可以对数据库的名称、大小和属性等进行修改。

1. 用 Management Studio 修改数据库

在“对象资源管理器”窗口，右键单击要修改的数据库，从弹出菜单中选择“属性”命令，即可打开数据库属性对话框，如图 3-5 所示。

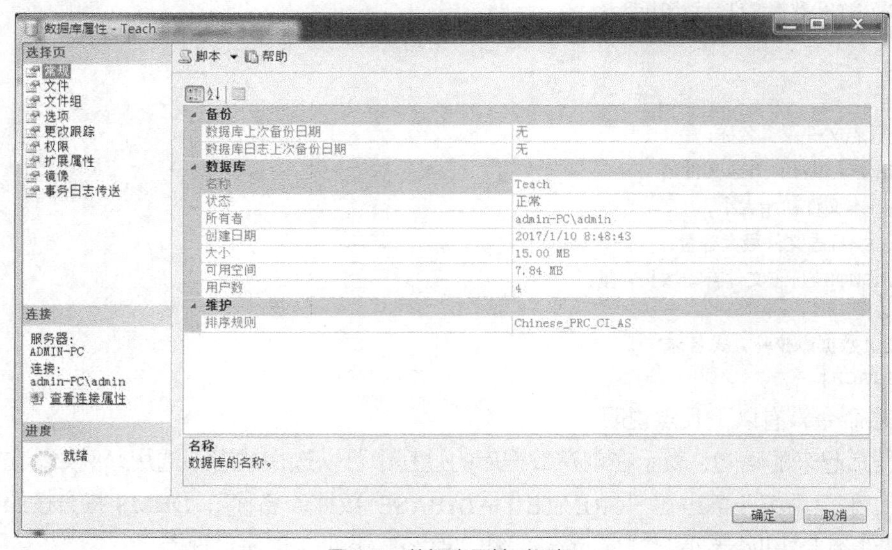

图 3-5　数据库属性对话框

（1）“常规”选项卡中包含数据库的状态、所有者、创建日期、大小、可用空间、用户数、备份和维护等信息。

（2）“文件”选项卡中包含数据文件和日志文件的名称、存储位置、初始容量大小、文件增长和文件最大限制等信息。

（3）“文件组”选项卡中可以添加或删除文件组。但是，如果文件组中有文件则不能删除，必须先将文件移出文件组，才能删除文件组。

（4）“选项”选项卡中可以设置数据库的许多属性，如排序规则、恢复模式、兼容级别等。

（5）“更改跟踪”选项卡可以设定是否对数据库的修改进行跟踪。

（6）“权限”选项卡可以设定用户或角色对此数据库的操作权限。

（7）“扩展属性”选项卡可以设定表或列的扩展属性。在设计表或列时，通常通过表名或列名来表达含义，当表名或列名无法表达含义时，就需要使用扩展属性。

（8）“镜像”选项卡可以设定是否对数据库启用镜像备份。镜像备份是一种高性能的备份方案，但需要投入一定的设备成本，一般用于高可靠性环境。

（9）“事务日志传送”选项卡设定是否启用事务日志传送。事务日志传送备份是仅次于镜像的高可靠性备份方案，可以达到分钟级的灾难恢复能力，实施成本远小于镜像备份，是一种经济实用的备份方案。

2. 用 SQL 命令修改数据库

可以使用 ALTER DATABASE 命令修改数据库。注意，只有数据库管理员（DBA）或者具有 CREATE DATABASE 权限的人员才有权执行此命令。下面列出常用的修改数据库的 SQL 命令的语法格式。

```
ALTER DATABASE 数据库名称
ADD FILE(
          具体文件格式)
[,…n]
[TO FILEGROUP 文件组名]
|ADD LOG FILE(
            具体文件格式)
[,…n]
|REMOVE FILE 文件逻辑名称
|MODIFY FILE(
            具体文件格式)
|ADD FILEGROUP 文件组名
|REMOVE FILEGROUP 文件组名
|MODIFY FILEGROUP 文件组名
{
READ_ONLY|READ_WRITE,
     | DEFAULT,
     | NAME = 新文件组名}
}
```

其中，“具体文件格式”为：

```
(
   NAME = 文件逻辑名称
   [ , NEWNAME = 新文件逻辑名称]
   [ , SIZE = 初始文件大小]
   [ , MAXSIZE = 文件最大容量]
```

```
    [ , FILEGROWTH = 文件自动增长容量]
)
```

各主要参数说明如下。

ADD FILE：向数据库中添加数据文件。

ADD LOG FILE：向数据库中添加日志文件。

REMOVE FILE：从数据库中删除逻辑文件，并删除物理文件。如果文件不为空，则无法删除。

MODIFY FILE：指定要修改的文件。

ADD FILEGROUP：向数据库中添加文件组。

REMOVE FILEGROUP：从数据库中删除文件组。若文件组非空，无法将其删除，需要先从文件组中删除所有文件。

MODIFY FILEGROUP：修改文件组名称、设置文件组的只读（READ_ONLY）或者读写（READ_WRITE）属性、指定文件组为默认文件组（DEFAULT）。

ALTER DATABASE 命令可以在数据库中添加或删除文件和文件组、更改数据库属性或其文件和文件组、更改数据库排序规则和设置数据库选项。应注意的是，只有数据库管理员（DBA）或具有 CREATE DATABASE 权限的数据库所有者才有权执行此命令。

【例 3-2】修改 Teach 数据库中的 Teach_Data 文件增容方式为一次增加 20MB。

```
ALTER DATABASE Teach
MODIFY FILE
( NAME = Teach_Data,
  FILEGROWTH = 20)
```

【例 3-3】用 SQL 命令修改数据库 Teach，添加一个次要数据文件，逻辑名称为 Teach_Datanew，存放在 E 盘根目录下，文件名为 Teach_Datanew.ndf。数据文件的初始大小为 100MB，最大容量为 200MB，文件自动增长容量为 10MB。

```
ALTER DATABASE Teach
ADD FILE(
        NAME=Teach_Datanew,
        FILENAME='E:\Teach_Datanew.ndf',
        SIZE=100,
        MAXSIZE=200,
        FILEGROWTH=10)
```

【例 3-4】用 SQL 命令，从 Teach 数据库中删除例 3-3 中增加的次要数据文件。

```
ALTER DATABASE Teach
REMOVE FILE Teach_Datanew
```

3.3.6 删除用户数据库

1. 用 Management Studio 删除数据库

在“对象资源管理器”窗口，右键单击要删除的数据库，从弹出菜单中选择“删除”。删除数据库后，与此数据库关联的数据文件和日志文件都会被删除，系统数据库中存储的该数据库的所有信息也会被删除，因此务必要慎重！

2. 用 SQL 命令删除数据库

使用 DROP DATABASE 命令可以从 SQL Server 中删除数据库，可以一次删除一个或多个数据库。只有数据库管理员（DBA）和拥有此权限的人员才能使用此命令。DROP DATABASE 命令的语法如下：

```
DROP DATABASE 数据库名称 [,...n]
```

【例 3-5】删除数据库 Teach。

```
DROP DATABASE Teach
```

3.3.7 查看数据库信息

1. 用 Management Studio 查看数据库信息

在 Management Studio 的“对象资源管理器”窗口中，选中“数据库”节点下的某个数据库，单击鼠标右键，在快捷菜单中选择“属性”，即可查看该数据库的详细信息。

2. 用系统存储过程查看数据库信息

SQL Server 2012 提供了不少有用的系统存储过程，可以用它们获得许多从 Management Studio 界面中不易或不能看到的信息。有关存储过程的详细介绍请参见第 7 章，读者如果目前不了解存储过程也不要紧，可以把它当作函数或命令来用。

（1）用系统存储过程显示数据库结构。

可以使用系统存储过程 Sp_helpdb 来显示数据库结构，其语法如下：

```
Sp_helpdb [[@dbname=] 'name']
```

使用 Sp_helpdb 系统存储过程可以显示指定数据库的信息。如果不指定[@dbname=]'name'子句，则会显示在 master.dbo.sysdatabases 表中存储的所有数据库信息，命令执行成功会返回 0，否则返回 1。如显示 AdventureWorks2012 数据库的信息：

```
EXEC Sp_helpdb AdventureWorks2012
```

（2）用系统存储过程显示文件信息。

可以使用存储过程 Sp_helpfile 来显示当前数据库中的文件信息，其语法如下：

```
Sp_helpfile [[@filename =] 'name']
```

如果不指定文件名称，则会显示当前数据库中所有的文件信息。命令执行成功会返回 0，否则返回 1。如显示 AdventureWorks2012 数据库中的 Address 表的信息：

```
EXEC Sp_helpfile Address
```

（3）用系统存储过程显示文件组信息。

可以系统存储过程 Sp_helpfilegroup 来显示当前数据库中的文件组信息，其语法如下：

```
Sp_helpfilegroup [[@filegroupname =] 'name']
```

如果不指定文件组名称，则会显示当前数据库中所有的文件组信息。命令执行成功会返回 0，否则返回 1。如显示 AdventureWorks2012 数据库中的所有文件组信息：

```
use AdventureWorks2008R2
EXEC Sp_helpfilegroup
```

3.3.8 迁移用户数据库

很多情况下，我们需要将数据库文件从一台电脑迁移到另外的电脑上，以下介绍两种常用的迁移数据库的方法。

1. 分离和加载

分离和加载数据库

如图 3-6 所示，在对象资源管理器中，选择要迁移的数据库节点，单击鼠标右键，在快捷菜单中选择“任务”，在之后出现的级联菜单中选择“分离”，会弹出如图 3-7 所示的“分离数据库”属性对话框，单击“确定”按钮，数据库文件就会从 SQL server 2012 成功分离。

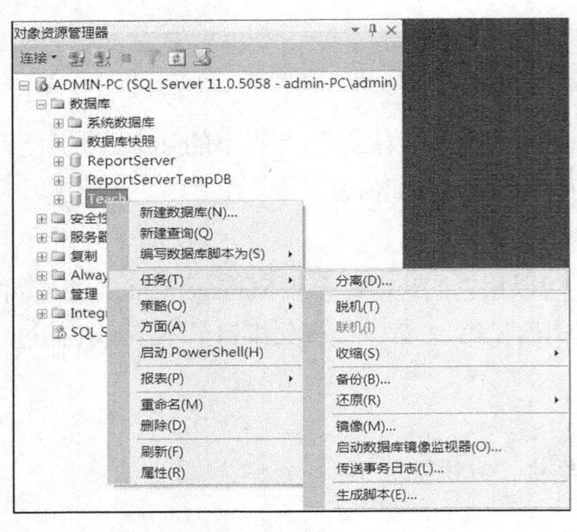

图 3-6　分离数据库文件

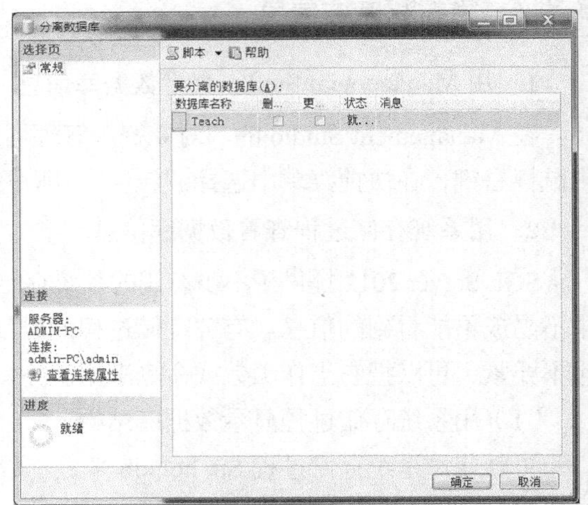

图 3-7　“分离数据库”属性对话框

之后，如图 3-8 所示，在对象资源管理器中选择“数据库”节点，单击鼠标右键，在快捷菜单中选择“附加”，会弹出“附加数据库”属性对话框，单击其中的“添加”按钮，在弹出的对话框中选择需要的.mdf 文件，会得到如图 3-9 中所示的窗口，单击“确定”，即可把数据库文件附加成功。

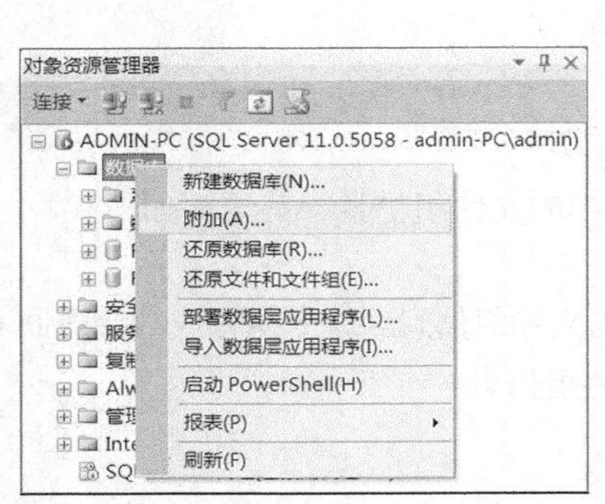

图 3-8　附加数据库文件

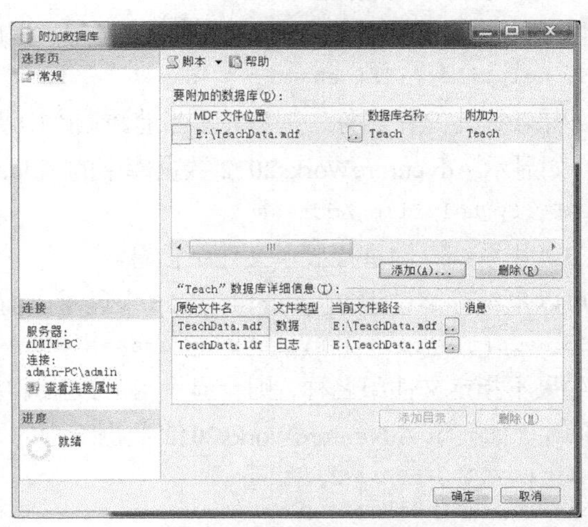

图 3-9　“附加数据库”属性对话框

2. 生成脚本

对于选定的数据库节点，在图 3-6 的级联菜单中，选择“生成脚本”命令，会弹出如图 3-10 所示的“生成和发布脚本”窗口。

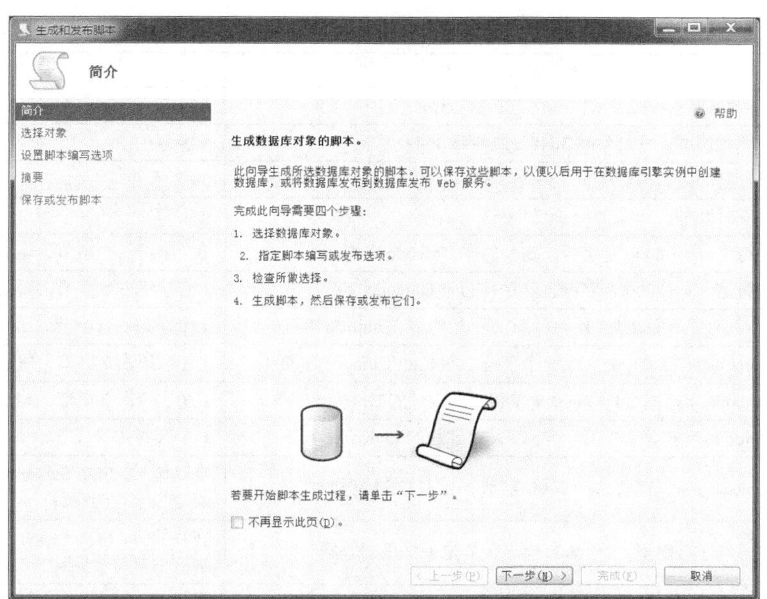

图 3-10　“生成和发布脚本”窗口

在图 3-10 中，按照向导操作，即可生成数据库的脚本文件（扩展名为.sql）。通过脚本文件，可以在其他电脑的数据库管理系统中重新创建相同的数据库。

3.4　数据表的创建和使用

SQL 使用数据定义语言（Data Definition Language，DDL）实现数据定义功能。

3.4.1　数据类型

关系表中的每一列（即每个字段）都来自同一个域，属于同一种数据类型。创建数据表之前，需要为表中的每一个属性设置一种数据类型。常见的数据类型如表 3.1 所示。

表 3.1　数据类型

数据类型	数据内容与范围	占用的字节
bit	精确数值型，0，1，NULL	实际使用 1bit，但会占用 1 字节，若一个数据中有数个 bit 字段，则可共占 1 字节
bigint	精确数值型，-2^{63}～$2^{63}-1$	8 字节
int	精确数值型，-2^{31}～$2^{31}-1$	4 字节
smallint	精确数值型，-2^{15}～$2^{15}-1$	2 字节
tinyint	精确数值型，0～255	1 字节
numeric	精确数值型，$-10^{38}+1$～$10^{38}-1$	1～9 位数使用 5 字节，10～19 位数使用 9 字节，20～28 位数使用 13 字节，29～38 位数使用 17 字节
decimal	精确数值型，$-10^{38}+1$～$10^{38}-1$	与 numeric 类型相同
float	近似数值型，－1.79E+308～1.79E+308	8 字节
real	近似数值型，－3.40E+38～3.40E+38	4 字节

续表

数据类型	数据内容与范围	占用的字节
Money	精确数值型，-2^{63}～$2^{63}-1$，精确到万分之一	8 字节
smallmoney	精确数值型，－214748.3648～214748.3647	4 字节
datetime	日期时间型，1753/1/1～9999/12/31	8 字节
smalldatetime	日期时间型，1900/1/1～2079/6/6	4 字节
char	字符型，1～8000 个字符，定长的非 Unicode 字符	1 个字符占 1 字节，尾端空白字符保留
varchar	字符型，1～8000 个字符，非定长的非 Unicode 字符	1 个字符占 1 字节，尾端空白字符删除
text	字符型，最多 $2^{31}-1$ 个字符，变长的非 Unicode 字符	1 个字符占 1 字节，最大可存储 2GB
nchar	Unicode 字符型，1～4000 个字符，定长的 Unicode 字符	1 个字符占 2 字节，尾端空白字符保留
nvarchar	Unicode 字符型，1～4000 个字符，非定长的 Unicode 字符	1 个字符占 2 字节，尾端空白字符删除
ntext	Unicode 字符型，23^{0-1}个字符，非定长的 Unicode 字符	1 个字符占 2 字节，最大可存储 2GB
binary	二进制字符串型，1～8000 字节，定长二进制数据	在存储时，SQL Server 会另外增加 4 字节，尾端空白字符会保留
varbinary	二进制字符串型，1～8000 字节，非定长二进制数据	在存储时，SQL Server 会另外增加 4 字节，尾端空白字符会删除
image	二进制字符串型，$2^{31}-1$ 个字符，非定长二进制数据	最大可存储 2GB
timestamp	其他数据类型，十六进制	8 字节
uniqueidentifier	其他数据类型，全局唯一标识符（GUID）	可用 NEWID()函数生成一个该种类型的字段值。16 字节
sql_variant	其他数据类型，0～8016 字节	
table	其他数据类型	

下面，对表 3.1 中的数据类型进行说明。

（1）整数型：按照取值范围从大到小，包括 bigint、int、smallint、tinyint、bit。在实际应用中，可以根据属性的具体取值范围选择适合的整数型。例如，第 1 章图 1-21 中的学生关系表（S）中的属性“年龄（Age）”的数据类型可以设置为 int。

（2）数值型：包括精确数值型 numeric、decimal 和近似数值型 float、real。numeric 与 decimal 在功能上等效，用于精确存储数值。以 numeric 为例，格式为 numeric(p,s)，其中 p 表示数据长度，s 表示小数位数。例如，第 1 章图 1-21 中的选课关系表（SC）中的属性“成绩（Score）”的数据类型可以设置为 numeric(4,1)，表示数据长度为 4，小数位为小数点后一位。float 和 real 用来存储数据的近似值，当数值的位数太多时，可用它们存取数值的近似值。

（3）货币型：按照取值范围从大到小，包括 money 和 smallmoney，它们可以精确到所代表的货币单位的万分之一，也就是小数点后面 4 位。通常情况下，货币型可以转换为精确数值型。

（4）日期型：按照时间范围从大到小，包括 datetime 和 smalldatetime，可以精确到秒，smalldatetime 比 datetime 多占用 4 个字节。此外，还有一个常用的日期型是 date，这种数据类型只显示日期，不显示时间。

（5）字符型：包括 char、varchar、nchar、nvarchar、text、ntext。其中，char、varchar 存放非 Unicode 字符（即 ASCII 字符），一个字符占 1 个字节，char 是定长的，varchar 是非定长的。例如，第 1 章图 1-21 中的学生关系表（S）中的属性“学号（SNo）”可以设置为 char(6)，表示学号最多可以包含 6 个非 Unicode 字符，即使小于 6 个，在内存中也要分配 6 个字节的空间；如果设置为 varchar(6)，则学号实际包含多少非 Unicode 字符，在内存中就分配多少字节，例如，学号“S1”包含 2 个字符，内存中删除尾端空白的 4 字节，分配 2 字节的空间。nchar、nvarchar 存放 Unicode 字符，一个字符占 2 个字节，nchar 是定长的，nvarchar 是非定长的。nchar、nvarchar 的用法与 char、varchar 相同，只是占用内存空间不同。例如，如果“学号（SNo）”设置为 nchar(6)，则学号“S1”占 12 个字节；如果设置为 nvarchar(6)，则学号“S1”占 4 个字节。当字符串中包含非 ASCII 字符时，最好不要使用 char、varchar。例如，学生关系表（S）中的属性“姓名（SN）”可以设置为 nchar、nvarchar。当某个字符型属性需要描述的字符数比较多时，可以将其设置为 text、ntext。其中，text 存放非 Unicode 字符，定长，最大可存储 2GB；ntext 存放 Unicode 字符，非定长，最大可存储 2GB。

（6）二进制数据型：包括 binary、varbinary、image。其中，binary 是定长的二进制数据型，varbinary 是非定长的二进制数据型，两者最多可以表示 8000 个字节。任何类型的数据都可存储在这种类型的字段中，不需数据转换。image 类型可以存储图片本身，这时需要事先将图片转换成二进制流的形式；也可以存储图片路径。此外，由于图片路径是字符串的形式，也可以使用字符型。

（7）特殊类型：包括 timestamp、uniqueidentifier、sql_variant、table。timestamp 数据类型提供数据库范围内的唯一值。此类型相当于 binary(8)或 varbinary(8)，但当它所定义的列更新或添加数据行时，此列的值会被自动更新，一个计数值将自动地添加到此 timestamp 数据列中。每个数据库表中只能有一个 timestamp 数据列。如果建立一个名为“timestamp”的列，则该列的类型将被自动设为 timestamp 数据类型。uniqueidentifier 数据类型称为全球唯一标识符（Globally Unique Identifier，GUID），可用 NEWID( )函数产生。sql_variant 数据类型可以存储除文本、图形数据和 timestamp 类型数据外的其他任何合法的 SQL Server 数据，此数据类型大大方便了 SQL Server 的开发工作。table 数据类型用于存储对表或视图处理后的结果集，这一类型使得变量可以存储一个表，从而使函数或过程返回查询结果更加方便、快捷。

3.4.2　创建数据表

数据表是由行和列组成的，创建数据表的过程就是定义数据表的列的过程，也就是定义数据表结构的过程。

1. 用 Management Studio 创建数据表

Management Studio
创建数据表

（1）右键单击“对象资源管理器”中“数据库”下的“表”节点，从快捷菜单中选择“新建表”命令，会弹出定义数据表结构对话框如图 3-11 所示。其中，每一行用于定义数据表的一个字段，包括字段名、数据类型、长度、字段是否为 NULL 以及默认值等。其中，

① “列名”（即表中某个字段名）由用户命名，最长 128 字符，可包含中文、英文、下划线、# 号、货币符号（￥）及@符号。同一表中不允许有重名的列。

② “数据类型”，定义字段可存放数据的类型。

③ 字段的“长度”“精度”和“小数位数”。字段的长度指字段所能容纳的最大数据量，不同的数据类型其长度的意义不同。

- 对字符型与 Unicode 字符类型而言，长度代表字段所能容纳的字符的数目，因此它会限制用户所能输入的文本长度。

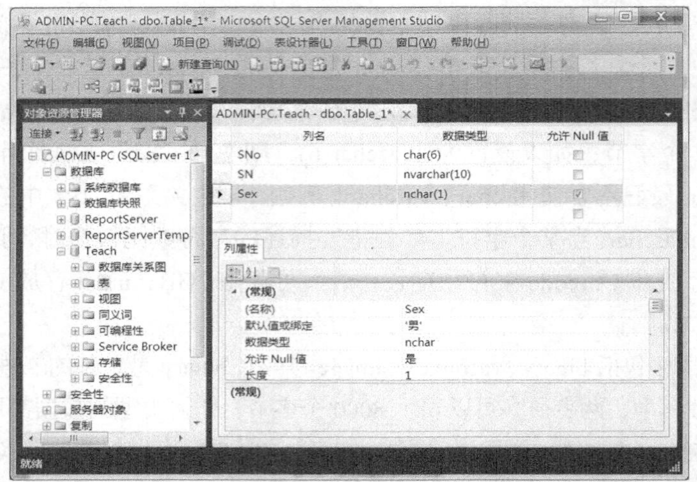

图 3-11　定义数据表结构对话框

- 对数值型类型而言，长度则代表字段使用多少个字节来存放数字，由精度决定，精度越高，字段的长度就越大。精度是指数据中数字的位数，包括小数点左侧的整数部分和小数点右侧的小数部分。例如，数字 12345.678，其精度为 8，小数位数为 3。只有数值类型才有必要指定精度和小数位数。
- 各种整数型的字段长度是固定的，用户不需要输入长度，系统根据相应整数类型的不同自动给出字段长度。
- 对 binary、varbinary 和 image 数据类型而言，长度代表字段所能容纳的字节数。

④ “允许空”，当对某个字段的“允许空”列上打勾“✓”时，表示该字段的值允许为 NULL 值。这样，在向数据表中输入数据时，如果没有给该字段输入数据，系统将自动取 NULL 值，否则，必须给该字段提供数据。

⑤ “默认值”，表示该字段的默认值（即 DEFAULT 值）。如果规定了默认值，在向数据表中输入数据时，如果没有给该字段输入数据，系统自动将默认值写入该字段。

（2）将数据表中各列定义完毕后，单击工具栏中的保存按钮，完成创建表过程。

2. 用 SQL 命令创建数据表

可以使用 CREATE TABLE 语句创建数据表，其基本语法格式为：

```
CREATE TABLE <表名> (<列定义>[{, <列定义>|<表约束>}])
```

其中：

① <表名>最多可有 128 个字符，如 S、SC、C 等，不允许重名。

② <列定义>的书写格式为，<列名>　<数据类型>　[DEFAULT]　[{<列约束>}]。

③ DEFAULT，若某字段设置有默认值，则当该字段未被输入数据时，以该默认值自动填入该字段。

④ 在 SQL 中用如下所示的格式来表示数据类型以及它所采用的长度、精度和小数位数，其中的 *N* 代表长度，*P* 代表精度，*S* 表示小数位数。

binary(*N*)　　—　binary (10)

char(*N*)　　—　char(20)

numeric(*P*,[*S*])　　—　numeric(8,3)

但有的数据类型的精度与小数位数是固定的，对采用此类数据类型的字段而言，不需设置精度与小数位数。例如，如果某字段采用 INT 数据类型，其长度固定是 4，精度固定是 10，小数位数则固定是 0，这表示该字段能存放 10 位没有小数点的整数，存储大小则是 4 个字节。

【例 3-6】用 SQL 命令建立一个学生表 S。

```
CREATE TABLE S
(  SNo VARCHAR(6),
   SN NVARCHAR(10),
   Sex NCHAR(1) DEFAULT '男',
   Age INT,
   Dept NVARCHAR(20))
```

执行该语句后，便创建了学生表 S。该数据表中含有 SNo、SN、Sex、Age 及 Dept 共 5 个字段，它们的数据类型和字段长度分别为 VARCHAR(6)、NVARCHAR(8)、NCHAR(2)、INT 及 NVARCHAR(20)。其中，Sex 字段的缺省值为'男'。

3.4.3　定义数据表的约束

例 3-6 为创建基本表的最简单形式，还可以对表进一步定义，如主键、空值等约束的设定，使数据库用户能够根据应用的需要对基本表的定义作出更为精确和详尽的规定。

数据的完整性是指保护数据库中数据的正确性、有效性和相容性，防止错误的数据进入数据库造成无效操作。SQL Server 提供的数据完整性机制主要包括：约束（Constraint）、默认（Default）、规则（Rule）、触发器（Trigger）、存储过程（Stored Procedure）等。本节只介绍约束，第 5 章介绍默认和规则，第 7 章介绍存储过程和触发器。

约束是 SQL Server 自动强制数据库完整性的方式，约束定义了列中允许的取值。

在 SQL Server 中，对于数据表的约束分为列约束和表约束。其中，列约束是对某一个特定列的约束，包含在列定义中，直接跟在该列的其他定义之后，用空格分隔，不必指定列名；表约束与列定义相互独立，不包括在列定义中，通常用于对多个列一起进行约束，与列定义用“,”分隔，定义表约束时必须指出要约束的列的名称。完整性约束的基本语法格式为：

```
[CO NSTRAINT <约束名> ] <约束类型>
```

约束名：约束不指定名称时，系统会给定一个名称。

约束类型：在定义完整性约束时必须指定完整性约束的类型。在 SQL Server 中可以定义 5 种类型的完整性约束，下面分别加以介绍。

1. NULL/NOT NULL 约束

NULL 值不是 0，也不是空白，更不是填入字符串“NULL”，而是表示“不知道”“不确定”或“没有数据”的意思。当某一字段的值一定要输入值才有意义的时候，则可以设置为 NOT NULL。例如，主键列就不允许出现空值，否则就失去了唯一标识一条记录的作用。该约束只能用于定义列约束，其语法格式如下：

```
[CONSTRAINT <约束名> ][NULL|NOT NULL]
```

【例 3-7】建立一个 S 表，对 SNo 字段进行 NOT NULL 约束。

```
CREATE TABLE S
(  SNo VARCHAR(6) CONSTRAINT S_CONS NOT NULL,
```

```
    SN NVARCHAR(10),
    Sex NCHAR(1),
    Age INT,
    Dept NVARCHAR(20))
```

其中，S_CONS 为指定的约束名称。有了 NOT NULL 约束，在 S 表中录入数据，当 SNo 为空时，系统给出错误信息。无 NOT NULL 约束时，系统缺省为 NULL。

在字段的后面，也可以不加约束名称，直接写约束类型，这种情况下，系统会自动产生一个名字。如下列语句的功能与例 3-7 相同，只是省略约束名称。

```
CREATE TABLE S
(  SNo VARCHAR(6) NOT NULL,
    SN NVARCHAR(10),
    Sex NCHAR(1),
    Age INT,
    Dept NVARCHAR(20))
```

2. UNIQUE 约束（唯一约束）

UNIQUE 约束用于指明基本表在某一列或多个列的组合上的取值必须唯一。定义了 UNIQUE 约束的那些列称为唯一键，系统自动为唯一键建立唯一索引，从而保证了唯一键的唯一性。唯一键允许为空，但系统为保证其唯一性，最多只可以出现一个 NULL 值。

在建立 UNIQUE 约束时，需要考虑以下几个因素。

- 使用 UNIQUE 约束的字段允许为 NULL 值。
- 一个表中可以允许有多个 UNIQUE 约束。
- 可以把 UNIQUE 约束定义在多个字段上。
- UNIQUE 约束用于强制在指定字段上创建一个 UNIQUE 索引，缺省为非聚集索引。

UNIQUE 既可用于列约束，也可用于表约束。UNIQUE 用于定义列约束时，其语法格式如下：

```
[CONSTRAINT <约束名>] UNIQUE
```

【例 3-8】建立一个 S 表，定义 SN 为唯一键。

```
CREATE TABLE S
(  SNo VARCHAR(6),
    SN NVARCHAR(10) CONSTRAINT SN_UNIQ UNIQUE,
    Sex NCHAR(1),
    Age INT,
    Dept NVARCHAR(20))
```

其中，SN_UNIQ 为指定的约束名称，约束名称可以省略，如下例：

```
CREATE TABLE S
(  SNo VARCHAR(6),
    SN NVARCHAR(10) UNIQUE,
    Sex NCHAR(1),
    Age INT,
    Dept NVARCHAR(20))
```

UNIQUE 用于定义表约束时，其语法格式如下：

```
[CONSTRAINT <约束名>] UNIQUE (<列名>[{,<列名>}])
```

【例 3-9】建立一个 S 表，定义 SN+Sex 为唯一键，此约束为表约束。

```
CREATE TABLE S
(  SNo VARCHAR(6),
    SN NVARCHAR(10) UNIQUE,
    Sex NCHAR(1),
```

```
  Age INT,
  Dept NVARCHAR(20)
  CONSTRAINT S_UNIQ UNIQUE(SN, Sex))
```

系统为 SN+Sex 建立唯一索引，确保同一性别的学生没有重名。

3. PRIMARY KEY 约束（主键约束）

PRIMARY KEY 约束用于定义基本表的主键，起唯一标识作用，其值不能为 NULL，也不能重复，以此来保证实体的完整性。

PRIMARY KEY 与 UNIQUE 约束类似，通过建立唯一索引来保证基本表在主键列取值的唯一性，但它们之间存在着很大的区别。

- 在一个基本表中只能定义一个 PRIMARY KEY 约束，但可定义多个 UNIQUE 约束。
- 对于指定为 PRIMARY KEY 的一个列或多个列的组合，其中任何一个列都不能出现 NULL 值，而对于 UNIQUE 所约束的唯一键，则允许为 NULL。
- 不能为同一个列或一组列，既定义 UNIQUE 约束，又定义 PRIMARY KEY 约束。

PRIMARY KEY 既可用于列约束，也可用于表约束。PRIMARY KEY 用于定义列约束时，其语法格式如下：

```
CONSTRAINT <约束名> PRIMARY KEY
```

【例 3-10】建立一个 S 表，定义 SNo 为 S 的主键，建立另外一个数据表 C，定义 CNo 为 C 的主键。

定义数据表 S：

```
CREATE TABLE S
(  SNo VARCHAR(6) CONSTRAINT S_Prim PRIMARY KEY,
   SN NVARCHAR(10) UNIQUE,
   Sex NCHAR(1),
   Age INT,
   Dept NVARCHAR(20))
```

定义数据表 C：

```
CREATE TABLE C
(  CNo VARCHAR(6) CONSTRAINT C_Prim PRIMARY KEY,
   CN NVARCHAR(20),
   CT INT)
```

PRIMARY KEY 用于定义表约束时，即将某些列的组合定义为主键时，其语法格式如下：

```
[CONSTRAINT <约束名>] PRIMARY KEY (<列名>[{,<列名>}])
```

【例 3-11】建立一个 SC 表，定义 SNo+CNo 为 SC 的主键。

```
CREATE TABLE SC
(  SNo VARCHAR(6) NOT NULL,
   CNo VARCHAR(6) NOT NULL,
   Score NUMERIC(4,1),
   CONSTRAINT SC_Prim PRIMARY KEY(SNo,CNo))
```

4. FOREIGN KEY 约束（外键约束）

使用 Management Studio 设置外键约束

FOREIGN KEY 约束指定某一列或几列作为外部键。其中，包含外部键的表称为从表，包含外部键所引用的主键或唯一键的表称为主表。系统保证从表在外部键上的取值是主表中某一个主键值或唯一键值，或者取空值，以此保证两表间的参照完整性。

FOREIGN KEY 既可用于列约束，也可用于表约束，其语法格式为：

```
[CONSTRAINT<约束名>] FOREIGN KEY REFERENCES <主表名> (<列名>[{,<列名>}])
```

【例 3-12】建立一个 SC 表，定义 SNo、CNo 为 SC 的外部键。

```
CREATE TABLE SC
(  SNo VARCHAR(6) NOT NULL CONSTRAINT S_Fore FOREIGN KEY REFERENCES S(SNo),
   CNo VARCHAR(6) NOT NULL CONSTRAINT C_Fore FOREIGN KEY REFERENCES C(CNo),
   Score NUMERIC(4,1),
   CONSTRAINT S_C_Prim PRIMARY KEY (SNo,CNo))
```

5. CHECK 约束

CHECK 约束用来检查字段值所允许的范围，如一个字段只能输入整数，而且限定在 0～100 的整数，以此来保证域的完整性。

在建立 CHECK 约束时，需要考虑以下几个因素。

- 一个表中可以定义多个 CHECK 约束。
- 每个字段只能定义一个 CHECK 约束。
- 在多个字段上定义的 CHECK 约束必须为表约束。
- 当执行 INSERT、UPDATE 语句时，CHECK 约束将验证数据。

CHECK 既可用于列约束，也可用于表约束，其语法格式为：

```
[CONSTRAINT <约束名>] CHECK (<条件>)
```

【例 3-13】建立一个 SC 表，定义 Score 的取值范围为 0～100 之间。

```
CREATE TABLE SC
(  SNo VARCHAR(6),
   CNo VARCHAR(6),
   Score NUMERIC(4,1) CONSTRAINT Score_Chk CHECK(Score>=0 AND Score <=100))
```

【例 3-14】建立包含完整性定义的学生表 S。

```
CREATE TABLE S
(  SNo VARCHAR(6) CONSTRAINT S_Prim PRIMARY KEY,
   SN NVARCHAR(10) CONSTRAINT SN_Cons NOT NULL,
   Sex NCHAR(1) CONSTRAINT Sex_Cons NOT NULL DEFAULT '男',
   Age INT CONSTRAINT Age_Cons NOT NULL
              CONSTRAINT Age_Chk CHECK (Age BETWEEN 15 AND 50),
   Dept NVARCHAR(20) CONSTRAINT Dept_Cons NOT NULL)
```

与例 3-6 相比，例 3-14 所创建的学生表中的每一列都增加了完整性约束定义。其中，指定 SNo 为主键，指定 SN、Sex、Age、Dept 各个列均不能为空，同时 Sex 的默认值为“男”，Age 的取值范围为 15～50。

读者可以模仿上例建立第 1 章图 1-21 中包含完整性定义的表 T、表 C、表 SC 和表 TC。

3.4.4 修改数据表

由于应用环境和应用需求的变化，可能要修改基本表的结构，比如增加新列和完整性约束、修改原有的列定义和完整性约束等。

1. 用 Management Studio 修改数据表的结构

用 Management Studio 修改数据表的结构，可按下列步骤进行操作。

（1）在 Management Studio 中的“对象资源管理器”窗口中，展开“数据库”节点。

（2）右键单击要修改的数据表，从快捷菜单中选择“设计”命令，则会弹出图 3-12 所示的修改数据表结构对话框。可以在此对话框中修改列的数据类型、名称等属性，添加或删除列，也可以指定表的主关键字约束。

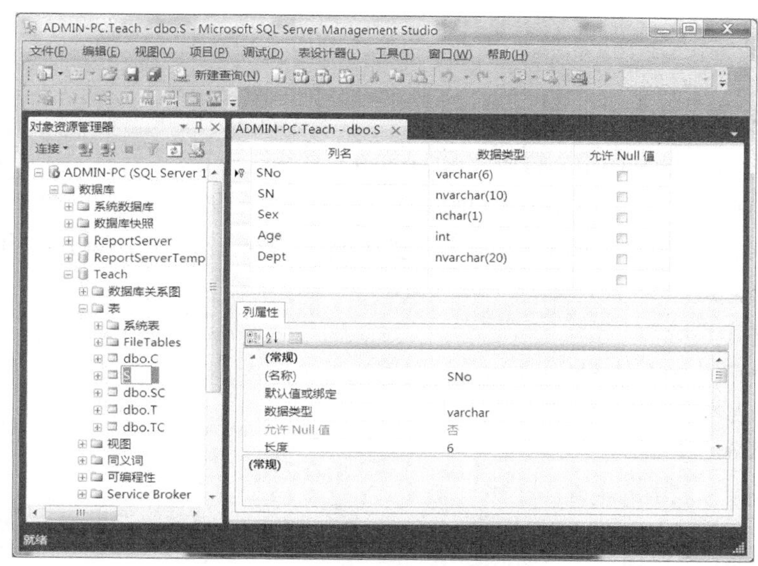

图 3-12　修改数据表

（3）修改完毕后，单击工具栏中的保存按钮，存盘退出。

2. 用 SQL 命令修改数据表

SQL 使用 ALTER TABLE 命令来完成这一功能，有如下三种修改方式。

（1）ADD 方式。

ADD 方式用于增加新列和完整性约束，定义方式与 CREATE TABLE 语句中的定义方式相同，其语法格式为：

```
ALTER TABLE <表名> ADD <列定义> | <完整性约束定义>
```

【例 3-15】 在 S 表中增加一个班号列和住址列。

```
ALTER TABLE S
ADD
Class_No VARCHAR(6),
Address NVARCHAR(20)
```

注意　使用此方式增加的新列自动填充 NULL 值，所以不能为增加的新列指定 NOT NULL 约束。

【例 3-16】 在 SC 表中增加完整性约束定义，使 Score 在 0～100 之间。

```
ALTER TABLE SC
ADD
```

```
CONSTRAINT Score_Chk CHECK(Score BETWEEN 0 AND 100)
```

（2）ALTER 方式。

ALTER 方式用于修改某些列，其语法格式为：

```
ALTER TABLE <表名>
ALTER COLUMN <列名> <数据类型> [NULL|NOT NULL]
```

【例 3-17】 把 S 表中的 SN 列加宽到 12 个字符。

```
ALTER TABLE S
ALTER COLUMN
SN NVARCHAR(12)
```

注意：使用此方式有如下一些限制。

- 不能改变列名。
- 不能将含有空值的列的定义修改为 NOT NULL 约束。
- 若列中已有数据，则不能减少该列的宽度，也不能改变其数据类型。
- 只能修改 NULL/NOT NULL 约束，其他类型的约束在修改之前必须先将约束删除，然后再重新添加修改过的约束定义。

（3）DROP 方式。

DROP 方式只用于删除完整性约束定义，其语法格式为：

```
ALTER TABLE<表名>
DROP CONSTRAINT <约束名>
```

【例 3-18】 删除 S 表中的主键。

```
ALTER TABLE S
DROP CONSTRAINT S_Prim
```

3.4.5 删除基本表

当某个基本表已不再使用时，可将其删除。删除后，该表的数据和在此表上所建的索引都被删除，建立在该表上的视图不会删除，系统将继续保留其定义，但已无法使用。如果重新恢复该表，这些视图可重新使用。

1. 用 Management Studio 删除数据表

在 Management Studio 中，右键单击要删除的表，从快捷菜单中选择“删除”命令，会弹出“删除对象”对话框，如图 3-13 所示。单击“显示依赖关系”按钮，即会弹出“依赖关系”对话框，其中列出了表所依靠的对象和依赖于表的对象，当有对象依赖于表时不能删除表。

2. 用 SQL 命令删除数据表

删除表的 SQL 命令语法格式为：

```
DROP TABLE <表名>
```

【例 3-19】 删除表 S。

```
DROP TABLE S
```

注意

只能删除自己建立的表，不能删除其他用户所建的表。

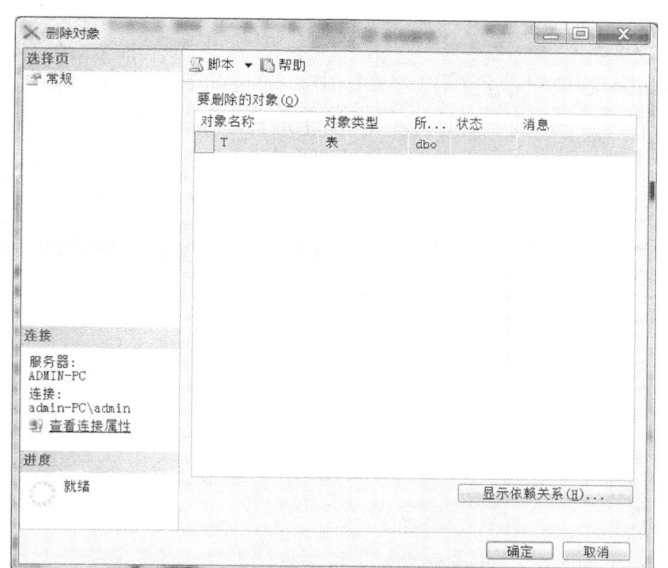

图 3-13 删除数据表

使用 Management Studio 删除数据表

3.4.6 查看数据表

在 Management Studio 的“对象资源管理器”中，用右键单击要操作的表，从快捷菜单中选择“编辑所有行”命令，即可输入数据。此外，在 3.9 节还会讲解使用 SQL 命令对数据表中的数据进行操作，在此不再赘述。

输入数据注意事项

1. **查看数据表的属性**

在 Management Studio 的“对象资源管理器”中展开“数据库”节点，选中相应的数据库，从中找到要查看的数据表，右键单击该表，从快捷菜单中选择“属性”菜单项，则会弹出“表属性”对话框，如图 3-14 所示，从图中可以看到表的详细属性信息，如表名、所有者、创建日期、文件组、记录行数、数据表中的字段名称、结构和类型等。

图 3-14 查看数据表属性

2. 查看数据表中的数据

在 Management Studio 的“对象资源管理器”中，用右键单击要查看数据的表，从快捷菜单中选择“选择前 1000 行(W)”命令，则会显示表中的前 1000 条数据，如图 3-15 所示。

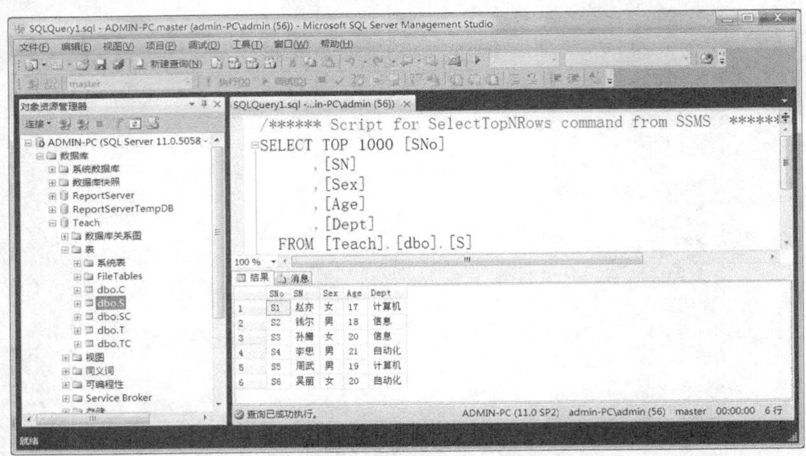

图 3-15　查看数据表中的数据

3.5　单关系（表）的数据查询

3.5.1　单关系（表）的数据查询结构

数据查询是数据库中最常用的操作。SQL 提供 SELECT 语句，通过查询操作可得到所需的信息。关系（表）的 SELECT 语句的一般格式为：

```
SELECT [ALL|DISTINCT][TOP N [PERCENT][WITH TIES]]
〈列名〉[AS 别名 1] [{,〈列名〉[ AS 别名 2]}]
FROM〈表名〉[[AS] 表别名]
[WHERE〈检索条件〉]
[GROUP BY <列名 1>[HAVING <条件表达式>]]
[ORDER BY <列名 2>[ASC|DESC]]
```

查询的结果仍是一个表。SELECT 语句的执行过程是，根据 WHERE 子句的检索条件，从 FROM 子句指定的基本表中选取满足条件的元组，再按照 SELECT 子句中指定的列，投影得到结果表。如果有 GROUP 子句，则将查询结果按照与<列名 1>相同的值进行分组。如果 GROUP 子句后有 HAVING 短语，则只输出满足 HAVING 条件的元组。如果有 ORDER 子句，查询结果还要按照 ORDER 子句中<列名 2>的值进行排序。

可以看出，WHERE 子句相当于关系代数中的选取操作，SELECT 子句则相当于投影操作，但 SQL 查询不必规定投影、选取连接的执行顺序，它比关系代数更简单、功能更强大。

3.5.2　无条件查询

无条件查询是指只包含“SELECT…FROM”的查询，这种查询最简单，相当于只对关系（表）进行投影操作。

【例 3-20】查询全体学生的学号、姓名和年龄。

```
SELECT SNo, SN, Age
FROM S
```

使用 Management Studio 进行查询

在菜单栏下方的快捷工具中，单击“新建查询”，会弹出如图 3-16 所示的查询窗口（即对象资源管理器右侧的窗口）。在查询窗口中输入上述查询语句，单击“! 执行”，即可得到如图 3-17 所示的查询结果界面，可以看出，在查询语句的下方，是其对应的查询结果。

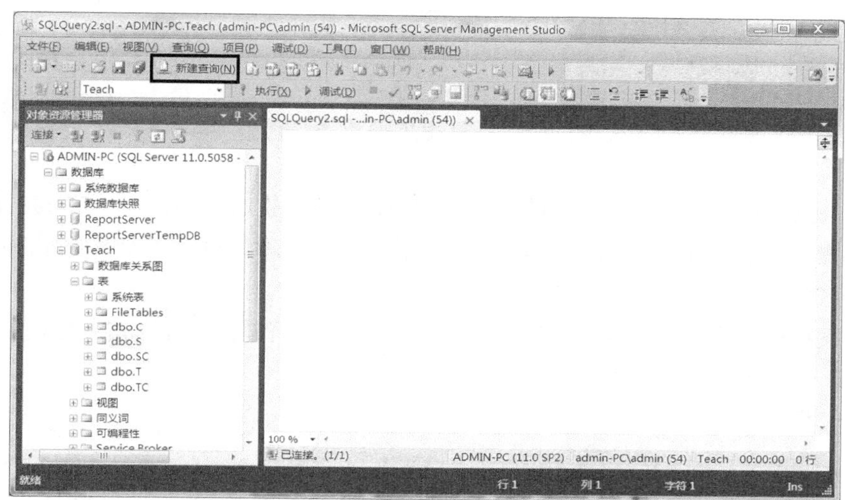

图 3-16　新建查询

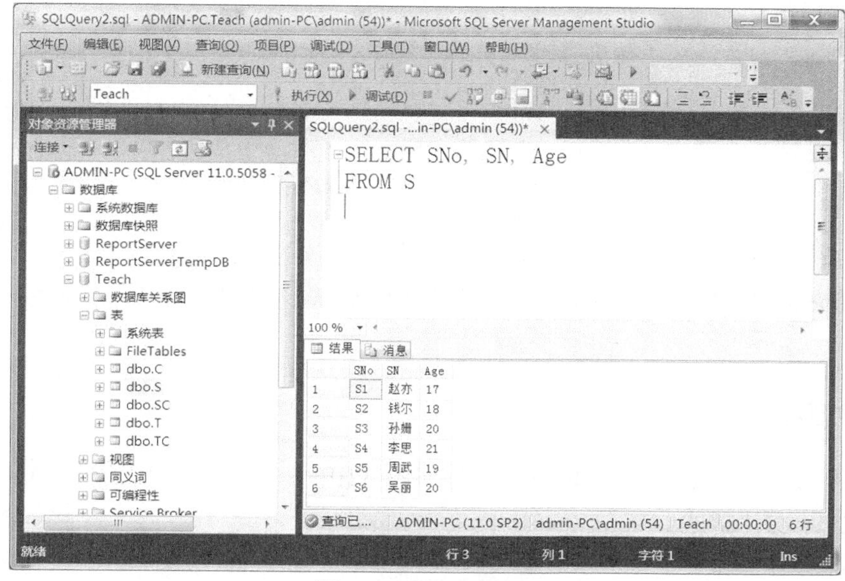

图 3-17　显示查询结果

本例中给出了如图 3-17 所示的查询界面，其中包含查询语句和查询结果。后续例题的查询过程和本例相同，所以不再给出完整的查询界面，只给出查询结果。

【例 3-21】查询学生的全部信息。

```
SELECT *
FROM S
```

用“*”表示 S 表的全部列名，而不必逐一列出。

【例 3-22】查询选修了课程的学生的学号。

```
SELECT DISTINCT SNo
FROM SC
```

查询结果中的重复行被去掉，查询结果如下：

SNo
S1
S2
S3
S4
S5

上述查询均为不使用 WHERE 子句的无条件查询，也称作投影查询，例 3-22 的查询结果与关系代数中的投影操作Π_{SNO}（SC）的结果相同。在关系代数中，投影后自动消去重复行；而 SQL 中必须使用关键字 DISTINCT 才会消去重复行。

另外，利用投影查询可控制列名的顺序，并可通过指定别名改变查询结果列标题的名字。

【例 3-23】查询全体学生的姓名、学号和年龄。

```
SELECT SN Name, SNo, Age
FROM S
```

或

```
SELECT SN AS Name, SNo, Age
FROM S
```

查询结果如下：

Name	SNo	Age
赵亦	S1	17
钱尔	S2	18
孙珊	S3	20
李思	S4	21
周武	S5	19
吴丽	S6	20

其中，Name 为 SN 的别名。在 SELECT 语句中可以为查询结果的列名重新命名，并且可以重新指定列的次序。

3.5.3 条件查询

当要在表中找出满足某些条件的行时，则需使用 WHERE 子句指定查询条件。WHERE 子句中，条件通常通过三部分来描述。

（1）列名。

（2）比较运算符。

（3）列名、常数。

常用的比较运算符如表 3.2 所示。

表 3.2　常用的比较运算符

运　算　符	含　　义
=、 >、 <、 >=、 <=、 != 、<>	比较大小
AND、 OR、 NOT	多重条件
BETWEEN AND	确定范围
IN	确定集合
LIKE	字符匹配
IS NULL	空值

1. 比较大小

【例 3-24】查询选修课程号为 C1 的学生的学号和成绩。

```
SELECT SNo,Score
FROM SC
WHERE CNo= 'C1'
```

查询结果如下：

SNo	Score
S1	90.0
S3	75.0
S4	93.0

此查询结果与关系代数中的选取操作 $\sigma_{CNo='C1'}$(TC)的结果相同。

【例 3-25】查询成绩高于 85 分的学生的学号、课程号和成绩。

```
SELECT SNo,CNo,Score
FROM SC
WHERE Score>85
```

2. 多重条件查询

当 WHERE 子句需要指定一个以上的查询条件时，则需要使用逻辑运算符 AND、OR 和 NOT 将其连接成复合的逻辑表达式。其优先级由高到低为：NOT、AND、OR，用户可以使用括号改变优先级。

【例 3-26】查询选修 C1 或 C2 且分数大于等于 85 分学生的学号、课程号和成绩。

```
SELECT SNo, CNo, Score
FROM SC
WHERE (CNo = 'C1' OR CNo = 'C2') AND (Score >= 85)
```

3. 确定范围

【例 3-27】查询工资在 1000 元～1500 元之间的教师的教师号、姓名及职称。

```
SELECT TNo,TN,Prof
FROM T
WHERE Sal BETWEEN 1000 AND 1500
```

等价于：

```
SELECT TNo,TN,Prof
FROM T
WHERE Sal>=1000 AND Sal<=1500
```

注意　在 SQL Server 中，BETWEEN...AND...的条件包含等号；在有些 DBMS 中，BETWEEN...AND...的条件不包含等号。

【例 3-28】查询工资不在 1000 元～1500 元之间的教师的教师号、姓名及职称。

```
SELECT TNo,TN,Prof
FROM T
WHERE Sal NOT BETWEEN 1000 AND 1500
```

4. 确定集合

利用“IN”操作可以查询属性值属于指定集合的元组。

【例 3-29】查询选修 C1 或 C2 的学生的学号、课程号和成绩。

```
SELECT SNo, CNo, Score
FROM SC
WHERE CNo IN('C1', 'C2')
```

此语句也可以使用逻辑运算符“OR”实现。

```
SELECT SNo, CNo, Score
FROM SC
WHERE CNo='C1'OR CNo= 'C2'
```

利用“NOT IN”可以查询指定集合外的元组。

【例 3-30】查询没有选修 C1，也没有选修 C2 的学生的学号、课程号和成绩。

```
SELECT SNo, CNo, Score FROM SC
WHERE CNo NOT IN('C1', 'C2')
```

等价于：

```
SELECT SNo, CNo, Score FROM SC
WHERE (CNo <> 'C1') AND (CNo <> 'C2')
```

5. 部分匹配查询

以上各例均属于完全匹配查询，当不知道完全精确的值时，用户还可以使用 LIKE 或 NOT LIKE 进行部分匹配查询（也称模糊查询）。LIKE 定义的一般格式为：

<属性名> LIKE <字符串常量>

其中，属性名必须为字符型，字符串常量中的字符可以包含通配符，利用这些通配符，可以进行模糊查询，字符串中的通配符及其功能如表 3.3 所示。

表 3.3 字符串中可以含有的通配符

通 配 符	功 能	实 例
%	代表 0 个或多个字符	'ab%'，'ab'后可接任意字符串
_（下划线）	代表一个字符	'a_b'，'a'与'b'之间可有一个字符
[]	表示在某一范围的字符	[0-9]，0～9 之间的字符
[^]	表示不在某一范围的字符	[^0-9]，不在 0～9 之间的字符

【例 3-31】查询所有姓张的教师的教师号和姓名。

```
SELECT TNo, TN
FROM T
WHERE TN LIKE '张%'
```

【例 3-32】查询姓名中第二个汉字是“力”的教师号和姓名。

```
SELECT TNo, TN
FROM T
WHERE TN LIKE'_力%'
```

6. 空值查询

某个字段没有值称为具有空值（NULL）。通常没有为一个列输入值时，该列的值就是空值。空值不同于零和空格，它不占任何存储空间。例如，某些学生选修了课程但没有参加考试，就会造成数据表中有选课记录，但没有考试成绩。考试成绩为空值，这与参加考试，成绩为 0 分是不同的。

【例 3-33】查询没有考试成绩的学生的学号和相应的课程号。

```
SELECT SNo, CNo
FROM SC
WHERE Score IS NULL
```

注意 这里的空值条件为 Score IS NULL，不能写成 Score=NULL。

3.5.4　常用库函数及统计汇总查询

SQL 提供了许多库函数，增强了基本检索能力。常用的库函数如表 3.4 所示。

表 3.4　常用的库函数及其功能

函数名称	功　能
AVG	按列计算平均值
SUM	按列计算值的总和
MAX	求一列中的最大值
MIN	求一列中的最小值
COUNT	按列值统计个数

【例 3-34】求学号为 S1 的学生的总分和平均分。

```
SELECT SUM(Score) AS TotalScore, AVG(Score) AS AvgScore
FROM SC
WHERE (SNo = 'S1')
```

查询结果如下：

TotalScore	AvgScore
175	87.5

上述查询语句中 AS 后面的 TotalScore 和 AvgScore 是别名，别名会显示在查询结果中，让使用者能清楚地知道查询内容所表示的含义。

在使用库函数进行查询时，通常要给查询的每一项内容加别名，否则查询结果中就不显示列名。例如，上述查询语句如果改为如下形式：

```
SELECT SUM(Score), AVG(Score)
FROM SC
WHERE (SNo = 'S1')
```

查询结果如下：

无列名	无列名
175	87.5

注意 函数 SUM 和 AVG 只能对数值型字段进行计算。

【例 3-35】求选修 C1 号课程的最高分、最低分及之间相差的分数。

```
SELECT MAX(Score) AS MaxScore, MIN(Score) AS MinScore, MAX(Score) - MIN(Score) AS Diff
FROM SC
WHERE (CNo = 'C1')
```

【例 3-36】求计算机系学生的总数。

```
SELECT COUNT ( SNo ) FROM S
WHERE Dept= '计算机'
```

【例 3-37】求学校中共有多少个系。

```
SELECT COUNT(DISTINCT Dept) AS DeptNum
FROM S
```

注意 加入关键字 DISTINCT 后表示消去重复行，可计算字段“Dept”不同值的数目。COUNT 函数对空值不计算，但对 0 进行计算。

【例 3-38】统计有成绩同学的人数。

```
SELECT COUNT (Score)
FROM SC
```

上例中成绩为 0 的同学也计算在内，没有成绩（即为空值）的不计算。

【例 3-39】利用特殊函数 COUNT(*)求计算机系学生的总数。

```
SELECT COUNT(*) FROM S
WHERE Dept='计算机'
```

COUNT(*)用来统计元组的个数，不消除重复行，不允许使用 DISTINCT 关键字。

3.5.5 分组查询

GROUP BY 子句可以将查询结果按属性列或属性列组合在行的方向上进行分组，每组在属性列或属性列组合上具有相同的值。

【例 3-40】查询每个教师的教师号及其任课的门数。

```
SELECT TNo,COUNT(*) AS C_Num
FROM TC
GROUP BY TNo
```

GROUP BY 子句按 TNo 的值分组，所有具有相同 TNo 的元组为一组，对每一组使用函数 COUNT 进行计算，统计出各位教师任课的门数。查询结果如下：

TNo	C_Num
T1	2
T2	2
T3	2
T4	2
T5	2

若在分组后还要按照一定的条件进行筛选，则需使用 HAVING 子句。

【例 3-41】查询选修两门以上（含两门）课程的学生的学号和选课门数。

```
SELECT SNo, COUNT(*) AS SC_Num
FROM SC
GROUP BY SNo
HAVING (COUNT(*) >= 2)
```

查询结果如下：

SNo	SC_Num
S1	2
S2	4
S3	3
S4	3

GROUP BY 子句按 SNo 的值分组，所有具有相同 SNo 的元组为一组，对每一组使用函数 COUNT 进行计算，统计出每个学生选课的门数。HAVING 子句去掉不满足 COUNT(*)>=2 的组。

当在一个 SQL 查询中同时使用 WHERE 子句，GROUP BY 子句和 HAVING 子句时，其顺序是 WHERE、GROUP BY、HAVING。WHERE 与 HAVING 子句的根本区别在于作用对象不同。WHERE 子句作用于基本表或视图，从中选择满足条件的元组；HAVING 子句作用于组，选择满足条件的组，必须用在 GROUP BY 子句之后，但 GROUP BY 子句可没有 HAVING 子句。

3.5.6 查询结果的排序

当需要对查询结果排序时，应该使用 ORDER BY 子句，ORDER BY 子句必须出现在其他子句之后。排序方式可以指定，DESC 为降序，ASC 为升序，缺省时为升序。

【例 3-42】查询选修 C1 的学生学号和成绩，并按成绩降序排列。

```
SELECT SNo, Score
FROM SC
WHERE (CNo = 'C1')
ORDER BY Score DESC
```

【例 3-43】查询选修 C2、C3、C4 或 C5 课程的学号、课程号和成绩，查询结果按学号升序排列，学号相同再按成绩降序排列。

```
SELECT SNo, CNo, Score
FROM SC
WHERE CNo IN ('C2', 'C3', 'C4', 'C5')
ORDER BY SNo, Score DESC
```

3.6 多关系（表）的连接查询

数据库中的各个表中存放着不同的数据，用户往往需要用多个表中的数据来组合、提炼出所需要的信息。如果一个查询需要对多个表进行操作，就称为连接查询。连接查询的结果集或结果表称为表之间的连接。连接查询实际上是通过各个表之间共同列的关联性来查询数据的，数据表之间的联系是通过表的字段值来体现的，这种字段称为连接字段。连接操作的目的就是通过加在连接字段上的条件将多个表连接起来，以便从多个表中查询数据。

3.5 节的查询都是针对一个表进行的，当查询同时涉及两个及两个以上的表时，称为连接查询。

3.6.1 多关系（表）的连接查询结构

表的连接方法有以下两种。

（1）表之间满足一定条件的行进行连接时，FROM 子句指明进行连接的表名，WHERE 子句指明连接的列名及其连接条件。

```
SELECT [ALL|DISTINCT][TOP N [PERCENT][WITH TIES]]
〈列名〉[AS 别名 1] [{,〈列名〉[ AS 别名 2]}]
FROM〈表名 1〉[[AS] 表 1 别名] [{,〈表名 2〉[[AS] 表 2 别名,…]}]
[WHERE〈检索条件〉]
[GROUP BY <列名 1>[HAVING <条件表达式>]]
[ORDER BY <列名 2>[ASC|DESC]]
```

（2）利用关键字 JOIN 进行连接。

具体的连接方法分为以下几种。

INNER JOIN（内连接）显示符合条件的记录，此为默认值。

LEFT（OUTER）JOIN 称为左（外）连接，用于显示符合条件的数据行以及左边表中不符合条件的数据行。此时右边数据行会以 NULL 来显示。

RIGHT（OUTER）JOIN 称为右（外）连接，用于显示符合条件的数据行以及右边表中不符合条件的数据行。此时左边数据行会以 NULL 来显示。

FULL（OUTER）JOIN 显示符合条件的数据行以及左边表和右边表中不符合条件的数据行。此时缺乏数据的数据行会以 NULL 来显示。

CROSS JOIN 将一个表的每一个记录和另一表的每个记录匹配成新的数据行。

当将 JOIN 关键词放于 FROM 子句中时，应有关键词 ON 与之对应，以表明连接的条件。

```
SELECT [ALL|DISTINCT][TOP N [PERCENT][WITH TIES]]
列名 1 [AS 别名 1]
[, 列名 2 [ AS 别名 2]…]
[INTO 新表名]
FROM 表名 1[[AS] 表 1 别名]
[INNER|RIGHT|FULL|OUTER|CROSS]JOIN
    表名 2 [[AS] 表 2 别名]
ON 条件
```

下面介绍几种表的连接操作。

3.6.2 内连接查询

【例 3-44】查询“刘伟”老师所讲授的课程，要求列出教师号、教师姓名和课程号。

（1）方法 1：

```
SELECT T.TNo,TN,CNo
FROM T,TC
WHERE (T.TNo = TC.TNo) AND (TN='刘伟')
```

这里 TN='刘伟'为查询条件，而 T.TNo = TC.TNo 为连接条件，TNo 为连接字段。连接条件的一般格式为：

```
[<表名 1>.] <列名 1> <比较运算符> [<表名 2>.] <列名 2>
```

其中比较运算符主要有：=、>、<、>=、<=、!=。

当比较运算符为“=”时，称为等值连接，其他情况为非等值连接。

引用列名 TNo 时要加上表名前缀，这是因为两个表中的列名相同，必须用表名前缀来确切说明所指列属于哪个表，以避免二义性。如果列名是唯一的（比如 TN）就不必加前缀。

上面的操作是将 T 表中的 TNo 和 TC 表中的 TNo 相等的行连接，同时选取 TN 为“刘伟”的行，然后再在 TNo、TN、CNo 列上投影，这是连接、选取和投影操作的组合。

（2）方法 2：

```
SELECT T.TNo, TN, CNo
FROM T INNER JOIN TC
ON T.TNo = TC.TNo
WHERE (TN = '刘伟')
```

（3）方法 3：

```
SELECT R1.TNo R2.TN, R1.CNo
FROM
(SELECT TNo,CNo FROM TC ) AS R1
INNER JOIN
(SELECT TNo ,TN FROM T
WHERE TN='刘伟') AS R2
ON R1.TNo=R2.TNo
```

【例 3-45】查询所有选课学生的学号、姓名、选课名称及成绩。

```
SELECT S.SNo,SN,CN,Score
FROM S,C,SC
WHERE S.SNo=SC.SNo AND SC.CNo=C.CNo
```

多字段分组查询

本例涉及三个表，WHERE 子句中有两个连接条件。当有两个以上的表进行连接时，称为多表连接。

【例 3-46】查询每门课程的课程号、课程名和选课人数。

```
SELECT C.CNO,CN,COUNT(SC.SNo) as 选课人数
FROM C,SC
WHERE SC.CNo=C.CNo
GROUP BY C.CNo,CN
```

3.6.3　外连接查询

在上面的连接操作中，不满足连接条件的元组不能作为查询结果输出。例如，例 3-45 的查询结果只包括有选课记录的学生，而不会有吴丽同学的信息。而在外部连接中，参与连接的表有主从之分，以主表的每行数据去匹配从表的数据列。符合连接条件的数据将直接返回到结果集中；对那些不符合连接条件的列，将被填上 NULL 值后，再返回到结果集中（对 bit 类型的列，由于 bit 数据类型不允许有 NULL 值，因此将会被填上 0 值，再返回到结果中）。

外部连接分为左外部连接和右外部连接两种。以主表所在的方向区分外部连接，主表在左边，则称为左外部连接；主表在右边，则称为右外部连接。

【例 3-47】查询所有学生的学号、姓名、选课名称及成绩（没有选课的同学的选课信息显示为空）。

```
SELECT S.SNo,SN,CN,Score
FROM S
LEFT OUTER JOIN SC
ON S.SNo=SC.SNo
LEFT OUTER JOIN C
ON C.CNo=SC.CNo
```

查询结果包括所有的学生，没有选课的吴丽同学的选课信息显示为空。

3.6.4 交叉查询

交叉查询（CROSS JOIN）对连接查询的表没有特殊的要求，任何表都可以进行交叉查询操作。

【例 3-48】对学生表 S 和课程表 C 进行交叉查询。

```
SELECT *
FROM S CROSS JOIN C
```

上述查询是将学生表 S 中的每一个记录和课程表 C 的每个记录匹配成新的数据行，查询的结果集合的行数是两个表行数的乘积，列数是两个表列数的和。

3.6.5 自连接查询

当一个表与其自身进行连接操作时，称为表的自身连接。

【例 3-49】查询所有比“刘伟”工资高的教师姓名、工资和刘伟的工资。

要查询的内容均在同一表 T 中，可以将表 T 分别取两个别名，一个是 X，一个是 Y。将 X、Y 中满足比刘伟工资高的行连接起来。这实际上是同一表 T 的大于连接。

方法 1：

```
SELECT X.TN,X.Sal AS Sal_a,Y.Sal AS Sal_b
FROM T AS X ,T AS Y
WHERE X.Sal>Y.Sal AND Y.TN='刘伟'
```

查询结果如下：

TN	Sal_a	Sal_b
李力	1500	900
张雪	1600	900
张兰	1300	900

方法 2：

```
SELECT X.TN, X.Sal,Y.Sal
FROM T AS X INNER JOIN T AS Y
ON X.Sal>Y.Sal AND Y.TN='刘伟'
```

方法 3：

```
SELECT R1.TN,R1.Sal, R2.Sal
FROM
(SELECT TN,Sal FROM T ) AS R1
INNER JOIN
(SELECT Sal FROM T
WHERE TN='刘伟') AS R2
ON R1.Sal>R2.Sal
```

【例 3-50】检索所有学生姓名、年龄和选课名称。

方法 1：

```
SELECT SN,Age,CN
FROM S,C,SC
WHERE S.SNo=SC.SNo AND SC.CNo=C.CNo
```

方法 2：

```
SELECT R3.SNo,R3.Age,R4.CN
FROM
(SELECT SNo,SN,Age FROM S) AS R3
INNER JOIN
```

```
(SELECT R2.SNo,R1.CN
FROM
(SELECT CNo,CN FROM C) AS R1
INNER JOIN
(SELECT SNo,CNo FROM SC) AS R2
ON R1.CNo=R2.CNo) AS R4
ON R3.SNo=R4.SNo
```

3.7　子查询

在 WHERE 子句中包含一个形如 SELECT-FROM-WHERE 的查询块，此查询块称为子查询或嵌套查询，包含子查询的语句称为父查询或外部查询。嵌套查询可以将一系列简单查询构成复杂查询，增强查询能力。子查询的嵌套层次最多可达到 255 层，以层层嵌套的方式构造查询，充分体现了 SQL“结构化”的特点。

嵌套查询在执行时由里向外处理，每个子查询是在上一级外部查询处理之前完成的，父查询要用到子查询的结果。

3.7.1　普通子查询

普通子查询的执行顺序是：首先执行子查询，然后把子查询的结果作为父查询的查询条件的值。普通子查询只执行一次，而父查询所涉及的所有记录行都与其查询结果进行比较以确定查询结果集合。

1. 返回一个值的普通子查询

当子查询的返回值只有一个时，可以使用比较运算符（=、 >、 <、 >=、 <=、 !=）将父查询和子查询连接起来。

【例 3-51】查询与“刘伟”老师职称相同的教师号、姓名。

```
SELECT TNo,TN
FROM T
WHERE Prof=   (SELECT Prof
              FROM T
              WHERE TN= '刘伟')
```

此查询相当于将查询分成两个查询块来执行。先执行子查询：

```
SELECT Prof
FROM T
WHERE TN= '刘伟'
```

子查询向主查询返回一个值，即刘伟老师的职称“讲师”，然后以此作为父查询的条件，相当于再执行父查询，查询所有职称为“讲师”的教师号、姓名。

```
SELECT TNo,TN
FROM T
WHERE Prof= '讲师'
```

查询结果如下：

TNo	TN
T2	王平
T3	刘伟

2. 返回一组值的普通子查询

如果子查询的返回值不止一个，而是一个集合时，则不能直接使用比较运算符，可以在比较运算符和子查询之间插入 ANY 或 ALL。其具体含义详见以下各例。

（1）使用 ANY。

【例 3-52】查询讲授课程号为 C5 的教师姓名。

```
SELECT TN FROM T
WHERE (TNo = ANY ( SELECT TNo
                   FROM TC
                   WHERE CNo = 'C5'))
```

先执行子查询，找到讲授课程号为 C5 的教师号，教师号为一组值构成的集合(T2,T3,T5)；再执行父查询。其中 ANY 的含义为任意一个，查询教师号为 T2、T3、T5 的教师的姓名。查询结果如下：

TN
王平
刘伟
张兰

该例也可以使用前面所讲的连接操作来实现：

```
SELECT TN
FROM T,TC
WHERE T.TNo=TC.TNo AND TC.CNo= 'C5 '
```

可见，对于同一查询，可使用子查询和连接查询两种方法来解决，读者可根据习惯任意选用。

【例 3-53】查询其他系中比计算机系某一教师工资高的教师的姓名和工资。

```
SELECT TN, Sal
FROM T
WHERE (Sal > ANY (  SELECT Sal
                    FROM T
                    WHERE Dept = '计算机'))
      AND (Dept <> '计算机')
```

先执行子查询，找到计算机系中所有教师的工资集合（1500，900）；再执行父查询，查询所有不是计算机系且工资高于 900 元的教师姓名和工资。

查询结果如下：

TN	Sal
张雪	1600
张兰	1300

此查询也可以写成：

```
SELECT TN, Sal
FROM T
WHERE Sal > (   SELECT MIN(Sal)
                FROM T
                WHERE Dept = '计算机')
      AND Dept <> '计算机'
```

先执行子查询，利用库函数 MIN 找到计算机系中所有教师的最低工资 900 元；再执行父查询，查询所有不是计算机系且工资高于 900 元的教师。

（2）使用 IN。

可以使用 IN 代替“=ANY”。

【例 3-54】查询讲授课程号为 C5 的教师姓名（使用 IN）。

```
SELECT TN
FROM T
WHERE (TNo IN ( SELECT TNo
                FROM TC
                WHERE CNo = 'C5'))
```

（3）使用 ALL。

ALL 的含义为全部。

【例 3-55】查询其他系中比计算机系所有教师工资都高的教师的姓名和工资。

```
SELECT TN, Sal
FROM T
WHERE (Sal > ALL (  SELECT Sal
                    FROM T
                    WHERE Dept = '计算机'))
      AND (Dept <> '计算机')
```

子查询找到计算机系中所有教师的工资集合(1500，900)，父查询找到所有不是计算机系且工资高于 1500 的教师姓名和工资。

查询结果如下：

TN	Sal
张雪	1600

此查询也可以写成：

```
SELECT TN, Sal
FROM T
WHERE (Sal > (  SELECT MAX(Sal)
                FROM T
                WHERE Dept = '计算机'))
      AND (Dept <> '计算机')
```

库函数 MAX 的作用是找到计算机系中所有教师的最高工资。

3.7.2　相关子查询

3.7.1 节所讲的子查询均为普通子查询，但是，有时子查询的查询条件需要引用父查询表中的属性值，我们把这类查询称为相关子查询。

相关子查询的执行顺序是：首先选取父查询表中的第一行记录，内部的子查询利用此行中相关的属性值进行查询，然后父查询根据子查询返回的结果判断此行是否满足查询条件。如果满足条件，则把该行放入父查询的查询结果集合中。重复执行这一过程，直到处理完父查询表中的每一行数据。

由此可以看出，相关子查询的执行次数是由父查询表的行数决定的。

以下几例均为相关子查询的例子。

相关子查询的原理

【例 3-56】查询不讲授课程号为 C5 的教师姓名。

```
SELECT DISTINCT TN
FROM T
WHERE  ('C5' <> ALL ( SELECT CNo
                      FROM TC
                      WHERE TNo = T.TNo))
```

<>ALL 的含义为不等于子查询结果中的任何一个值，也可使用 NOT IN 代替<>ALL。

例 3-56 中，表 T 中的每一行即每个教师记录都要执行一次子查询，以确定该教师是否讲授 C5 这门课，当 C5 不是教师教授的一门课时，则该教师被选取。

此外，使用 EXISTS 也可以进行相关子查询。EXISTS 是表示存在的量词，带有 EXISTS 的子查询不返回任何实际数据，它只得到逻辑值“真”或“假”。当子查询的查询结果集合为非空时，外层的 WHERE 子句返回真值，否则返回假值。NOT EXISTS 与此相反。

【例 3-57】用含有 EXISTS 的语句完成例 3-52 的查询，即查询讲授课程号为 C5 的教师姓名。

```
SELECT TN
FROM T
WHERE EXISTS ( SELECT *
               FROM TC
               WHERE TNo = T.TNo AND CNo = 'C5')
```

当子查询 TC 表存在一行记录满足其 WHERE 子句中的条件时，父查询便得到一个 TN 值，重复执行以上过程，直到得出最后结果。

【例 3-58】查询没有讲授课程号为 C5 的教师姓名。

```
SELECT TN
FROM T
WHERE (NOT EXISTS (   SELECT *
                      FROM TC
                      WHERE TNo = T.TNo AND CNo = 'C5'))
```

当子查询 TC 表存在一行记录不满足其 WHERE 子句中的条件时，父查询便得到一个 TN 值，重复执行以上过程，最后便选出了这样一些教师名单，在 TC 表中不存在他们讲授 C5 课程的记录。

【例 3-59】查询选修所有课程的学生姓名。

```
SELECT SN
FROM S
WHERE (NOT EXISTS (  SELECT *
                     FROM C
                     WHERE NOT EXISTS (   SELECT *
                                          FROM SC
                                          WHERE SNo = S.SNo
                                            AND CNo = C.CNo)))
```

本例题也可理解为：选出这样一些学生名单，在 SC 表中不存在他们没有选修课程的记录。

3.8 其他类型查询

3.8.1 集合运算查询

合并查询是使用 UNION 操作符将来自不同查询的数据组合起来，形成一个具有综合信息的查询结果。UNION 操作会自动将重复的数据行剔除。必须注意的是，参加合并查询的各子查询的使用的表结构应该相同，即各子查询中的数据数目和对应的数据类型都必须相同。

【例 3-60】从 SC 数据表中查询出学号为“S1”同学的学号和总分，再从 SC 数据表中查询出学号为“S5”的同学的学号和总分，然后将两个查询结果合并成一个结果集。

```
SELECT SNo AS 学号, SUM(Score) AS 总分
FROM SC
WHERE (SNo = 'S1')
```

```
GROUP BY SNo
UNION
SELECT SNo AS 学号, SUM(Score) AS 总分
FROM SC
WHERE (SNo = 'S5')
GROUP BY SNo
```

3.8.2　存储查询结果到表中

使用 SELECT…INTO 语句可以将查询结果存储到一个新建的数据库表或临时表中。

【例 3-61】从 SC 数据表中查询出所有同学的学号和总分，并将查询结果存放到一个新的数据表 Cal_Table 中。

```
SELECT SNo AS 学号, SUM(Score) AS 总分
INTO Cal_Table
FROM SC
GROUP BY SNo
```

如果在本例中，将 INTO Cal_Table 改为 INTO #Cal_Table，则查询的结果被存放到一个临时表中，临时表只存储在内存中，并不存储在数据库中，所以其存在的时间非常短。

3.9　数据表中数据的操纵

SQL 提供的数据操纵语言 DML（Data Manipulation Langnage）主要包括添加数据、修改数据和删除数据三类语句。

3.9.1　添加数据表中的数据

添加数据是把新的记录添加到一个已存在的表中。

1. 用 Management Studio 添加数据

可以在 Management Studio 中，查看数据库表的数据时添加数据，但这种方式不能应付数据的大量添加。

添加数据的方法在 3.4.6 节简单地介绍过，具体方法是：打开待添加数据记录的数据表，单击鼠标右键，在快捷菜单中选择“编辑前 200 行（E）”，在弹出的窗口中单击空白行，分别向各字段中输入新数据即可。当输入一个新记录的数据后，会自动在最后出现一新的空白行，用户可以继续输入多个数据记录。

2. 用 SQL 命令添加数据

添加数据使用的 SQL 命令是 INSERT INTO，可分为以下几种情况。

（1）添加一行新记录。

添加一行新记录的语法格式为：

```
INSERT INTO <表名>[(<列名 1>[,<列名 2>…])] VALUES(<值>)
```

其中，<表名>是指要添加新记录的表，<列名>是可选项，指定待添加数据的列，VALUES 子句指定待添加数据的具体值。列名的排列顺序不一定要和表定义时的顺序一致，但当指定列名时，VALUES 子句中值的排列顺序必须和列名表中的列名排列顺序一致，个数相等，数据类型一一对应。

【例3-62】在S表中添加一条学生记录（学号：S7，姓名：郑冬，性别：女，年龄：21，系别：计算机）。

```
INSERT INTO S (SNo, SN, Age, Sex, Dept)
VALUES ('S7', '郑冬', 21, '女', '计算机')
```

注意　必须用逗号将各个数据分开，字符型数据要用单引号括起来。如果INTO子句中没有指定列名，则新添加的记录必须在每个属性列上均有值，且VALUES子句中值的排列顺序要和表中各属性列的排列顺序一致。

（2）添加一行记录的部分数据值。

【例3-63】在SC表中添加一条选课记录('S7', 'C1')。

```
INSERT INTO SC (SNo, CNo)
VALUES ('S7', 'C1')
```

将VALUES子句中的值按照INTO子句中指定列名的顺序添加到表中，对于INTO子句中没有出现的列，则新添加的记录在这些列上将赋NULL值，如上例的Score即赋NULL值。但在表定义时有NOT NULL约束的属性列不能取NULL值，插入时必须给其赋值。

3. 添加多行记录

添加多行记录用于表间的复制，即将一个表中的数据抽取数行添加到另一个表中，可以通过子查询来实现。

添加数据的命令语法格式为：

```
INSERT INTO <表名> [(<列名1>[,<列名2>…])]
```

子查询

【例3-64】求出各系教师的平均工资，把结果存放在新表AvgSal中。

首先，建立新表AvgSal，用来存放系名和各系的平均工资。

```
CREATE TABLE AvgSal
(  Department VARCHAR(20),
   Average SMALLINT)
```

然后，利用子查询求出T表中各系的平均工资，把结果存放在新表AvgSal中。

```
INSERT INTO AvgSal
SELECT Dept,AVG(Sal)
FROM T
GROUP BY Dept
```

3.9.2 修改数据表中的数据

1. 用Management Studio修改数据

可以在Management Studio中，在查看数据库表的数据时修改数据，但这种方式不能应付数据的大量修改。

用Management Studio修改数据的方法是，在“对象资源管理器”中右键单击要修改数据的表，在快捷菜单中选择“编辑所有行(E)”命令，即可弹出修改表数据对话框。单击要修改的记录，分别向各字段中输入新数据即可，原数据被新数据覆盖。

当修改表结构并保存时，如果系统将提示：不允许保存更改，您所做的更改要求删除并重新创建以下表，您对无法重新创建的表进行了更改或者启用了“阻止保存要求重新创建表的更改”选项。

解决上述问题的方法是，单击 Management Studio 的“工具→选项”菜单项，找到如下的设置项：“表设计器和数据库设计器”，不选中“阻止保存要求重新创建表的更改”选项。单击“确定”按钮即可，如图 3-18 所示。

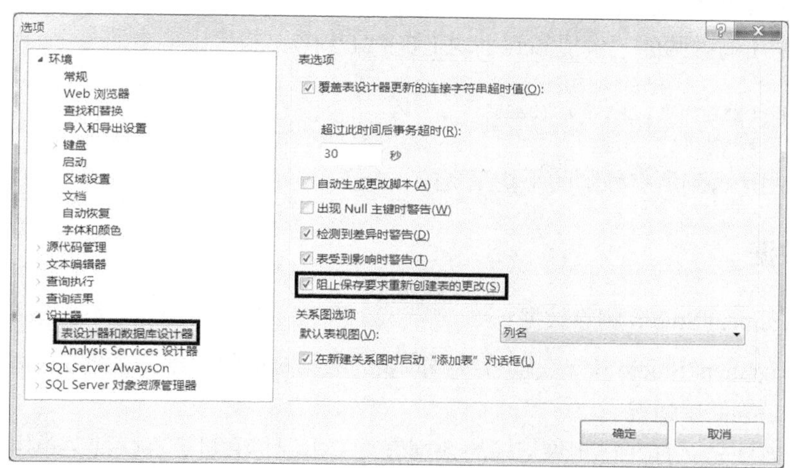

图 3-18　禁止表结构修改的选项设置

2. 用 SQL 命令修改数据

可以使用 SQL 的 UPDATE 语句对表中的一行或多行记录的某些列值进行修改，其语法格式为：

```
UPDATE <表名>
SET <列名>=<表达式> [,<列名>=<表达式>]…
[WHERE <条件>]
```

其中，<表名>是指要修改的表，SET 子句给出要修改的列及其修改后的值。WHERE 子句指定待修改的记录应当满足的条件，WHERE 子句省略时，则修改表中的所有记录。

（1）修改一行。

【例 3-65】把刘伟老师转到信息系。

```
UPDATE T
SET Dept= '信息'
WHERE TN= '刘伟'
```

（2）修改多行。

【例 3-66】将所有学生的年龄增加 1 岁。

```
UPDATE S
SET Age=Age+1
```

【例 3-67】把教师表中工资小于或等于 1000 元的讲师的工资提高 20%。

```
UPDATE T
SET Sal = 1.2 * Sal
WHERE (Prof = '讲师 ') AND (Sal <= 1000)
```

（3）用子查询选择要修改的行。

【例 3-68】把讲授 C5 课程的教师的岗位津贴增加 100 元。

```
UPDATE T
SET Comm = Comm + 100
```

```
WHERE (TNo IN ( SELECT TNo
                FROM T, TC
                WHERE T.TNo = TC.TNo AND TC.CNo = 'C5'))
```

子查询的作用是得到讲授 C5 课程的教师号。

（4）用子查询提供要修改的值。

【例 3-69】把所有教师的工资提高到平均工资的 1.2 倍。

```
UPDATE T
SET Sal = (  SELECT 1.2 * AVG(Sal)
             FROM T)
```

子查询的作用是得到所有教师的平均工资的 1.2 倍。

3.9.3 删除数据

1. 用 Management Studio 删除数据

表间有外键关系时如何删除数据

可以在 Management Studio 中，在查看数据库表的数据时删除数据，这种方式适合于删除少量记录等简单情况。

删除数据的方法是：打开待删除记录的数据表，单击鼠标右键，在快捷菜单中选择“编辑前 200 行（E）”或者“编辑所有行（E）”，在弹出的窗口中，选择一条或者多条记录删除即可。

2. 用 SQL 命令删除数据

使用 SQL 的 DELETE 语句可以删除表中的一行或多行记录，其语法格式为：

```
DELETE
FROM<表名>
[WHERE <条件>]
```

其中，<表名>是指要删除数据的表。WHERE 子句指定待删除的记录应当满足的条件，WHERE 子句省略时，则删除表中的所有记录。

（1）删除一行记录。

【例 3-70】删除刘伟老师的记录。

```
DELETE
FROM T
WHERE TN= '刘伟'
```

（2）删除多行记录。

【例 3-71】删除所有教师的授课记录。

```
DELETE
FROM TC
```

执行此语句后，TC 表即为一个空表，但其定义仍存在数据字典中。

（3）利用子查询选择要删除的行。

【例 3-72】删除刘伟老师授课的记录。

```
DELETE
FROM TC
WHERE (TNo = (  SELECT TNo
                FROM T
                WHERE TN = '刘伟'))
```

3.10　视图

视图是一个虚拟表，其内容由查询定义。同基本表一样，视图包含一系列带有名称的列和行数据。视图在数据库中并不是以数据值存储集形式存在，除非是索引视图。视图中的行和列数据来自定义视图的查询所引用的基本表，并且在引用视图时动态生成。

对其中所引用的基础表来说，视图的作用类似于筛选。定义视图的筛选可以来自当前或其他数据库的一个或多个表，或者其他视图。分布式查询也可用于定义使用多个异类源数据的视图。例如，如果有多台不同的服务器分别存储某单位在不同地区的数据，而需要将这些服务器上结构相似的数据组合起来，这种方式就很有用。

视图通常用来集中、简化和自定义每个用户对数据库的不同认识。视图可用作安全机制，方法是允许用户通过视图访问数据，而不授予用户直接访问视图关联的基础表权限。视图可用于提供向后兼容接口来模拟曾经存在但其架构已更改的基础表。还可以在向 SQL Server 复制数据和从其中复制数据时使用视图，以便提高性能并对数据进行分区。

3.10.1　创建视图

可以使用 Management Studio 和 SQL 命令两种方法来创建视图。

1. 用 Management Studio 创建视图

启动“对象资源管理器”，右键单击选定数据库下的“视图”节点，在弹出菜单中选择“新建视图(N)...”，会弹出“添加表”对话框。之后，在“添加表”对话框中，从“表”“视图”“函数”和“同义词”选项卡中选择在新视图中包含的元素，单击“添加”和“关闭”按钮。之后，在“关系图窗格”中，选择要在新视图中包含的列和其他元素，在“条件窗格”中，选择列的排序和筛选条件，即可创建一个新的视图。

使用 Management Studio 创建视图

2. 用 SQL 命令创建视图

可以使用 SQL 语句 CREATE VIEW 创建视图，其语法格式为：

```
CREATE VIEW  view_name [ (column [ ,...n ] ) ]
[ WITH <view_attribute> [ ,...n ] ]
AS select_statement
[ WITH CHECK OPTION ] [ ; ]
<view_attribute> ::=
{
    [ ENCRYPTION ]
    [ SCHEMABINDING ]
    [ VIEW_METADATA ]     }
```

各主要参数说明如下。

（1）view_name：视图的名称，必须符合 SQL Server 的标识符命名规则。

（2）column：视图的列名称。仅在下列情况下需要列名：列是从算术表达式、函数或常量派生的；两个或更多的列可能会具有相同的名称（通常是由于联接的原因）；视图中的某个列的指定名称不同于其派生来源列的名称。

（3）select_statement：定义视图的 SELECT 语句。该语句可以使用多个表和其他视图。

（4）CHECK OPTION：设置针对视图的所有数据修改语句都必须符合 select_statement 中规定的条件。

（5）ENCRYPTION：视图是加密的，如果加上这个选项，则无法修改视图。因此，创建视图时需要将脚本保存，否则再也不能修改了。

（6）SCHEMABINDING：和底层引用的表进行定义绑定。加上这个选项的话，则视图引用的表不能随便更改构架（例如列的数据类型），如果需要更改底层表构架，则先 DROP 或者 ALTER 在底层表之上绑定的视图。SCHEMABINDIN 常用于定义索引视图。

（7）VIEW_METADATA：不设置该选项，返回给客户端的 metadata 是视图所引用表的 metadata。设置了该选项，则返回视图自身的 metadata。通俗点说，VIEW_METADATA 可以让视图看起来貌似表一样，视图的每一列的定义直接告诉客户端，而不是所引用的底层表列的定义。

【例 3-73】创建一个计算机系教师情况的视图 Sub_T。

```
CREATE VIEW Sub_T
AS  SELECT TNo, TN, Prof
    FROM T
    WHERE Dept = '计算机'
```

视图名字为 Sub_T，省略了视图字段列表。视图由子查询中的三列 Tno、TN 和 Prof 组成。视图创建后，对视图 Sub_T 的数据的访问只限制在“计算机系”内，且只能访问 TNo、TN 和 Prof 三列的内容，从而达到了数据保密的目的。

视图创建后，只在数据字典中存放视图的定义，而其中的子查询 SELECT 语句并不执行。只有当用户对视图进行操作时，才按照视图的定义将数据从基本表中取出。

【例 3-74】创建一学生情况视图 S_SC_C（包括学号、姓名、课程名及成绩）。

```
CREATE VIEW S_SC_C(SNo, SN, CN, Score)
AS SELECT S.SNo, SN, CN, Score
   FROM S, C, SC
   WHERE S.SNo = SC.SNo AND SC.CNo = C.CNo
```

此视图由三个表连接得到，在 S 表和 SC 表中均存在 SNo 列，故需指定视图列名。

【例 3-75】创建一学生平均成绩视图 S_Avg。

```
CREATE VIEW S_Avg(SNo, Avg)
AS SELECT SNo, Avg(Score)
   FROM SC
   GROUP BY SNo
```

此视图的列名之一 Avg 为库函数的计算结果，在定义时需指明列名。

3.10.2 修改视图

1. 用 Management Studio 修改视图

（1）打开“对象资源管理器”，展开“数据库→【数据库名称】→视图”节点，右键单击要修改的视图，在弹出菜单中选择“设计”，即可弹出修改视图对话框。

（2）对视图内容进行修改后，单击工具栏中的保存按钮，存盘退出。

2. 用 SQL 命令修改视图

可以使用 SQL 的 ALTER VIEW 语句修改视图，其语法格式为：

```
ALTER VIEW <视图名>[(<视图列表>)]
```

```
AS <子查询>
```

【例 3-76】修改学生情况视图 S_SC_C（包括姓名、课程名及成绩）。

```
ALTER VIEW S_SC_C(SN, CN, Score)
AS SELECT SN, CN, Score
   FROM S, C, SC
   WHERE S.SNo = SC.SNo AND SC.CNo = C.CNo
```

3.10.3　删除视图

1. 用 Management Studio 删除视图

打开“对象资源管理器”，展开“数据库→【数据库名称】→视图”节点，右键单击要删除的视图，在弹出菜单中选择“删除”，会弹出“删除对象”对话框，单击其中的“显示依赖关系(H)...”，可以看到依赖于该视图的对象和该视图依赖的对象。单击对话框中底部的“确定”按钮，可以删除视图。

2. 用 SQL 命令删除视图

删除视图的语法格式为：

```
DROP VIEW <视图名>
```

【例 3-77】删除计算机系教师情况的视图 Sub_T。

```
DROP VIEW Sub_T
```

视图删除后，只会删除该视图在数据字典中的定义，而与该视图有关的基本表中的数据不会受任何影响，由此视图导出的其他视图的定义不会删除，但已无任何意义。用户应该把这些视图删除。

3.10.4　查询视图

视图定义后，对视图的查询操作如同对基本表的查询操作一样。

【例 3-78】查询视图 Sub_T 中职称为教授的教师号和姓名。

```
SELECT TNo, TN
FROM Sub_T
WHERE Prof = '教授'
```

此查询的执行过程是系统首先从数据字典中找到 Sub_T 的定义，然后把此定义和用户的查询结合起来，转换成等价的对基本表 T 的查询，这一转换过程称为视图消解（View Resolution），相当于执行以下查询：

```
SELECT TNo,TN
FROM T
WHERE Dept = '计算机' AND Prof= '教授'
```

由上例可以看出，当对一个基本表进行复杂的查询时，可以先对基本表建立一个视图，然后只需对此视图进行查询，这样就不必再键入复杂的查询语句，而将一个复杂的查询转换成一个简单的查询，从而简化了查询操作。

3.10.5　更新视图

由于视图是一张虚表，所以对视图的更新，最终转换成对基本表的更新。其更新操作包括添加、修改和删除数据，其语法格式与对基本表的更新操作一样。

有些更新在理论上是不可能的，有些实现起来比较困难，如来自于多个基本表的视图。以下仅考虑可以更新的视图。

1. 添加（INSERT）

【例 3-79】向计算机系教师视图 Sub_T 中添加一条记录（教师号：T6、姓名：李丹、职称：副教授）。

```
INSERT INTO Sub_T (TNo, TN, Prof)
VALUES ('T6', '李丹', '副教授')
```

系统在执行此语句时，首先从数据字典中找到 Sub_T 的定义，然后把此定义和添加操作结合起来，转换成等价的对基本表 T 的添加。相当于执行以下操作：

```
INSERT INTO T (TNo, TN, Prof)
VALUES ('T6', '李丹', '副教授')
```

2. 修改（UPDATE）

【例 3-80】将计算机系教师视图 Sub_T 中刘伟的职称改为“副教授”。

```
UPDATE Sub_T
SET Prof = '副教授'
WHERE (TN = '刘伟')
```

转换成对基本表的修改操作：

```
UPDATE T
SET Prof = '副教授'
WHERE TN = '刘伟' AND Dept = '计算机'
```

3. 删除（DELETE）

【例 3-81】删除计算机系教师视图 Sub_T 中刘伟老师的记录。

```
DELETE FROM Sub_T
WHERE TN = '刘伟'
```

转换成对基本表的删除操作：

```
DELETE FROM T
WHERE Dept = '计算机' AND TN = '刘伟'
```

3.11 创建与使用索引

3.11.1 索引概述

索引是一种可以加快检索的数据库结构，它包含从表或视图的一列或多列生成的键，以及映射到指定数据存储位置的指针。通过创建设计良好的索引，可以显著提高数据库查询和应用程序的性能。从某种程度上说，可以把数据库看作一本书，把索引看作书的目录。借助目录查找信息，显然比没有目录的书方便快捷。除提高检索速度外，索引还可以强制表中的行具有唯一性，从而确保数据的完整性。

索引一旦创建，将由 DBMS 自动管理和维护。当插入、修改或删除记录时，DBMS 会自动更新表中的索引。编写 SQL 查询语句时，有索引的表与没有索引的表在使用方法上是一致的。虽然索引具有诸多优点，但要避免在一个表中创建大量的索引，否则会影响插入、删除、更新数据的性能，增加索引调整的成本，降低系统的响应速度。

3.11.2 索引的类型

在 SQL Server 2012 中，有两种基本类型的索引：聚集索引和非聚集索引。除此之外，还有唯一索引、视图索引、全文索引和 XML 索引等。

1. 聚集索引

在聚集索引中，表中行的物理存储顺序与索引键的逻辑（索引）顺序相同。由于真正的物理存储只有一个，因此，一个表只能包含一个聚集索引。创建或修改聚集索引可能会非常耗时，因为要根据索引键的逻辑值重新调整物理存储顺序。

在 SQL Server 2012 中创建 PRIMARY KEY 约束时，如果不存在该表的聚集索引且未指定唯一非聚集索引，则自动对 PRIMARY KEY 涉及的列创建唯一聚集索引。在添加 UNIQUE 约束时，默认将创建唯一非聚集索引。如果不存在该表的聚集索引，可以指定唯一聚集索引。

在以下情况下，可以考虑使用聚集索引。

（1）包含有限数量的唯一值的列，如仅包含 100 个唯一状态码的列。

（2）使用 BETWEEN、>、>=、<和<=这样的运算符返回某个范围值的查询。

（3）返回大型结果集的查询。

2. 非聚集索引

非聚集索引与聚集索引具有相似的索引结构。不同的是，非聚集索引不影响数据行的物理存储顺序，数据行的物理存储顺序与索引键的逻辑（索引）顺序并不一致。每个表可以有多个非聚集索引，而不像聚集索引那样只能有一个。在 SQL Server 2008 R2 中，每个表可以创建最多 249 个非聚集索引，其中包括 PRIMARY KEY 或者 UNIQUE 约束创建的索引，但不包括 XML 索引。

与聚集索引类似，非聚集索引也可以提升数据的查询速度，但也会降低插入和更新数据的速度。当更改包含非聚集索引的表数据时，DBMS 必须同步更新索引。如果一个表需要频繁地更新数据，不应对它建立太多的非聚集索引。另外，如果硬盘和内存空间有限，也应该限制非聚集索引的数量。

3. 唯一索引

唯一索引能够保证索引键中不包含重复的值，从而使表中的每一行在某种方式上具有唯一性。只有当唯一性是数据本身的特征时，指定唯一索引才有意义。例如，如果希望确保学生表的“身份证号”列的值唯一，当主键为“学号”时，可以为“身份证号”列创建一个 UNIQUE 约束。当尝试在该列中为多个学生输入相同的身份证号时，将显示错误消息，禁止输入重复值。使用多列唯一索引，能保证索引键值中多列的组合是唯一的。例如，如果为“姓”和“名”列的组合创建了唯一索引，则表中任意两行记录不会具有完全相同的“姓”和“名”值。

聚集索引和非聚集索引都可以是唯一的，可以为同一个表创建一个唯一聚集索引和多个唯一非聚集索引。

创建 PRIMARY KEY 或 UNIQUE 约束时会为指定列自动创建唯一索引。由 UNIQUE 约束自动生成的唯一索引和独立于约束手工创建的唯一索引没有本质区别，二者数据验证的方式是相同的，查询优化器也不会区分唯一索引是由约束自动创建的还是手动创建的。但是，如果目的是要实现数据完整性，则应为列创建 UNIQUE 或 PRIMARY KEY 约束，这样做才能使索引的目标明确。

4. 视图索引

视图也称为虚表，由视图返回的结果集格式与基本表相同，都由行和列组成，在 SQL 语句中使用视图与使用基本表的方式相同。标准视图的结果集不是永久地存储在数据库中的。每次查询引用标准视图时，SQL Server 会在内部将视图的定义替换为该查询，直到修改后的查询仅引用基本表。

对标准视图而言，查询动态生成的结果集开销很大，特别是涉及对大量行进行复杂处理的视图（如聚合大量数据或联接许多行）。如果在查询中频繁地引用这类视图，可通过对视图创建唯一聚集索引来提升性能。这类索引称为视图索引，对应的视图称为索引视图。索引视图是从 SQL Server 2005 后引入的一个新特征，可以有效改善标准视图的查询性能。对视图创建唯一聚集索引后，结果集将直接存储在数据库中，就像带有聚集索引的基本表一样。

如果很少更新基础表数据，则索引视图的使用效果最佳。如果经常更新基础表数据，维护索引视图的开销可能超过使用索引视图所带来的性能收益。如果基础表数据以批处理的形式定期更新，但在两次更新之间主要作为只读数据处理，可考虑在更新前删除所有索引视图，更新完毕后再重新生成，这样可提升批处理的更新性能。

5. 全文索引

全文索引是目前搜索引擎的关键技术之一。试想在 1 兆大小的文件中搜索一个词，可能需要几秒，在 100 兆的文件中可能需要几十秒，在更大的文件中搜索开销会更大。为加快此类检索速度，出现了全文索引技术，也称倒排文档技术。其原理是先定义一个词库，然后在文章中查找并存储每个词条出现的频率和位置，相当于对文件建立了一个以词库为目录的索引，这样查找某个词的时候就能很快地定位到该词出现的位置。

在 SQL Server 2012 中，每个表只允许有一个全文索引。若要对某个表创建全文索引，该表必须具有一个唯一且非空（NULL）的列。可以对以下类型的列创建全文索引：char、varchar、nchar、nvarchar、text、ntext、image、xml、varbinary 和 varbinary(max)，从而可对这些列进行全文搜索。对数据类型为 varbinary、varbinary(max)、image 或 xml 的列创建全文索引需要指定文档类型列，类型列用来存储文件的扩展名（.doc、.pdf 和 xls 等）。

6. XML 索引

可以对 xml 数据类型列创建 XML 索引。XML 索引对列中 xml 实例的所有标记、值和路径进行索引，从而提高查询性能。在下列情况下，可考虑创建 XML 索引。

（1）对 xml 列进行查询在工作中很常见。但需要注意的是，xml 列如果频繁修改，可能会造成很高的索引维护开销。

（2）xml 列的值相对较大，而检索的部分相对较小。生成索引避免了在运行时分析所有数据，能实现高效的查询处理。

3.11.3 创建索引

1. 使用 Management Studio 创建索引

打开“对象资源管理器”，右键单击“数据库→【数据库名称】→表→索引”节点，在弹出菜单中选择“新建索引”命令，即可弹出新建索引窗口，如图 3-19 所示。设置好索引的名称、类型、是否唯一等，然后添加要索引的列（可以为一列或多列），单击“确定”按钮即可。

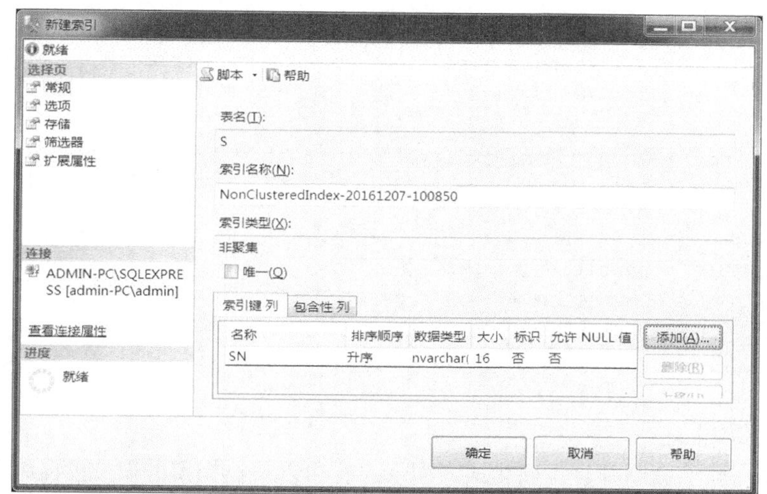

使用 Management Studio 创建索引

图 3-19 新建索引

2. 使用 SQL 语句创建索引

在 SQL SERVER 2012 中，可以使用 CREATE INDEX 语句创建索引，既可以创建聚集索引，也可以创建非聚集索引；既可以在一列上创建索引，也可以在多列上创建索引。其基本的语法形式如下：

```
CREATE [ UNIQUE ] [ CLUSTERED | NONCLUSTERED ] INDEX index_name
   ON table_or_view_name ( column_name [ ASC | DESC ] [ ,...n ] )
   [ WITH <index_option> [ ,...n ] ]
   [ ON { filegroup_name | "default" } ]
```

其中，UNIQUE 表示创建唯一索引，CLUSTERED 表示创建聚集索引，NONCLUSTERED 表示创建非聚集索引。

【例 3-82】为表 SC 在 SNo 和 CNo 上建立唯一索引。

```
CREATE UNIQUE INDEX SCI ON SC(SNo,CNo)
```

执行此命令后，为 SC 表建立一个名为 SCI 的唯一索引，此索引为 SNo 和 CNo 两列的复合索引，即对 SC 表中的行先按 SNo 的递增顺序索引。对于相同的 SNo，又按 CNo 的递增顺序索引。由于有 UNIQUE 的限制，所以该索引在（SNo，CNo）组合列的排序上具有唯一性，不存在重复值。

【例 3-83】为教师表 T 在 TN 上建立聚集索引。

```
CREATE CLUSTERED INDEX TI ON T(TN)
```

执行此命令后，为 T 表建立一个名为 TI 的聚集索引，T 表中的记录将按照 TN 的值升序存放。

3.11.4 修改索引

通常情况下，索引建立后由 DBMS 自动维护更新，无需手工干预，但有的情况下可能需要对索引进行修改。例如，向一个带有索引的表中插入大量数据时，为了提高插入性能，可考虑先删除索引，然后再重新建立索引。修改索引的 SQL 命令语法如下：

```
ALTER INDEX { index_name | ALL }
   ON table_or_view_name
   { REBUILD
       [ [PARTITION = ALL]
          [ WITH ( <rebuild_index_option> [ ,...n ] ) ]
```

```
            | [ PARTITION = partition_number
                    [ WITH ( <single_partition_rebuild_index_option>
                        [ ,...n ] )
                ]
              ]
            ]
        | DISABLE
        | REORGANIZE
            [ PARTITION = partition_number ]
            [ WITH ( LOB_COMPACTION = { ON | OFF } ) ]
      | SET ( <set_index_option> [ ,...n ] )
        }
    [ ; ]
```

主要参数的含义如下。

（1）REBUILD：删除索引并且重新生成索引，这样可以根据指定的填充度压缩页来删除磁盘碎片，回收磁盘空间，重新排序索引。

（2）PARTITION：指定只重新生成或重新组织索引的一个分区。如果 index_name 不是已分区索引，则不能指定 PARTITION。

（3）DISABLE：将索引标记为禁用，从而不能由数据库引擎使用。任何索引均可被禁用，已禁用索引的索引定义保留在没有基础索引数据的系统目录中。禁用聚集索引将阻止用户访问基础表数据。若要启用已禁用的索引，使用 ALTER INDEX REBUILD 或 CREATE INDEX WITH DROP_EXISTING 命令。

（4）REORGANIZE：重新组织索引，此子句等同于 DBCC INDEXDEFRAG。ALTER INDEX REORGANIZE 语句始终联机执行，这意味着不保留长期阻塞的表锁，对基础表的查询或更新可以在 ALTER INDEX REORGANIZE 事务处理期间继续执行。不能为已禁用的索引指定 REORGANIZE。

3.11.5 删除索引

1. 通过 Management Studio 删除索引

打开“对象资源管理器”，展开“数据库→【数据库名称】→表→索引”节点，右键单击要删除的索引，在弹出菜单中选择“删除”命令，即可删除索引。

2. 通过 SQL 语句删除索引

在 SQL Server 2008 R2 中，可以使用 DROP INDEX 删除索引。语法格式如下：

```
DROP INDEX <table or view name>.<index name>
```

也可以使用如下的语法格式：

```
DROP INDEX <index name> ON <table or view name>
```

上述语句中，index_name 表示要删除的索引名，table_or_view_name 表示当前索引基于的表名或者视图名。

3.11.6 查看索引

使用 Management Studio 查看索引

1. 使用 Management Studio 查看索引

打开“对象资源管理器”，展开“数据库→【数据库名称】→表→索引”节点，即可看到该表下的所有索引。双击其中一个索引，即可查看该索引的详细信息。

2. 用 Sp_helpindex 存储过程查看索引

Sp_helpindex 存储过程可以返回表中的所有索引信息，其语法如下：

```
Sp_helpindex [@objname =] 'name'
```

其中，[@objname =] 'name'子句指定当前数据库中的表名。

【例 3-84】查看表 SC 的索引。

```
EXEC Sp_helpindex SC
```

如果要更改索引名称，可利用 Sp_rename 存储过程更改，其语法如下：

Sp_rename '数据表名.原索引名', '新索引名'

【例 3-85】更改 T 表中的索引 TI 名称为 T_Index。

```
EXEC Sp_rename 'T.TI', 'T_Index'
```

小　　结

本章详细介绍了 SQL 的使用方法。在讲解 SQL 的同时，进一步介绍了关系数据库的有关概念，如索引和视图的概念及其作用。SQL 具有数据定义、数据查询、数据操纵和数据控制四大功能。其全部功能可以用表 3.5 所示的 9 个动词概括出来。

表 3.5　SQL 的动词

SQL 功能	动　词
数据定义	CREATE、DROP、ALTER
数据查询	SELECT
数据操纵	INSERT、UPDATE、DELETE
数据控制	GRANT、REVOKE

其中，数据查询功能最为丰富和复杂，也非常重要，初学者掌握起来有一定的困难，应反复上机加强练习。

习　　题

一、选择题

1. 以下关于视图的描述中，不正确的是（　　）。

A）视图是外模式　　B）使用视图可以加快查询语句的执行速度

C）视图是虚表　　D）使用视图可以加快查询语句的编写

2. 在 SQL 的 SELECT 语句中，能实现投影操作的是（　　）。

A）SELECT　　B）FROM　　C）WHERE　　D）GROUP BY

3. SQL 集数据查询、数据操纵、数据定义和数据控制功能于一体，语句 ALTER TABLE 实现下列哪类功能（　　）。

A）数据查询　　B）数据操纵　　C）数据定义　　D）数据控制

4. 下列 SQL 语句中，（　　）不是数据操纵语句。

A）INSERT　B）CREATE　C）DELETE　D）UPDATE

5. SQL 使用（　）语句为用户授予系统权限或对象权限。

A）SELECT　B）CREATE　C）GRANT　D）REVOKE

6. SQL 中，下列涉及空值的操作，不正确的是（　）。

A）AGE IS NULL　B）AGE IS NOT NULL

C）AGE = NULL　D）NOT (AGE IS NULL)

7. 若用如下的 SQL 语句创建了一个表 S：

```
CREATE  TABLE  S
(SNo CHAR (6) NOT NULL,
SName CHAR(8)  NOT NULL,
SEX CHAR(2),
AGE INTEGER)
```

现向 S 表插入如下行时，哪一行可以被插入（　）？

A）('991001', '李明芳', 女, '23')　B）('990746', '张为', NULL, NULL)

C）(NULL, '陈道一', '男', 32)　D）('992345', NULL, '女', 25)

8. 假定学生关系是 S（SNo，SName，Sex，Age），课程关系是 C（CNo，CName，Teacher），学生选课关系是 SC（SNo，CNo，Grade）。要查找选修“数据库”课程的“男”学生姓名，将涉及的关系是（　）。

A）S　B）SC，C　C）S，SC　D）S，C，SC

9. 在 SQL 中，修改数据表结构应使用的命令是（　）。

A）ALTER　B）CREATE　C）CHANGE　D）DELETE

10. 已知学生、课程和成绩三个关系如下：学生（学号，姓名，性别，班级）、课程（课程名称，学时，性质）、成绩（课程名称，学号，分数）。若打印学生成绩单，包括学号、姓名、课程名称和分数，应该对这些关系进行（　）操作。

A）并　B）交　C）乘积　D）连接

11. 层次模型不能直接表示（　）。

A）一对一联系　B）一对多联系　C）多对多联系　D）一对多和一对一联系

12. 当 FROM 子句中出现多个基本表或视图时，系统将执行（　）操作。

A）并　B）等值连接　C）自然连接　D）笛卡儿积

二、填空题

1. SQL 是________的缩写。

2. SQL 的功能包括________、________、________和________四个部分。

3. SQL 支持数据库的三级模式结构，其中________对应于视图和部分基本表，________对应于基本表，________对应于存储文件。

4. 在 SQL Server 2008 R2 中，数据库是由________文件和________文件组成的。

5. 在 SQL Server 中可以定义________、________、________、________和________五种类型的完整性约束。

6. 按照索引记录的存放位置，索引可分为________与________。

7. 数据表之间的联系是通过表的字段值来体现的，这种字段称为________。

8. 相关子查询的执行次数是由父查询表的________决定的。

9. 视图是虚表，其数据不进行存储，只在数据库中存储其________。

10. 在数据库中，权限可分为________和________。

11. 在 SQL 中，关系模式称为________，子模式称为________。

12. 设有学生关系表 S（No，Name，Sex，Age），其中，No 为学号，Name 为姓名，Sex 为性别，Age 为年龄。根据以下问题，写出对应的 SQL 语句。

（1）向关系表 S 中增加一名新同学，该同学的学号是“990010”，姓名是“李国栋”，性别是“男”，年龄是 19 岁________。

（2）向关系表中增加一名新同学，该同学的学号是“990011”，姓名是“王大友”________。

（3）从学生关系表 S 中，将学号为“990009”的同学的姓名改为“陈平”________。

（4）从学生关系表 S 中，删除学号为“990008”的同学________。

（5）从学生关系表 S 中，删除所有姓氏为“陈”的同学________。

13. 建立一个学生表 Student，它由学号 SNo、姓名 SName、性别 SSex、年龄 SAge、所在系 SDept 五个属性组成，其中学号（假定其为字符型，长度为 8 个字符）属性不能为空。

```
CREATE   TABLE   Student
(SNo                       ,
 SName        CHAR(20),
 SSex         CHAR(2),
 SAge         INTEGER,
 SDept        CHAR(16))
```

14. 在“学生-选课-课程”数据库中的三个关系如下：S（SNo，SName，Sex，Age）， SC（SNo，CNo，Grade），C（CNo，CName，Teacher）。查找选修“数据库技术”这门课程的学生的学生名和成绩。使用连接查询的 SQL 语句是：

```
SELECT   SName, Grade
FROM S,  SC,  C
WHERE  CName='数据库技术'
       AND  S.SNo=SC.SNo
       AND  ____________________
```

15. 建立一个学生表 Student，它由学号 SNo、姓名 SName、性别 SSex、年龄 SAge、所在系 SDept 五个属性组成，其中学号（假定其为字符型，长度为 8 个字符）属性不能为空。Student 表建立完成后，若要在表中增加年级 SGrade 项（设字段类型为字符型，长度为 10），其 SQL 命令为：________。

三、设计题

1. 设有以下两个数据表，各表中的结果及字段名如下：

图书（Book）包括书号（BNo）、类型（BType）、书名（BName）、作者（BAuth）、单价（BPrice）、出版社号（PNo）；

出版社（Publish）包括出版社号（PNo）、出版社名称（PName）、所在城市（PCity）、电话（PTel）。

用 SQL 实现下述功能。

（1）在“高等教育出版社”出版、书名为“操作系统”的图书的作者名；

（2）查找为作者“张欣”出版全部“小说”类图书的出版社的电话；

（3）查询“电子工业出版社”出版的“计算机”类图书的价格，同时输出出版社名称及图书类别；

（4）查找比“人民邮电出版社”出版的“高等数学”价格低的同名书的有关信息；

（5）查找书名中有“计算机”一词的图书的书名及作者；

（6）在“图书”表中增加“出版时间”（BDate）项，其数据类型为日期型；

（7）在“图书”表中以“作者”建立一个索引。

2. 假设有一个书店，书店的管理者要对书店的经营状况进行管理，需要建立一个数据库，其中包括两个表：

存书（书号，书名，出版社，版次，出版日期，作者，书价，进价，数量）

销售（日期，书号，数量，金额）

请用 SQL 实现书店管理者的下列要求。

（1）建立存书表和销售表；

（2）掌握书的库存情况，列出当前库存的所有书名、数量、余额（余额=进价×数量，即库存占用的资金）；

（3）统计总销售额；

（4）列出每天的销售报表，包括书名、数量和合计金额（每一种书的销售总额）；

（5）分析畅销书，即列出本期（从当前日期起，向前 30 天）销售数量大于 100 的书名、数量。

四、简答题

1. 简述 SQL 支持的三级逻辑结构。

2. SQL 有什么特点？

3. 解释本章所涉及的有关基本概念的定义：基本表、视图、索引、系统权限、对象权限、角色，并说明视图、索引、角色的作用。

4. 在对数据库进行操作的过程中，设置视图机制有什么优点？它与数据表有什么区别？

5. 设有如下四个基本表 S，C，SC，T，结构如图 3-20 所示。

S

S # 学号	SN 学生姓名	AGE 年龄	DEPT 所在系
S1	丁一	20	计算机
S2	王二	19	计算机
S3	张三	19	外语
…			

C

C # 课程号	CN 课程名称
C1	数据库
C2	操作系统
C3	微机原理
…	

SC

S# 学号	C# 课程号	GR 成绩
S1	C1	80
S1	C2	89
S2	C3	59
…		

T

T# 教师号	TN 教师姓名	SAL 工资	COMM 职务津贴	C# 所讲课程
T1	王力	800		C1
T2	张兰	1200	300	C2
T3	李伟	700	150	C1
…				

图 3-20　某教学数据库实例

（1）用 SQL 的 DDL 语言创建 S 表，S#为主键，SN 不能为空。

（2）创建计算机系学生的视图，该视图的属性列由学号、姓名、课程号和任课教师号组成。

（3）检索计算机系年龄在 20 岁以上的学生学号。

（4）检索姓王的教师所讲课程的课程号及课程名称。

（5）检索张三同学所学课程的成绩，列出 SN、C#和 GR。

（6）检索选修总收入超过 1000 元的教师所讲课程的学生姓名、课程号和成绩。

（7）检索没有选修 C1 课程且选修课程数为两门的学生的姓名和平均成绩，并按平均成绩降序排列。

（8）检索选修和张三同学所选课程中任意一门相同的学生姓名、课程名。

（9）S1 同学选修了 C3，将此信息插入 SC 表中。

（10）删除 S 表中没有选修任何课程的学生记录。

本章实验

实验 1　SQL Server 2012 的安装

一、实验目的

1. 掌握 SQL Server 2012 安装的硬件要求和系统要求。
2. 熟悉 SQL Server 2012 的安装步骤。
3. 掌握 SQL Server 2012 的卸载方法。
4. 了解 SQL Server 2012 的主要组件。
5. 掌握登录和断开数据库服务器的方法。

二、实验内容

1. 检查计算机的软、硬件配置（CPU、内存、硬盘和操作系统）是否达到 SQL Server 2012 的安装要求。

2. 安装 SQL Server 2012。

（1）双击安装软件中的“Setup”程序图标，进入 SQL Server 2012 安装中心。

（2）输入有效的产品密钥、接受许可条款，并且安装“程序支持文件”。

（3）根据需要选择安装组件。

（4）进行服务器配置，配置服务的账户、启动类型、排序规则等。

（5）进行数据库引擎配置，配置数据库管理员 sa 指定的密码。

（6）进行安装配置规则的设置，确保状态列为“已通过”。

（7）进入正式安装界面，等待安装进度完毕。

3. 查看“SQL Server Management Studio”“配置工具”和“导入和导出数据”等组件，并掌握其使用方法。

4. 使用运行安装软件的方法或者通过控制面板卸载 SQL Server 2012。

5. 登录和断开数据库服务器。

（1）分别使用 Windows 身份验证方式和 SQL Server 身份验证方式打开“SQL Server Management Studio”。

（2）查看“对象资源管理器”是服务器中所有数据库对象的树视图。

（3）断开与数据库服务器的连接。

实验 2　设计数据库、创建数据库和数据表

一、实验目的

1. 掌握在 SQL Server 中使用对象资源管理器和 SQL 命令创建数据库与修改数据库的方法。

2. 掌握在 SQL Server 中使用对象资源管理器或者 SQL 命令创建数据表和修改数据表的方法（以 SQL 命令为重点）。

二、实验内容

给定如表 3.6、表 3.7 和表 3.8 所示的学生信息。

表 3.6　学生表

学号	姓名	性别	专业班级	出生日期	联系电话
0433	张艳	女	生物 04	1986-9-13	
0496	李越	男	电子 04	1984-2-23	1381290××××
0529	赵欣	男	会计 05	1984-1-27	1350222××××
0531	张志国	男	生物 05	1986-9-10	1331256××××
0538	于兰兰	女	生物 05	1984-2-20	1331200××××
0591	王丽丽	女	电子 05	1984-3-20	1332080××××
0592	王海强	男	电子 05	1986-11-1	

表 3.7　课程表

课程号	课程名	学分数	学时数	任课教师
K001	计算机图形学	2.5	40	胡晶晶
K002	计算机应用基础	3	48	任泉
K006	数据结构	4	64	马跃先
M001	政治经济学	4	64	孔繁新
S001	高等数学	3	48	赵晓尘

表 3.8　学生作业表

课程号	学号	作业 1 成绩	作业 2 成绩	作业 3 成绩
K001	0433	60	75	75
K001	0529	70	70	60
K001	0531	70	80	80
K001	0591	80	90	90
K002	0496	80	80	90
K002	0529	70	70	85
K002	0531	80	80	80
K002	0538	65	75	85
K002	0592	75	85	85
K006	0531	80	80	90

续表

课程号	学号	作业 1 成绩	作业 2 成绩	作业 3 成绩
K006	0591	80	80	80
M001	0496	70	70	80
M001	0591	65	75	75
S001	0531	80	80	80
S001	0538	60		80

1. 在 SQL Server 中使用对象资源管理器和 SQL 命令创建学生作业管理数据库，数据库的名称自定。

（1）使用对象资源管理器创建数据库，请给出重要步骤的截图。

（2）删除第（1）步创建的数据库，再次使用 SQL 命令创建数据库，请给出 SQL 代码。

（3）创建数据库之后，如果有需要，可以修改数据库。

2. 对表 3.6，表 3.7 和表 3.8，分别以下表的方式给出各字段的属性定义和说明。

字段名	数据类型	长度或者精度	默认值	完整性约束
……	……	……		……
……	……	……		……

3. 使用 SQL 命令在学生作业管理数据库中建立学生表、课程表和学生作业表，在实验报告中给出 SQL 代码。

4. 在各个表中输入表 3.6、表 3.7 和表 3.8 中的相应内容。

实验 3　数据库的单表查询和连接查询

一、实验目的

1. 掌握无条件查询的使用方法。
2. 掌握条件查询的使用方法。
3. 掌握库函数及汇总查询的使用方法。
4. 掌握分组查询的使用方法。
5. 掌握查询的排序方法。
6. 掌握连接查询的使用方法。

二、实验内容

根据第一部分实验中创建的学生作业管理数据库以及其中的学生表、课程表和学生作业表，进行以下的查询操作（每一个查询都要给出 SQL 语句，列出查询结果）。

1. 查询各位学生的学号、班级和姓名。
2. 查询课程的全部信息。
3. 查询数据库中有哪些专业班级。
4. 查询学时数大于 60 的课程信息。
5. 查询在 1986 年出生的学生的学号、姓名和出生日期。
6. 查询三次作业的成绩都在 80 分以上的学号、课程号。
7. 查询姓张的学生的学号、姓名和专业班级。

8. 查询 05 级的男生信息。

9. 查询没有作业成绩的学号和课程号。

10. 查询学号为 0538 的学生的作业 1 总分。

11. 查询选修了 K001 课程的学生人数。

12. 查询数据库中共有多少个班级。

13. 查询选修三门以上（含三门）课程的学生的学号和作业 1 平均分、作业 2 平均分和作业 3 平均分。

14. 查询于兰兰的选课信息，列出学号、姓名、课程名（使用两种连接查询的方式）。

实验 4　数据库查询和数据操纵

一、实验目的

1. 掌握各种查询的使用方法。
2. 掌握数据操纵的使用方法。

二、实验内容

根据第一部分实验中创建的学生作业管理数据库以及其中的学生表、课程表和学生作业表，进行以下操作。

1. 使用查询语句完成以下任务（每一个查询都要给出 SQL 语句，并且列出查询结果）。

（1）查询与“张志国”同一班级的学生信息（使用连接查询和子查询方式）。

（2）查询比“计算机应用基础”学时多的课程信息（使用连接查询和子查询方式）。

（3）查询选修课程号为 K002 的学生的学号、姓名（使用连接查询、普通子查询、相关子查询、使用 exists 关键字的相关子查询）。

（4）查询没有选修 K001 和 M001 课程的学号、课程号和三次成绩（使用子查询）。

2. 使用数据操纵完成以下任务（每一个任务都要给出 SQL 语句，并且列出查询结果）。

（1）在学生表中添加一条学生记录，其中，学号为 0593，姓名为张乐，性别为男，专业班级为电子 05。

（2）将所有课程的学分数变为原来的两倍。

（3）删除张乐的信息。

实验 5　视图

一、实验目的

1. 掌握创建视图的方法。
2. 掌握修改视图的方法。
3. 掌握查询视图的方法。
4. 掌握更新视图的方法。
5. 掌握删除视图的方法

二、实验内容

根据第一部分实验中创建的学生作业管理数据库以及其中的学生表、课程表和学生作业表，进行以下操作。

1. 创建一个电子 05 的学生视图（包括学号、姓名、性别、专业班级、出生日期）。

2. 创建一个生物 05 的学生作业情况视图（包括学号、姓名、课程名、作业 1 成绩、作业 2 成绩、作业 3 成绩）。

3. 创建一个学生作业平均成绩视图（包括学号、作业 1 平均成绩、作业 2 平均成绩、作业 3 平均成绩）。

4. 修改第 2 题中生物 05 的学生作业情况视图，将作业 2 成绩和作业 3 成绩去掉。

5. 向电子 05 的学生视图中添加一条记录，其中学号为 0596，姓名为赵亦，性别为男，专业班级为电子 05，出生日期为 1986-6-8（除了电子 05 的学生视图发生变化之外，看看学生表中发生了什么变化？）。

6. 将电子 05 的学生视图中赵亦的性别改为“女”（除了电子 05 的学生视图发生变化之外，看看学生表中发生了什么变化？）。

7. 删除电子 05 的学生视图中赵亦的记录。

8. 删除电子 05 的学生视图（给出 SQL 语句即可）。

04

第4章　关系数据库理论

前面已经讲述了关系数据库、关系模型的基本概念以及关系数据库的标准语言。如何使用关系模型设计关系数据库，也就是面对一个现实问题，如何选择一个比较好的关系模式的集合，每个关系又应该由哪些属性组成，这属于数据库设计的问题，确切地讲是数据库逻辑设计的问题。有关数据库设计的全过程将在第 6 章详细讨论，本章讲述关系数据库规范化理论，这是数据库逻辑设计的理论依据。学习本章后，读者应掌握规范化理论的研究动机及其在数据库设计中的作用，掌握函数依赖的有关概念，第一范式、第二范式、第三范式和 BC 范式的定义，重点掌握关系模式规范化的方法和关系模式分解的方法，这也是本章的难点。

4.1　规范化问题的提出

4.1.1　规范化理论的主要内容

关系数据库的规范化理论最早是由关系数据库的创始人 E. F. Codd 于 1970 年在其文章《大型共享数据库数据的关系模型》中提出的，后经许多专家学者对关系数据库理论作了深入的研究和发展，形成了一整套有关关系数据库设计的理论。在该理论出现以前，层次型和网状数据模型只是遵循其模型本身固有的原则，相关的数据设计和实现具有很大的随意性和盲目性，缺乏规范数据库设计的理论基础，可能在以后的运行和使用中出现许多预想不到的问题。

在关系数据库系统中，关系模型包括一组关系模式，并且关系之间不是完全孤立的。如何设计一个适合的关系型数据库系统，其关键是设计关系型数据库的模式，具体包括：数据库中应包括多少个关系模式、每一个关系模式应该包括哪些属性以及如何将这些相互关联的关系模式组建成一个完整的关系型数据库等，上述工作决定了整个数据库系统的运行效率，也是数据库系统成败的关键。为解决上述问题，需要从关系型数据库的理论出发，在数据库规范化理论的指导下进行关系型数据库的设计工作。

关系数据库的规范化理论主要包括三个方面的内容：函数依赖、范式（Normal Form）和模式设计。其中函数依赖起着核心的作用，是模式分解和模式设计的基础，范式是模式分解的标准。

4.1.2　不合理的关系模式存在的异常问题

数据库的逻辑设计为什么要在关系型数据库规范化理论的指导下进行？什么是合适的关系模式？如果不使用关系型数据库的规范化理论，随意进行数据库的设计工作可能导致哪些问题？下面通过例子对这些问题进行分析。

【例 4-1】要求设计教学管理数据库，其关系模式 SCD 如下：

```
SCD（SNo, SN, Age, Dept, MN, CNo, Score）
```

其中，SNo 表示学生学号，SN 表示学生姓名，Age 表示学生年龄，Dept 表示学生所在的系别，MN 表示系主任姓名，CNo 表示课程号，Score 表示成绩。

根据实际情况，SCD 的这些数据具有如下语义规定。

（1）一个系有若干名学生，但一名学生只属于一个系；

（2）一个系只有一名系主任，但一名系主任可以同时兼几个系的系主任；

（3）一名学生可以选修多门功课，每门课程可被若干名学生选修；

（4）每名学生学习的课程有一个成绩，但不一定立即给出。

在此关系模式中填入一部分具体的数据，则可得到 SCD 关系模式的实例，即一个教学管理数据库，如图 4-1 所示。

根据上述的语义规定分析以上教学管理数据库，可以看出，（SNo，CNo）属性的组合能唯一标识一个元组，即可以通过（SNo，CNo）的取值分辨不同学生记录，所以（SNo，CNo）是该关系模式的主码。若使用上述数据库建立教学管理信息系统，则会出现以下几方面的问题。

SNo	SN	Age	Dept	MN	CNo	Score
S1	赵亦	17	计算机	刘伟	C1	90
S1	赵亦	17	计算机	刘伟	C2	85
S2	钱尔	18	信息	王平	C5	57
S2	钱尔	18	信息	王平	C6	80
S2	钱尔	18	信息	王平	C7	
S2	钱尔	18	信息	王平	C4	70
S3	孙珊	20	信息	王平	C1	75
S3	孙珊	20	信息	王平	C2	70
S3	孙珊	20	信息	王平	C4	85
S4	李思	21	自动化	刘伟	C1	93

图 4-1　关系 SCD

（1）数据冗余。每个系名和系主任名字的存储次数等于该系学生人数乘以每个学生选修的课程门数，同时学生的姓名、年龄也都要重复存储多次，数据的冗余度很大，浪费了存储空间。

（2）插入异常。如果某个新系没有招生，尚无学生时，则系名和系主任的信息无法插入到数据库中。因为在这个关系模式中，（SNo，CNo）是主码。根据关系的实体完整性约束，任何记录的主码的值不能为空，由于该系没有学生，SNo 和 CNo 均无值，因此不能进行插入操作。另外，当某个学生尚未选课，同样也不能进行插入操作，主要原因是 CNo 未知，实体完整性约束还规定，主码的值不能部分为空。

（3）删除异常。当某系学生全部毕业而没有招生时，要删除全部学生的记录，这时系名、系主任也随之删除，而现实中这个系可能依然存在，但在数据库中却无法找到该系的信息。另外，如果某个学生不再选修 C1 课程，本应该只删去 C1，但 C1 是主码的一部分，为保证实体完整性，必须将整个元组一起删掉，这样，元组中有关该学生的其他信息也随之丢失。

（4）更新异常。如果某学生改名，则该学生的所有记录都要逐一修改 SN 的值；又如某系更换系主任，则属于该系的学生记录都要修改 MN 的内容，稍有不慎，就有可能漏改某些记录，这就会造成数据的不一致性，破坏了数据的完整性。

由于存在以上问题，可以说，SCD 是一个不好的关系模式。产生上述问题的原因，直观地说，是因为关系中“包罗万象”，内容过于全面。通过进一步分析可见，产生上述问题的根本原因是属性间存在着数据依赖关系。

我们一般把原来的关系模式 SCD 称为泛模式，泛模式用一个大表存放所有的数据。对某些查询可以直接从大表中找到结果，这是泛模式好的地方；但是它把各种数据混在一起，数据间相互牵连，数据结构本身蕴藏着许多致命的弊病。

那么，怎样才能得到一个规范的关系模式呢？我们把关系模式 SCD 分解为学生关系 S（SNo，SN，Age，Dept）、选课关系 SC（SNo，CNo，Score）和系关系 D（Dept，MN）三个结构简单的关系模式，如图 4-2 所示。

在以上三个关系模式中，实现了信息的某种程度的分离，S 中存储学生基本信息，与所选课程及系主任无关；D 中存储系别的有关信息，与学生无关；SC 中存储学生选课的信息，而与学生及系别的有关信息无关。与 SCD 相比，分解为三个关系模式后，数据的冗余度明显降低。当新插入一个系时，只要在关系 D 中添加一条记录即可。当某个学生尚未选课时，只要在关系 S 中添加一条学生记录即可，而与选课关系无关，这就避免了插入异常。当一个系的学生全部毕业时，只需在 S 中删除该系的全部学生记录，而关系 D 中有关该系的信息仍然保留，从而不会引起删除异常。同时，由于数据冗余度的降低，数据没有重复存储，也不会引起更新异常。

S

SNo	SN	Age	Dept
S1	赵亦	17	计算机
S2	钱尔	18	信息
S3	孙珊	20	信息
S4	李思	21	自动化

D

Dept	MN
计算机	刘伟
信息	王平
自动化	刘伟

SC

SNo	CNo	Score
S1	C1	90
S1	C2	85
S2	C5	57
S2	C6	80
S2	C7	
S2	C4	70
S3	C1	75
S3	C2	70
S3	C4	85
S4	C1	93

图 4-2　分解后的关系模式

经过上述分析，我们说分解后的关系模式是一个规范的关系数据库模式。从而得出结论，一个规范的关系模式应该具备以下四个条件。

（1）尽可能少的数据冗余。

（2）没有插入异常。

（3）没有删除异常。

（4）没有更新异常。

把泛模式合理地分解为若干个模式后可使每个关系模式的结构简洁和清晰，有效地杜绝数据之间分不清、扯不开的状况。

但要注意，一个好的关系模式并不是在任何情况下都是最优的，例如查询某名学生选修的课程名及所在系的系主任时要通过连接，而连接所需要的系统开销非常大，因此，要从实际设计的目标出发进行设计。

按照一定的规范设计关系模式，将结构复杂的关系分解成结构简单的关系，从而把不规范的关系数据库模式转变为规范的关系数据库模式，这就是关系的规范化。规范化又可以根据不同的要求而分成若干级别。我们要设计的关系模式中的各属性是相互依赖、相互制约的，这样才构成了一个结构严谨的整体。因此，在设计关系模式时，必须从语义上分析这些依赖关系。数据库模式的好坏程度和关系中各属性间的依赖关系有关。因此，下面先讨论属性间的依赖关系，然后再讨论关系规范化理论。

4.2　函数依赖

4.2.1　函数依赖的定义

关系模式中的各属性之间相互依赖、相互制约的联系称为数据依赖。数据依赖一般分为函数依赖和多值依赖。其中函数依赖是最重要的数据依赖，本章将重点讲解函数依赖并以问题的形式牵引读者思考和了解多值依赖。

函数依赖（Functional Dependency，FD）是关系模式中属性之间的一种逻辑依赖关系。例如，在上一节的关系模式 SCD 中，SNo 与 SN、Age 和 Dept 之间都有一种逻辑依赖关系。由于一个 SNo 只对应一个学生，而一个学生只能属于一个系，因此当 SNo 的值确定之后，该学生的 SN、Age、Dept 的值也随之被唯一地确定了。这类似于变量之间的单值函数关系。设单值函数 $Y=F(X)$，自变量 X 的值可以决定唯一的函数值 Y。同理，我们可以说 SNo 的值唯一地决定函数（SN，Age，Dept）的值，或者说（SN，Age，Dept）函数依赖于 SNo。

定义 4.1 设关系模式 $R(U, F)$，U 是属性全集，F 是由 U 上函数依赖所构成的集合，X 和 Y 是 U 的子集，如果对于 $R(U)$ 的任意一个可能的关系 r，对于 X 的每一个具体值，Y 都有唯一的具体值与之对应，则称 X 决定函数 Y，或 Y 函数依赖于 X，记作 $X \to Y$。我们称 X 为决定因素，Y 为依赖因素。当 Y 不函数依赖于 X 时，记作：$X \nrightarrow Y$。当 $X \to Y$ 且 $Y \to X$ 时，则记作：$X \leftrightarrow Y$。

使用定义 4.1 定义关系模式 SCD 中属性全集 U 和函数依赖集 F。

$$U=\{SNo, SN, Age, Dept, MN, CNo, Score\}$$

$$F=\{SNo \to SN, SNo \to Age, SNo \to Dept, (SNo, CNo) \to Score\}$$

对于 F 中的最后一个函数依赖，可以这样理解：一个 SNo 有多个 Score 的值与其对应，因此不能唯一地确定 Score，即 Score 不能函数依赖于 SNo，所以有 SNo $\nrightarrow$ Score，同样有 SNo $\nrightarrow$ CNo。但是 Score 可以被（SNo，CNo）所组成的分量唯一地确定。所以该函数依赖可表示为：（SNo，CNo）$\to$ Score。

有关函数依赖有以下几点需要说明。

（1）定义 4.1 中，“如果对于 $R(U)$ 的任意一个可能的关系 r，对于 X 的每一个具体值，Y 都有唯一的具体值与之对应”，其含义是，对于 r 的任意两个元组 t_1 和 t_2，只要 $t_1[X]=t_2[X]$，就有 $t_1[Y]=t_2[Y]$。

（2）平凡的函数依赖与非平凡的函数依赖。

当属性集 Y 是属性集 X 的子集（即 $Y \subseteq X$）时，则必然存在着函数依赖 $X \to Y$，这种类型的函数依赖称为平凡的函数依赖，如当（SNo，SN，Age）唯一确定的时候，它的任意子属性集合（SNO，Age）必然唯一确定。如果 Y 不是 X 的子集，则称 $X \to Y$ 为非平凡的函数依赖。平凡的函数依赖并没有实际意义，若不特别声明，我们讨论的都是非平凡的函数依赖，非平凡的函数依赖才和“真正的”完整性约束条件相关。

（3）函数依赖不是关系模式 R 的某个或某些关系实例的约束条件，而是关系模式 R 之下一切可能的关系实例都要满足的约束条件。因此，可以通过 R 的某个特定关系去确定哪些函数依赖不成立，而不能只看到 R 的一个特定关系就推断哪些函数依赖对于 R 是成立的。

（4）函数依赖是语义范畴的概念。

我们只能根据语义来确定一个函数依赖，而无法通过其形式化定义来证明一个函数依赖是否成立，因为函数依赖实际上是对现实世界中事物性质之间相关性的一种断言。例如，对于关系模式 S，当学生不存在重名的情况下，可以得到：

$$SN \to Age$$

$$SN \to Dept$$

这种函数依赖关系，必须是在没有重名的学生的条件下才成立，否则就不存在函数依赖了。所以函数依赖反映了一种语义层面的完整性约束。

（5）函数依赖与属性之间的联系类型有关。

① 在一个关系模式中，如果属性 X 与 Y 有 1∶1 联系时，则存在函数依赖 $X \rightarrow Y$，$Y \rightarrow X$，即 $X \leftrightarrow Y$。例如，当学生无重名时，SNo ↔ SN。

② 如果属性 X 与 Y 有 m∶1 的联系时，则只存在函数依赖 $X \rightarrow Y$。例如，SNo 与 Age、Dept 之间均为 m∶1 联系，所以有 SNo→Age，SNo→Dept。

③ 如果属性 X 与 Y 有 m∶n 的联系时，则 X 与 Y 之间不存在任何函数依赖关系。例如，一个学生可以选修多门课程，一门课程又可以为多个学生选修，所以 SNo 与 CNo 之间不存在函数依赖关系。

由于函数依赖与属性之间的联系类型有关，因此在确定属性间的函数依赖关系时，可以从分析属性间的联系类型入手，便可确定属性间的函数依赖。

（6）函数依赖关系的存在与时间无关。

函数依赖是指关系中的所有元组应该满足的约束条件，而不是指关系中某个或某些元组所满足的约束条件。关系中的元组增加、删除或更新后都不能破坏这种函数依赖。因此，必须根据语义来确定属性之间的函数依赖，而不能单凭某一时刻关系中的实际数据值来判断。例如，对于关系模式 S，假设没有给出无重名的学生这种语义规定，则即使当前关系中没有重名的记录，也只能存在函数依赖 SNo→SN，而不能存在函数依赖 SN→SNo，因为如果新增加一个重名的学生，函数依赖 SN→SNo 必然不成立。所以函数依赖关系的存在与时间无关，而只与数据之间的语义规定有关。

4.2.2　函数依赖的逻辑蕴涵定义

假设已知关系模式 $R(X, Y, Z)$ 有 $X \rightarrow Y$，$Y \rightarrow Z$，问 $X \rightarrow Z$ 是否成立？能否从已知的函数依赖推导出 $XY \rightarrow YZ$？

类似这些由已知的一组函数依赖，判断另外一些函数依赖是否成立或者能否从前者推导出后者的问题，就是函数依赖的逻辑蕴涵所要讨论的内容。

定义 4.2　设 F 是在关系模式 $R(U)$ 上成立的函数依赖集合，X，Y 是属性集 U 的子集，$X \rightarrow Y$ 是一个函数依赖。如果从 F 中能够推导出 $X \rightarrow Y$，即如果对于 R 的每个满足 F 的关系 r 也满足 $X \rightarrow Y$，则称 $X \rightarrow Y$ 为 F 的逻辑蕴涵（或 F 逻辑蕴涵 $X \rightarrow Y$），记为 $F \models X \rightarrow Y$。

定义 4.3　设 F 是函数依赖集，被 F 逻辑蕴涵的全部函数依赖集合，称为函数依赖集 F 的闭包（Closure），记为 F^+。即：

$$F^+=\{X \rightarrow Y \mid F \models X \rightarrow Y\}$$

4.2.3　函数依赖的推理规则及正确性

从已知的函数依赖，可以推导出另外一些新的函数依赖，这就需要一系列推理规则，函数依赖的推理规则最早出现在 1974 年 W.W.Armstrong 的论文里，这些规则常被称为“Armstrong 公理”（即阿氏公理），下面的推理规则是其他人于 1977 年对阿氏公理体系改进后的形式。

设有关系模式 $R(U)$，U 是关系模式 R 的属性集，F 是 R 上成立的只涉及 U 中属性的函数依赖集。X，Y，Z，W 均是 U 的子集，r 是 R 的一个实例。函数依赖的推理规则如下。

1. Armstrong 公理及正确性

（1）A1：自反律（Reflexivity）。

如果 $Y \subseteq X \subseteq U$，则 $X \rightarrow Y$ 在 R 上成立。即一组属性函数决定它的所有子集。

证明：因为 $Y \subseteq X$，若 r 中存在两个元组在 X 上的值相等，那么 X 的子集 Y 其值也必然相等。前面所提到的平凡的函数依赖就可根据自反律推出。

例如，在关系 SCD 中，（SNo，CNo）→SNo 和（SNo，CNo）→CNo。

（2）A2：增广律（Augmentation）。

若 $X \rightarrow Y$ 在 R 上成立，且 $Z \subseteq U$，则 $XZ \rightarrow YZ$ 在 R 上也成立。

证明：用反证法。

假设 r 中存在两个元组 t_1 和 t_2 违反 $XZ \rightarrow YZ$，即 $t_1[XZ]=t_2[XZ]$，但 $t_1[YZ] \neq t_2[YZ]$。

从 $t_1[YZ] \neq t_2[YZ]$ 可知，$t_1[Y] \neq t_2[Y]$ 或 $t_1[Z] \neq t_2[Z]$。

如果 $t_1[Y] \neq t_2[Y]$，则与已知的 $X \rightarrow Y$ 相矛盾；如果 $t_1[Z] \neq t_2[Z]$，则与假设的 $t_1[XZ]=t_2[XZ]$ 相矛盾。因此，假设不成立，从而得出增广律是正确的。

例如：在关系 SCD 中，SNo→Age，则（SNo，SN）→（Age，SN）。

（3）A3：传递律（Transitivity）。

若 $X \rightarrow Y$ 和 $Y \rightarrow Z$ 在 R 上成立，则 $X \rightarrow Z$ 在 R 上也成立。

证明：用反证法。

假设 r 中存在两个元组 t_1 和 t_2 违反 $X \rightarrow Z$，即 $t_1[X]=t_2[X]$，但 $t_1[Z] \neq t_2[Z]$。

在上述假设下，$t_1[Y] \neq t_2[Y]$ 或 $t_1[Y]=t_2[Y]$。

如果 $t_1[Y] \neq t_2[Y]$，则与已知的 $X \rightarrow Y$ 相矛盾；如果 $t_1[Y]=t_2[Y]$，则与已知的 $Y \rightarrow Z$ 相矛盾。

因此，假设不成立，从而得出传递律是正确的。

例如：在关系 SCD 中，SNo→Dept，Dept→MN，则 SNo→MN。

通过以上三个推理规则的证明，可以得出如下定理。

定理 4.1 Armstrong 公理的推理规则是正确的。也就是，如果 $X \rightarrow Y$ 是从 F 用 Armstrong 公理推理导出的，那么 $X \rightarrow Y$ 被 F 逻辑蕴含，即 $X \rightarrow Y$ 在 F^+ 中。

2. Armstrong 公理推论及正确性

（1）合并律（Union rule）。

若 $X \rightarrow Y$ 和 $X \rightarrow Z$ 在 R 上成立，则 $X \rightarrow YZ$ 在 R 上也成立。

证明：对已知的 $X \rightarrow Y$，根据增广律，两边用 X 扩充，得到 $X \rightarrow XY$。

对已知的 $X \rightarrow Z$，根据增广律，两边用 Y 进行扩充，得到 $XY \rightarrow YZ$。

对 $X \rightarrow XY$ 和 $XY \rightarrow YZ$，根据传递律，得到 $X \rightarrow YZ$。

例如，在关系 SCD 中，SNo→（SN，Age），SNo→（Dept，MN），则有 SNo→（SN，Age，Dept，MN）。

（2）伪传递律（Pseudotransitivity rule）。

若 $X \rightarrow Y$ 和 $YW \rightarrow Z$ 在 R 上成立，则 $XW \rightarrow Z$ 在 R 上也成立。

证明：对已知的 $X \rightarrow Y$，根据增广律，两边用 W 扩充，得到 $XW \rightarrow YW$。

对 $XW \rightarrow YW$ 和已知的 $YW \rightarrow Z$，根据传递律，得到 $XW \rightarrow Z$。

例如，在 SCD 中，SNo→SNo，（SNo，CNo）→Score，则（SNo，CNo）→Score。

（3）分解律（Decomposition rule）。

若 $X \to Y$ 和 $Z \subseteq Y$ 在 R 上成立，则 $X \to Z$ 在 R 上也成立。

证明：对已知的 $Z \subseteq Y$，根据自反律，得到 $Y \to Z$；对已知的 $X \to Y$ 和 $Y \to Z$，再根据传递律，得到 $X \to Z$。

很显然，分解律和合并律互为逆过程，因此，很容易得到以下定理。

定理 4.2　如果 $A_1A_2\cdots A_n$ 是关系模式 R 的属性集，那么 $X \to A_1A_2\cdots A_n$ 成立的充分必要条件是 $X \to A_i$（i=1,2,⋯,n）成立。

证明：必要性：当 $X \to A_1A_2\cdots A_n$ 成立时，根据分解律，$X \to A_i$（i=1,2,⋯,n）成立。

充分性：当 $X \to A_i$（i=1,2,⋯,n）成立时，根据合并律，$X \to A_1A_2\cdots A_n$ 成立。

例如：在 SCD 中，（SNo→（SN，Sex，Age））↔（SNo→SN，SNo→Sex，SNo→Age）。

（4）复合律（Composition）。

若 $X \to Y$ 和 $W \to Z$ 在 R 上成立，则 $XW \to YZ$ 在 R 上也成立。

证明：对已知的 $X \to Y$，根据增广律，两边用 W 扩充，得到 $XW \to YW$。

对已知的 $W \to Z$，根据增广律，两边用 Y 扩充，得到 $YW \to YZ$。

对 $XW \to YW$ 和 $YW \to YZ$，根据传递律，得到 $XW \to YZ$。

例如，在 SCD 中，SNo→（SN，Age），Dept→MN，则有（SNo，Dept）→（SN，Age，MN）。

在以上推理规则中，自反律、增广律和传递律称为函数依赖公理，公理的正确性都是基于函数依赖的定义来证明的；合并律、伪传递律、分解律和复合律属于一般的推理规则，它们的正确性可用公理予以证明。

【例 4-2】设有关系模式 R（X，Y，Z）与它的函数依赖集 F=\{$X \to Y$，$Y \to Z$\}，求函数依赖集 F 的闭包 F^+。

根据关系模式 R（X，Y，Z），理论上最多可以产生的函数依赖数量为 2^3*2^3=64 个。当给定函数依赖集 F 时，通过推理规则，实际只能推理得到 43 个函数依赖集，有些函数依赖无法从 F 推理得到，如 $Y \to X$，即 F 的闭包 F^+只有 43 个函数依赖，它们是：

$$F^+ = \left\{ \begin{array}{l} X \to \varnothing,\quad XY \to \varnothing,\quad XZ \to \varnothing,\quad XYZ \to \varnothing,\quad Y \to \varnothing,\quad YZ \to \varnothing,\quad Z \to \varnothing,\quad \varnothing \to \varnothing \\ X \to X,\quad XY \to X,\quad XZ \to X,\quad XYZ \to X \\ X \to Y,\quad XY \to Y,\quad XZ \to Y,\quad XYZ \to Y,\quad Y \to Y,\quad YZ \to Y \\ X \to Z,\quad XY \to Z,\quad XZ \to Z,\quad XYZ \to Z,\quad Y \to Z,\quad YZ \to Z,\quad Z \to Z \\ X \to XY,\quad XY \to XY,\quad XZ \to XY,\quad XYZ \to XY \\ X \to XZ,\quad XY \to XZ,\quad XZ \to XZ,\quad XYZ \to XZ \\ X \to YZ,\quad XY \to YZ,\quad XZ \to YZ,\quad XYZ \to YZ,\quad Y \to YZ,\quad YZ \to YZ \\ X \to XYZ,\quad XY \to XYZ,\quad XZ \to XYZ,\quad XYZ \to XYZ \end{array} \right\}$$

由于关系模式 R 中一共有三个属性，因此可以构成的属性集为（X，Y，Z）幂级的数量，而（X，Y，Z）可以出现在函数的左边，也可以出现在函数依赖的右边，所以 F^+所构成矩阵的最大行数为 2^3，最大列数为 2^3。F^+中各函数依赖的正确性可以通过前面学过的函数依赖的推理规则进行证明。譬如，空集 $\varnothing$ 可看成任何集合的子集，因此，根据自反律，可以证明第一行中的所有函数依赖都是正确的。其他各行的函数依赖读者可根据函数依赖的推导规则自行证明。

4.2.4 完全函数依赖与部分函数依赖

定义 4.4 设有关系模式 R（U），U 是属性全集，X 和 Y 是 U 的子集，如果 $X \to Y$，并且对于 X 的任何一个真子集 X'，都有 $X' \nrightarrow Y$，则称 Y 对 X 完全函数依赖（Full Functional Dependency），记作 $X \xrightarrow{f} Y$。如果对 X 的某个真子集 X'，有 $X' \to Y$，则称 Y 对 X 部分函数依赖（Partial Functional Dependency），记作 $X \xrightarrow{p} Y$。

例如，在关系模式 SCD 中，因为 SNo $\nrightarrow$ Score，且 CNo $\nrightarrow$ Score，所以有（SNo，CNo）$\xrightarrow{f}$ Score。而 SNo→Age，所以（SNo，CNo）$\xrightarrow{p}$ Age。

由定义 4.4 可知，只有当决定因素是组合属性时，讨论部分函数依赖才有意义，当决定因素是单属性时，只可能是完全函数依赖。例如，在关系模式 S（SNo，SN，Age，Dept）中，决定因素为单属性 SNo，有 SNo→（SN，Age，Dept），不存在部分函数依赖。

4.2.5 传递函数依赖

定义 4.5 设有关系模式 R（U），U 是属性全集，X，Y，Z 是 U 的子集，若 $X \to Y$，但 $Y \nrightarrow X$，而 $Y \to Z$（$Y \notin X$，$Z \notin Y$），则称 Z 对 X 传递函数依赖（Transitive Functional Dependency），记作：$X \xrightarrow{t} Z$。如果 $Y \to X$，则 $X \leftrightarrow Y$，这时称 Z 对 X 直接函数依赖，而不是传递函数依赖。

例如，在关系模式 SCD 中，SNo→Dept，但 Dept $\nrightarrow$ SNo，而 Dept→MN，则有 SNo $\xrightarrow{t}$ MN。当学生不存在重名的情况下，有 SNo→SN，SN→SNo，SNo↔SN，SN→Dept，这时 Dept 对 SNo 是直接函数依赖，而不是传递函数依赖。

需要注意的是，在仅通过完全函数依赖和部分函数依赖来区分函数依赖的特性时，传递函数依赖可能是一种完全函数依赖，也可能是一种部分函数依赖。可以通过函数依赖传递过程中是否存在部分函数依赖进行区分，若函数依赖的传递过程均发生在完全函数依赖上，则产生的传递函数依赖是一种完全函数依赖，否则为部分函数依赖。

综上所述，函数依赖分为完全函数依赖、部分函数依赖和传递函数依赖三类，它们是规范化理论的依据和规范化程度的准则。下面我们将以这些概念为基础，进行数据库的规范化设计。

4.2.6 属性集的闭包及其算法

通过前面的讨论可知，对关系模式 R（U）上的函数依赖集 F，运用推理规则可以推出一些函数依赖，F 逻辑蕴涵的所有函数依赖构成 F 的闭包 F^+。在实际工作中，人们往往需要知道某个函数依赖 $X \to Y$ 是否成立，如果已经计算出 F^+，只要检查该函数依赖是否在 F^+ 中就能得到准确的结果。问题是计算 F^+ 是一个相当复杂且困难的问题，且在 F^+ 中有许多冗余的信息。为了能够尽快确定函数依赖 $X \to Y$ 是否成立，人们把计算 F^+ 简化为计算属性集的闭包 X^+，即若要判断某个函数依赖是否在 F^+ 中，只要找到那些所有由 X 决定的属性集，即 X 的属性集的闭包 X^+ 就能确定答案。下面给出 X^+ 的形式化定义和计算 X^+ 的属性集闭包算法。

定义 4.6 设有关系模式 R（U），属性集为 U，F 是 R 上的函数依赖集，X 是 U 的子集（$X \subseteq U$）。用函数依赖推理规则可从 F 推出的函数依赖 $X \to A$ 中所有 A 的集合，称为属性集 X 关于 F 的闭包，记为 X^+（或 X^+_F）。即：

$$X^+=\{属性 A|X \to A 在 F^+ 中\}$$

从属性集闭包的定义，立即可以得出下面的定理。

定理 4.3　关系模式 $R(U)$，属性集为 U，F 是 R 上的函数依赖集，X，Y 是 U 的子集。$X \rightarrow Y$ 能用函数依赖推理规则推出的充分必要条件是 $Y \subseteq X^+$中。

证明：充分性证明，设 $Y=Y_1$，Y_2，…，Y_k且 $Y \subseteq X^+$，由 X^+的定义可知，用函数依赖推理规则可从 F 导出 $X \rightarrow Y_i$（$i=1$，2，…，k），根据合并律得 $X \rightarrow Y_1$，Y_2，…，Y_k，即 $X \rightarrow Y$ 成立。

必要性证明，$X \rightarrow Y$ 能用函数依赖推理规则推出。根据分解律，可得 $X \rightarrow Y_i$（i=1，2，…，k），根据 X^+的定义有 $Y_i \subseteq X^+$，所以 $Y_1Y_2 \cdots Y_k \subseteq X^+$，即 $Y \subseteq X^+$。

算法 4.1（属性集闭包算法）　设有关系模式 $R(U)$，属性集为 U，F 是 R 上的函数依赖集，X 是 U 的子集（$X \subseteq U$）。求属性集 X 相对于函数依赖集 F 的闭包 X^+。

设属性集 X 的闭包为 result，其计算算法如下。

输入：属性集 U，U 上的函数依赖集 F，$X \subseteq U$。

输出：X 相对于 F 的闭包 X^+。

```
方法：result=X
        do
          {
           if  F中有某个函数依赖 Y→Z 满足 Y⊆result//Y 为已经找到的属性集闭包的子集
           then result=result ∪ Z
          }
        while (result有所改变);
```

例如，设属性集 U 为 $XYZW$，函数依赖集为$\{X \rightarrow Y, Y \rightarrow Z, W \rightarrow Y\}$，则利用上述算法，可求出 $X^+=XYZ$，$(XW)^+=XYZW$，$(YW)^+=YZW$。

由此可见，属性值闭包的算法有如下多种用途。

（1）判断属性集 X 是否为关系模式 R 的码，通过计算 X 的闭包 X^+，查看 X^+是否包含了 R 中的全部属性。如果 X^+包含了 R 的全部属性，则属性集 X 是 R 的一个码；否则，不是码。

属性集闭包算法

（2）通过检验 $Y \subseteq X^+$是否成立，我们可以验证函数依赖 $X \rightarrow Y$ 是否成立（即某个函数依赖是否 $X \rightarrow Y$ 在 F^+中）。

（3）该算法给了我们另外一种计算函数依赖集 F 的闭包 F^+的方法：对任意的属性子集 X，可以计算其闭包 X^+，对任意的 $Y \subseteq X^+$，输出一个函数依赖 $X \rightarrow Y$。

4.2.7　候选码的求解理论和算法

有了函数依赖的概念后，可以把候选码与函数依赖联系起来。实际上，函数依赖是码概念的推广。

1. 候选码的定义

定义 4.7　设关系模式 R 的属性集是 U，X 是 U 的一个子集，F 是在 R 上成立的一个函数依赖集。如果 $X \rightarrow U$ 在 R 上成立（即 $X \rightarrow U$ 在 F^+中），那么称 X 是 R 的一个超码。如果 $X \rightarrow U$ 在 R 上成立，但对 X 的任一真子集 X'都有 $X' \rightarrow U$ 不成立（即 $X' \rightarrow U$ 不在 F^+中，或者 $X \xrightarrow{f} U$），那么称 X 是 R 上的一个候选码。

根据上述定义，超码虽然能够决定所有属性，但其中可以包含除候选码以外的其他属性。

2. 快速求解候选码的一个充分条件

对于给定的关系模式 R（A_1，A_2，…，A_n）和函数依赖集 F，可将其属性分为以下四类。

（1）L 类：仅出现在 F 中的函数依赖左边的左部的属性。

（2）R 类：仅出现在 F 的函数依赖右边右部的属性。

（3）N 类：在 F 的函数依赖左右两边均未出现的属性。

（4）LR 类：在 F 的函数依赖左右两边均出现的属性。

定理 4.4 对于给定的关系模式 R 及其函数依赖集 F，有以下结论。

（1）若 X（$X \in R$）是 L 类属性，则 X 必为 R 的任一候选码的成员。

（2）若 X（$X \in R$）是 L 类属性，且 X^+ 包含了 R 的全部属性，则 X 必为 R 的唯一候选码。

（3）若 X（$X \in R$）是 R 类属性，则 X 不在任何候选码中。

（4）若 X（$X \in R$）是 N 类属性，则 X 必为 R 的任一候选码的成员。

（5）若 X（$X \in R$）是 R 的 N 类和 L 类属性组成的属性集，且 X^+ 包含了 R 的全部属性，则 X 是 R 的唯一候选码。

（6）若 X（$X \in R$）是 LR 类属性，则 X 可能为 R 的任一候选码的成员，也可能不为 R 的任一候选码的成员。

【例 4-3】 设有关系模式 R（A，B，C，D）与它的函数依赖集 $F=\{D \to B, B \to D, AD \to B, AC \to D\}$，求 R 的所有候选码。

解：通过考察 F 发现，A、C 两属性是 L 类属性，故 A、C 两属性必为 R 的任一候选码的成员；又由于（AC）$^+=ABCD$，即包含了 R 的全部属性，因此，AC 是 R 的唯一候选码。

【例 4-4】 设有关系模式 R（A，B，C，D，E，P）与它的函数依赖集 $F=\{A \to D, E \to D, D \to B, BC \to D, DC \to A\}$，求 R 的所有候选码。

通过考察 F 发现，C、E 两属性是 L 类属性，故 C、E 两属性必为 R 的任一候选码的成员；又由于 P 是 N 类属性，故 P 属性也必为 R 的任一候选码的成员。又由于（CEP）$^+=ABCDEP$，即包含了 R 的全部属性，因此，CEP 是 R 的唯一候选码。

3. 多属性函数依赖集候选码的求解算法

算法 4.2 设有关系模式 R，F 是 R 上的函数依赖集，求 R 的所有候选码。

输入：关系模式 R 及其函数依赖集 F。

输出：关系模式 R 的所有候选码。

候选码求解算法如下。

（1）根据函数依赖集 F，将 R 的所有属性分为 L 类、R 类、N 类和 LR 类等四类，并令 X 代表 L 类和 N 类属性，Y 代表 LR 类属性。

（2）求 X^+，若 X^+ 包含了 R 的全部属性，则 X 即为 R 的唯一候选码，转（5）；否则，转（3）。

（3）在 Y 中任取一个属性 A，求（XA）$^+$，若它包含了 R 的全部属性，则转（4）；否则，调换 Y 中其他的一个属性反复进行这一过程，直到试完所有 Y 中的属性。

（4）如果已找出所有候选码，则转（5）；否则在 Y 中依次取两个属性、三个属性……求它们与 X 的属性集的闭包，直到其闭包包含 R 的全部属性。

（5）停止，输出结果。

【例 4-5】 设有关系模式 R（A，B，C，D，E）与它的函数依赖集 $F=\{A \to BC, CD \to E, B \to D,$

$E \to A$}，求 R 的所有候选码。

解：通过分析 F 发现，其所有的属性 A、B、C、D、E 都是 LR 类属性，没有 L 类、R 类、N 类属性。

因此，先从这些属性中依次取出一个属性，分别求它们的闭包：

$A^+=ABCDE$，$B^+=BD$，$C^+=C$，$D^+=D$，$E^+=ABCDE$。

由于 A^+和 E^+都包含了 R 的全部属性，因此，属性 A、E 分别都是 R 的一个候选码。

接下来，从关系模式 R 中取出两个属性，分别求它们的闭包，但在取出两个属性时，只能从 B、C、D 三个属性中取出两个属性，因为属性 A、E 已经是 R 的候选码了，包含的属性集只能是超码，所以，根据候选码的定义，它们就不可能再存在于其他的候选码中。

$(BC)^+=ABCDE$，$(CD)^+=ABCDE$，$(BD)^+=BD$。

由于（BC）$^+$和（CD）$^+$都包含了 R 的全部属性，因此，属性集 BC、CD 也分别都是 R 的一个候选码。

至此，关系模式 R 中不可能再存在别的候选码了。因为所有候选码已经涵盖了 A、B、C、D、E 属性。

因此，关系模式 R 的所有的候选码分别是 A、E、BC 和 CD。

需要注意，在求解某一关系模式的所有候选码时，需要严格按照候选码求解算法，找出所有候选码。

4.2.8　函数依赖推理规则的完备性

推理规则的正确性是指“从函数依赖集 F 使用推理规则推出的函数依赖必定在 F^+中”，完备性是指“F^+中的函数依赖都能从 F 使用推理规则集推出”。即正确性保证了推出的所有函数依赖是正确的，完备性保证了可以推出所有被蕴涵的函数依赖。这就保证了推导的有效性和可靠性。

定理 4.5　Armstrong 函数依赖推理规则{A1，A2，A3}是完备的。

证明：可通过逆否命题的方式，证明 Armstrong 的完备性，即证明“不能从 F 使用推理规则推出的函数依赖，不在 F^+中”成立。

设 F 是属性集 U 上的一个函数依赖集，有一个函数依赖 $X \to Y$ 不能从 F 使用推理规则推出。现在要证明 $X \to Y$ 不在 F^+中，即 $X \to Y$ 在关系模式 R（U）的某个关系 r 上不成立。因此可采用构造 r 的方法来证明。

构造一个二元组关系 r，它仅有两个元组 $t1$ 和 $t2$，其中 $t1$ 在全部属性上的值均为 1，$t2$ 在 X^+中的属性上的均为 1，但在其他属性上的值均为 0，如图 4-3 所示。

R	X^+中的属性	其他属性
$t1$	1,1,…,1	1,1,…,1
$t2$	1,1,…,1	0,0,…,0

图 4-3　F 不逻辑蕴涵 $X \to Y$ 的关系 r

（1）证明 F 中每个函数依赖 $V \to W$ 在 r 上成立。

V 有两种情况：或者 $V \subseteq X^+$中，或者 $V \not\subseteq X^+$。

如果 $V \subseteq X^+$，根据定理 4.3，有 $X \to V$ 成立。根据已知的 $V \to W$ 和传递律，可得 $X \to W$ 成立。再

根据定理 4.3，有 $W\subseteq X^+$，所以 $V\subseteq X^+$和 $W\subseteq X^+$同时成立，在图 4-3 的关系 r 上可以看出，X^+的属性值完全相同，即 $t1[V]=t2[V]$且 $t1[W]=t2[W]$，从而 $V\rightarrow W$ 在 r 上成立。

如果 $V\notin X^+$,即 V 中含有 X^+外的属性,此时关系 r 的两个元组在 V 值上不相等,因而 $t1[V]\neq t2[V]$。根据函数依赖的定义，既然 r 中不存在任何在属性集上具有相等值的元组对，因此，$V\rightarrow W$ 在 r 上自然成立。

这样，F 的每个函数依赖在 r 中均成立。

（2）证明 $X\rightarrow Y$ 在关系 r 上不成立。

因为 $X\rightarrow Y$ 不能从 F 用推理规则推出，根据定理 4.3，可知 $Y\notin X^+$。在关系 r 中，可知两元组在 X 上值相等，在 Y 上值不相等，因而 $X\rightarrow Y$ 在 r 上不成立。

综合（1）和（2）可知，只要 $X\rightarrow Y$ 不能用推理规则推出，那么 F 就不逻辑蕴涵 $X\rightarrow Y$，也就是推理规则是完备的。

4.2.9 函数依赖集的等价、覆盖和最小函数依赖集

从形式上，往往一个函数依赖集 F 包含的函数依赖条数较少，相应的 F^+所包含的函数依赖条数要比 F 多得多，但实际上 F 蕴涵的信息量却与 F^+所表达的信息一样多。人们自然会问：还有其他的函数依赖集与 F 等价吗？如果有，能否从中找出一个形式最简单的函数依赖集呢？这些问题正是本节要讨论的内容。

定义 4.8 关系模式 R（U）的两个函数依赖集 F 和 G，如果满足 $F^+= G^+$，则称 F 和 G 是等价的函数依赖集。记作：$F\equiv G$。如果 F 和 G 等价，就说 F 覆盖 G，或 G 覆盖 F。

两个等价的函数依赖集在表示能力上是完全相同的。

检查 F 和 G 是否等价不太难。只要验证 F 中的每个函数依赖 $X\rightarrow Y$ 都在 G^+中，同时 G 中的每个函数依赖 $V\rightarrow W$ 也都在 F^+中。这里并不需要计算 F^+和 G^+，而只要计算 X 关于 G 的闭包 X^+，验证 $Y\subseteq X^+$，同时，计算 V 关于 F 的闭包 V^+，验证 $W\subseteq V^+$。一般说来，X^+和 V^+的计算量比 F^+和 G^+的计算量小得多。

函数依赖集 F 中的函数依赖很多，我们应该去掉 F 中无关的函数依赖、平凡的函数依赖、函数依赖中无关的属性，以求得 F 上函数依赖数量最少的最小依赖集 F_{min}，其定义形式如下。

定义 4.9 设 F 是属性集 U 上的函数依赖集，$X\rightarrow Y$ 是 F 中的函数依赖。函数依赖中无关属性（Extraneous Attribute）、无关函数依赖的定义如下。

（1）如果 $A\in X$，且 F 逻辑蕴涵（F-$\{X\rightarrow Y\}$）$\cup\{(X\text{-}A)\rightarrow Y\}$，则称属性 A 是 $X\rightarrow Y$ 左部的无关属性。

（2）如果 $A\in Y$，且$(F\text{-}\{X\rightarrow Y\})\cup\{X\rightarrow(Y\text{-}A)\}$逻辑蕴涵 F，则称属性 A 是 $X\rightarrow Y$ 右部的无关属性。

（3）如果 $X\rightarrow Y$ 的左右两边的属性都是无关属性，则函数依赖 $X\rightarrow Y$ 称为无关函数依赖。

实际上，无关函数依赖可以从 F 使用推理规则推出。

定义 4.10 设 F 是属性集 U 上的函数依赖集。如果 F_{min} 是 F 的一个最小函数依赖集，那么 F_{min} 应满足下列四个条件：

（1）$F_{min}^+=F^+$；

（2）每个函数依赖的右边都是单属性；

（3）F_{min} 中没有冗余的函数依赖（即在 F_{min} 中不存在这样的函数依赖 $X\rightarrow Y$，使得 F_{min} 与 F_{min}-$\{X$

$\rightarrow Y\}$等价），即减少任何一个函数依赖都将与原来的 F 不等价；

（4）每个函数依赖的左边没有冗余的属性（即 F_{min} 中不存在这样的函数依赖 $X\rightarrow Y$，X 有真子集 W 使得 $F_{min}-\{X\rightarrow Y\}\ \cup\{W\rightarrow Y\}$ 与 F_{min} 等价），减少任何一个函数依赖左部的属性后，都将与原来的 F 不等价。

【例 4-6】设有如下的函数依赖集 F_1，F_2，F_3，判断它们是否为最小函数依赖集。

$$F_1=\{AB\rightarrow CD，BE\rightarrow C，C\rightarrow G\}$$

$$F_2=\{A\rightarrow D，B\rightarrow A，A\rightarrow C，B\rightarrow D，D\rightarrow C\}$$

$$F_3=\{A\rightarrow D，AC\rightarrow B，D\rightarrow C，C\rightarrow A\}$$

解：（1）函数依赖集 F_1 中，由于存在函数依赖 $AB\rightarrow CD$，其右部属性不是单个属性，因此，函数依赖集 F_1 不是最小函数依赖集合。

最小函数依赖集求解

（2）函数依赖集 F_2 中，由于函数依赖 $A\rightarrow C$ 可从其中已有函数依赖的 $A\rightarrow D$ 和 $D\rightarrow C$ 导出，即 F_2-$\{A\rightarrow C\}$与 F_2 等价。因此，函数依赖 $A\rightarrow C$ 是冗余的，所以函数依赖集 F_2 不是最小函数依赖集合。

（3）函数依赖集 F_3 中，由于函数依赖 $AC\rightarrow B$ 左部的属性 A 是冗余的，即 F_3-$\{AC\rightarrow B\}\ \cup\{C\rightarrow B\}$与 F_3 等价，所以函数依赖集 F_3 不是最小函数依赖集合。

算法 4.3（最小函数依赖集求解算法）计算函数依赖集 F 的最小函数依赖集 G。

具体计算过程分为以下三步。

（1）对 F 中的任一函数依赖 $X\rightarrow Y$，如果 $Y=Y_1，Y_2，\cdots，Y_k（k\geqslant 2）$多于一个属性，那么就用前面介绍的推理规则的分解律，分解为 $X\rightarrow Y_1，X\rightarrow Y_2，\cdots，X\rightarrow Y_k$，替换 $X\rightarrow Y$，得到一个与 F 等价的函数依赖集 G，G 中每个函数依赖的右边均为单属性。

（2）去掉 G 中各函数依赖左部多余的属性。即一个一个检查 G 中左边是非单属性的依赖，例如 $XY\rightarrow A$，现在要判断 Y 是否为多余的，则以 $X\rightarrow A$ 代替 $XY\rightarrow A$ 是否等价？只要在 G 中求 X^+，若 X^+包含 A，则说明 $X\rightarrow A$ 可以代替 $XY\rightarrow A$，即 Y 是多余的属性；否则 Y 不是多余的属性。依次判断其他属性即可消除各函数依赖左边的多余属性。

（3）在 G 中消除冗余的函数依赖。具体做法是：从第一个函数依赖开始，在 G 中去掉它（假设该函数依赖为 $X\rightarrow Y$），然后在剩下的函数依赖中求 X^+，看 X^+是否包含 Y，若是，则去掉 $X\rightarrow Y$；若不包含 Y，则不能去掉 $X\rightarrow Y$。依此进行下去。

【例 4-7】设有函数依赖集 $F=\{C\rightarrow A，A\rightarrow B，B\rightarrow C，C\rightarrow B，A\rightarrow C，BC\rightarrow A\}$，求其最小函数依赖集 F_{min}。

解：（1）将 F 中每个函数依赖的右部均变成单属性。由于在 F 中所有的函数依赖的右部属性都已是单属性，因此，此步可省略。

（2）去掉 F 中各函数依赖左部多余的属性。对于 F 中的函数依赖 $BC\rightarrow A$，有以下两种处理情况。

第 1 种情况，验证 C 是否为左部多余的属性：根据最小函数依赖集中左部多余属性的检验方法，由于 $B^+=(ABC)$，所以 B^+包含属性 A，因此，C 是多余的属性，$BC\rightarrow A$ 可简化为 $B\rightarrow A$。

第 2 种情况，验证 B 是否为左部多余的属性：根据最小函数依赖集中左部多余属性的检验方法，由于 $C^+=(ABC)$，所以 C^+包含属性 A，因此，B 是多余的属性，$BC\rightarrow A$ 可简化为 $C\rightarrow A$。

（3）去掉 F 中冗余的函数依赖。对于（2）中的两种情况，分别对应两种不同的处理情况。

第 1 种情况：经过第（2）步运算后，$F=\{C\rightarrow A，A\rightarrow B，B\rightarrow C，C\rightarrow B，A\rightarrow C，B\rightarrow A\}$。由于 C

$\to B$ 可由 $C\to A$ 和 $A\to B$ 推出，因此，$C\to B$ 可以去掉；由于 $A\to C$ 可由 $A\to B$ 和 $B\to C$ 推出，因此，可以去掉 $A\to C$；由于 $B\to A$ 可由 $B\to C$ 和 $C\to A$ 推出，因此，可以去掉 $B\to A$。这样可得，$F_{min}=\{C\to A，A\to B，B\to C\}$。

第 2 种情况：经过第（2）步运算后，$F=\{C\to A，A\to B，B\to C，C\to B，A\to C，C\to A\}$。很明显，$C\to A$ 有两个，可以去掉其中之一；由于 $C\to B$ 可由 $C\to A$ 和 $A\to B$ 推出，因此，$C\to B$ 可以去掉；由于 $A\to C$ 可由 $A\to B$ 和 $B\to C$ 推出，因此，可以去掉 $A\to C$。这样可得，$F_{min}=\{C\to A，A\to B，B\to C\}$。

【例 4-8】设 F 是关系模式 $R（A，B，C）$ 的函数依赖集，$F=\{A\to BC，B\to C，A\to B，AB\to C\}$，求其最小函数依赖集 F_{min}。

解：（1）将 F 中每个函数依赖的右部均变成单属性，则 $F=\{A\to B，A\to C，B\to C，AB\to C\}$。

（2）去掉 F 中各函数依赖左部多余的属性。在 $AB\to C$ 中，由于 $A^+=（ABC）$，所以 A^+包含属性 C，因此，B 是左部多余的属性可去掉，这样 $AB\to C$ 简化为 $A\to C$，则 $F=\{A\to B，A\to C，B\to C\}$。

（3）去掉 F 中冗余的函数依赖。由于 $A\to C$ 可由 $A\to B$ 和 $B\to C$ 推出，因此，可去掉 $A\to C$。因此，$F_{min}=\{A\to B，B\to C\}$。

【例 4-9】设有函数依赖集 $F=\{AB\to C，C\to A，BC\to D，ACD\to B，D\to EG，BE\to C，CG\to BD，CE\to AG\}$，求其最小函数依赖集 F_{min}。

解：（1）将 F 中每个函数依赖的右部均变成单属性，结果为：

$F=\{AB\to C，C\to A，BC\to D，ACD\to B，D\to E，D\to G，BE\to C，CG\to B，CG\to D，CE\to A，CE\to G\}$。

（2）去掉 F 中各函数依赖左部多余的属性。对于 $ACD\to B$，由于（CD）$^+$=（$ABCDEG$），可见（CD）$^+$包含属性 B，因此，A 是左部多余的属性，可去掉，$ACD\to B$ 简化为 $CD\to B$。可以用同样的方法验证属性 C 和属性 D 不是左部多余的属性。

对于 $CE\to A$，C^+=（AC），可见 C^+包含属性 A，因此，E 是左部多余的属性，可去掉，$CE\to A$ 简化为 $C\to A$。但由于 F 中已存在 $C\to A$，因而可去掉其中之一。可以以同样的方法验证属性 E 不是左部的多余属性。此时，函数依赖为：$F=\{AB\to C，C\to A，BC\to D，CD\to B，D\to E，D\to G，BE\to C，CG\to B，CG\to D，CE\to G\}$。

（3）去掉 F 中冗余的函数依赖。对于 $CG\to B$，在剩余的函数依赖中求（CG）$^+$=$ABCDEG$，可见，（CG）$^+$包含属性 B，因而 $CG\to B$ 是多余的，因而可以去掉。

因此，$F_{min}=\{AB\to C，C\to A，BC\to D，CD\to B，D\to E，D\to G，BE\to C，CG\to D，CE\to G\}$。

4.3 关系模式的分解*

通过前面的学习，我们已经知道，如果不把属性间的函数依赖情况分析清楚，笼统地把各种数据混在一个关系模式里，这种数据结构本身蕴藏着许多致命的弊病，对数据的操作（修改、插入和删除）将会出现异常情况。这些问题可以通过对原关系模式的分解处理来解决。通俗地讲，分解就是运用关系代数的投影运算把一个关系模式拆成几个关系模式，从关系实例的角度看，就是用几个小表来替换原来的一个大表，使得数据结构更合理，避免数据操作时出现的异常情况。

4.3.1 模式分解问题

定义 4.11 设有关系模式 R（U），R_1，R_2，…，R_k 都是 R 的子集（此处把关系模式看成是属性的集合），$R=R_1 \cup R_2 \cup \cdots \cup R_k$，关系模式的集合用 ρ 表示，$\rho=\{R_1, R_2, \cdots, R_k\}$。用 ρ 代替 R 的过程称为关系模式的分解。这里 ρ 称为 R 的一个分解，也称为数据库模式。

一般把上述 R 称为泛关系模式，R 对应的当前值称为泛关系。数据库模式 ρ 对应的当前值 σ 称为数据库实例，它是由数据库模式中的每一个关系模式的当前值组成，用 $\sigma=\langle r_1, r_2, \cdots, r_k\rangle$ 表示。模式分解示意图如图 4-4 所示。

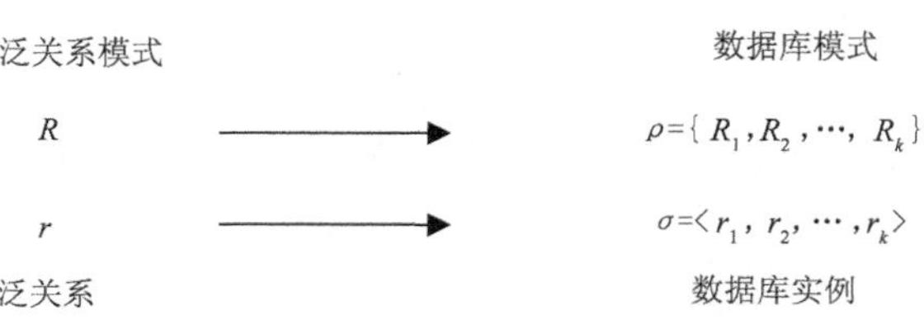

图 4-4 模式分解示意图

在 4.1 节中已提到，R 分解成 ρ 的目的是为消除关系模式中不合理的数据冗余和操作异常问题。由于在计算机中数据并不是存储在泛关系 r 中，而是存储在数据库 σ 中。那么，接下来的问题是 σ 和 r 是否表示同一个数据库。如果两者表示不同的内容，那么这个分解就没有意义了。这需要从以下两个角度来考虑。

（1）σ 和 r 是否等价，即是否表示同样的数据。这个分解总是用“无损连接”特性表示。

（2）在模式 R 上有一个函数依赖集 F，在 ρ 的每一个模式 R_i 上有一个函数依赖集 F_i，那么 $\{F_1, F_2, \cdots, F_k\}$ 与 F 是否等价。这个问题用“保持依赖”特性表示。

可见，关系模式的分解，不仅仅是属性集合的分解，它同时体现了对关系模式上的函数依赖集和关系模式的当前值（关系实例）的分解。衡量关系模式的一个分解是否可取，主要有两个标准：即分解是否具有无损连接，分解是否保持了函数依赖。

4.3.2 无损连接分解

定义 4.12 设有关系模式 R，F 是 R 上的函数依赖集，R 分解为数据库模式 $\rho=\{R_1, R_2, \cdots, R_k\}$。如果对 R 中满足 F 的每一个关系 r，有 $r=\Pi_{R_1}(r) \bowtie \Pi_{R_2}(r) \bowtie \cdots \bowtie \Pi_{R_k}(r)$，那么就称分解 ρ 相对于 F 是“无损连接分解”（Lossless Join decomposition），简称“无损分解”；否则称为“损失分解”（Lossy Decomposition）。

其中，符号 $\Pi_{R_i}(r)$ 表示 r 在模式 R_i 属性上的投影。r 的投影连接表达式 $r=\Pi_{R_1}(r) \bowtie \Pi_{R_2}(r) \bowtie \cdots \bowtie \Pi_{R_k}(r)$ 用符号 $m_\rho(r)$ 表示，称为关系 r 的投影连接变换。

【例 4-10】 设有关系模式 R（A，B，C），分解成 $\rho=\{AB, AC\}$。

（1）设 $F=\{A \to C\}$ 是 R 上的函数依赖集。图 4-5（a）所示为 R 上的一个关系 r，图 4-5（b）和图 4-5（c）为 r 在 AB 和 AC 上的投影 r_1 和 r_2。显然，此时满足 $r_1 \bowtie r_2=r$，也就是投影、连接以后未丢失信息，这正是我们所期望的。这种分解称为“无损分解”。

r	A	B	C
	1	1	1
	1	2	1

（a）

r_1	A	B
	1	1
	1	2

（b）

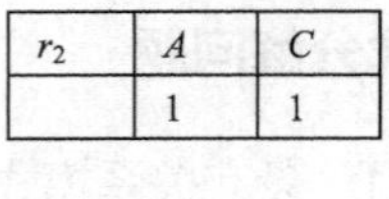

r_2	A	C
	1	1

（c）

图 4-5　未丢失信息的分解

（2）设 $F=\{B\to C\}$是 R 上的函数依赖集。图 4-6（a）所示是 R 上的一个关系 r，图 4-6（b）和图 4-6（c）所示为 r 在 AB 和 AC 上的投影 r_1 和 r_2，图 4-6（d）所示为 $r_1 \bowtie r_2$。显然，此时 $r_1 \bowtie r_2 \neq r$，r 在投影、连接以后比原来的元组还要多（增加了噪声），把原来的信息丢失了。这种分解不是我们所期望的。这种分解称为“损失连接分解”。

r	A	B	C
	1	1	4
	1	2	3

（a）

r_1	A	B
	1	1
	1	2

（b）

r_2	A	C
	1	4
	1	3

（c）

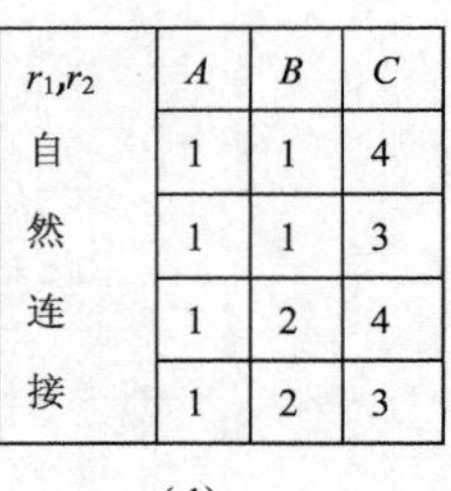

r_1, r_2	A	B	C
自	1	1	4
然	1	1	3
连	1	2	4
接	1	2	3

（d）

图 4-6　丢失信息的分解

从本例可以看出，分解是否具有无损性与函数依赖有直接关系。

定理 4.6　设 $\rho=\{R_1, R_2, \cdots, R_k\}$是关系模式 R 的一个分解，r 是 R 的任一关系，$r_i=\Pi_{R_i}(r)$（$1\leqslant i\leqslant k$），那么有下列性质：

（1）$r\subseteq m_\rho(r)$；

（2）若 $s=m_\rho(r)$，则 $\Pi_{Ri}(s)=r_i$；

（3）$m_\rho(m_\rho(r))=m_\rho(r)$，这个性质称为幂等性（Idempotent）。

4.3.3　无损分解的测试算法

在把关系模式 R 分解成 ρ 以后，如何测试分解 ρ 是否是无损分解呢？下面给出相应的算法。

算法 4.4（无损分解的测试算法） 测试一个分解 ρ 是否为无损连接分解。

输入：关系模式 $R(A_1, A_2, \cdots, A_n)$，F 是 R 上成立的函数依赖集，R 的一个分解 $\rho=\{R_1, R_2, \cdots, R_k\}$。

输出：判断 ρ 相对于 F 是否为无损连接分解。

步骤如下。

（1）构造一个 k 行 n 列的表格 R_ρ，表中每一列对应一个属性 A_j（$1\leqslant j\leqslant n$），每一行对应一个模式 R_i（$1\leqslant i\leqslant k$）。如果 A_j 在 R_i 中，则在表中的第 i 行第 j 列处填上符号 a_j，否则填上 b_{ij}。

（2）把表格看成模式 R 的一个关系，根据 F 中的每个函数依赖，修改表中元素的符号，其方法如下。

- 对 F 中的某个函数依赖 $X\to Y$，在表中寻找 X 分量上相等的行，把这些行的 Y 分量也都改成一致。具体做法是分别对 Y 分量上的每一列做修改。

- 如果列中有一个是 a_j，那么这一列上（X 相同的行）的元素都改成 a_j。
- 如果列中没有 a_j，那么这一列上（X 相同的行）的元素都改成 b_{ij}（下标 ij 取 i 最小的那个）。
- 对 F 中所有的函数依赖，反复地执行上述的修改操作，一直到表格不能再修改为止（这个过程称为“追踪”（Chase）过程）。

（3）若修改到最后，表中有一行全为 a，即 $a_1a_2\cdots a_n$，那么称 ρ 相对于 F 是无损连接分解。

【例 4-11】 设有关系模式 R（A，B，C，D），R 分解成 ρ={AB，BC，CD}，如果在 R 上成立的函数依赖集 F={$B\rightarrow A$，$C\rightarrow D$}，那么 ρ 相对于 F 是否为无损连接分解？

解：（1）由于关系模式 R 具有 4 个属性，ρ 中分解的模式共有 3 个，所以要构造一个 3 行 4 列的表格，并根据算法 4.4 向表格中填入相应的符号，如图 4-7 所示。

（2）根据 F 中的第 1 个函数依赖 $B\rightarrow A$，由于属性 B 列上的第 1 行和第 2 行中都为 a_2，所以，这两行的对应属性 A 列上的符号都应改为 a_1，即将第 2 行中对应属性 A 列的 b_{21} 改为 a_1；根据 F 中的第 2 个函数依赖 $C\rightarrow D$，由于属性 C 列上的第 2 行和第 3 行中都为 a_3，所以，这两行的对应属性 D 列上的符号都应改为 a_4，即将第 2 行中对应属性 D 列的 b_{24} 改为 a_4。修改后的表格如图 4-8 所示。

	A	B	C	D
AB	a_1	a_2	b_{13}	b_{14}
BC	b_{21}	a_2	a_3	b_{24}
CD	b_{31}	b_{32}	a_3	a_4

图 4-7 [例 4-11]的初始表格

	A	B	C	D
AB	a_1	a_2	b_{13}	b_{14}
BC	a_1	a_2	a_3	a_4
CD	b_{31}	b_{32}	a_3	a_4

图 4-8 [例 4-11]修改后的表格

（3）由于修改后的表格中的第二行已全是 a，即 $a_1a_2a_3a_4$，因此，ρ 相对于 F 是无损连接分解。

【例 4-12】 设有关系模式 R（SNo，CNo，Score，TNo，TS），其中属性 SNo、CNo、Score、TNo 及 TS 分别表示学生的学号、课程号、成绩、教师号和教师专长。基于 R 的函数依赖集 F={(SNo，CNo)→Score，CNo→TNo，TNo→TS}。判断 ρ={*SCS*（SNo，CNo，Score），*CTN*(CNo，TNo），*TNTS*（TNo，TS））相对于 F 是否为无损连接分解？

解：（1）由于关系模式 R 具有 5 个属性，ρ 中分解的模式共有 3 个，所以要构造一个 3 行 5 列的表格，并根据算法 4.4 向表格中填入相应的符号，如图 4-9 所示。

（2）根据 F 中的第 1 个函数依赖（SNo，CNo）→Score，由于表格中没有在（SNo，CNo）相等的行，因此，不作修改；根据 F 中的第 2 个函数依赖 CNo→TNo，由于表格中第 1、2 行 CNo 的值同为 a_2，因此，把这两行的 TNo 的值改为 a_4，也就是将第 1 行的 TNo 的值由 b_{14} 改为 a_4，修改结果如图 4-10 所示。

	SNo	CNo	Score	TNo	TS
SCS	a_1	a_2	a_3	b_{14}	b_{15}
CTN	b_{21}	a_2	b_{23}	a_4	b_{25}
TNTS	b_{31}	b_{32}	b_{33}	a_4	a_5

图 4-9 [例 4-12]的初始表格

	SNo	CNo	Score	TNo	TS
SCS	a_1	a_2	a_3	a_4	b_{15}
CTN	b_{21}	a_2	b_{23}	a_4	b_{25}
TNTS	b_{31}	b_{32}	b_{33}	a_4	a_5

图 4-10 [例 4-12]的根据函数依赖 CNo→TNo 的修改结果

根据 F 中的第 3 个函数依赖 TNo→TS，由于表格中第 1、2、3 行 TNo 的值同为 a_4，因此，把这三行的 TS 的值改为 a_5，也就是将第 1 行、第 2 行的 TS 的值分别由 b_{15} 和 b_{25} 都改为 a_5，修改结果如

图 4-11 所示。

（3）由于修改后的表格中的第 1 行已全是 a，即 $a_1a_2a_3a_4a_5$，因此，ρ 相对于 F 是无损连接分解。

	SNo	CNo	Score	TNo	TS
SCS	a_1	a_2	a_3	a_4	a_5
CTN	b_{21}	a_2	b_{23}	a_4	a_5
TNTS	b_{31}	b_{32}	b_{33}	a_4	a_5

图 4-11 [例 4-12]的根据函数依赖 TNo→TS 的修改结果

当 ρ 中只包含两个关系模式时，存在一个较简单的测试定理。

定理 4.7 设 $\rho=\{R_1, R_2\}$是关系模式 R 的一个分解，F 是 R 上成立的函数依赖集，那么分解 ρ 相对于 F 是无损分解的充分条件是：

$$(R_1\cap R_2) \rightarrow (R_1-R_2) \text{ 或 } (R_1\cap R_2) \rightarrow (R_2-R_1)$$

其中，$R_1\cap R_2$ 表示两个模式的交集，即 R_1 与 R_2 中的公共属性，R_1-R_2 或 R_2-R_1 表示两个模式的差集。差集的含义，就是从 R_1（或 R_2）中去掉了 R_1 和 R_2 的公共属性后剩下的其他属性。

即当模式 R 分解成两个模式 R_1 和 R_2 时，若两个模式的公共属性（$\varnothing$ 除外）能够函数决定 R_1（或 R_2）中的其他属性，这样的分解具有无损连接性。

无损连接测试算法

当（$R_1\cap R_2$）→（R_1-R_2）或（$R_1\cap R_2$）→（R_2-R_1）为 R 上成立的函数依赖时，即（$R_1\cap R_2$）→（R_1-R_2）$\in F$ 或（$R_1\cap R_2$）→（R_2-R_1）$\in F$ 时，定理 4.7 为充分必要条件。这个定理的证明可以用算法 4.4 来证明。

【例 4-13】设有关系模式 R（X，Y，Z），基于 R 的函数依赖集 $F=\{X\rightarrow Y\}$。判断以下有关 R 的两个分解是否是为无损连接。

$$\rho_1=\{R_1(X, Y), R_2(X, Z)\}$$

$$\rho_2=\{R_3(X, Y), R_4(Y, Z)\}$$

解：（1）因为 $R_1\cap R_2$ 为 $XY\cap XZ=X$，$R_1-R_2=XY-XZ=Y$，已知 $X\rightarrow Y$，所以，$R_1\cap R_2\rightarrow (R_1-R_2)$，因此，$\rho_1=\{R_1(X, Y), R_2(X, Z)\}$是无损分解。

（2）因为 $R_3\cap R_4$ 为 $XY\cap YZ=Y$，$R_3-R_4=XY-YZ=X$，已知 $X\rightarrow Y$，所以 $R_3\cap R_4\nrightarrow (R_3-R_4)$，因此，$\rho_2=\{R_3(X, Y), R_4(Y, Z)\}$不是无损分解。

4.3.4 保持函数依赖的分解

要求关系模式分解具有无损连接性是必要的，因为它保证了 R 上每个满足 F 的具体关系 r，在分解后都可以由 r 的那些投影经自然连接得以恢复原样，还原的信息既不多也不少。

保持关系模式的一个分解是等价的另一个重要条件是在分解的过程中能否保持函数依赖集，如果不能保持函数依赖，那么数据的语义就会出现混乱。

定义 4.13 设有关系模式 R（U），F 是 R（U）上的函数依赖集，Z 是属性集 U 上的一个子集，$\rho=\{R_1, R_2, \cdots, R_k\}$是 R 的一个分解。

F 在 Z 上的一个投影用 $\Pi_Z(F)$表示：$\prod_Z(F)=\{X\rightarrow Y \mid X\rightarrow Y\in F^+ \wedge XY\subseteq Z\}$。

F 在 R_i 上的一个投影用 $\prod_{R_i}(F)$ 表示：$\bigcup_{i=1}^{k}\prod_{R_i}(F)=\prod_{R_1}(F)\cup\prod_{R_2}(F)\cup\cdots\cup\prod_{R_k}(F)$。

如果有 $F^+=(\bigcup_{i=1}^{k}\prod_{R_i}(F))^+$，则称 ρ 是保持函数依赖集 F 的分解。

从定义中可出看出，保持函数依赖的分解是把 R 分解为 R_1，R_2，…，R_k 后，函数依赖集 F 应被 F 在这些 R_i 上的投影所蕴涵。因为 F 中的函数依赖实质上是对关系模式 R 的完整性约束，R 分解后

也要保持 F 的有效性，否则数据的完整性将受到破坏。

但是，一个无损连接分解不一定是保持函数依赖的。同样，一个保持函数依赖的分解也不一定是无损连接的。

【例 4-14】 设有关系模式 R（SNo，Dept，DP），其中属性 Sno、Dept 和 DP 分别表示学生学号、所在系别和系办公室地点。函数依赖集有 F={SNo→Dept，Dept→DP}，R 分解成 ρ={R_1(SNo，Dept)，R_2（SNo，DP）}。

（1）判断 ρ 是否具有无损连接性。

（2）判断 ρ 是否具有保持函数依赖性。

解：（1）判断 ρ 是否具有无损连接性。

因为 $R_1 \cap R_2$ 为（SNo，Dept）∩（SNo，DP）=SNo，R_1-R_2=（SNo，Dept）-（SNo，DP）=Dept，已知 SNo→Dept，所以，$R_1 \cap R_2 \rightarrow$（R_1-R_2），因此，ρ={R_1（SNo，Dept），R_2（SNo，DP）}是无损分解。

（2）判断 ρ 是否具有保持函数依赖性。

R_1 上的函数依赖是 SNo→Dept，R_2 上的函数依赖是 SNo→DP。但从这两个函数依赖推不出在 R 上成立的函数依赖 Dept→DP，分解 ρ 把 Dept→DP 丢失了，因此，分解 ρ 不具有保持函数依赖性。

4.4　关系模式的范式

通过对 4.3 节的学习，可以看出，在关系模式的分解中，函数依赖起着重要的作用，那么分解以后模式的好坏，用什么标准衡量？这个标准就是模式的范式（Normal Forms，NF）。

关系模式规范化的基本思想是消除关系模式中的数据冗余，消除数据依赖中的不合适的部分，解决数据插入、删除时发生的异常现象。这就要求关系模式要满足一定的条件。把关系模式规范化过程中为不同程度的规范化要求设立的不同标准称为范式。由于规范化的程度不同，就产生了不同的范式。

范式的概念最早由 E.F.Codd 提出。从 1971 年起，Codd 相继提出了关系的三级规范化形式，即第一范式（1NF）、第二范式（2NF）和第三范式（3NF）。1974 年，Codd 和 Boyce 共同提出了一个新的范式的概念，即 Boyce-Codd 范式，简称 BC 范式（BCNF）。1976 年 Fagin 提出了第四范式（4NF），后来又有人定义了第五范式（5NF）。至此，在关系数据库规范中建立了一系列范式：1NF、2NF、3NF、BCNF、4NF 和 5NF。

各个范式之间的联系可以表示为：5NF⊂4NF⊂BCNF⊂3NF⊂2NF⊂1NF，如图 4-12 所示。

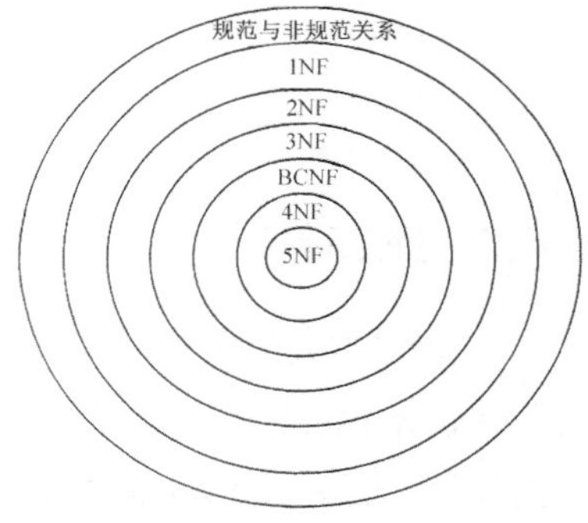

图 4-12　各种范式之间的关系

4.4.1　第一范式

第一范式（First Normal Form）是最基本的规范形式，即关系中每个属性都是不可再分的原子项。

定义 4.14　如果关系模式 R 所有的属性均为原子属性，即每个属性都是不可再分的，则称 R 属于第一范式，简称 1NF，记作 $R\in$1NF。

把满足 1NF 的关系称为规范化关系。在关系数据库系统中只讨论规范化的关系，凡是非规范化的关系模式必须转化成规范化的关系。因此，1NF 是关系模式应具备的最起码的条件。在非规范化的关系中去掉组合项就能转化成规范化的关系。每个规范化的关系都属于 1NF，这也是它之所以称为“第一”的原因。

然而，一个关系模式仅仅属于第一范式是不够的。在 4.1 节中给出的关系模式 SCD 属于第一范式，但它具有大量的数据冗余，存在插入异常、删除异常和更新异常等弊端。为什么会存在这种问题呢？让我们分析一下 SCD 中的函数依赖关系，它的码是（SNo，CNo）的属性组合，所以有：

$$(\text{SNo, CNo}) \xrightarrow{f} \text{Score}$$

$$\text{SNo}\rightarrow\text{SN},\ (\text{SNo, CNo}) \xrightarrow{p} \text{SN}$$

$$\text{SNo}\rightarrow\text{Age},\ (\text{SNo, CNo}) \xrightarrow{p} \text{Age}$$

$$\text{SNo}\rightarrow\text{Dept},\ (\text{SNo, CNo}) \xrightarrow{p} \text{Dept}$$

$$\text{Dept}\rightarrow\text{MN},\ \text{SNo} \xrightarrow{t} \text{MN}$$

可以用函数依赖图表示以上函数依赖关系，如图 4-13 所示。

由此可见，在 SCD 中，既存在完全函数依赖，又存在部分函数依赖和传递函数依赖。这种情况往往在数据库中是不允许的，也正是由于关系中存在着复杂的函数依赖，才导致数据操作中出现了种种弊端。克服这些弊端的方法是用投影运算将关系分解，去掉过于复杂的函数依赖关系，向更高一级的范式进行转换。

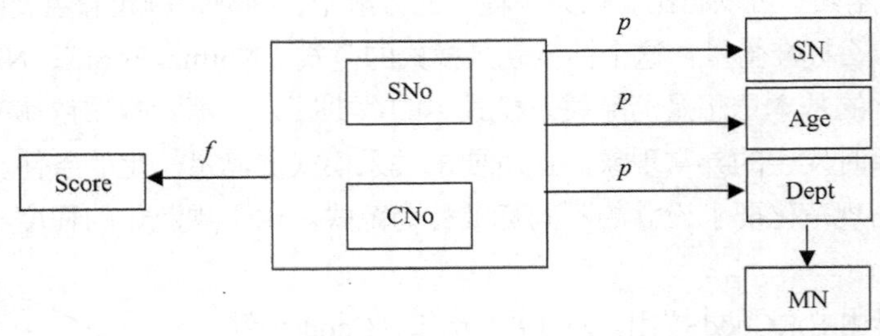

图 4-13　SCD 中的函数依赖关系

4.4.2　第二范式

1. 第二范式的定义

定义 4.15　如果关系模式 $R\in$1NF，且每个非主属性都完全函数依赖于 R 的主码，则称 R 属于第二范式（Second Normal Form），简称 2NF，记作 $R\in$2NF。如果数据库模式中每个关系模式都是 2NF，则这个数据库模式称为 2NF 的数据库模式。

在关系模式 SCD 中，SNo、CNo 为主属性，Age、Dept、SN、MN 和 Score 均为非主属性，经上述分析，存在非主属性对主码的部分函数依赖，所以 SCD$\notin$2NF。而如图 4-2 所示的由 SCD 分解的三个关系模式 S、D 和 SC 中，S 的码为 SNo；D 的码为 Dept，它们都是单属性，不可能存在部分函数依赖。而对于 SC，（SNo，CNo）$\xrightarrow{f}$Score。所以 SCD 分解后，消除了非主属性对主码的部分函数依赖，S、D 和 SC 均属于 2NF。

又如在讲述全码的概念时给出的关系模式 TC（T、C），一个教师可以讲授多门课程，一门课程可以被多个教师讲授；（T，C）两个属性的组合是主码，T、C 都是主属性，而没有非主属性，所以也就不可能存在非主属性对主码的部分函数依赖，因此 TC∈2NF。

经以上分析，可以得到两个结论：

（1）从 1NF 关系中消除非主属性对主码的部分函数依赖，则可得到 2NF 关系；

（2）如果 R 的主码为单属性，或 R 的全体属性均为主属性，则 R∈2NF。

2. 2NF 规范化

2NF 规范化是指把 1NF 关系模式通过投影分解，转换成 2NF 关系模式的集合。

分解时遵循的基本原则就是“一事一地”，让一个关系只描述一个实体或者实体间的联系。如果多于一个实体或联系，则进行投影分解。

下面以关系模式 SCD 为例，来说明 2NF 规范化的过程。

【例 4-15】将 SCD（SNo，SN，Age，Dept，MN，CNo，Score）规范为 2NF。

由 SNo→SN，SNo→Age，SNo→Dept，SNo→MN，（SNo、CNo）$\xrightarrow{f}$Score，可以判断，关系 SCD 至少描述了两个实体，一个为学生实体，属性有 SNo、SN、Age、Dept 和 MN；另一个是学生与课程的选课联系，属性有 SNo、CNo 和 Score。根据分解的原则，可以将 SCD 分解成如下两个关系，如图 4-14 所示。

SD

SNo	SN	Age	Dept	MN
S1	赵亦	17	计算机	刘伟
S2	钱尔	18	信息	王平
S3	孙珊	20	信息	王平
S4	李思	21	自动化	刘伟

SC

SNo	CNo	Score
S1	C1	90
S1	C2	85
S2	C5	57
S2	C6	80
S2	C7	
S2	C4	70
S3	C1	75
S3	C2	70
S3	C4	85
S4	C1	93

图 4-14　关系 SD 和 SC

SD（SNo，SN，Age，Dept，MN），描述学生实体；SC（SNo，CNo，Score），描述学生与课程的联系。

对于分解后的两个关系 SD 和 SC，主码分别为 SNo 和（SNo，CNo），非主属性对主码完全函数依赖。因此，SD∈2NF，SC∈2NF，而且前面已经讨论，SCD 的这种分解不会丢失任何信息，具有无损连接性。

分解后，SD 和 SC 的函数依赖分别如图 4-15 和图 4-16 所示。

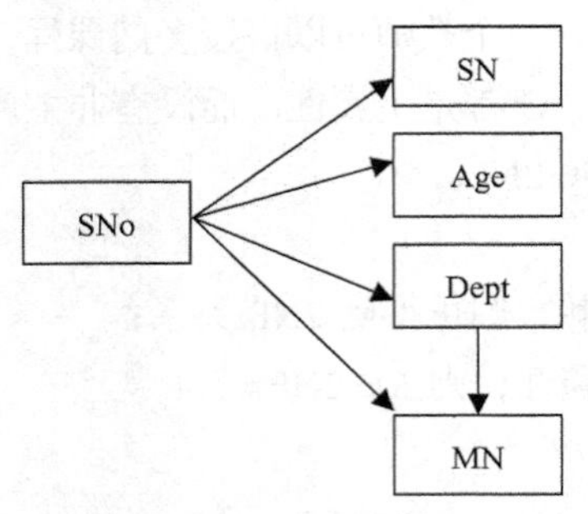

图4-15 SD中的函数依赖关系图

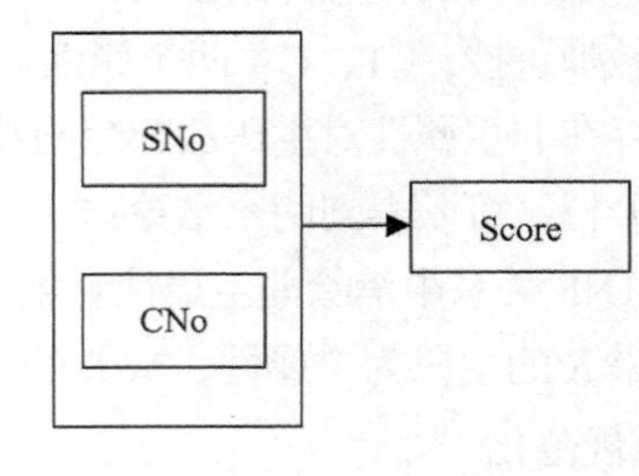

图4-16 SC中的函数依赖关系图

1NF 的关系模式经过投影分解转换成 2NF 后，消除了一些数据冗余。分析图 4-14 中 SD 和 SC 中的数据，可以看出，它们存储的冗余度比关系模式 SCD 有了较大幅度的降低。学生的姓名、年龄不需要重复存储多次。这样便可在一定程度上避免数据更新所造成的数据不一致的问题。由于把学生的基本信息与选课信息分开存储，则学生基本信息因没有选课而不能插入的问题得到了解决，插入异常现象得到了部分改善。同样，如果某个学生不再选修 C1 课程，只在选课关系 SC 中删去该学生选修 C1 的记录即可，而 SD 中有关该学生的其他信息不会受到任何影响，也解决了部分删除异常问题。因此可以说关系模式 SD 和 SC 在性能上比 SCD 有了显著提高。

下面对 2NF 规范化作形式化的描述。

算法 4.5（2NF 规范化算法） 设有关系模式 $R(X, Y, Z)$，$R \in$ 1NF，但 $R \notin$ 2NF，其中，X 是主属性，Y、Z 是非主属性，且存在部分函数依赖，$X \xrightarrow{p} Y$。设 X 可表示为 $X1$、$X2$，其中 $X1 \xrightarrow{f} Y$。则 $R(X, Y, Z)$ 可以分解为 $R[X1, Y]$ 和 $R[X, Z]$。因为 $X1 \xrightarrow{f} Y$，所以 $R(X, Y, Z)=R[X1, Y] \bowtie R[X1, X2, Z]=R[X1, Y] \bowtie R[X, Z]$，即由定理 4.7 可知，$R$ 等于其投影 $R[X1, Y]$ 和 $[X, Z]$ 在 $X1$ 上的自然连接，R 的分解具有无损连接性。

由于 $X1 \xrightarrow{f} Y$，因此 $R[X1, Y] \in$ 2NF。若 $R[X, Z] \notin$ 2NF，可以按照上述方法继续进行投影分解，直到将 $R[X, Z]$ 分解为属于 2NF 关系的集合，且这种分解必定是有限的。

3. 2NF 的缺点

2NF 的关系模式解决了 1NF 中存在的一些问题，2NF 规范化的程度比 1NF 前进了一步，但 2NF 的关系模式在进行数据操作时，例如，在 SD 中，仍然存在着下面一些问题。

（1）数据冗余。如每个系名和系主任的名字存储的次数等于该系的学生人数。

（2）插入异常。如当一个新系没有招生时，有关该系的信息无法插入。

（3）删除异常。如某系学生全部毕业而没有招生时，删除全部学生的记录也随之删除了该系的有关信息。

（4）更新异常。如更换系主任时，仍需改动较多的学生记录。

之所以存在这些问题，是由于在 SD 中存在着非主属性对主码的传递函数依赖。分析 SD 中的函数依赖关系，SNo→SN，SNo→Age，SNo→Dept，Dept→MN，$SNo \xrightarrow{t} MN$，非主属性 MN 对主码 SNo 传递函数依赖。为此，对关系模式 SD 还需进一步简化，消除这种传递函数依赖，这样就得到了 3NF。

4.4.3　第三范式

1. 第三范式的定义

定义 4.16　如果关系模式 $R \in$ 2NF，且每个非主属性都不传递函数依赖于 R 的主码，则称 R 属于第三范式（Third Normal Form），简称 3NF，记作 $R \in$ 3NF。

例如，前面由关系模式 SCD 分解而得到的 SD（SNo，SN，Age，Dept，MN）和 SC（SNo，CNo，Score），它们都属于 2NF。在 SC 中，主码为（SNo，CNo），非主属性为 Score，函数依赖为（SNo，CNo）→Score，非主属性 Score 不传递函数依赖于主码（SNo，CNo），因此，SC ∈ 3NF。

但在 SD 中，主码为 SNo，非主属性 Dept 和 MN 与主码 SNo 间存在着函数依赖 SNo→Dept 和 Dept→MN，即 SNo$\xrightarrow{t}$MN。可见，非主属性 MN 与主码 SNo 间存在着传递函数依赖，所以 SD ∉ 3NF。对于 SD，应该进一步进行分解，使其转换成 3NF。

2. 3NF 规范化

3NF 规范化是指把 2NF 的关系模式通过投影分解转换成 3NF 关系模式的集合。

3NF 规范化时遵循的原则与 2NF 相同，即“一事一地”，让一个关系只描述一个实体或者实体间的联系。

算法 4.6（3NF 规范化算法）把一个关系模式分解为 3NF，使它具有保持函数依赖性。

输入：关系模式 R 和 R 的最小函数依赖集 F_{min}。

输出：R 的一个保持函数依赖的分解 $\rho=\{R_1, R_2, \cdots, R_k\}$，每个 R_i 相对于 $\Pi_{Ri}(F_{min})$（i=1，2，…，k）是 3NF 模式。

方法：

（1）如果 F_{min} 中有一函数依赖 $X \rightarrow A$，且 $XA=R$，则输出 $\rho=\{R\}$，转（4）；

（2）如果 R 中某些属性与 F_{min} 中所有依赖的左部和右部都无关，则将它们构成关系模式，从 R 中将它们分出去，单独构成一个模式；

（3）对于 F_{min} 中的每一个函数依赖 $X \rightarrow A$，都单独构成一个关系子模式 XA。若 F_{min} 中有 $X \rightarrow A_1$，$X \rightarrow A_2$，…，$X \rightarrow A_n$，则可以用模式 $XA_1A_2 \cdots A_n$ 取代 n 个模式 XA_1，XA_2，…，XA_n；

（4）停止分解，输出 ρ。

【例 4-16】设有关系模式 R（U，F），其中 $U=\{C, T, H, R, S, G\}$，$F=\{CS \rightarrow G, C \rightarrow T, TH \rightarrow R, HR \rightarrow C, HS \rightarrow R\}$。将其分解为 3NF 且具有保持函数依赖性。

解：求出关系模式 R 的最小函数依赖 $F_{min}=\{CS \rightarrow G, C \rightarrow T, TH \rightarrow R, HR \rightarrow C, HS \rightarrow R\}$。

（1）根据算法 4.6 的第（1）步，可看出 F 中没有满足条件的函数依赖。

（2）根据算法 4.6 的第（2）步，可看出 F 中没有满足条件的函数依赖。

（3）根据算法 4.6 的第（3）步，将 R 分解为：$R_1=\{CS, G\}$，$R_2=\{C, T\}$，$R_3=\{TH, R\}$，$R_4=\{HR, C\}$，$R_5=\{HS, R\}$。由于 R 的分解没有相同的左部，因此，分解结束。

（4）$\rho=\{R_1(C, S, G), R_2(C, T), R_3(T, H, R), R_4(H, R, C), R_5(H, S, R)\}$。

显然，这样的分解把原来函数依赖集 F 的所有函数依赖都保持下来，并且每个分解后的关系模式都是 3NF 的。

算法 4.7（保持函数依赖和无损连接的 3NF 算法）把一个关系模式分解为 3NF，使它既具有无损连接性，又具有保持函数依赖性。

输入：关系模式 R 和 R 的最小函数依赖集 F_{min}。

输出：R 的一个分解 $\rho=\{R_1, R_2, \cdots, R_k\}$，$R_i$ 为 3NF（i=1，2，…，k），ρ 具有无损连接性和函数依赖保持性。

方法：

（1）根据算法 4.6，求出保持函数依赖的分解 $\rho=\{R_1, R_2, \cdots, R_k\}$；

（2）判定 ρ 是否具有无损连接性，若是，转（4）；

（3）令 $\rho=\rho\cup\{X\}=\{R_1, R_2, \cdots, R_k, X\}$，其中 X 是 R 的候选码；

（4）输出 ρ。

【例 4-17】设有关系模式 R（F，G，H，I，J），R 的函数依赖集 $F=\{F\to I, J\to I, I\to G, GH\to I, IH\to F\}$。将 R 分解为 3NF，并具有无损连接性和保持函数依赖性。

解：求出 R 的最小函数依赖集 $F_{min}=\{F\to I, J\to I, I\to G, GH\to I, IH\to F\}$。

（1）根据算法 4.6 求出保持函数依赖的分解：$\rho=\{R_1(F, I), R_2(J, I), R_3(I, G), R_4(G, H, I), R_5(I, H, F)\}$。

（2）判定 ρ 是否具有无损连接性。

① 由于关系模式 R 具有 5 个属性，ρ 中分解的模式共有 5 个，所以要构造一个 5 行 5 列的表格，并根据算法 4.4 向表格中填入相应的符号，如图 4-17 所示。

② 根据 F_{min} 中的第 1 个函数依赖 $F\to I$，由于表格中第 1、5 行 F 的值同为 a_1，因此，把这两行的 I 的值改为 a_4，由表格可以看出，这两行的 I 的值都已为 a_4，所以不用修改。

根据 F_{min} 中的第 2 个函数依赖 $J\to I$，由于表格中没有在 J 上相等的行，因此，不做修改。

根据 F_{min} 中的第 3 个函数依赖 $I\to G$，由于表格中第 1 行～第 5 行 I 的值同为 a_4，因此，把这五行的 G 的值都改为 a_2，如图 4-18 所示。

	F	G	H	I	J
FI	a_1	b_{12}	b_{13}	a_4	b_{15}
JI	b_{21}	b_{22}	b_{23}	a_4	a_5
IG	b_{31}	a_2	b_{33}	a_4	b_{35}
GHI	b_{41}	a_2	a_3	a_4	b_{45}
IHF	a_1	b_{52}	a_3	a_4	b_{55}

图4-17 [例4-17]的初始表格

	F	G	H	I	J
FI	a_1	a_2	b_{13}	a_4	b_{15}
JI	b_{21}	a_2	b_{23}	a_4	a_5
IG	b_{31}	a_2	b_{33}	a_4	b_{35}
GHI	a_1	a_2	a_3	a_4	b_{45}
IHF	a_1	a_2	a_3	a_4	b_{55}

图4-18 [例4-17]的根据函数依赖$I\to G$的修改结果

根据 F_{min} 中的第 4 个函数依赖 $GH\to I$，由于表格第 4 行和第 5 行的 G 和 H 均为 a_2 和 a_3，因此，把这两行 I 的值改为 a_4，由表格可以看出，这两行的 I 的值都已为 a_4，所以不用修改。

根据 F_{min} 中的第 5 个函数依赖 $IH\to F$，由于表格第 4 行和第 5 行的 I 和 H 均为 a_4 和 a_3，因此，把这两行 F 的值改为 a_1。

③ 修改后的最终结果如图 4-18 所示，从结果可以看出，在最终结果中没有一行的值全都为 a，即 $a_1a_2a_3a_4a_5$ 的形式。因此，ρ 相对于 F_{min} 不是无损连接分解。

（3）根据算法 4.7 的第（3）步，先求 R 的候选码。根据函数依赖集 F 可以看出，JH 是 L 类属性，且（JH）$^+$=$FGHIJ$，因此，JH 是 R 的唯一候选码。

因此，$\rho=\rho\cup\{JH\}=\{R_1(F, I), R_2(J, I), R_3(I, G), R_4(G, H, I), R_5(I, H, F), R_6(J, H)\}$。

至此，分解结束，ρ 中的每个关系模式 R_1（F，I），R_2（J，I），R_3（I，G），R_4（G，H，I），R_5（I，H，F），R_6（J，H）都是 3NF，且既具有无损连接性，又具有保持函数依赖性。

【例 4-18】 将 SD（SNo，SN，Age，Dept，MN）规范到 3NF。

解：根据语义分析 SD 的属性组成可知，SD 中存在着以下函数依赖集 F={SNo→（SN，Age，Dept），Dept→MN}。

（1）根据算法 4.6 求出保持函数依赖的分解：ρ={S（SNo，SN，Age，Dept），D（Dept，MN）}。

（2）判定 ρ 是否具有无损连接性。

① 由于关系模式 SD 具有 5 个属性，ρ 中分解的模式共有 2 个，所以要构造一个 2 行 5 列的表格，并根据算法 4.4 向表格中填入相应的符号，如图 4-19 所示。

② 根据 F 中的第 1 个函数依赖 SNo→（SN，Age，Dept），由于表格中没有在 SNO 上相等的行，因此，不做修改。

	SNo	SN	Age	Dept	MN
R_1（SNo，SN，Age，Dept）	a_1	a_2	a_3	a_4	b_{15}
R_2（Dept，MN）	b_{21}	b_{22}	b_{23}	a_4	a_5

图 4-19　[例 4-18]的初始表格

根据 F 中的第 2 个函数依赖 Dept→MN，由于表格中第 1、2 行 Dept 的值同为 a_4，因此，把这两行的 MN 的值改为 a_5，也就是将第一行的 MN 的值由 b_{15} 改为 a_5，修改结果如图 4-20 所示。

	SNo	SN	Age	Dept	MN
R_1（SNo，SN，Age，Dept）	a_1	a_2	a_3	a_4	a_5
R_2（Dept，MN）	b_{21}	b_{22}	b_{23}	a_4	a_5

图 4-20　[例 4-18]的根据函数依赖 Dept→MN 的修改结果

③ 修改后的最终结果如图 4-20 所示，从结果可以看出，在最终结果中第一行的值全都为 a，即 $a_1a_2a_3a_4a_5$ 的形式。因此，ρ 相对于 F 是无损连接分解。

可见，将 SD 分解为 ρ={S（SNo，SN，Age，Dept），D（Dept，MN）}时，S，D 都属于 3NF，且既具有无损连接性又具有保持函数依赖性。

事实上，通过语义分析可知，关系 SD 实际上描述了两个实体，一个为学生实体，属性有 Sno、SN、Age、Dept；另一个是系别的实体，其属性有 Dept 和 MN。分解后的两个关系如图 4-21 所示。

S（SNo，SN，Age，Dept）描述学生实体，D（Dept，MN）描述系的实体。

对于分解后的两个关系 S 和 D，主码分别为 SNo 和 Dept，不存在非主属性对主码的传递函数依赖。因此，S∈3NF，D∈3NF。

S

SNo	SN	Age	Dept
S1	赵亦	17	计算机
S2	钱尔	18	信息
S3	孙珊	20	信息
S4	李思	21	自动化

D

Dept	MN
计算机	刘伟
信息	王平
自动化	刘伟

图 4-21　[例 4-18]分解后的关系 S 和 D

分解后，S 和 D 的函数依赖分别如图 4-22 和图 4-23 所示。

图 4-22　S 中的函数依赖关系图　　图 4-23　D 中的函数依赖关系图

由以上两图可以看出，关系模式 SD 由 2NF 分解为 3NF 后，函数依赖关系变得更加简单，既没有非主属性对主码的部分函数依赖，也没有非主属性对主码的传递函数依赖，解决了 2NF 中存在的四个问题，具有以下特点。

（1）数据冗余降低了。如系主任的名字存储的次数与该系的学生人数无关，只在关系 D 中存储一次。

（2）不存在插入异常。如当一个新系没有学生时，该系的信息可以直接插入到关系 D 中，而与学生关系 S 无关。

（3）不存在删除异常。当要删除某系的全部学生而仍然保留该系的有关信息时，可以只删除学生关系 S 中的相关学生记录，而不影响系关系 D 中的数据。

（4）不存在更新异常。如更换系主任时，只需修改关系 D 中一个相应元组的 MN 属性值，不会出现数据的不一致现象。

SCD 规范到 3NF 后，所存在的异常现象已经全部消失。但是，3NF 只限制了非主属性对主码的依赖关系，而没有限制主属性对主码的依赖关系。如果发生了这种依赖，仍有可能存在数据冗余、插入异常、删除异常和修改异常。这时，则需对 3NF 进一步规范化，消除主属性对主码的依赖关系，为了解决这种问题，Boyce 与 Codd 共同提出了一个新范式的定义，这就是 Boyce-Codd 范式，通常简称 BCNF 或 BC 范式，它弥补了 3NF 的不足。

4.4.4　BC 范式

1. BC 范式的定义

定义 4.17　如果关系模式 $R \in$ 1NF，且所有的函数依赖 $X \to Y$（$Y \notin X$），决定因素 X 都包含了 R 的一个候选码，则称 R 属于 BC 范式（Boyce-Codd Normal Form），记作 R∈BCNF。如果数据库中每个关系模式都属于 BCNF，则称为 BCNF 的数据库模式。

BCNF 具有如下性质。

（1）满足 BCNF 的关系将消除任何属性（主属性或非主属性）对主码的部分函数依赖和传递函数依赖。也就是说，如果 $R \in$ BCNF，则 R 也是 3NF。

证明：采用反证法。设 R 不是 3NF，则必然存在如下条件的函数依赖，$X \to Y$（$Y \nrightarrow X$），$Y \to Z$，其中 X 是主属性，Y 是任意属性组，Z 是非主属性，$Z \notin Y$，这样 $Y \to Z$ 函数依赖的决定因素 Y 不包含候选码，这与 BCNF 范式的定义相矛盾，所以如果 $R \in$ BCNF，则 R 也是 3NF。

（2）如果 $R \in$ 3NF，则 R 不一定是 BCNF，现举例说明。

【**例 4-19**】设有关系模式 SNC（SNo，SN，CNo，Score），其中 SNo 代表学号，SN 代表学生姓

名并假设没有重名，CNo 代表课程号，Score 代表成绩。可以判定，SNC 有两个候选码（SNo，CNo）和（SN，CNo），其函数依赖如下：

$$SNo \leftrightarrow SN$$
$$(SNo,\ CNo) \rightarrow Score$$
$$(SN,\ CNo) \rightarrow Score$$

唯一的非主属性 Score 对主码不存在部分函数依赖，也不存在传递函数依赖，所以 SNC∈3NF。但是，因为 SNo↔SN，即决定因素 SNo 或 SN 不包含候选码，从另一个角度说，存在着主属性对主码的部分函数依赖：$(SNo,\ CNo) \xrightarrow{p} SN$，$(SN,\ CNo) \xrightarrow{p} SNo$，所以 SNC 不是 BCNF。正是存在着这种主属性对主码的部分函数依赖关系，造成了关系 SNC 中存在着较大的数据冗余，学生姓名的存储次数等于该生所选的课程数，从而会引起修改异常。例如，当更改某个学生的姓名时，必须搜索出该姓名的每个学生记录，并对其姓名逐一修改，这样容易造成数据不一致的问题。解决这一问题的办法仍然是通过投影分解进一步提高 SNC 的范式等级，将 SNC 规范到 BCNF。

2. BCNF 规范化

算法 4.8　把一个关系模式分解为 BCNF。

输入：关系模式 R 和 R 的函数依赖集 F。

输出：R 的一个无损连接分解 $\rho=\{R_1,\ R_2,\ \cdots,\ R_k\}$，每个 R_i 相对于 $\Pi_{Ri}(F)$（$i=1,\ 2,\ \cdots,\ k$）是 BCNF。

方法：

（1）令 $\rho=\{R\}$；

（2）如果 ρ 中所有模式都是 BCNF，则转（4）；

（3）如果 ρ 中有一个关系模式 S 不是 BCNF，则 S 中必能找到一个函数依赖 $X\rightarrow A$ 且 X 不是 S 的候选码，且 A 不属于 X，设 $S_1=XA$，$S_2=S-(A-X)$，用分解$\{S_1,\ S_2\}$代替 S，转（2）；

（4）分解结束，输出 ρ。

BCNF 规范化是指把 3NF 的关系模式通过投影分解转换成 BCNF 关系模式的集合。下面以 3NF 的关系模式 SNC 为例，来说明 BCNF 规范化的过程。

【例 4-20】将 SNC（SNo，SN，CNo，Score）规范到 BCNF。

解：根据前面的分析可知，SNC 有两个候选码（SNo，CNo）和（SN，CNo），其函数依赖如下：F={SNo→SN，SN→SNo，（SNo，CNo）→Score，（SN，CNo）→Score}。

（1）令 ρ={SNC（SNo，SN，CNo，Score）}。

（2）经过前面分析可知，ρ 中关系模式不属于 BCNF。

（3）考虑 SNo→SN，由于 SNo 不是模式 SNC 的候选码，且 SN 不属于 SNo，因此，用分解{S1（SNo，SN），S2（SNo，CNo，Score）}代替 SNC。

可以看出，关系模式 S1 的候选码为 SNo，其函数依赖为 SNo→SN，决定因素包含了候选码，因此 S1 属于 BCNF，即 S1∈BCNF。

关系模式 S2 的候选码为（SNo，CNo），其函数依赖为（SNo，CNo）→Score，决定因素包含了候选码，因此 S2 也属于 BCNF，即 S2∈BCNF。

（4）至此分解结束，分解结果为：S1（SNo，SN）描述学生实体；S2（SNo，CNo，Score）描述学生与课程的联系。

分解后，S1 和 S2 的函数依赖分别如图 4-24 和图 4-25 所示。

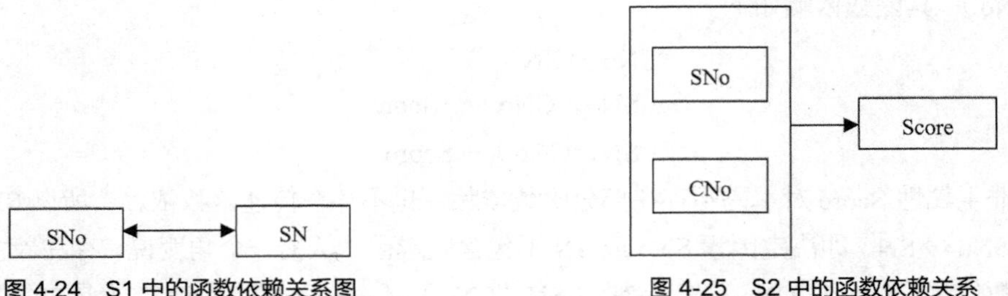

图 4-24　S1 中的函数依赖关系图　　　图 4-25　S2 中的函数依赖关系

关系 SNC 转换成 BCNF 后，数据冗余度明显降低。学生的姓名只在关系 S1 中存储一次，学生要改名时，只需改动一条学生记录中的相应的 SN 值即可，从而不会发生修改异常。

【例 4-21】设有关系模式 TCS（T，C，S），T 表示教师，C 表示课程，S 表示学生。语义假设是，每一位教师只讲授一门课程；每门课程由多个教师讲授；某一学生选定某门课程，就对应于一个确定的教师。

解：根据语义假设，TCS 的函数依赖是：F={（S，C）→T，（S，T）→C，T→C}。函数依赖关系如图 4-26 所示。

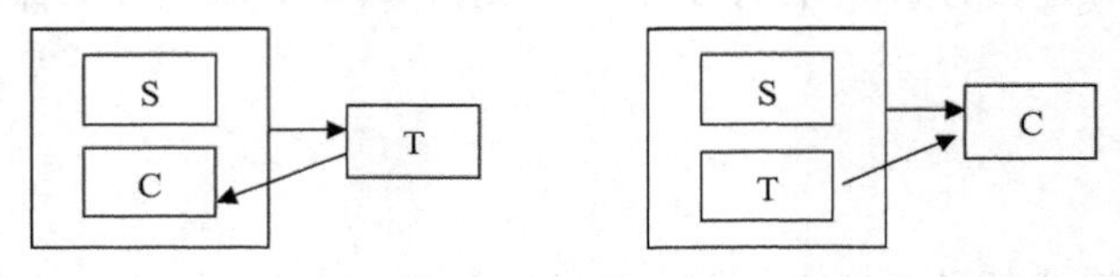

图 4-26　TCS 中的函数依赖关系

（1）令 ρ={TCS（T，C，S）}。

（2）经过前面分析可知，对于 TCS，（S，C）和（S，T）都是候选码，TCS 中不存在非主属性，也就不可能存在非主属性对主码的部分函数依赖或传递函数依赖，所以 TCS $\in$ 3NF。但从 TCS 的一个关系实例（如图 4-27 所示）分析，仍存在一些问题。

T	C	S
T1	C1	S1
T1	C1	S2
T2	C1	S3
T2	C1	S4
T3	C2	S2
T4	C2	S2
T4	C3	S2

图 4-27　关系 TCS

① 数据冗余。虽然每个教师只开一门课，但每个选修该教师该门课程的学生元组都要记录这一信息。

② 插入异常。某门课程本学期不开设，自然就没有学生选修。因为主属性不能为空，教师上该门课程的信息就无法插入。同样原因，学生刚入校，尚未选课，有关信息也不能输入。

③ 删除异常。如果选修某门课程的学生全部毕业，删除学生记录的同时随之也删除了教师开设该门课程的信息。

④ 更新异常。当某个教师开设的某门课程改名后，所有选修该教师该门课程的学生元组都要进行修改，如果漏改某个数据，则破坏了数据的完整性。

出现上述问题的原因在于主属性部分函数依赖于候选码，(S，T)$\xrightarrow{P}$C，因此，ρ 中关系模式不属于 BCNF。关系模式还需要继续分解，转换成更高一级的范式 BCNF，以消除数据库操作中的异常现象。

（3）对于 F 中的函数依赖，由于函数依赖（S，C）→T 和（S，T）→C 中，决定因素都包含了关系模式 TCS 的候选码，因此，不再需要考虑。

考虑 T→C，由于决定因素 T 不是关系模式 TCS 的候选码，且 C 不属于 T，因此，用分解{TC（T，C），ST（S，T）}代替 TCS。

可以看出，关系模式 TC 的候选码为 T，其函数依赖为 T→C，决定因素包含了候选码，因此 TC 属于 BCNF，即 TC∈BCNF。

可以看出，关系模式 ST 的候选码为（S，T），即全码，不存在函数依赖，因此 ST 属于 BCNF，即 ST∈BCNF。

（4）由于 ρ 中关系模式经过分解为 TC（T，C）和 ST（S，T）后，所有关系模式都已是 BCNF，因此分解结束。

可见，将关系模式 TCS 分解为两个关系模式 TC（T，C）和 ST（S，T），消除了函数依赖（S，T）$\xrightarrow{p}$C。其中 TC 的码为 T，ST 的码为（S，T），ST∈BCNF，TC∈BCNF。这两个关系模式的函数依赖图分别如图 4-28 和图 4-29 所示。

关系模式 TCS 规范到 BCNF 后，使原来存在的四个异常问题得到解决，如下所述。

（1）数据冗余降低了。每个教师开设课程的信息只在 TC 关系中存储一次。

图 4-28　TC 中的函数依赖关系图　　图 4-29　ST 中的函数依赖关系图

（2）不存在插入异常。所开课程尚未有学生选修的教师信息可以直接存储在关系 TC 中，而尚未选修课程的学生可以存储在关系 ST 中。

（3）不存在删除异常。如果选修某门课程的学生全部毕业，可以只删除关系 ST 中的相关学生记录，而不影响关系 TC 中相应教师开设该门课程的信息。

（4）不存在更新异常。当某个教师开设的某门课程改名后，只需修改关系 TC 中的一个相应元组即可，不会破坏数据的完整性。

如果一个关系数据库中所有关系模式都属于 3NF，则已在很大程度上消除了插入异常和删除异常，但由于可能存在主属性对候选码的部分函数依赖和传递函数依赖，因此关系模式的分解仍不够彻底。

如果一个关系数据库中所有关系模式都属于 BCNF，那么在函数依赖的范畴内，已经实现了模式的彻底分解，消除了产生插入异常和删除异常的根源，而且数据冗余也减少到极小程度。

4.4.5　多值依赖与第四范式

前面所介绍的规范化都是建立在函数依赖的基础上，函数依赖表示的是关系模式中属性间的一对一或一对多的联系，但它并不能表示属性间的多对多的关系，因而某些关系模式虽然已经规范到 BCNF，仍然存在一些弊端，本节主要讨论属性间的多对多的联系，即多值依赖问题，以及在多值依赖范畴内定义的第四范式。

1. **多值依赖（Multivalued Dependency，MVD）的定义**

一个关系属于 BCNF 范式，是否就已经很完美了呢？为此，我们先看一个例子。

假设学校中一门课程可由多名教师讲授，教学中他们使用相同的一套参考书，这样我们可用如

图 4-30 的非规范化的关系来表示课程 C、教师 T 和参考书 B 间的关系。

如果把图 4-30 的关系 CTB 转化成规范化的关系，如图 4-31 所示。

由此可以看出，规范后的关系模式 CTB 的码是（C，T，B），即全码，因而 CTB 属于 BCNF 范式。但是，进一步分析可以看出，CTB 还存在着如下弊端。

（1）数据冗余大。课程、教师和参考书都被多次存储。

（2）插入异常。若增加一名教授"数据结构"的教师"李静"时，由于这个教师也使用相同的一套参考书，所以需要添加两个元组，即:（数据结构，李静，算法与数据结构）和（数据结构，李静，数据结构教程）。

（3）删除异常。若要删除某一门课的一本参考书，则与该参考书有关的元组都要删除，如删除"数据库原理"课程的"数据库系统"，则需要删除（数据库原理，吴胜利，数据库系统）和（数据库原理，陈晨，数据库系统）两个元组。

课程 C	教师 T	参考书 B
数据库原理	吴胜利 陈　晨	数据库原理与应用 数据库系统 SQL Server 2000
数据结构	王　平 张京生	算法与数据结构 数据结构教程

图 4-30　关系 CTB

课程 C	教师 T	参考书 B
数据库原理	吴胜利	数据库原理与应用
数据库原理	吴胜利	数据库系统
数据库原理	吴胜利	SQL Server2000
数据库原理	陈　晨	数据库原理与应用
数据库原理	陈　晨	数据库系统
数据库原理	陈　晨	SQL Server2000
数据结构	王　平	算法与数据结构
数据结构	王　平	数据结构教程
数据结构	张京生	算法与数据结构
数据结构	张京生	数据结构教程

图 4-31　规范后的关系 CTB

产生以上弊端的原因主要有以下两方面。

（1）对于关系 CTB 中 C 的一个具体值来说，有多个 T 值与其相对应；同样，C 与 B 间也存在着类似的联系。

（2）对于关系 CTB 中的一个确定的 C 值，与其所对应的一组 T 值与 B 值无关。例如，与"数据库原理"课程对应的一组教师与此课程的参考书毫无关系。

从以上两个方面可以看出，C 与 T 间的联系显然不是函数依赖，在此我们称之为多值依赖。

定义 4.18　设有关系模式 R（U），U 是属性全集，X，Y 和 Z 是属性集 U 的子集，且 $Z=U-X-Y$，如果对于 R 的任一关系，对于 X 的一个确定值，存在 Y 的一组值与之对应，且 Y 的这组值仅仅决定于 X 的值而与 Z 值无关，此时称 Y 多值依赖于 X，或 X 多值决定 Y，记作 $X \to\to Y$。

在多值依赖中，若 $X \to\to Y$ 且 $Z=U-X-Y \neq \Phi$，则称 $X \to\to Y$ 是非平凡的多值依赖，否则称为平凡

的多值依赖。

如，在关系模式 CTB 中，对于某一 C，B 属性值组合（数据库原理，数据库系统）来说，有一组 T 值{吴胜利，陈晨}，这组值仅仅决定于课程 C 上的值（数据库原理）。也就是说，对于另一个 C，B 属性值组合（数据库原理，SQL Server2000），它对应的一组 T 值仍是{吴胜利，陈晨}，尽管这时参考书 B 的值已经改变了。因此 T 多值依赖于 C，即：C→→T。

下面给出多值依赖的形式化定义。

设有关系模式 R（U），U 是属性全集，X，Y 和 Z 是属性集 U 的子集，且 $Z=U-X-Y$，r 是关系模式 R 的任一关系，t 和 s 是 r 的任意两个元组，如果 $t[X]=s[X]$，必有 r 的两个元组 u，v 存在，使得：

（1）$s[X]=t[X]=u[X]=v[X]$。

（2）$u[Y]=t[Y]$且 $u[Z]=s[Z]$。

（3）$v[Y]=s[Y]$且 $v[Z]=t[Z]$。

则称 X 多值决定 Y 或 Y 多值依赖于 X。

2. 多值依赖与函数依赖间的区别

（1）在关系模式 R 中，函数依赖 $X→Y$ 的有效性仅仅取决于 X，Y 这两个属性集，不涉及第三个属性集，而在多值依赖中，$X→→Y$ 在属性集 U（$U=X+Y+Z$）上是否成立，不仅要检查属性集 X，Y 上的值，而且要检查属性集 U 的其余属性 Z 上的值。因此，可能会有 $X→→Y$ 在属性集 W（$W\subset U$）上成立，而在属性集 U 上不一定成立的情况，所以，多值依赖的有效性与属性集的范围有关。

如果在 R（U）上有 $X→→Y$ 在属性集 W（$W\subset U$）上成立，则称 $X→→Y$ 为 R（U）的嵌入型多值依赖。

（2）如果在关系模式 R 上存在函数依赖 $X→Y$，则任何 $Y'\subset Y$ 均有 $X→Y'$成立，而多值依赖 $X→→Y$ 在 R 上成立，但不能断言对于任何 $Y'\subset Y$ 有 $X→→Y'$成立。

3. 多值依赖公理及其推论

设有关系模式 R（U），U 是属性全集，X，Y，Z 和 W 是属性集 U 的子集。

（1）多值依赖公理。

① 增广律：如果 $X→→Y$，$V\subseteq W\subseteq U$，则 $WX→→VY$。

② 传递律：如果 $X→→Y$，$Y→→Z$，则 $X→→Z-Y$。

③ 补余律：如果 $X→→Y$，则 $X→→U-X-Y$。

（2）函数依赖公理与多值依赖混合公理。

① 复制规则：从 FD 导出 MVD，如果 $X→Y$，则 $X→→Y$。

② 接合规则：从 MVD 导出 FD，如果 $X→→Y$，$Z\subseteq Y$，且存在 $W\subseteq U$ 有 $W\cap Y=\phi$，$W→Z$，则 $X→Z$。

（3）多值依赖推论。

① 合并律：如果 $X→→Y$，$X→→Z$，则 $X→→YZ$。

② 伪传递律：如果 $X→→Y$，$WY→→Z$，则 $XW→→(Z-W-Y)$。

③ 分解律：如果 $X→→Y$，$X→→Z$，则 $X→→$（$Y\cap Z$），$X→→$（$Y-Z$），$X→→$（$Z-Y$）。这说明，如果两个相交的属性子集均多值依赖于另一个属性子集，则这两个属性子集因相交而分割成的三部分也都多值依赖于该属性子集。

④ 混合伪传递律：如果 $X \rightarrow\rightarrow Y$，$XY \rightarrow\rightarrow Z$，则 $X \rightarrow\rightarrow (Z-Y)$。

4. **第四范式（4NF）定义**

前面我们曾分析了关系 CTB 虽然属于 BCNF，但还存在着数据冗余、插入异常和删除异常的弊端，究其原因就是 CTB 中存在非平凡的多值依赖，而决定因素不是码。因而必须将 CTB 继续分解，如果分解成两个关系模式 CTB_1（C，T）和 CTB_2（C，B），则它们的冗余度会明显下降。从多值依赖的定义分析 CTB_1 和 CTB_2，它们的属性间各有一个多值依赖 $C \rightarrow\rightarrow T$，$C \rightarrow\rightarrow B$，都是平凡的多值依赖。因此，含有多值依赖的关系模式中，减少数据冗余和操作异常的常用方法是将关系模式分解为仅有平凡的多值依赖的关系模式。

定义 4.19 设有一关系模式 $R(U)$，U 是其属性全集，X，Y 是 U 的子集，D 是 R 上的数据依赖集。如果对于任一多值依赖 $X \rightarrow\rightarrow Y$，此多值依赖是平凡的，或者 X 包含了 R 的一个候选码，则称 R 是第四范式的关系模式，记为 $R \in 4NF$。

由此定义可知：关系模式 CTB 分解后产生的 CTB_1（C，T）和 CTB_2（C，B）中，因为 $C \rightarrow\rightarrow T$，$C \rightarrow\rightarrow B$ 均是平凡的多值依赖，所以 CTB_1 和 CTB_2 都是 4NF。

经过上面的分析可以得知：一个 BCNF 的关系模式不一定是 4NF，而 4NF 的关系模式必定是 BCNF 的关系模式，即 4NF 是 BCNF 的推广。

5. **第四范式（4NF）的分解**

把一个关系模式分解为 4NF 的方法与分解为 BCNF 的方法类似，就是当把一个关系模式利用投影的方法消去非平凡且非函数依赖的多值依赖，并具有无损连接性。

算法 4.9 把一个关系模式分解为 4NF，并使其具有无损连接性。

输入：关系模式 R 和 R 的数据依赖集 D。

输出：R 关于 D 的一个无损连接分解 $\rho=\{R_1, R_2, \cdots, R_k\}$，每个 R_i 相对于 $\Pi_{Ri}(D)$（$i=1, 2, \cdots, k$）是 4NF。

方法：

（1）令 $\rho=\{R\}$。

（2）如果 ρ 中所有模式 R_i 都是 4NF，则转（4）。

（3）如果 ρ 中有一个关系模式 S 不是 4NF，则 S 中必能找到一个多值依赖 $X \rightarrow\rightarrow Y$ 且 X 不包含 S 的候选码，$Y-X \neq \phi$，$XY \neq S$，令 $Z=Y-X$，设 $S_1=XZ$，$S_2=S-Z$，用分解 $\{S_1, S_2\}$ 代替 S，由于 $S_1 \cap S_2=X$，$S_1-S_2=Z$，所以有 $(S_1 \cap S_2) \rightarrow\rightarrow (S_1-S_2)$，分解具有无损连接性，转（2）。

（4）分解结束，输出 ρ。

【例 4-22】 设有关系模式 $R(A, B, C, E, F, G)$，数据依赖集 $D=\{A \rightarrow\rightarrow BGC, B \rightarrow AC, C \rightarrow G\}$，将 R 分解为 4NF。

解：（1）令 $\rho=\{R(A, B, C, E, F, G)\}$。

（2）利用 $A \rightarrow\rightarrow BGC$，利用算法 4.9，可将 R 分解为 $\rho=\{ABCG, AEF\}$。

利用 $B \rightarrow AC$ 对（$ABCG$）进一步分解得：$\rho=\{ABC, BG, AEF\}$。

由此得到的三个关系模式（ABC）、（BG）和（AEF）都属于 4NF，但此分解丢失了函数依赖 $C \rightarrow G$。若最后一次分解利用函数依赖 $C \rightarrow G$ 来做，则 $\rho=\{ABC, CG, AEF\}$，由此得到的三个关系模式（ABC）、（CG）和（AEF）都是属于 4NF 的关系模式，且保持了所有的数据依赖。这说明，4NF

的分解结果不是唯一的，结果与选择数据依赖的次序有关。任何一个关系模式都可无损分解成一组等价的 4NF 关系模式，但这种分解不一定具有保持函数依赖性。

数据依赖和多值依赖是两种最重要的数据依赖。如果只考虑函数依赖，则属于 BCNF 的关系模式的规范化程度已经是最高的了。如果考虑多值依赖，则属于 4NF 的关系模式化程度是最高的。事实上，数据依赖中除函数依赖和多值依赖之外，还有其他数据依赖。函数依赖是多值依赖的一种特殊情况，而多值依赖实际上又是连接依赖的一种特殊情况。但连接依赖不像函数依赖和多值依赖那样可由语义直接导出，而是在关系的连接运算时才反映出来。存在连接依赖的关系模式仍可能遇到数据冗余及插入、修改、删除异常的问题。如果消除了属于 4NF 的关系模式中存在的连接依赖，则可以进一步达到 5NF 的关系模式。本书不再讨论连接依赖和 5NF，有关这方面的内容，读者可参阅其他书籍。

4.5　关系模式的规范化

到目前为止，规范化理论已经提出了六类范式（有关 5NF 的内容本书不再详细介绍）。范式级别可以逐级升高，而升高规范化的过程就是逐步消除关系模式中不合适的数据依赖的过程，使模型中的各个关系模式达到某种程度的分离。一个低一级范式的关系模式，通过模式分解转化为若干个高一级范式的关系模式的集合，这种分解过程叫作关系模式的规范化（Normalization）。

4.5.1　关系模式规范化的目的和原则

一个关系只要其分量都是不可分的数据项，就可称它为规范化的关系，但这只是最基本的规范化。规范化的目的就是使结构合理，消除存储异常，使数据冗余尽量小，便于插入、删除和更新。

规范化的基本原则就是遵循“一事一地”的原则，即一个关系只描述一个实体或者实体间的联系。若多于一个实体，就把它“分离”出来。因此，所谓规范化，实质上是概念的单一化，即一个关系表示一个实体。

4.5.2　关系模式规范化的步骤

规范化就是对原关系进行投影，消除决定属性不是候选码的任何函数依赖。具体可以分为以下几步。

（1）对 1NF 关系进行投影，消除原关系中非主属性对主码的部分函数依赖，将 1NF 关系转换成若干个 2NF 关系。

（2）对 2NF 关系进行投影，消除原关系中非主属性对主码的传递函数依赖，将 2NF 关系转换成若干个 3NF 关系。

（3）对 3NF 关系进行投影，消除原关系中主属性对码的部分函数依赖和传递函数依赖，也就是说，使决定因素都包含一个候选码，得到一组 BCNF 关系。

（4）对 BCNF 关系进行投影，消除原关系中的非平凡且非函数依赖的多值依赖，得到一组 4NF 的关系。

关系规范化的基本步骤如图 4-32 所示。

一般情况下，没有数据冗余、插入异常、更新异常和删除异常的数据库设计是好的数据库设计，一个不好的关系模式也总是可以通过规范化的基本步骤分解成好的关系模式的集合。但是在分解时要全面衡量，综合考虑，视实际情况而定。对于那些只要求查询而不要求插入、删除等操作的系统，不宜过度分解，否则当对系统进行整体查询时，需要更多的表连接操作，这有可能得不偿失。在实际应用中，最有价值的是 3NF 和 BCNF，在进行关系模式的设计时，通常分解到 3NF 就足够了。

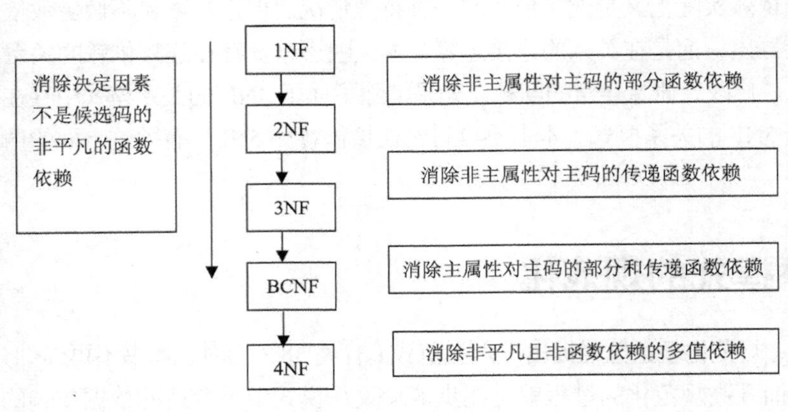

图 4-32 规范化过程

4.5.3 关系模式规范化的要求

关系模式的规范化过程是通过对关系模式的投影分解来实现的，但是投影分解方法不是唯一的，不同的投影分解会得到不同的结果。在这些分解方法中，只有能够保证分解后的关系模式与原关系模式等价的方法才是有意义的。

判断对关系模式的一个分解是否与原关系模式等价可以有三种不同的标准。

（1）分解要具有无损连接性。

（2）分解要具有函数依赖保持性。

（3）分解既要具有无损连接性，又要具有函数依赖保持性。

【例 4-23】对于 4.4.2 小节中例 4-15 的关系模式 SD（SNo，SN，Age，Dept，MN），规范到 3NF，可以有以下三种不同的分解方法。

第一种方法如下：

```
S（SNo，SN，Age，Dept）
D（Dept，MN）
```

SD（SNo，SN，Age，Dept，MN）=S[SNo，SN，Age，Dept] ⋈D[Dept，MN]，也就是说，用两个投影在 Dept 上的自然连接可复原关系模式 SD，所以说这种分解具有无损连接性。

对于分解后的关系模式 S，有函数依赖 SNo→Dept；对于 D，有函数依赖 Dept→MN。这种分解方法保持了原来的 SD 中的两个完全函数依赖 SNo→Dept，Dept→MN，使分解既具有无损连接性，又具有函数依赖保持性。前面已经给出详细的论述，这是一种正确的分解方法。

第二种方法如下：

```
S1（SNo，SN，Age，Dept）
D1（SNo，MN）
```

分解后的关系如图 4-33 所示。

分解以后，两个关系的主码都为 SNo，也不存在非主属性对主码的传递函数依赖，所以两个关系均属于 3NF。且 SD=S1⋈D1，关系模式 SD 等于 S1 和 D1 在 SNo 上的自然连接。所以这种分解具有无损连接性，保证不丢失原关系中的信息。但这种分解结果仍然存在着数据冗余、插入异常、删除异常和更新异常的问题。

S1

SNo	SN	Age	Dept
S1	赵亦	17	计算机
S2	钱尔	18	信息
S3	孙珊	20	信息
S4	李思	21	自动化

D1

SNo	MN
S1	刘伟
S2	王平
S3	王平
S4	刘伟

图 4-33　关系 S1 和 D1

之所以存在上述问题，是因为分解得到的两个关系模式不是相互独立的。SD 中的函数依赖 Dept→MN 既没有投影到关系模式 S1 上，也没有投影到关系模式 D1 上，而是投在这两个关系模式上，也就是说这种分解方法没有保持原关系中的函数依赖，却用了原关系隐含的传递函数依赖 $SNo \xrightarrow{t} MN$。因此分解只具有无损连接性，而不具有函数依赖保持性。所以，“弊病”仍然没有解决。

第三种方法如下：

```
S2（SNo，SN，Age，MN）
D2（Dept，MN）
```

分解后的关系如图 4-34 所示。

分解以后，两个关系均为 3NF，公共属性为 MN，但 MN↛SNo，MN↛Dept，所以 S2⋈D2≠SD。S2 和 D2 在 MN 上的自然连接的结果如图 4-35 所示。

S2⋈D2 比原来的关系 SD 多了两个元组（S1，赵亦，17，自动化，刘伟）和（S4，李思，21，计算机，刘伟），因此也无法知道原来的 SD 关系中究竟有哪些元组，从这个意义上说，此分解方法仍然丢失了信息，所以其分解是不可恢复的。

S2

SNo	SN	Age	MN
S1	赵亦	17	刘伟
S2	钱尔	18	王平
S3	孙珊	20	王平
S4	李思	21	刘伟

D2

Dept	MN
计算机	刘伟
信息	王平
自动化	刘伟

图 4-34　关系 S2 和 D2

SNo	SN	Age	Dept	MN
S1	赵亦	17	计算机	刘伟
S1	赵亦	17	自动化	刘伟
S2	钱尔	18	信息	王平
S3	孙珊	20	信息	王平
S4	李思	21	计算机	刘伟
S4	李思	21	自动化	刘伟

图 4-35　S2 和 D2 的自然连接

另外，这种分解方法只保持了原来的 SD 中的 Dept→MN 这个完全函数依赖，而未用另外一个 SNo→Dept 完全依赖，却用了原关系的传递函数依赖 SNo$\xrightarrow{t}$MN。所以分解既不具有无损连接性，也不具有函数依赖保持性，同样存在着数据操作的异常情况。

经过对以上几种分解方法的分析，如果一个分解具有无损连接性，则能够保证不丢失信息。如果一个分解具有函数依赖保持性，则可以减轻或解决各种异常情况。

无损连接性和函数依赖保持性是两个相互独立的标准。具有无损连接性的分解不一定具有函数依赖保持性。同样，具有函数依赖保持性的分解也不一定具有无损连接性。

规范化理论提供了一套完整的模式分解方法，按照这套算法可以做到：如果要求分解既具有无损连接性，又具有函数依赖保持性，则分解一定能够达到 3NF，但不一定能够达到 BCNF。所以在 3NF 的规范化中，既要检查分解是否具有无损连接性，又要检查分解是否具有函数依赖保持性。只有这两条都满足，才能保证分解的正确性和有效性，才能既不会发生信息丢失，又保证关系中的数据满足完整性约束。

小　结

在这一章，首先由关系模式的数据冗余、插入异常、更新异常和删除异常问题引出了函数依赖的概念，其中包括完全函数依赖、部分函数依赖和传递函数依赖，这些概念是规范化理论的依据和规范化程度的准则。规范化就是对原关系进行投影，消除决定属性不是候选码的任何函数依赖。一个关系只要其分量都是不可分的数据项，就可称作规范化的关系，也称作 1NF。消除 1NF 关系中非主属性对主码的部分函数依赖，得到 2NF；消除 2NF 关系中非主属性对主码的传递函数依赖，得到 3NF；消除 3NF 关系中主属性对主码的部分函数依赖和传递函数依赖，便可得到一组 BCNF 关系。在规范化过程中，可逐渐消除存储异常，使数据冗余尽量小，便于插入、删除和更新。规范化的基本原则就是遵循概念单一化“一事一地”的原则，即一个关系只描述一个实体或者实体间的联系。规范化的投影分解方法不是唯一的，对于 3NF 的规范化，分解既要具有无损连接性，又要具有函数依赖保持性。

习　题

一、选择题

1. $X \to Y$ 能从推理规则导出的充分必要条件是（　　）。

A）$Y \subseteq X$　　B）$Y \subseteq X^+$　　C）$X \subseteq Y^+$　　D）$X^+ = Y^+$

2. 在最小函数依赖集 F 中，下面叙述不正确的是（　　）。

A）F 中的每个函数依赖的右部都是单属性

B）F 中的每个函数依赖的左部都是单属性

C）F 中没有冗余的函数依赖

D）F 中的每个函数依赖的左部没有冗余的属性

3. 两个函数依赖集 F 和 G 等价的充分必要条件是（　　）。

A）$F=G$　　B）$F^+=G$　　C）$F=G^+$　　D）$F^+=G^+$

4. 在关系模式 R 中，函数依赖 $X \to Y$ 的语义是（　　）。

A）在 R 的某一关系中，若两个元组的 X 值相等，则 Y 值也相等

B）在 R 的每一关系中，若两个元组的 X 值相等，则 Y 值也相等

C）在 R 的某一关系中，Y 值应与 X 值相等

D）在 R 的每一关系中，Y 值应与 X 值相等

5. 设有关系模式 R（X，Y，Z）与它的函数依赖集 $F=\{X \to Y, Y \to Z\}$，则 F 的闭包 F^+中左部为（XY）的函数依赖有（　　）个。

A）32　　B）16　　C）8　　D）4

6. 设有关系模式 R（X，Y，Z，W）与它的函数依赖集 $F=\{X \to Y, Y \to Z, Z \to W, W \to X\}$，则 F 的闭包 F^+中左部为（ZW）的函数依赖有（　　）个。

A）2　　B）4　　C）8　　D）16

7. 设有关系模式 R（X，Y，Z，W）与它的函数依赖集 $F=\{XY \to Z, W \to X\}$，则属性集（ZW）的闭包为（　　）。

A）ZW　　B）XZW　　C）YZW　　D）$XYZW$

8. 设有关系模式 R（X，Y，Z，W）与它的函数依赖集 $F=\{XY \to Z, W \to X\}$，则 R 的主码为（　　）。

A）XY　　B）XW　　C）YZ　　D）YW

9. 设有关系模式 R（A，B，C，D，E），函数依赖集 $F=\{B \to A, A \to C\}$，$\rho=\{AB, AC, AD\}$是 R 上的一个分解，那么分解 ρ 相对于 F（　　）。

A）既是无损连接分解，又是保持函数依赖的分解

B）是无损连接分解，但不是保持函数依赖的分解

C）不是无损连接分解，但是保持函数依赖的分解

D）既不是无损连接分解，也不是保持函数依赖的分解

10. 设有关系模式 R（A，B，C，D，E），函数依赖集 $F=\{A \to B, B \to C, C \to D, D \to A\}$，$\rho=\{AB, BC, AD\}$是 R 上的一个分解，那么分解 ρ 相对于 F（　　）。

A）既是无损连接分解，又是保持函数依赖的分解

B）是无损连接分解，但不是保持函数依赖的分解

C）不是无损连接分解，但是保持函数依赖的分解

D）既不是无损连接分解，也不是保持函数依赖的分解

11. 设计性能较优的关系模式称为规范化，规范化主要的理论依据是（　　）。

A）关系规范化理论　B）关系运算理论　C）关系代数理论　D）数理逻辑

12. 规范化过程主要为克服数据库逻辑结构中的插入异常、删除异常以及（　　）。

A）数据的不一致性　B）结构不合理　C）冗余度大　D）数据丢失

13. 下列说法正确的是（　　）。

A）属于 BCNF 的关系模式不存在存储异常

B）函数依赖可由属性值决定，不由语义决定

C）超码就是候选码

D）码是唯一能决定一个元组的属性或属性组

14. 下列说法正确的是（　　）。

A）任何一个包含两个属性的关系模式一定满足 3NF

B）任何一个包含两个属性的关系模式一定满足 BCNF

C）任何一个包含三个属性的关系模式一定满足 3NF

D）任何一个关系模式都一定有码

15. 若关系 R 的候选码都是由单属性构成的，则 R 的最高范式必定为（　　）。

A）1NF　　B）2NF　　C）3NF　　D）无法确定

二、填空题

1. 在关系模式 R 中，能函数决定 R 中所有属性的属性组，称为关系模式 R 的________。

2. “从已知的函数依赖集使用推理规则导出的函数依赖在 F^+中”，是推理规则的________性，而“不能从已知的函数依赖使用推理规则导出的函数依赖不在 F^+中”，是推理规则的________性。

3. 由属性集 X 函数决定的属性的集合，称为________；被函数依赖集 F 逻辑蕴涵的函数依赖的全体构成的集合，称为________。

4. 如果 $X \to Y$ 和 $Y \subseteq X$ 成立，那么 $X \to Y$ 是一个________，它可以根据推理规则的________性推出。

5. 设有关系模式 R（A，B，C，D），函数依赖 $F=\{AB \to C, D \to B\}$，则 F 在模式 ACD 上的投影为________；F 在模式 AC 上的投影为________。

6. 消除了非主属性对主码的部分函数依赖的关系模式，称为________模式；消除了非主属性对主码的传递函数依赖的关系模式，称为________模式；消除了每一属性对主码的传递函数依赖的关系模式，称为________模式。

7. 在关系模式的分解中，数据等价用________衡量，函数依赖等价用________衡量。

8. 设有关系模式 R（A，B，C，D），函数依赖 $F=\{AB \to C, C \to D, D \to A\}$，则 R 的所有 3 个可能的候选码分别是________、________、________。

9. 设有关系模式 R（A，B，C，D），函数依赖 $F=\{A \to B, B \to C\}$，则所有左部是属性 B 的函数依赖分别是________、________、________、________。

10. 设有关系模式 R（A，B，C，D），函数依赖 $F=\{A \to B, B \to C, A \to D, D \to C\}$，$\rho=\{AB, AC, BD\}$是 R 上的一个分解，则分解 ρ 中所丢失的函数依赖分别是________、________、________。

11. 设有关系模式 R（A，B，C，D），函数依赖 $F=\{AB \to CD, A \to D\}$，则 R 的候选码是________，它属于________范式的关系模式。

12. 设有关系模式 R（A，B，C，D），函数依赖 $F=\{A \to B, B \to C, D \to B\}$，$\rho=\{ACD, BD\}$是 R 上的一个分解，则子模式$\{ACD\}$的候选码是________，其范式等级是________。

13. 在关系模式R(A,B,C,D)中，有函数依赖集F={ $B \to C$,C→D,D→A }，则R能够达到________。

14. 1NF、2NF、3NF 之间，相互是一种________关系。

15. 在关系数据库的规范化理论中，在执行“分解”时，必须遵守的规范化规则：保持原有的依赖关系和________。

16. 在关系数据库中，任何二元关系模式的最高范式必定为________。

三、简答题

1. 解释下列术语的含义：函数依赖、平凡函数依赖、非平凡函数依赖、部分函数依赖、完全函数依赖、传递函数依赖、范式、无损连接分解、保持函数依赖分解。

2. 给出 2NF、3NF 和 BCNF 的形式化定义，并说明它们之间的区别和联系。

3. 什么叫关系模式分解？为什么要有关系模式分解？模式分解要遵守什么准则？

4. 试证明全码的关系必是 3NF，也必是 BCNF。

5. 设有关系模式 R（A，B，C，D），函数依赖 F={A→C，C→A，B→AC，D→AC，BD→A}

（1）求出 R 的所有候选码。

（2）求出 F 的最小函数依赖集 F_{min}。

（3）根据函数依赖关系，确定关系模式 R 属于第几范式。

（4）将 R 分解为 3NF，并保持无损连接性和函数依赖性。

6. 设有关系模式 R（A，B，C，D），函数依赖 F={A→C，C→A，B→AC，D→AC}

（1）求$(AD)^+$，B^+。

（2）求出 R 的所有候选码。

（3）求出 F 的最小函数依赖集 F_{min}。

（4）根据函数依赖关系，确定关系模式 R 属于第几范式。

（5）将 R 分解为 3NF，并保持无损连接性和函数依赖性。

（6）将 R 分解为 BCNF，并保持无损连接性。

7. 关系模式 R（A，B，C，D，E），函数依赖 F={A→D，E→D，D→B，BC→D，CD→A}。

（1）求 R 的候选码。

（2）根据函数依赖关系，确定关系模式 R 属于第几范式。

（3）将 R 分解为 3NF，并保持无损连接性。

8. 判断以下关系模式的分解是否具有无损连接性。

（1）关系模式 R（U，V，W，X，Y，Z），函数依赖 F={U→V，W→Z，Y→U，WY→X}，分解 ρ={WZ，VY，WXY，UV}。

（2）关系模式 R（B，O，I，S，Q，D），函数依赖 F={S→D，I→B，IS→Q，B→O}，分解 ρ={SD，IB，ISQ，BO}。

（3）关系模式 R（A，B，C，D），函数依赖 F={A→C，D→C，BD→A}，分解 ρ={AB，ACD，BCD}。

（4）关系模式 R（A，B，C，D，E），函数依赖 F={A→C，C→D，B→C，DE→C，CE→A}，分解 ρ={AD，AB，BC，CDE，AE}。

9. 设有关系模式 SC（S，C，G），函数依赖集为 F={SC→G}。请确定 SC 的范式等级，并证明。

10. 设有关系模式 R（A，B，C，D，E，F），函数依赖集 F={A→BC，BC→A，BC，D→EF，E→C}。试问：关系模式 R 是否为 BCNF，并证明结论。

11. 设有关系模式 R（A，B，C，D，E），函数依赖集 F={A→D，E→D，D→B，(B，C)→D，(D，C)→A}。

（1）求出 R 的候选码。

（2）判断 ρ={AB，AE，CE，BCD，AC}是否为无损连接分解？

12．设有关系模式 R（A，B，C，D，E），函数依赖集 $F=\{A\rightarrow C, B\rightarrow D, C\rightarrow D, DE\rightarrow C, CE\rightarrow A\}$。判断 $\rho=\{AD, AB, BE, CDE, AE\}$ 是否为无损连接分解？

13．设有函数依赖集 $F=\{AB\rightarrow CE, A\rightarrow C, GP\rightarrow B, EP\rightarrow A, CDE\rightarrow P, HB\rightarrow P, D\rightarrow HG, ABC\rightarrow PG\}$，求属性集 D 关于 F 的闭包 D^+。

14．已知关系模式 R 的全部属性集 $U=\{A, B, C, D, E, G\}$ 及其函数依赖集：$F=\{AB\rightarrow C, C\rightarrow A, BC\rightarrow D, ACD\rightarrow B, D\rightarrow EG, BE\rightarrow C, CG\rightarrow BD, CE\rightarrow AG\}$，求属性集 BD 的闭包（BD）$^+$。

15．设有函数依赖集 $F=\{D\rightarrow G, C\rightarrow A, CD\rightarrow E, A\rightarrow B\}$，求闭包 D^+、C^+、A^+、$(CD)^+$、$(AD)^+$、$(AC)^+$、$(ACD)^+$。

16．设有函数依赖集 $F=\{AB\rightarrow CE, A\rightarrow C, GP\rightarrow B, EP\rightarrow A, CDE\rightarrow P, HB\rightarrow P, D\rightarrow HG, ABC\rightarrow PG\}$，求与 F 等价的最小函数依赖集。

17．设有关系模式 R（U，F），其中：$U=\{E, F, G, H\}$，$F=\{E\rightarrow G, G\rightarrow E, F\rightarrow EG, H\rightarrow EG, FH\rightarrow E\}$，求 F 的最小函数依赖集。

18．求以下给定关系模式的所有候选码。

（1）关系模式 R（A，B，C，D，E，P），其函数依赖集 $F=\{A\rightarrow B, C\rightarrow P, E\rightarrow A, CE\rightarrow D\}$。

（2）关系模式 R（C，T，S，N，G），其函数依赖集 $F=\{C\rightarrow T, CS\rightarrow G, S\rightarrow N\}$。

（3）关系模式 R（C，S，Z），其函数依赖集 $F=\{(C, S)\rightarrow Z, Z\rightarrow C\}$。

（4）关系模式 R（S，D，I，B，O，Q），其函数依赖集 $F=\{S\rightarrow D, I\rightarrow B, B\rightarrow O, O\rightarrow Q, Q\rightarrow I\}$。

（5）关系模式 R（S，D，I，B，O，Q），其函数依赖集 $F=\{I\rightarrow B, B\rightarrow O, I\rightarrow Q, S\rightarrow D\}$。

（6）关系模式 R（A，B，C，D，E，F），其函数依赖集 $F=\{AB\rightarrow E, AC\rightarrow F, AD\rightarrow B, B\rightarrow C, C\rightarrow D\}$。

19．设有关系 R，如图4-36所示。

试问 R 属于第几范式？如何规范化为3NF？写出规范化的步骤。

职工号	职工名	年龄	性别	单位号	单位名
E1	ZHAO	20	F	D3	CCC
E2	QIAN	25	M	D1	AAA
E3	SEN	38	M	D3	CCC
E4	LI	25	F	D3	CCC

图4-36 关系 R

20．要建立关于系、学生、班级、研究会等信息的一个关系数据库。规定：一个系有若干专业，每个专业每年只招一个班，每个班有若干学生，一个系的学生住在同一个宿舍区。每个学生可参加若干研究会，每个研究会有若干学生。

描述学生的属性有：学号、姓名、出生年月、系名、班号、宿舍区。

描述班级的属性有：班号、专业名、系名、人数、入校年份。

描述系的属性有：系号、系名、系办公室地点、人数。

描述研究会的属性有：研究会名、成立年份、地点、人数。

学生参加某研究会，有一个入会年份。

试给出上述数据库的关系模式；写出每个关系的最小依赖集（基本的函数依赖集，不是导出的函数依赖）；指出是否存在传递函数依赖；对于函数依赖左部是多属性的情况，讨论其函数依赖是完全函数依赖还是部分函数依赖，指出各关系的候选码。

21．设有函数依赖集 F={AB→CE，A→C，GP→B，EP→A，CDE→P，HB→P，D→HG，ABC→PG}，求与 F 等价的最小函数依赖集。

22．设有关系模式 R(B，O，I，S，Q，D)，其上函数依赖集为：F={S→D，I→B，IS→Q，B→O}，如果用 SD、IB、ISQ 和 BO 代替 R，这样的分解具有无损连接吗？

23．设关系 R（课程名，教师名，教师地址），它是第几范式？是否存在删除异常？如何将它分解为高一级的范式。

05 第5章　数据库安全保护

随着计算机的普及，数据库的使用也越来越广泛。例如，一个企业的全部信息、国家机构的事务管理信息、国防情报等机密信息，都集中地存放在数据库中。在前面我们已经讲到，数据库系统中的数据是由 DBMS 统一进行管理和控制的。为了适应和满足数据共享的环境和要求，DBMS 要保证整个系统的正常运转，防止数据意外丢失和不一致数据的产生，以及当数据库遭受破坏后能迅速地恢复正常，这就是数据库的安全保护。DBMS 对数据库的安全保护功能是通过四方面实现的，即安全性控制、完整性控制、并发性控制和数据库恢复。本章将从这四方面介绍数据库的安全保护功能，读者应掌握安全性、完整性、并发性和数据库恢复的含义，并掌握这四方面实现数据库安全保护功能的方法。

5.1 数据库的安全性

5.1.1 数据库安全性的含义

数据库的安全性是指保护数据库以防止非法使用所造成的数据泄露、更改或破坏。安全性问题有许多方面，其中包括：

（1）法律、社会和伦理方面的问题，如请求查询信息的人是不是有合法的权力；

（2）物理控制方面的问题，如计算机房是否应该加锁或用其他方法加以保护；

（3）政策方面的问题，如确定存取原则，允许指定用户存取指定数据；

（4）运行方面的问题，如使用口令时，如何使口令保密；

（5）硬件控制方面的问题，如 CPU 是否提供任何安全性方面的功能诸如存储保护键或特权工作方式；

（6）操作系统安全性方面的问题，如在主存储器和数据文件用过以后，操作系统是否把它们的内容清除掉；

（7）数据库系统本身的安全性方面的问题。

这里讨论的是数据库本身的安全性问题，主要考虑安全保护的策略，尤其是控制访问的策略。

5.1.2 安全性控制的一般方法

安全性控制是指要尽可能地杜绝所有可能的数据库非法访问。用户非法使用数据库可以有很多种情况。例如，编写合法的程序绕过 DBMS 授权机制，通过操作系统直接存取、修改或备份有关数据。用户非法访问数据，无论是有意的还是无意的，都应该严格加以控制。因此，系统还要考虑数据信息的流动问题并对此加以控制，否则系统就有隐蔽的危险性。因为数据的流动可能使无权访问的用户获得访问权利。例如，甲用户可以访问文件 F1，但无权访问文件 F2，如果乙用户把文件 F2 移至文件 F1 中之后，则由于乙用户的操作，使甲用户获得了对文件 F2 的访问权。此外，用户可以多次利用允许的访问结果，经过逻辑推理得到他无权访问的数据。为防止这一点，访问的许可权还要结合过去访问的情况而定。可见安全性的实施是要花费一定代价的，安全保护策略就是要以最小的代价来防止对数据的非法访问，层层设置安全措施。

实际上，安全性问题并不是数据库系统所独有的，所有计算机系统都存在这个问题。在计算机系统中，安全措施是一级一级层层设置的，安全控制模型如图 5-1 所示。

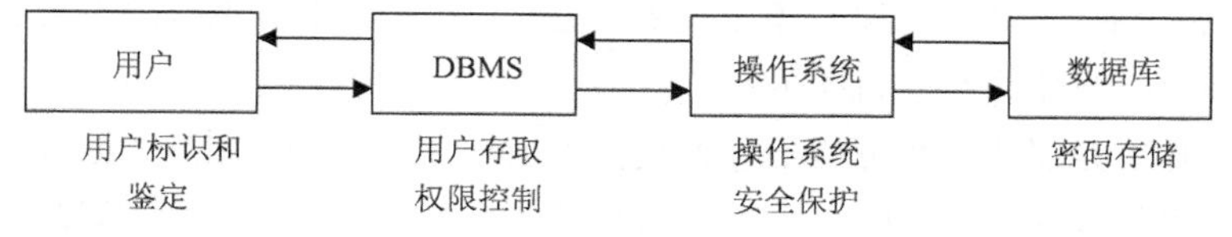

图 5-1 安全控制模型

根据图 5-1 所示的安全控制模型，当用户进入计算机系统时，系统首先根据输入的用户标识进行身份的鉴定，只有合法的用户才允许进入系统。对已进入系统的用户，DBMS 还要进行存取权限控制，只允许用户进行合法的操作。DBMS 是建立在操作系统之上的，安全的操作系统是数据库安全的前提。操作系统应能保证数据库中的数据必须由 DBMS 访问，而不允许用户越过 DBMS 直接通过操作系统访问。数据最后可以通过密码的形式存储到数据库中。有关操作系统的安全措施是其他课程的内容，本书只讨论与数据库有关的用户标识和鉴定、用户存取权限控制、定义视图、数据加密和审计等几类安全性措施。

1. 用户标识和鉴定

数据库系统是不允许一个未经授权的用户对数据库进行操作的。用户标识和鉴定是系统提供的最外层的安全保护措施，其方法是由系统提供一定的方式让用户标识自己的名字或身份，系统内部记录着所有合法用户的标识，每次用户要求进入系统时，由系统进行核实，通过鉴定后才提供计算机的使用权。

用户标识和鉴定的方法有多种，为了获得更强的安全性，往往是多种方法并用，常用的方法有以下几种。

（1）用一个用户名或用户标识符来标明用户的身份，系统以此来鉴别用户的合法性。如果用户名或用户标识符正确，则可进入下一步的核实；否则，该用户不能使用计算机。

（2）用户标识符是用户公开的标识，它不足以成为鉴别用户身份的凭证。为了进一步核实用户身份，常采用用户名（Username）与口令（Password）相结合的方法，系统通过核对口令判别用户身份的真伪。系统有一张用户口令表，为每个用户保存一个记录，包括用户名和口令两部分数据。用户先输入用户名，然后系统要求用户输入口令系统核对口令以鉴别用户身份。为了保密，用户在终端上输入的口令不直接显示在屏幕上。

（3）通过用户名和口令来鉴定用户的方法简单易行，但该方法在使用时，由于用户名和口令的产生和使用比较简单，也容易被窃取，因此还可采用更复杂的方法。例如，每个用户都预先约定好一个过程或者函数，鉴别用户身份时，系统提供一个随机数，用户根据自己预先约定的计算过程或者函数进行计算，系统根据计算结果辨别用户身份的合法性。例如，让用户记住一个表达式，如 $T=X+2Y$，系统告诉用户 $X=1$，$Y=2$，如果用户回答 $T=5$，则证实了该用户的身份。当然，这是一个简单的例子，在实际使用中，还可以设计复杂的表达式，以使安全性更高。系统每次提供不同的 X、Y 值，其他人可能看到 X、Y 的值，但不能推算出 T 的确切值。

2. 用户存取权限控制

用户存取权限指的是不同的用户对于不同的数据对象允许执行的操作权限。在数据库系统中，每个用户只能访问他有权存取的数据并执行有权使用的操作。因此，系统必须预先定义用户的存取权限。对于合法的用户，系统根据其存取权限的定义对其各种操作请求进行控制，确保合法操作。存取权限由两个要素组成：数据对象和操作类型。定义一个用户的存取权限就是要定义这个用户可以在哪些数据对象上进行哪些类型的操作。

在数据库系统中，定义用户存取权限称为授权（Authorization）。用户的存取权限有两种：系统权限和对象权限。系统权限是由 DBA 授予某些数据库用户，只有得到系统权限，才能成为数据库用户。对象权限可以由 DBA 授予，也可以由数据对象的创建者授予，使数据库用户具有对某些数据对象进行某些操作的权限。用户权限管理将在 5.1.6 节详细介绍。

3. 定义视图

为不同的用户定义不同的视图，可以限制各个用户的访问范围。通过视图机制把要保密的数据对无权存取这些数据的用户隐藏起来，从而自动地对数据提供一定程度的安全保护。例如，如果限定 User1 只能对计算机系的学生进行操作，一种方法是通过授权机制对 User1 授权，另一种简单的方法就是定义一个“计算机系”的视图。但视图机制的安全保护功能太不精细，往往不能达到应用系统的要求，其主要功能在于提供了数据库的逻辑独立性。在实际应用中，通常将视图机制与授权机制结合起来使用，首先用视图机制屏蔽一部分保密数据，然后在视图上再进一步定义存取权限。

4. 数据加密

前面介绍的几种数据库安全措施，都是防止从数据库系统窃取保密数据，不能防止通过不正常渠道非法访问数据。例如，偷取存储数据的磁盘，或在通信线路上窃取数据。为了防止这些窃密活动，比较好的办法是对数据加密。

数据加密（Data Encryption）是防止数据库中数据在存储和传输中失密的有效手段。加密的基本思想是根据一定的算法将原始数据（术语为明文，Plain Text）加密成为不可直接识别的格式（术语为密文，Cipher Text），数据以密文的形式存储和传输。

加密方法有两种，一种是替换方法，该方法使用密钥（Encryption Key）将明文中的每一个字符转换为密文中的字符。另一种是转换方法，该方法将明文中的字符按不同的顺序重新排列。通常将这两种方法结合起来使用，就可以达到相当高的安全程度。例如，美国 1977 年制定的官方加密标准—数据加密标准（Data Encryption Standard，DES），就是使用这种算法的例子。关于加密的有关技术问题，有专门课程论述，本书不再详细介绍。

5. 审计（Audit）

前面介绍的各种数据库安全性措施，都可将用户操作限制在规定的安全范围内，但实际上任何系统的安全性措施都不是绝对可靠的，窃密者总有办法打破这些控制。对于某些高度敏感的保密数据，必须以审计作为预防手段。审计功能是一种监视措施，它跟踪记录有关数据的访问活动。

使用审计功能把用户对数据库的所有操作自动记录下来，存放在一个特殊文件中，即审计日志（Audit Log）中。记录的内容一般包括：操作类型（如修改、查询等）、操作终端标识与操作者标识、操作日期和时间、操作所涉及的相关数据（如基本表、视图、记录、属性等）、数据的前象和后象等。利用这些信息，可以重现导致数据库现有状况的一系列事件，以进一步找出非法存取数据的人、时间和内容等。

使用审计功能会大大增加系统的开销，所以 DBMS 通常将其作为可选特征，并提供相应的操作语句，可灵活地打开或关闭审计功能。例如，可使用如下 SQL 语句打开对表 S 的审计功能，对表 S 的每次成功的查询、增加、删除和修改操作都作审计追踪：

```
AUDIT SELECT,INSERT,DELETE,UPDATE
ON S WHENEVER SUCCESSFUL
```

要关闭对表 S 的审计功能可以使用如下语句：

```
NO AUDIT ALL ON S
```

5.1.3 SQL Server 2012 的数据安全性机制

SQL Server 2012 的安全模型分为三层结构，分别为服务器安全管理、数据库安全管理和数据库对象的访问权限管理。

第一层安全性是 SQL Server 服务器级别的安全性，这一级别的安全性建立在控制服务器登录账号和密码的基础上，即必须具有正确的服务器登录账号和密码才能连接到 SQL Server 服务器。登录账号可以是 Windows 系统的账号或组，也可以是 SQL Server 的登录账号。

第二层安全性是数据库级别的安全性，用户提供正确的服务器登录账号和密码通过第一层的 SQL Server 服务器的安全性检查之后，将接受第二层的安全性检查，即是否具有访问某个数据库的权利。

第三层安全性是数据库对象级别的安全性，用户通过了前两层的安全性验证之后，在对具体的数据库对象（表、视图、存储过程等）进行操作时，将接受权限检查，即用户想要访问数据库里的对象时，必须事先被赋予相应的访问权限，否则系统将拒绝访问。

SQL Server 的这三个层次的安全机制相当于用户访问数据库对象过程中的三道安全屏障，只有合法地通过了这三个层次的安全验证，用户才能真正访问到相应的数据库对象。这三个层次的安全机制原理如图 5-2 所示。

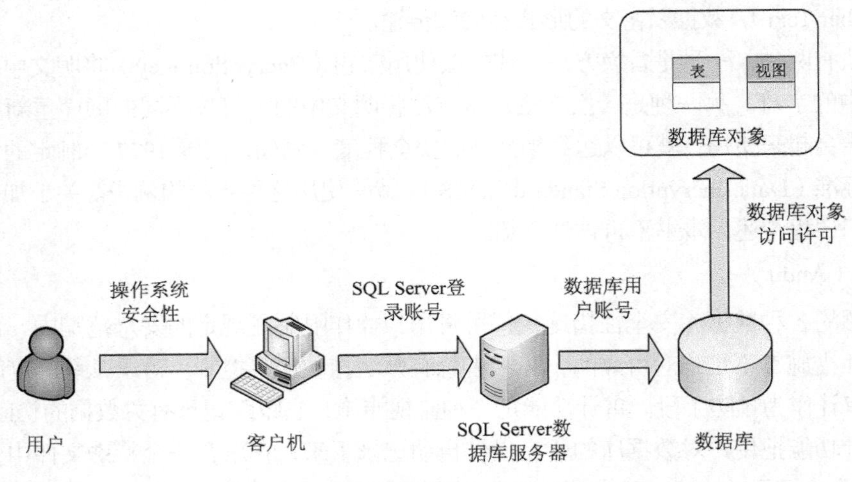

图 5-2 SQL Server 的三层安全机制

5.1.4 SQL Server 2012 的身份验证模式

SQL Server 2012 提供两种身份验证模式：Windows 身份验证模式和混合身份验证模式（SQL Server 和 Windows 身份验证模式）。

1. Windows 身份验证模式

在该验证模式下，SQL Server 2012 使用 Windows 操作系统来对登录的账号进行身份验证，支持 Windows 操作系统的密码策略和锁写策略，账号和密码保存在 Windows 操作系统的账户数据库中，是一个系统文件。SQL Server 2012 服务器自身不再负责身份验证。因此，在该种验证模式下，SQL Server 2012 客户机只要能够访问 Windows 服务器，就可以访问 SQL Server 2012 服务器，用户不必同时登录网络和 SQL Server 2012 服务器。SQL Server 2012 服务器把身份验证的工作交给 Windows 系统来完成，特点是“登录一次”，所以这种验证模式也称为“受信连接”。

Windows 验证模式主要有以下优点。

（1）数据库管理员的工作可以集中在管理数据库方面，而不是管理用户账户。对用户账户的管理可以交给 Windows 去完成。

（2）Windows 有着更强的用户账户管理工具。可以设置账户锁定、密码期限等。如果不是通过定制来扩展 SQL Server，SQL Server 是不具备这些功能的。

（3）Windows 的组策略支持多个用户同时被授权访问 SQL Server。

因此，如果网络中有多个 SQL Server 服务器，为了简化客户机的登录操作，就可以选择通过 Windows 身份验证机制来完成。

但是，应该注意的是，要在客户和服务器间建立连接，使用该验证模式时，必须满足以下两个条件中的一个。

（1）客户端的用户必须有合法的服务器上的 Windows 账号，服务器能够在自己的域中或者信任域中验证该用户。

（2）服务器启动了 Guest 账户。但该方法会带来安全上的隐患，因而不是一个好的方法。

2. 混合身份验证模式

混合身份验证模式允许以 SQL Server 身份验证模式或者 Windows 身份验证模式来进行验证。使用哪种模式取决于在最初通信时使用的网络库。如果一个用户使用的是 TCP/IP Sockets 进行登录验证，则将使用 SQL Server 身份验证模式；如果用户使用命名管道，则登录时将使用 Windows 身份验证模式。这种身份验证模式能更好地适应用户的各种环境。但是对于 Windows 9X 系列的操作系统，只能使用 SQL Server 身份验证模式。

在混合身份验证模式下，当客户机使用用户账号和密码连接数据库服务器时，SQL Server 2012 首先在数据库中查询是否有相同账号和密码，若有则接受连接。若数据库中没有相应的账号和密码，SQL Server 2012 会向 Windows 操作系统请求验证客户机的身份。SQL Server 2012 和 Windows 操作系统都没有通过客户机的身份验证请求则拒绝连接。

在 SQL Server 身份验证模式下，账号和密码保存在 master 数据库的 syslogins 数据表中。SQL Server 将用户登录使用的账号和密码到该表中进行比较匹配。

混合验证模式具有以下优点。

（1）如果用户是具有 Windows 登录名和密码的 Windows 域用户，则还必须提供另一个用于连接 SQL Server 的登录名和密码，因此，该种验证模式创建了 Windows 之上的另外一个安全层次。

（2）允许 SQL Server 支持具有混合操作系统的环境，在这种环境中并不是所有用户均由 Windows 域进行验证。因此，该种验证模式能够支持更大范围的用户，如非 Windows 客户、Novell 网用户等。

（3）允许用户从未知的或不可信的域进行连接。例如，一个应用程序可以使用单个的 SQL Server 登录账号和密码进行登录。

（4）允许 SQL Server 支持基于 Web 的应用程序，在这些应用程序中用户可创建自己的标识。

由此可以看出：验证模式的选择通常与网络验证的模型和客户与服务器间的通信协议有关。如果网络主要是 Windows 网，则用户登录到 Windows 时已经得到了确认，因此，使用 Windows 验证模式将减轻系统的工作负担。但是，如果网络主要是 Novell 网或者对等网，则使用 SPX 协议和 SQL Server 验证模式将是很方便的。因为，这种情况下，只需创建 SQL Server 登录账户，而不用创建 Windows 账户。另外，在 Internet 网络环境中，无法采用 Windows 身份验证机制。

3. 设置身份验证模式

安装 SQL Server 2012 时，安装程序会提示用户选择服务器身份验证模式，然后根据用户的选择将服务器设置为“Windows 身份验证模式”或“SQL Server 和 Windows”身份验证模式。在使用过程中，可以根据需要来重新设置服务器的身份验证模式。具体的过程如下。

（1）在 SQL Server Management Studio 的“对象资源管理器”中，右键单击服务器，在弹出的快捷菜单中单击“属性”，会弹出“服务器属性”窗口。

（2）在“服务器属性”窗口中，在“选择页”列表中选择“安全性”，之后，在“服务器身份验证”下，可以选择新的服务器身份验证模式，再单击“确定”按钮，如图 5-3 所示。

（3）重新启动 SQL Server，使设置生效。

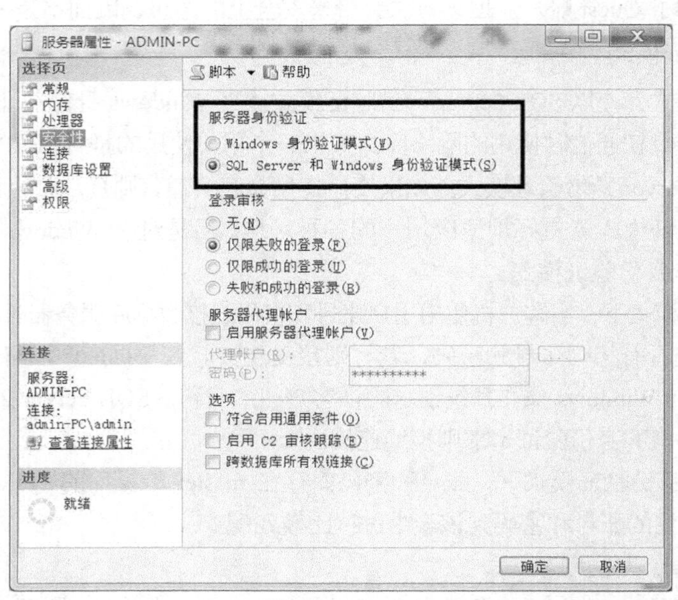

图 5-3 设置 SQL Server 服务器的身份验证模式

5.1.5 SQL Server 2012 的登录账号和服务器角色

在 SQL Server 中，账号有两种：一种是登录服务器的登录账号（Login Name），另外一种是使用数据库的用户账号（User Name）。登录账号是指能登录到 SQL Server 的账号，它属于服务器的层面，本身并不能让用户访问服务器中的数据库，而登录者要使用服务器中的数据库时，必须要有用户账号才能存取数据库。就如同公司门口先刷卡进入（登录服务器），然后再拿钥匙打开自己的办公室（进入数据库）一样。

1. 创建登录账号

创建登录账号的具体步骤如下。

（1）在“对象资源管理器”中，展开“安全性”节点，然后右键单击“登录名”，在弹出的快捷菜单中选择“新建登录名”，会出现“登录名-新建”窗口。

（2）在“登录名-新建”窗口中，在“选择页”列表中选择“常规”。

（3）在"登录名"文本框中输入要创建的登录账号的名称，单击"SQL Server 身份验证"单选钮，并输入密码，之后，取消勾选"强制实施密码策略"复选框，如图 5-4 所示。

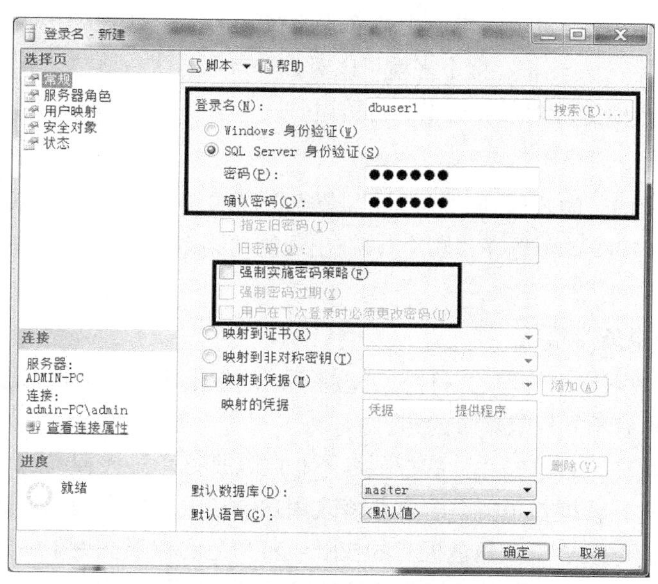

图 5-4　创建 SQL Server 的登录账号

（4）在图 5-4 中，在"选择页"列表中选择"服务器角色"，如图 5-5 所示。这里可以选择将该登录账号添加到某个服务器角色中成为其成员，并自动具有该服务器角色的权限。其中，public 角色自动选中，并且不能删除。在此选择 sysadmin 角色，使该登录账号具有服务器层面的任何权限。

（5）设置完所有需要设置的选项之后，单击"确定"按钮即可创建登录账号，并且显示在登录名列表中，如图 5-6 所示。

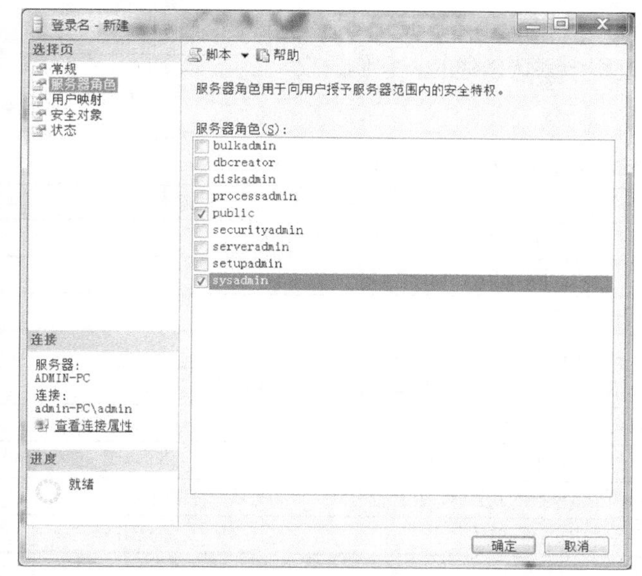

图 5-5　设置登录账号的服务器角色

图 5-6　新建的登录账号显示在登录名列表中

2. 修改登录账号

修改登录账号的过程和创建登录账号的过程类似，在“对象资源管理器”中，展开“安全性”节点下面的“登录名”节点，然后右键单击要修改的登录名，在弹出的快捷菜单中选择“属性”菜单，即可打开“登录属性”对话框，接下来就可以对该登录账号进行修改。其中各选项的含义和“登录名-新建”窗口中的选项含义相同，这里不再赘述。

3. 删除登录账号

在“对象资源管理器”中，展开“安全性”节点下面的“登录名”结点，然后右键单击要删除的登录名，在弹出的快捷菜单中选择“删除”，在出现的“删除对象”窗口中单击“确定”按钮即可删除该登录账号。

4. SQL Server 的服务器角色

角色（Role）是对权限集中管理的一种机制，将不同的权限组合在一起就形成了一种角色。因此，不同的角色就代表了具有不同权限集合的组。

如果系统有很多用户，且这些用户的权限各不相同，那么单独授权给每个用户的话，不便于集中管理，当权限变化时，管理员可能需要逐个修改用户的权限，非常烦琐。而当若干个用户都被赋予同一个角色时，它们都继承了该角色拥有的权限，若角色的权限变更了，这些相关的用户权限都会发生相应的变更。因此，角色可以方便管理员对用户权限的集中管理。

SQL Server 2012 支持服务器角色和数据库角色。以下先介绍服务器角色，数据库角色放在 5.1.6 节讲解。

服务器角色是执行服务器级管理操作的用户权限的集合，因此，一般指定需要管理服务器的登录账号属于服务器角色。服务器角色是 SQL Server 系统内置的，数据库管理员（DBA）不能创建服务器角色，只能将其他角色或者用户添加到服务器角色中。

在“对象资源管理器”中展开“安全性”节点，然后再单击“服务器角色”，即可看到这 9 种服务器角色，如图 5-7 所示。

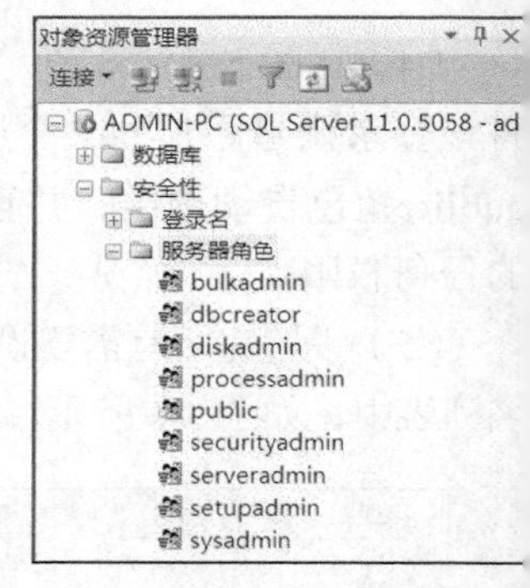

图 5-7 服务器角色

这些服务器角色是 SQL Server 在安装过程中默认创建的，它们的权限描述如表 5.1 所示。

表 5.1 固定服务器角色及其权限描述

固定服务器角色	描　述
bulkadmin	允许非 sysadmin 用户运行 BULK INSERT 语句
dbcreator	创建、更改、删除和还原任何数据库
diskadmin	管理磁盘文件
processadmin	终止 SQL Server 实例中运行的进程
public	每个 SQL Server 登录账号都属于 public 服务器角色
securityadmin	管理登录名及其属性
serveradmin	更改服务器范围的配置选项和关闭服务器
setupadmin	添加和删除链接的服务器，并且也可以执行某些系统存储过程
sysadmin	在服务器中执行任何活动

只有 public 角色的权限可以根据需要修改，而且对 public 角色设置的权限，所有的登录账号都

会自动继承。

查看和设置 public 角色的权限的步骤如下。

（1）右键单击 public 角色，在弹出的快捷菜单中单击“属性”。

（2）在“服务器角色属性”对话框的“权限”页中，可以查看当前 public 角色的权限并进行修改。

5.1.6 SQL Server 2012 的数据库用户账号和数据库角色

1. 数据库的用户账号

登录名、数据库用户名是 SQL Server 中两个容易混淆的概念。登录名是访问 SQL Server 的通行证。每个登录名的定义存放在 master 数据库的表 syslogins（登录名是服务器级的）中。登录名本身并不能让用户访问服务器中的数据库资源。要访问具体数据库中的资源，还必须有该数据库的用户名。新的登录名创建以后，才能创建数据库用户，数据库用户在特定的数据库内创建，必须和某个登录名相关联。数据库用户的定义信息存放在与其相关的数据库的 sysusers 表（用户名是数据库级的）中，这个表包含了该数据库的所有用户对象以及和它们相对应的登录名的标识。用户名设有密码和它相关联，大多数情况下，用户名和登录名使用相同的名称，数据库用户名主要用于数据库权限的控制。

在 SQL Server 中，登录账户和数据库用户是 SQL Server 进行权限管理的两种不同的对象。一个登录账户可以与服务器上的所有数据库进行关联，而数据库用户是一个登录账户在某数据库中的映射，也即一个登录账户可以映射到不同的数据库，产生多个数据库用户（但一个登录账户在一个数据库至多只能映射一个数据库用户），一个数据库用户只能映射到一个登录账户。允许数据库为每个用户对象分配不同的权限，这一特性为在组内分配权限提供了最大的自由度与可控性。

2. 创建数据库的用户账号

可以通过以下两种方法创建数据库用户账号。一种是利用对象资源管理器创建数据库用户，另一种是利用 T-SQL 语句创建。下面对这两种方法分别进行介绍。

利用对象资源管理器创建数据库用户的具体步骤如下。

（1）打开“对象资源管理器”，展开需要创建数据库用户的数据库结点（以数据库“Teach”为例），找到“安全性”节点并将其展开，如图 5-8 所示。

图 5-8 Teach 数据库的用户列表

（2）在图 5-8 所示的“用户”结点上右键单击，在弹出的快捷菜单上单击“新建用户”命令，将打开“数据库用户-新建”窗口，如图 5-9 所示。

在图 5-9 所示的“常规”页中可以对如下内容进行设置。

- 用户名：输入要创建的数据库用户名。
- 登录名：输入与该数据库用户对应的登录账号，也可以通过右边的按钮进行选择。
- 默认架构：输入或选择该数据库用户所属的架构。
- 在“拥有的架构”列表中可以查看和设置该用户拥有的架构。
- 在“成员身份”列表中，可以为该数据库用户选择数据库角色。

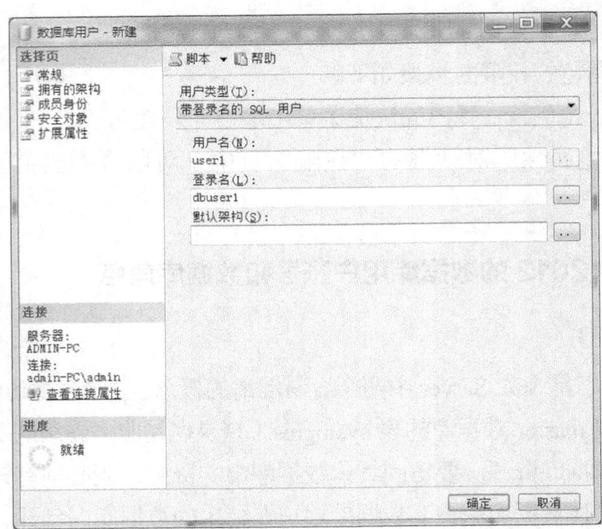

图 5-9 “数据库用户-新建”窗口

（3）在“成员身份”页中，可以为该数据库用户选择数据库角色，还可以对“安全对象”和“扩展属性”中的选项进行设置。

（4）单击“确定”按钮，即可创建数据库用户。

如图 5-9 所示，数据库用户名“user1”是依附于 5.1.5 节创建的登录名“dbuser1”创建完成的，因此，当用户以“dbuser1”登录 SQL Server 之后，即可直接访问数据库“Teach”。

这时，如果查看服务器登录名“dbuser1”属性，在其属性窗口的“用户映射”页中，可以看到数据库用户名“user1”已经与其绑定，如图 5-10 所示。

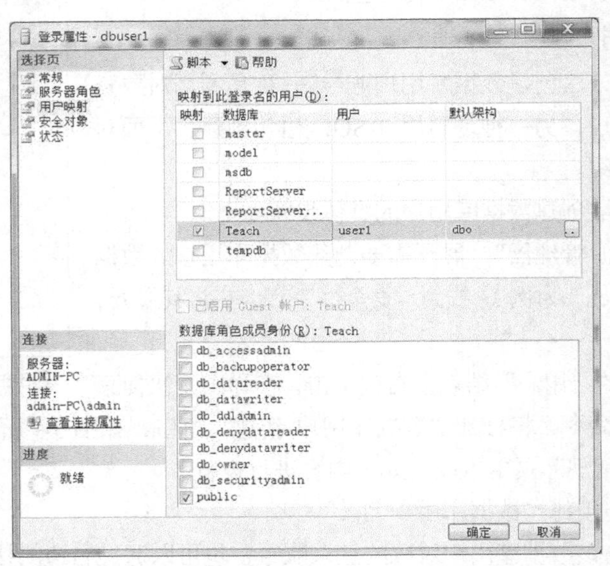

图 5-10 数据库登录名与服务器登录名绑定

此外，也可以利用 Create User 语句创建数据库用户。创建数据库用户的 Create User 语句的语法格式为：

```
CREATE USER user_name
[  {FOR | FROM }
{
       LOGIN login_name
       | CERTIFICATE cert_name
       | ASYMMETRIC KEY asym_key_name
}
      | Without Login
]
```

参数说明：

- user_name：要创建的数据库用户名。
- LOGIN login_name：指定要创建数据库用户的登录名。login_name 必须是服务器中有效的登录名。
- CERTIFICATE cert_name：指定要创建数据库用户的证书。
- ASYMMETRIC KEY asym_key_name：指定要创建数据库用户的非对称密钥。
- WITHOUT LOGIN：指定不应将用户映射到现有登录名。

使用如下语句可以创建数据库用户 Test2。

```
Create User Test2 For test1
```

3. 查看或修改建数据库用户账号

（1）在“对象资源管理器”中，展开 “具体的数据库名”（例如数据库“Teach”）下面的“安全性”节点，再展开其中的“用户”节点，在“用户”文件夹下能看到该数据库的已有用户。

（2）右键单击某个要操作的用户，在系统弹出的快捷菜单中选择“属性”命令。

（3）在打开的数据库用户属性对话框中可以查看或修改用户的权限信息，如“常规”中的“拥有架构”“角色成员”；“安全对象”中的具体权限设置及“扩展属性”等。

（4）设置完成后，单击“确定”按钮，则成功修改数据库用户。

用 ALTER USER 语句也可以修改数据库用户账号，ALTER USER 的具体语法参数与 CREATE USER 语句中的参数相似，不再赘述。

4. 删除数据库用户账号

（1）在“对象资源管理器”中，展开 “具体的数据库名”（例如数据库“Teach”）下面的“安全性”节点，再展开其中的“用户”节点，在“用户”文件夹下能看到该数据库的已有用户。

（2）右键单击某个要删除的用户，在系统弹出的快捷菜单中选择“删除”命令，打开“删除对象”对话框。

（3）在打开的“删除对象”对话框中选定要删除的账号，然后单击“确定”按钮，则成功删除数据库用户。

用 DROP USER 语句也可以删除数据库用户账号，语法格式为：

DROP USER user_name

参数 user_name 指定在此数据库中用于识别该用户的名称。

注意　不能删除 guest 用户，但可在除 master 或 tempdb 之外的任何数据库中执行 REVOKE CONNECT FROM GUEST 来撤销它的 CONNECT 权限，从而禁用 guest 用户。

5. 数据库角色

SQL Server 在每个数据库中都提供了 10 个固定的数据库角色。与服务器角色不同的是，数据库角色权限的作用域仅限在特定的数据库内。在“对象资源管理器”中展开相应数据库下的“安全性”结点，然后再单击“数据库角色”，即可看到这 10 个数据库角色，如图 5-11 所示。

图 5-11 数据库角色

10 个固定数据库角色的权限定义如表 5.2 所示。

表 5.2 固定数据库角色及其权限描述

服务器角色	权限描述
db_accessadmin	访问权限管理员，能够添加或删除数据库用户和角色
db_backupoperator	数据库备份管理员，能够备份和还原数据库
db_datareader	数据库检索操作员，能够读取数据库中所有用户表中的所有数据
db_datawriter	数据维护操作员，能够对数据库中的所有用户表添加、删除或修改数据
db_ddladmin	数据库对象管理员，能够添加、删除和修改数据库对象，如：表、视图等
db_denydatareader	拒绝执行检索操作员，不能读取数据库内用户表中的任何数据
db_denydatawriter	拒绝执行数据维护操作员，不能添加、修改或删除数据库内用户表中的任何数据
db_owner	数据库所有者，可以执行数据库的所有活动，在数据库中拥有全部权限
db_securityadmin	安全管理员，可以修改角色成员身份和管理权限
public	每个数据库用户都属于 public 数据库角色，具有默认的权限

只有 public 角色的权限可以根据需要修改，而且对 public 角色设置的权限，当前数据库中所有的用户都会自动继承。查看和设置 public 角色的权限的步骤如下。

（1）右键单击 public 角色，在弹出的快捷菜单中选择“属性”命令。

（2）在“数据库角色属性”对话框的“安全对象”页中，可以查看当前 public 角色的权限并进行修改。

6. **用户权限管理**

权限用来指定授权用户可以使用的数据库对象和这些授权用户可以对这些数据库对象执行的那些操作。当用户以某个登录账号登录到 SQL Server 服务器后，该数据库用户账号（一定依附于某个登录账号）所归属的 Windows 组（Windows 登录账号）或所归属的数据库角色被赋予的权限决定了该用户能够对哪些数据库对象执行哪种操作以及能够访问、修改哪些数据。在每个数据库中，权限独立于用户账号和用户在数据库中的角色，每个数据库都有自己独立的权限系统。

权限机制的基本思想是给用户授予不同类型的权限，在必要时，可以收回授权，使用户能够进行的数据库操作以及所操作的数据限定在指定的范围内，禁止用户超越权限对数据库进行非法的操作，从而保证数据库的安全性。

在数据库中，权限可分为系统权限和对象权限，这两种权限都是可以授予与收回的。

（1）系统权限。

系统权限表示用户对数据库的操作权限，即创建数据库或者创建数据库中的其他内容所需要的权限类型。例如：创建数据库、数据表和存储过程等的权限。如果一个用户具有了某个系统权限，则该用户就具有了执行该语句的权力。表 5.3 中列出了数据库语句权限及其对应的操作功能。

表 5.3　数据库系统权限与说明

系统权限	说明
授予数据库用户 BACKUP DATABASE 权限	可以备份数据库
授予数据库用户 BACKUP LOG 权限	可以备份事务日志
授予数据库用户 CREATE DATABASE 权限	可以创建数据库
授予数据库用户 CREATE DEFAULT 权限	可以创建默认值
授予数据库用户 CREATE FUNCTION 权限	可以创建自定义函数
授予数据库用户 CREATE PROCEDURE 权限	可以创建存储过程
授予数据库用户 CREATE RULE 权限	可以创建规则
授予数据库用户 CREATE TABLE 权限	可以创建表
授予数据库用户 CREATE VIEW 权限	可以创建视图

在“对象资源管理器”中授予和收回系统权限的内容请参考二维码。

（2）对象权限。

数据库对象权限是授予数据库用户对特定数据库中的表、视图和存储过程等对象的操作权限，它决定了能对表、视图等数据库对象执行哪些操作，相当于数据库操纵语言的语句权限。表 5.4 列出了数据库对象权限及其对应的操作功能。也就是说，数据库对象权限使用户能够访问存在于数据库中的对象，如果用户想要对某一数据库对象进行操作，就必须具有相应的数据库对象的操作权限，否则，用户将不能访问该对象。

授予和收回系统权限

表 5.4　数据库对象权限与说明

对象权限	说明
授予数据库用户 SELECT（查询）权限	用户能够访问、操作表和视图的数据
授予数据库用户 INSERT（插入）权限	用户能够向数据表中插入数据
授予数据库用户 UPDATE（修改）权限	用户可以更新数据表中数据
授予数据库用户 DELETE（删除）权限	用户可以删除数据表中数据
授予数据库用户 EXECUTE（执行）权限	用户可以执行存储过程

在“对象资源管理器”中授予和收回对象权限的内容请参考二维码。

授予和收回对象权限

5.2 完整性控制

5.2.1 数据库完整性的含义

数据库的完整性是指保护数据库中数据的正确性、有效性和相容性，防止错误的数据进入数据库造成无效操作。有关完整性的含义在第 1 章中已经作了简要介绍。如年龄属于数值型数据，只能含数字 0，1，…，9，不能含字母或其他符号；月份只能用 1～12 之间的正整数表示；表示同一事实的两个数据应相同，否则就不相容，如一个人不能有两个学号。显然，维护数据库的完整性非常重要，数据库中的数据是否具备完整性关系到数据能否真实地反映现实世界。

数据库的完整性和安全性是数据库保护的两个不同的方面。数据库的安全性是指保护数据库以防止非法使用所造成数据的泄露、更改或破坏。安全性措施的防范对象是非法用户和非法操作。数据库的完整性是指防止合法用户使用数据库时向数据库中加入不符合语义的数据。完整性措施的防范对象是不合语义的数据。但从数据库的安全保护角度来讲，安全性和完整性又是密切相关的。

5.2.2 完整性规则的组成

为了实现完整性控制，数据库管理员应向 DBMS 提出一组完整性规则，来检查数据库中的数据，看其是否满足语义约束。这些语义约束构成了数据库的完整性规则，这组规则作为 DBMS 控制数据完整性的依据。它定义了何时检查、检查什么、查出错误怎样处理等事项。具体地说，完整性规则主要由以下三部分构成。

（1）触发条件：规定系统什么时候使用完整性规则来检查数据。

（2）约束条件：规定系统检查用户发出的操作请求违背了什么样的完整性约束条件。

（3）违约响应：规定系统如果发现用户发出的操作请求违背了完整性约束条件，应该采取一定的动作来保证数据的完整性，即违约时要做的事情。

完整性规则从执行时间上可分为立即执行约束（Immediate Constraints）和延迟执行约束（Deferred Constraints）。

立即执行约束是指在执行用户事务过程中，某一条语句执行完成后，系统立即对此数据进行完整性约束条件检查。延迟执行约束是指在整个事务执行结束后，再对约束条件进行完整性检查，结果正确后才能提交。

如果发现用户操作请求违背了立即执行约束，则可以拒绝该操作，以保护数据的完整性。如果发现用户操作请求违背了延迟执行约束，而又不知道是哪个事务的操作破坏了完整性，则只能拒绝整个事务，把数据库恢复到该事务执行前的状态。

一条完整性规则可以用一个五元组（D，O，A，C，P）来形式化地表示。其中：

D（Data）——代表约束作用的数据对象，可以是关系、元组和列三种对象；

O（Operation）——代表触发完整性检查的数据库操作，即当用户发出什么操作请求时需要检查该完整性规则，是立即执行还是延迟执行；

A（Assertion）——代表数据对象必须满足的语义约束，这是规则的主体；

C（Condition）——代表选择 A 作用的数据对象值的谓词；

P（Procedure）——代表违反完整性规则时触发执行的操作过程。

例如，对于“学号（SNo）不能为空”的这条完整性约束中，D、O、A、C、P 的含义分别如下。

D——代表约束作用的数据对象为 SNo 属性。

O——当用户插入或修改数据时需要检查该完整性规则。

A——SNo 不能为空。

C——A 可作用于所有记录的 SNo 属性。

P——拒绝执行用户请求。

关系模型的完整性包括实体完整性、参照完整性和用户定义完整性。对于违反实体完整性和用户定义完整性规则的操作一般都是采用拒绝执行的方式进行处理。而对于违反参照完整性的操作，并不都是拒绝执行，一般在接受这个操作的同时，执行一些附加的操作，以保证数据库的状态仍然是正确的。例如，在删除被参照关系中的元组时，应该将参照关系中所有的外码值与被参照关系中要删除元组主码值相对应的元组一起删除。例如，要删除 S 关系中 SNo='S1'的元组，而 SC 关系中又有两个 SNo='S1'的元组。这时根据应用环境的语义，因为当一个学生毕业或退学后，他的个人记录将从 S 关系中删除，选课记录也应随之从 SC 关系中删除，所以应该将 SC 关系中两个 SNo='S1'的元组一起删除。

这些完整性规则都由 DBMS 提供的语句进行描述，经过编译后存放在数据字典中。一旦进入系统，就开始执行该组规则。其主要优点是违约由系统来处理，而不是由用户处理。另外，规则集中在数据字典中，而不是散布在各应用程序之中，易于从整体上理解和修改，效率较高。

数据库系统的整个完整性控制都是围绕着完整性约束条件进行的，从这个角度来看，完整性约束条件是完整性控制机制的核心。

5.2.3　完整性约束条件的分类

1. 值的约束和结构的约束

完整性约束从约束条件使用的对象分为值的约束和结构的约束。

值的约束即对数据类型、数据格式、取值范围和空值等进行规定。

（1）对数据类型的约束，包括数据的类型、长度、单位和精度等。例如，规定学生姓名的数据类型应为字符型，长度为 8。

（2）对数据格式的约束。例如，规定出生日期的数据格式为 YY.MM.DD。

（3）对取值范围的约束。例如，月份的取值范围为 1～12，日期的取值范围为 1～31。

（4）对空值的约束。空值表示未定义或未知的值，它与零和空格不同。有的列允许有空值，有的则不允许。例如，在 SC 关系中，学号和课程号不可以为空值，但成绩可以为空值。

结构的约束即对数据之间联系的约束。数据库中同一关系的不同属性之间，应满足一定的约束条件，同时，不同关系的属性之间也有联系，也应满足一定的约束条件。常见的结构约束有如下四种。

（1）函数依赖约束：说明了同一关系中不同属性之间应满足的约束条件。例如，2NF、3NF、BCNF 这些不同的范式应满足不同的约束条件。大部分函数依赖约束都是隐含在关系模式结构中的，特别是对于规范化程度较高的关系模式，都是由关系模式来保持函数依赖。

（2）实体完整性约束：说明了关系键的属性列必须唯一，其值不能为空或部分为空。

（3）参照完整性约束：说明了不同关系的属性之间的约束条件，即外部键的值应能够在被参照关系的主键值中找到或取空值。

（4）统计约束，规定某个属性值与一个关系多个元组的统计值之间必须满足某种约束条件。例如，规定系主任的奖金不得高于该系平均奖金的 40%，不得低于该系平均奖金的 20%。这里该系平均奖金的值就是一个统计计算值。

其中，实体完整性约束和参照完整性约束是关系模型的两个极其重要的约束，被称为关系的两个不变性。

2. 静态约束和动态约束

完整性约束按约束对象的状态分为静态约束和动态约束。

（1）静态约束。

静态约束是指对数据库每一个确定状态所应满足的约束条件，是反映数据库状态合理性的约束，这是最重要的一类完整性约束。上面介绍的值的约束和结构的约束均属于静态约束。

（2）动态约束。

动态约束是指数据库从一种状态转变为另一种状态时，新旧值之间所应满足的约束条件，动态约束反映的是数据库状态变迁的约束。例如，学生年龄在更改时只能增长，职工工资在调整时不得低于其原来的工资。

5.2.4 数据完整性的实施

在 SQL Server 中，数据完整性可以通过下列两种形式来实施。

（1）声明式数据完整性。

声明式数据完整性是将数据所需符合的条件融入到对象的定义中，这样 SQL Server 会自动确保数据符合事先制定的条件。这是实施数据完整性的首选。

声明式数据完整性的特点是：

① 通过针对表和字段定义声明的约束，可使声明式数据完整性成为数据定义的一部分；

② 使用约束、默认值与规则实施声明式数据完整性。

（2）程序化数据完整性。

如果所需符合的条件以及该条件的实施均通过所编写的程序代码完成，则这种形式的数据完整性称为程序化数据完整性。

程序化数据完整性的特点是：

① 程序化数据完整性可以通过相关的程序语言及工具在客户端或服务器端实施；

② SQL Server 可以使用存储过程或触发器实施程序化数据完整性。

综上所述，实施数据完整性的方法有五种：约束（Constraint）、默认值（Default）、规则（Rule）、存储过程（Stored Procedure）和触发器（Trigger）。

在选用实施数据完整性的方法时，应优先选用约束，因为约束在 SQL Server 的可执行部分有一段代码路径，执行速度比默认值和规则要快。

有关约束的定义和使用方法可以参见 3.4.3 小节，有关存储过程和触发器的内容请参见 7.2 和 7.3

节。下面我们来介绍规则和默认。

5.2.5　规则

规则（Rule）就是数据库对存储在表中的列或用户自定义数据类型中的值的规定和限制。规则是单独存储的独立的数据库对象。规则与其作用的表或用户自定义数据类型是相互独立的，即表或用户自定义数据类型的删除、修改不会对与之相连的规则产生影响。规则和约束可以同时使用，表的列可以有一个规则及多个 CHECK 约束。规则与 CHECK 约束很相似。相比之下，在 ALTER TABLE 或 CREATE TABLE 命令中使用的 CHECK 约束是更标准的限制列值的方法，但 CHECK 约束不能直接作用于用户自定义数据类型。

1. 创建规则

CREATE RULE 命令用于在当前数据库中创建规则，其语法如下：

```
CREATE RULE rule_name AS condition_expression
```

其中，rule_name 是规则的名称，condition_expression 子句是规则的定义，它可以是用于 WHERE 条件子句中的任何表达式，可包含算术运算符、关系运算符和谓词（如 IN、LIKE、BETWEEN 等）。

注意　condition_expression 子句中的表达式必须以字符@开头。

【例 5-1】创建学生年龄规则。

```
CREATE RULE age_rule
AS @age >= 18 and @age <= 50
```

2. 规则的绑定与松绑

创建规则后，规则仅仅是一个存在于数据库中的对象，并未发生作用。需要将规则与数据库表或用户自定义数据类型联系起来，才能达到创建规则的目的。联系的方法称为“绑定”。所谓绑定就是指定规则作用于哪个表的哪一列或哪个用户自定义数据类型。表的一列或一个用户自定义数据类型只能与一个规则相绑定，而一个规则可以绑定多个对象，这正是规则的魅力所在。解除规则与对象的绑定称为“松绑”。

（1）用存储过程 sp_bindrule 绑定规则。

存储过程 sp_bindrule 可以将一个规则绑定到表的一列或一个用户自定义数据类型上。其语法如下：

```
sp_bindrule [@rulename =] 'rule',  [@objname =] 'object_name'[, 'futureonly']
```

各参数说明如下：

- [@rulename =] 'rule'：指定规则名称；
- [@objname =] 'object_name'：指定规则绑定的对象；
- 'futureonly'：仅在绑定规则到用户自定义数据类型上时才可以使用；当指定此选项时，只有以后使用此用户自定义数据类型的列会应用新规则，而当前已经使用此数据类型的列则不受影响。

【例 5-2】绑定规则 age_rule 到 S 表的字段 Age。

```
EXEC sp_bindrule 'age_rule', 'S.Age'
```

注意

规则对已经输入表中的数据不起作用。

规则所指定的数据类型必须与所绑定的对象的数据类型一致，且规则不能绑定一个数据类型为 TEXT、IMAGE 或 TIMESTAMP 的列。

与表的列绑定的规则优先于与用户自定义数据类型绑定的规则。因此，如果表的列的数据类型与规则 A 绑定，同时列又与规则 B 绑定，则以规则 B 为列的规则。

可以直接用一个新的规则来绑定列或用户自定义数据类型，而不需要先将其原来绑定的规则解除，系统会自动将旧规则覆盖。

（2）用存储过程 sp_unbindrule 解除规则的绑定。

存储过程 sp_unbindrule 可解除规则与列或用户自定义数据类型的绑定，其语法如下：

```
sp_unbindrule [@objname =] 'object_name'    [,'futureonly']
```

其中，'futureonly'选项同绑定时一样，仅用于用户自定义数据类型，它指定现有的用此用户自定义数据类型定义的列仍然保持与此规则的绑定。如果不指定此项，所有由此用户自定义数据类型定义的列也将随之解除与此规则的绑定。

【例 5-3】 解除已绑定到 S 表的字段 Age 的规则 age_rule。

```
EXEC sp_unbindrule 'S.Age'
```

3. **删除规则**

使用 DROP RULE 命令可以删除当前数据库中的一个或多个规则。其语法如下：

```
DROP RULE {rule_name} [,...n]
```

注意

在删除一个规则前必须先将与其绑定的对象解除绑定。

【例 5-4】 删除 age_rule 规则。

```
DROP RULE age_rule
```

5.2.6 默认

所谓默认值，就是用户在向表中添加数据时，如果没有明确地给出一个值，这时 SQL Server 所自动使用的值。默认值可以是常量、内置函数或数学表达式。此处的默认对象与用 ALTER TABLE 或 CREATE TABLE 命令操作表时使用 DEFAULT 选项指定的默认功能相似，但默认对象可以用于多个列或用户自定义数据类型，它的管理与应用同规则有许多相似之处。表的一列或一个用户自定义数据类型只能与一个默认绑定。

1. **创建默认**

CREATE DEFAULT 命令用于在当前数据库中创建默认对象，其语法如下：

```
CREATE DEFAULT default_name AS constant_expression
```

其中，default_name 是要创建的默认的名称，constant_expression 子句是默认的定义，该子句可以是数学表达式或函数，也可以包含表的列名或其他数据库对象。

【例 5-5】 创建出生日期的默认 birthday_defa。

```
CREATE DEFAULT birthday_defa
AS '1990-1-1'
```

2. 默认的绑定与松绑

创建默认后，默认仅仅是一个存在于数据库中的对象，并未发生作用。默认同规则一样，需要将它与数据库表或用户自定义数据类型绑定。

（1）用存储过程 sp_bindefault 绑定默认。

存储过程 sp_bindefault 可以将一个默认绑定到表的一个列或一个用户自定义数据类型上。其语法如下：

```
sp_bindefault [@defname =] 'default',  [@objname =] 'object_name'[, 'futureonly']
```

其中，'futureonly'选项仅在将默认绑定到用户自定义数据类型上时才可以使用。当指定此选项时，只有以后使用此用户自定义数据类型的列会应用新默认，而当前已经使用此数据类型的列则不受影响。

【例 5-6】 绑定默认 birthday_defa 到数据表 S 的 Birthday 列上。

```
EXEC sp_bindefault, birthday_defa, 'S.Birthday'
```

这样，当用户在输入记录数据时，如果未提供字段 Birthday 的值，系统将自动默认其值为“1990-1-1”。

（2）用存储过程 sp_unbindefault 解除默认的绑定。

存储过程 sp_unbindefault 可以解除默认与表的列或用户自定义数据类型的绑定，其语法如下：

```
sp_unbindefault [@objname =] 'object_name' [,'futureonly']
```

其中，'futureonly'选项同绑定时一样，仅用于用户自定义数据类型。它指定现有的用此用户自定义数据类型定义的列仍然保持与此默认的绑定。如果不指定此项，所有由此用户自定义数据类型定义的列也将随之解除与此默认的绑定。

【例 5-7】 解除默认 birthday_defa 与表 S 的 Birthday 列的绑定。

```
EXEC sp_unbindefault 'S.Birthday'
```

注意 如果列同时绑定了一个规则和一个默认，那么默认应该符合规则的规定。不能绑定默认到一个用 CREATE TABLE 或 ALTER TABLE 命令创建或修改表时用 DEFAULT 选项指定了的默认的列上。

3. 删除默认

使用 DROP DEFAULT 命令可以删除当前数据库中的一个或多个默认，其语法如下：

```
DROP DEFAULT {default_name} [,...n]
```

【例 5-8】 删除出生日期默认 birthday_defa。

```
DROP DEFAULT birthday_defa
```

注意 在删除一个默认前必须先将与其绑定的对象解除绑定。

5.3 并发控制与封锁

5.3.1 数据库并发性的含义

上一节讨论的完整性是保证各个事务本身能得到正确的数据，只考虑一个用户使用数据库的情况，但实际上数据库中有许多用户。每个用户在存取数据库中的数据时，可能是串行执行，即每个时刻只有一个用户程序运行，也可能是多个用户并行地存取数据库。数据库的最大特点之一就是数据资源是共享的，串行执行意味着一个用户在运行程序时，其他用户程序必须等到这个用户程序结束才能对数据库进行存取，这样如果一个用户程序涉及大量数据的输入、输出操作，则数据库系统的大部分时间将处于闲置状态。因此，为了充分利用数据库资源，很多时候数据库用户都是对数据库系统并行存取数据，这样就会发生多个用户并发存取同一数据的情况，如果对并发操作不加控制可能会产生不正确的数据，破坏数据的完整性。并发控制就是要解决这类问题，以保持数据库中数据的一致性，即在任何一个时刻数据库都将以相同的形式给用户提供数据。

5.3.2 事务（Transaction）

1. 事务的定义

在上一节中我们就曾提到过事务的概念，DBMS 的并发控制也是以事务为基本单位进行的。那么到底什么是事务呢？

事务是数据库系统中执行的一个工作单位，它是由用户定义的一组操作序列。一个事务可以是一组 SQL 语句、一条 SQL 语句或整个程序，一个应用程序可以包括多个事务。

事务的开始与结束可以由用户显式控制。如果用户没有显式地定义事务，则由 DBMS 按照缺省规定自动划分事务。在 SQL 中，定义事务的语句有以下三条：

```
BEGIN TRANSACTION
COMMIT
ROLLBACK
```

其中，BEGIN TRANSACTION 表示事务的开始；COMMIT 表示事务的提交，即将事务中所有对数据库的更新写回到磁盘上的物理数据库中去，此时事务正常结束；ROLLBACK 表示事务的回滚，即在事务运行的过程中发生了某种故障，事务不能继续执行，系统将事务中对数据库的所有已完成的更新操作全部撤销，再回滚到事务开始时的状态。

2. 事务的特征

事务是由有限的数据库操作序列组成，但并不是任意的数据库操作序列都能成为事务，为了保护数据的完整性，一般要求事务具有以下四个特征。

（1）原子性（Atomicity）。

一个事务是一个不可分割的工作单位，事务在执行时，应该遵守“要么不做，要么全做”（Nothing or All）的原则，即不允许完成部分的事务。即使因为故障而使事务未能完成，它执行过的部分也要被取消。

（2）一致性（Consistency）。

事务对数据库的作用是数据库从一个一致状态转变到另一个一致状态。所谓数据库的一致状态是指数据库中的数据满足完整性约束。例如，在银行中，“从账号 A 转移资金额 R 到账号 B”是一个典型的事务，这个事务包括两个操作，从账号 A 中减去资金额 R 和在账号 B 中增加资金额 R，如果只执行其中一个操作，则数据库处于不一致状态，账务会出现问题。也就是说，两个操作要么全做，要么全不做，否则就不能称为事务。可见事务的一致性与原子性是密切相关的。

（3）隔离性（Isolation）。

如果多个事务并发地执行，应像各个事务独立执行一样，一个事务的执行不能被其他事务干扰。即一个事务内部的操作及使用的数据对并发的其他事务是隔离的。并发控制就是为了保证事务间的隔离性。

（4）持久性（Durability）。

持久性指一个事务一旦提交，它对数据库中数据的改变就应该是持久的，即使数据库因故障而受到破坏，DBMS 也应该能够恢复。

事务上述四个性质的英文术语的第一个字母为 A、C、I 和 D，因此，这四个性质又称为事务的 ACID 准则。下面是一个事务的例子，即从账号 A 转移资金额 R 到账号 B。

```
BEGIN TRANSACTION
  READ A
  A←A-R
  IF A<0            /* A 款不足*/
  THEN
     BEGIN
         DISPLAY "A 款不足"
         ROLLBACK
     END
  ELSE              /* 拨款 */
     BEGIN
         B←B+R
         DISPLAY "拨款完成"
         COMMIT
     END
```

这是对一个简单事务的完整描述。该事务有两个出口：当 A 账号的款项不足时，事务以 ROLLBACK（撤销）命令结束，即撤销该事务的影响；另一个出口是以 COMMIT（提交）命令结束，完成从账号 A 到账号 B 的拨款。在 COMMIT 之前，即在数据库修改过程中，数据可能是不一致的，事务本身也可能被撤销。只有在 COMMIT 之后，事务对数据库所产生的变化才对其他事务开放，这就可以避免其他事务访问不一致或不存在的数据。

5.3.3 并发操作与数据的不一致性

当同一数据库系统中有多个事务并发运行时，如果不加以适当控制，可能产生数据的不一致。

【例 5-9】并发取款操作。假设存款余额 R=1000 元，甲事务 T_1 取走存款 100 元，乙事务 T_2 取走存款 200 元，如果正常操作，即甲事务 T_1 执行完毕再执行乙事务 T_2，存款余额更新后应该是 700 元。但是如果按照如下顺序操作，则会有不同的结果：

（1）甲事务 T_1 读取存款余额 R=1000 元；

（2）乙事务 T_2 读取存款余额 R=1000 元；

（3）甲事务 T_1 取走存款 100 元，修改存款余额 $R=R-100=900$，把 $R=900$ 写回到数据库；

（4）乙事务 T_2 取走存款 200 元，修改存款余额 $R=R-200=800$，把 $R=800$ 写回到数据库。

结果两个事务共取走存款 300 元，而数据库中的存款却只少了 200 元。得到这种错误的结果是由甲乙两个事务并发操作引起的，数据库的并发操作导致的数据库不一致性主要有以下三种。

1. 丢失更新（Lost Update）

当两个事务 T_1 和 T_2 读入同一数据，并发执行修改操作时，T_2 把 T_1 或 T_1 把 T_2 的修改结果覆盖掉，造成了数据的丢失更新问题，导致数据的不一致。

仍以例 5-9 中的操作为例进行分析。在表 5.5 中，数据库中 R 的初值是 1000，事务 T_1 包含三个操作：读入 R 初值（FIND R），计算存款余额（$R=R-100$），更新 R（UPDATE R）。事务 T_2 也包含三个操作：读入 R，计算（$R=R-200$），更新 R。如果事务 T_1 和 T_2 顺序执行，则更新后，R 的值是 700。但如果 T_1 和 T_2 按照表 5.5 所示的并发执行，R 的值是 800，则得到错误的结果，原因在于在 t_7 时刻丢失了 T_1 对数据库的更新操作。因此，这个并发操作不正确。

表 5.5　丢失更新问题

时　间	事务 T_1	数据库中 R 的值	事务 T_2
t_0		1000	
t_1	FIND R		
t_2			FIND R
t_3	$R=R-100$		
t_4			$R=R-200$
t_5	UPDATE R		
t_6		900	UPDATE R
t_7		800	

2. 污读（Dirty Read）

事务 T_1 更新了数据 R，事务 T_2 读取了更新后的数据 R，事务 T_1 由于某种原因被撤销，修改无效，数据 R 恢复原值，事务 T_2 得到的数据与数据库的内容不一致，这种情况称为“污读”。在表 5.6 中，事务 T_1 把 R 的值改为 900，但此时尚未做 COMMIT 操作，事务 T_2 将修改过的值 900 读出来，之后事务 T_1 执行 ROLLBACK 操作，R 的值恢复为 1000，而事务 T_2 仍在使用已被撤销了的 R 值 900。原因在于，在 t_4 时刻事务 T_2 读取了 T_1 未提交的更新操作结果，这种值是不稳定的，在事务 T_1 结束前随时可能执行 ROLLBACK 操作。对于这些未提交的随后又被撤销的更新数据称为“脏数据”。例如，这里事务 T_2 在 t_4 时刻读取的就是“脏数据”。

表 5.6　污读问题

时　间	事务 T_1	数据库中 R 的值	事务 T_2
t_0		1000	
t_1	FIND R		
t_2	$R=R-100$		
t_3	UPDATE R		
t_4		900	FIND R
t_5	ROLLBACK		
t_6		1000	

3. 不可重读（Unrepeatable Read）

事务 T_1 读取了数据 *R*，事务 T_2 读取并更新了数据 *R*，当事务 T_1 再读取数据 *R* 以进行核对时，得到的两次读取值不一致，这种情况称为“不可重读”。

在表 5.7 中，在 t_1 时刻，事务 T_1 读取 *R* 的值为 1000，但事务 T_2 在 t_4 时刻将 *R* 的值更新为 800。所以 T_1 所使用的值已经与开始读取的值不一致了。

表 5.7　不可重读问题

时　　间	事务 T_1	数据库中 *R* 的值	事务 T_2
t_0		1000	
t_1	FIND *R*		
t_2			FIND *R*
t_3			*R*=*R*-200
t_4			UPDATE *R*
t_5		800	

产生上述三类数据不一致性的主要原因就是并发操作破坏了事务的隔离性。

并发控制就是要求 DBMS 提供并发控制功能以正确的方式管理并发事务，避免并发事务之间的相互干扰造成数据的不一致性，保证数据库的完整性。

5.3.4　封锁

实现并发控制的方法主要有两种：封锁（Lock）技术和时标（Timestamping）技术。这里只介绍封锁技术。

1. 封锁类型（Lock Type）

所谓封锁就是当一个事务在对某个数据对象（可以是数据项、记录、数据集以及整个数据库）进行操作之前，必须获得相应的锁，以保证数据操作的正确性和一致性。封锁是目前 DBMS 普遍采用的并发控制方法，基本的封锁类型有两种：排他型封锁和共享封锁。

（1）排他型封锁（Exclusive Lock）。

排他型封锁又称写封锁，简称为 X 封锁，它采用的原理是禁止并发操作。当事务 T 对某个数据对象 *R* 实现 X 封锁后，其他事务要等 T 解除 X 封锁以后，才能对 *R* 进行封锁。这就保证了其他事务在 T 释放 *R* 上的封锁之前，不能再对 *R* 进行操作。

（2）共享封锁（Share Lock）。

共享封锁又称读封锁，简称为 S 锁，它采用的原理是允许其他用户对同一数据对象进行查询，但不能对该数据对象进行修改。当事务 T 对某个数据对象 *R* 实现 S 封锁后，其他事务只能对 *R* 加 S 锁，而不能加 X 锁，直到 T 释放 *R* 上的 S 锁。这就保证了其他事务在 T 释放 *R* 上的 S 锁之前，只能读取 *R*，而不能再对 *R* 做任何修改。

2. 封锁协议（Lock Protocol）

封锁可以保证合理地进行并发控制，保证数据的一致性。实际上，锁是一个控制块，其中包括被加锁记录的标识符及持有锁的事务的标识符等。在封锁时，要考虑一定的封锁规则，例如，何时开始封锁、封锁多长时间、何时释放等，这些封锁规则称为封锁协议。对封锁方式规定不同的规则，就形成了各种不同的封锁协议。封锁协议在不同程度上对正确控制并发操作提供了一定的保证。上面讲述过的并发操作所带来的丢失更新、污读和不可重读等数据不一致性问题，可以通过三级封锁协议在不同程度上给予解决，下面介绍三级封锁协议。

（1）一级封锁协议。

一级封锁协议的内容是：事务 T 在修改数据对象之前必须对其加 X 锁，直到事务结束。具体地说，就是任何企图更新记录 *R* 的事务必须先执行“XLOCK *R*”（即对记录 *R* 进行 X 封锁）操作，以获得对该记录进行寻址的能力并对它取得 X 封锁。如果未获准“X 封锁”，那么这个事务进入等待状态，一直到获准“X 封锁”，该事务才继续做下去。该封锁协议规定事务在更新记录 *R* 时必须获得排他性封锁，使得两个同时要求更新 *R* 的并行事务之一必须在一个事务更新操作执行完成之后才能获得 X 封锁，这样就避免了两个事务读到同一个 *R* 值而先后更新时所发生的丢失更新问题。

利用一级封锁协议可以解决表 5.5 中的数据丢失更新问题，如表 5.8 所示。事务 T_1 先对 *R* 进行 X 封锁（XLOCK），事务 T_2 执行“XLOCK *R*”操作，未获准“X 封锁”，则进入等待状态，直到事务 T_1 更新 *R* 值以后，解除 X 封锁操作（UNLOCK X）。此后事务 T_2 再执行“XLOCK *R*”操作，获准“X 封锁”，并对 *R* 值进行更新（此时 *R* 已是事务 T_1 更新过的值，*R*=900）。这样就能得出正确的结果。

表 5.8　无丢失更新问题

时　间	事务 T_1	数据库中 *R* 的值	事务 T_2
t_0	XLOCK *R*	1000	
t_1	FIND *R*		
t_2			XLOCK *R*
t_3	*R*=*R*−100		WAIT
t_4	UPDATE *R*		WAIT
t_5	UNLOCK X	900	WAIT
t_6			XLOCK *R*
t_7			*R*=*R*−200
t_8			UPDATE *R*
t_9		700	UNLOCK X

一级封锁协议只有修改数据时才进行加锁，如果只是读取数据则并不加锁，所以它不能防止“污读”和“不可重读”数据。

（2）二级封锁协议。

二级封锁协议的内容是：在一级封锁协议的基础上，另外加上事务 T 在读取数据 *R* 之前必须先对其加 S 锁，读完后释放 S 锁。所以二级封锁协议不但可以解决更新时所发生的数据丢失问题，还可以进一步防止“污读”。

利用二级封锁协议可以解决表 5.6 中的数据“污读”问题，如表 5.9 所示。事务 T_1 先对 *R* 进行 X 封锁（XLOCK），把 *R* 的值改为 900，但尚未提交。这时事务 T_2 请求对数据 *R* 加 S 锁，因为 T_1 已对 *R* 加了 X 锁，T_2 只能等待，直到事务 T_1 释放 X 锁。之后事务 T_1 因某种原因被撤销，数据 *R* 恢复原值 1000，并释放 *R* 上的 X 锁。事务 T_2 可对数据 *R* 加 S 锁，读取 *R*=1000，得到了正确的结果，从而避免了事务 T_2 读取“脏数据”。

表 5.9　无污读问题

时　间	事务 T_1	数据库中 R 的值	事务 T_2
t_0	XLOCK R	1000	
t_1	FIND R		
t_2	R=R−100		
t_3	UPDATE R		
t_4		900	SLOCK R
t_5	ROLLBACK		WAIT
t_6	UNLOCK X	1000	SLOCK R
t_7			FIND R
t_8			UNLOCK S

二级封锁协议在读取数据之后，立即释放 S 锁，所以它仍然不能防止“不可重读”数据。

（3）三级封锁协议。

三级封锁协议的内容是：在一级封锁协议的基础上，另外加上事务 T 在读取数据 R 之前必须先对其加 S 锁，读完后并不释放 S 锁，而直到事务 T 结束才释放。所以三级封锁协议除了可以防止数据丢失更新问题和“污读”数据外，还可进一步防止“不可重读”数据，彻底解决了并发操作所带来的三个不一致性问题。

表 5.10　可重读问题

时　间	事务 T_1	数据库中 R 的值	事务 T_2
t_0		1000	
t_1	SLOCK R		
t_2	FIND R		
t_3			XLOCK R
t_4	COMMIT		WAIT
t_5	UNLOCK S		WAIT
t_6			XLOCK R
t_7			FIND R
t_8			R=R−200
t_9			UPDATE R
t_{10}		800	UNLOCK X

利用三级封锁协议可以解决表 5.7 中的不可重读问题，如表 5.10 所示。在表 5.10 中，事务 T_1 读取 R 的值之前先对其加 S 锁，这样其他事务只能对 R 加 S 锁，而不能加 X 锁，即其他事务只能读取 R，而不能对 R 进行修改。所以当事务 T_2 在 t_3 时刻申请对 R 加 X 锁时被拒绝，使其无法执行修改操作，只能等待事务 T_1 释放 R 上的 S 锁，这时事务 T_1 再读取数据 R 进行核对时，得到的值仍是 1000，与开始所读取的数据是一致的，即可重读。在事务 T_1 释放 S 锁后，事务 T_2 可以对 R 加 X 锁，进行更新操作，这样便保证了数据的一致性。

3. 封锁粒度（Lock Granularity）

封锁粒度指封锁的单位。根据对数据的不同处理，封锁的对象可以是这样一些逻辑单元：字段、记录、表和数据库等，封锁的数据对象的大小称为封锁粒度。封锁粒度与系统的并发度和并发控制的开销密切相关。封锁粒度越小，系统中能够被封锁的对象就越多，并发度越高，但封锁机构越复杂，系统开销也就越大。相反，封锁粒度越大，系统中能够被封锁的对象就越少，并发度越低，封锁机构越简单，相应系统开销也就越小。因此，在实际应用中，选择封锁粒度时应同时考虑封锁机构和并发度两个因素，对系统开销与并发度进行权衡，以求得最优的效果。

4. 死锁和活锁

封锁技术可有效解决并行操作的一致性问题，但也可产生新的问题，即活锁和死锁问题。

（1）活锁（Livelock）。

当某个事务请求对某一数据进行排他性封锁时，由于其他事务对该数据的操作而使这个事务处于永久等待状态，这种状态称为活锁。

例如，事务 T_1 在对数据 R 封锁后，事务 T_2 又请求封锁 R，于是 T_2 等待。T_3 也请求封锁 R。当 T_1 释放了 R 上的封锁后首先批准了 T_3 的请求，T_2 继续等待。然后又有 T_4 请求封锁 R，T_3 释放了 R 上的封锁后又批准了 T_4 的请求，……，T_2 可能永远处于等待状态，从而发生了活锁，如表 5.11 所示。

表 5.11 活 锁

时 间	事务 T_1	事务 T_2	事务 T_3	事务 T_4
t_0	LOCK R			
t_1		LOCK R		
t_2		WAIT	LOCK R	
t_3	UNLOCK	WAIT	WAIT	LOCK R
t_4		WAIT	LOCK R	WAIT
t_5		WAIT		WAIT
t_6		WAIT	UNLOCK	WAIT
t_7		WAIT		LOCK R
t_8		WAIT		

避免活锁的简单方法是采用先来先服务的策略，按照请求封锁的次序对事务排队，一旦记录上的锁释放，就使申请队列中的第一个事务获得锁。有关活锁的问题我们不再详细讨论，因为活锁的问题较为常见，这里主要讨论有关死锁的问题。

（2）死锁（Deadlock）。

在同时处于等待状态的两个或多个事务中，其中的每一个在它能够进行之前，都等待着某个数据，而这个数据已被它们中的某个事务所封锁，这种状态称为死锁。

例如，事务 T_1 在对数据 R_1 封锁后，又要求对数据 R_2 封锁，而事务 T_2 已获得对数据 R_2 的封锁，又要求对数据 R_1 封锁，这样两个事务由于都不能得到封锁而处于等待状态，发生了死锁，如表 5.12 所示。

表 5.12 死 锁

时 间	事务 T_1	事务 T_2
t_0	LOCK R_1	
t_1		LOCK R_2
t_2		
t_3	LOCK R_2	
t_4	WAIT	
t_5	WAIT	LOCK R_1
t_6	WAIT	WAIT
t_7	WAIT	WAIT

① 死锁产生的条件。

发生死锁的必要条件有以下四个。

互斥条件：一个数据对象一次只能被一个事务所使用，即对数据的封锁采用排他式。

不可抢占条件：一个数据对象只能被占有它的事务所释放，而不能被别的事务强行抢占。

部分分配条件：一个事务已经封锁分给它的数据对象，但仍然要求封锁其他数据。

循环等待条件：允许等待其他事务释放数据对象，系统处于加锁请求相互等待的状态。

② 死锁的预防。

死锁一旦发生，系统效率将会大大下降，因而要尽量避免死锁的发生。在操作系统的多道程序运行中，由于多个进程的并行执行需要分别占用不同资源，所以也会发生死锁。要想预防死锁的产生，就要改变形成死锁的条件。同操作系统预防死锁的方法类似，在数据库环境下，预防死锁常用的方法有以下两种。

- 一次加锁法。一次加锁法是每个事物必须将所有要使用的数据对象全部一次加锁，并要求加锁成功，只要一个加锁不成功，表示本次加锁失败，则应该立即释放所有加锁成功的数据对象，然后重新开始加锁。一次加锁法的程序框图如图 5-12 所示。

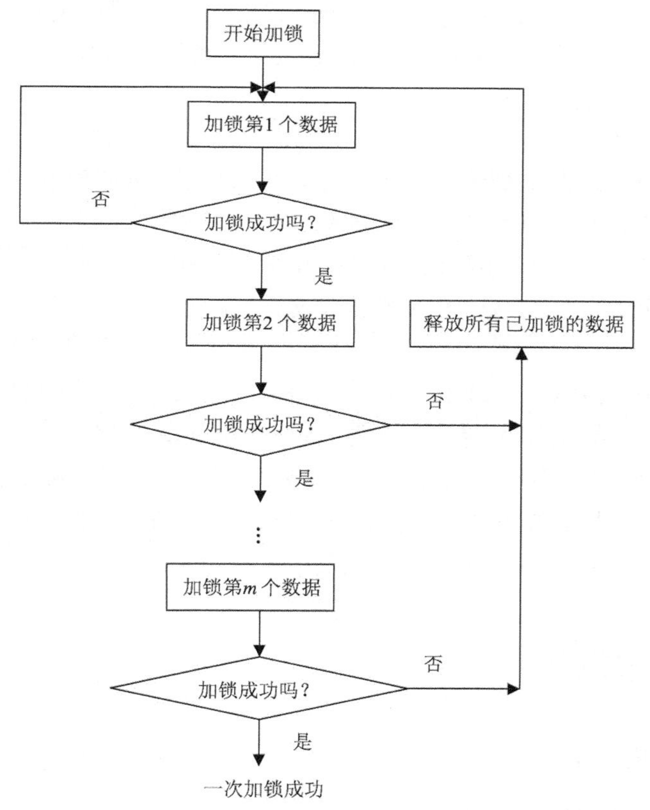

图 5-12　一次加锁法程序框图

如图 5-12 发生死锁的例子，可以通过一次加锁法加以预防。事务 T_1 启动后，立即对数据 R_1 和 R_2 一次加锁，加锁成功后，执行 T_1，而事务 T_2 等待。直到 T_1 执行完后释放 R_1 和 R_2 上的锁，T_2 继续执行。这样就不会发生死锁。

一次加锁法虽然可以有效地预防死锁的发生，但也存在一些问题。首先，对某一事务所要使用的全部数据一次性加锁，扩大了封锁的范围，从而降低了系统的并发度。其次，数据库中的数据是不断变化的，原来不要求封锁的数据，在执行过程中可能会变成封锁对象，所以很难事先精确地确定每个事务所要封锁的数据对象，这样只能在开始扩大封锁范围，将可能要封锁的数据全部加锁，这就进一步降低了并发度，影响了系统的运行效率。

- 顺序加锁法。顺序加锁法是预先对所有可加锁的数据对象规定一个加锁顺序，每个事务都需要按此顺序加锁，在释放时，按逆序进行。

例如对于表 5.13 发生的死锁，我们可以规定封锁顺序为 R_1、R_2，事务 T_1 和 T_2 都需要按此顺序加锁。T_1 先封锁 R_1，再封锁 R_2。当 T_2 再请求封锁 R_1 时，因为 T_1 已经对 R_1 加锁，T_2 只能等待。待 T_1 释放 R_1 后，T_2 再封锁 R_1，则不会发生死锁。

顺序加锁法同一次加锁法一样，也存在一些问题。因为事务的封锁请求可以随着事务的执行而动态地决定，所以很难事先确定封锁对象，从而更难确定封锁顺序。即使确定了封锁顺序，随着数据操作的不断变化，维护这些数据的封锁顺序需要很大的系统开销。

在数据库系统中，由于可加锁的目标集合不但很大，而且是动态变化的；可加锁的目标常常不是按名寻址，而是按内容寻址，预防死锁常要付出很高的代价，因而上述两种在操作系统中广泛使用的预防死锁的方法并不太适合数据库。一般情况下，在数据库系统中，可以允许发生死锁，在死锁发生后可以自动诊断并解除死锁。

③ 死锁的诊断与解除。

数据库系统中诊断死锁的方法与操作系统类似。可以利用事务信赖图的形式来测试系统中是否存在死锁。例如在图 5-13 中，事务 T_1 需要数据 R，但 R 已经被事务 T_2 封锁，那么从 T_1 到 T_2 划一个箭头。如果在事务依赖图中沿着箭头方向存在一个循环，那么死锁的条件就形成了，系统就会出现死锁。

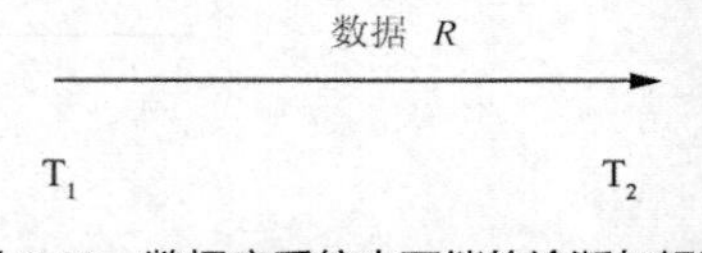

图 5-13　数据库系统中死锁的诊断与解除

如果已经发现死锁，DBA 从依赖相同资源的事务中抽出某个事务作为牺牲品，将它撤销，解除它的所有封锁，释放此事务占用的所有数据资源，分配给其他事务，使其他事务得以继续运行下去，这样就有可能消除死锁。在解除死锁的过程中，抽取牺牲事务的标准是根据系统状态及其应用的实际情况来确定的，通常采用的方法之一是选择一个处理死锁代价最小的事务，将其撤销。当然，对于撤销的事务所执行的数据更新操作必须加以恢复。

5.4 数据库的恢复

5.4.1 数据库恢复的含义

虽然数据库系统中已采取一定的措施来防止数据库的安全性和完整性遭到破坏，保证并发事务的正确执行，但数据库中的数据仍然无法保证绝对不遭受破坏。例如计算机系统中硬件的故障、软件的错误、操作员的失误、恶意的破坏以及计算机病毒等都有可能发生，这些故障的发生影响数据库中数据的正确性，甚至可能破坏数据库，使数据库中的数据全部或部分丢失。因此，系统必须具有检测故障并把数据从错误状态中恢复到某一正确状态的功能，这就是数据库的恢复。

5.4.2　数据库恢复的原理及其实现技术

数据库恢复的基本原理十分简单，就是利用数据的冗余。数据库中任何被破坏或不正确的数据都可以利用存储在其他地方的冗余数据来修复。因此恢复系统应该提供两种类型的功能：一种是生成冗余数据，即对可能发生的故障做某些准备；另一种是冗余重建，即利用这些冗余数据恢复数据库。

生成冗余数据最常用的技术是登记日志文件和数据转储，在实际应用中，这两种方法常常结合在一起使用。

1. 登记日志文件（Logging）

日志文件是用来记录事务对数据库的更新操作的文件。对数据库的每次修改，都将被修改项目的旧值和新值写在一个叫做运行日志的文件中，目的是为数据库的恢复保留详细的数据。

典型的日志文件主要包含以下内容。

（1）更新数据库的事务标识（标明是哪个事务）。

（2）操作的类型（插入、删除或修改）。

（3）操作对象。

（4）更新前数据的旧值（对于插入操作，没有旧值）。

（5）更新后数据的新值（对于删除操作，没有新值）。

（6）事务处理中的各个关键时刻（事务的开始、结束及其真正回写的时间）。

日志文件是系统运行的历史记载，必须高度可靠。所以一般都是双副本的，并且独立地写在两个不同类型的设备上。日志的信息量很大，一般保存在海量存储器上。

对数据库修改时，在运行日志中要写入一个表示这个修改的运行记录。为了防止两个操作之间发生故障，运行日志中没有记录下这个修改，以后也无法撤销。为保证数据库是可恢复的，登记日志文件必须遵循以下两条原则。

（1）至少要等到相应运行记录的撤销部分已经写入日志文件中以后，才允许该事务向物理数据库中写入记录。

（2）直到事务的所有运行记录的撤销和重做两部分都已写入日志文件中以后，才允许事务完成提交处理。

这两条原则称为日志文件的先写原则。先写原则蕴含了如下意义：如果系统出现故障，只可能在日志文件中登记所做的修改，但没有修改数据库，这样在系统重新启动进行恢复时，只是撤销或重做因发生事故而没有做过的修改，并不会影响数据库的正确性。而如果先写了数据库修改，而在运行记录中没有登记这个修改，则以后就无法恢复这个修改了。所以为了安全，一定要先写日志文件，后写数据库的修改。

2. 数据转储（Data Dump）

数据转储是指定期地将整个数据库复制到多个存储设备（如磁带、磁盘）上保存起来的过程，它是数据库恢复中采用的基本手段。转储的数据称为后备副本或后援副本，当数据库遭到破坏后就可利用后备副本把数据库有效地加以恢复。转储是十分耗费时间和资源的，不能频繁地进行，应该根据数据库的使用情况确定一个适当的转储周期。

按照转储方式，数据转储可以分为海量转储和增量转储。海量转储是指每次转储整个数据库。

增量转储每次只转储上次转储后被更新过的数据。上次转储以来对数据库的更新修改情况记录在日志文件中，利用日志文件就可进行这种转储，将更新过的那些数据重新写入上次转储的文件中，就完成了转储操作，这与转储整个数据库的效果是一样的，但花的时间要少得多。

按照转储状态，数据转储又可分为静态转储和动态转储。静态转储期间不允许有任何数据存取活动，因而需在当前用户事务结束之后进行，新用户事务又需在转储结束之后才能进行，这就降低了数据库的可用性。动态转储则不同，它允许转储期间继续运行用户事务，但产生的副本并不能保证与当前状态一致。解决的办法是把转储期间各事务对数据库的修改活动登记下来，建立日志文件。因此，使用后备副本加上日志文件就能把数据库恢复到某一时刻的正确状态。

5.4.3 数据库的故障和恢复的策略

数据库系统在运行中发生故障后，有些事务尚未完成就被迫中断，这些未完成事务对数据库所做的修改有一部分已写入物理数据库。这时数据库就处于一种不正确的状态，或者说是不一致的状态，这时可利用日志文件和数据库转储的后备副本将数据库恢复到故障前的某个一致性状态。数据库运行过程中可能出现各种各样的故障，这些故障可分为以下三类：事务故障、系统故障和介质故障。根据故障类型的不同，应该采取不同的恢复策略。

1. 事务故障（Transaction Failure）及其恢复

事务故障表示由非预期的、不正常的程序结束所造成的故障。造成程序非正常结束的原因包括输入数据错误、运算溢出、违反存储保护和并行事务发生死锁等。

发生事务故障时，被迫中断的事务可能已对数据库进行了修改，为了消除该事务对数据库的影响，要利用日志文件中所记载的信息，强行回滚（ROLLBACK）该事务，将数据库恢复到修改前的初始状态。为此，要检查日志文件中由这些事务所引起变化的记录，取消这些没有完成的事务所做的一切改变。这类恢复操作称为事务撤销（UNDO），具体做法如下。

（1）反向扫描日志文件，查找该事务的更新操作。

（2）对该事务的更新操作执行反操作，即对已经插入的新记录进行删除操作，对已删除的记录进行插入操作，对修改的数据恢复旧值，用旧值代替新值；这样由后向前逐个扫描该事务已做的所有更新操作，并做同样处理，直到扫描到此事务的开始标记，则事务故障恢复完毕。

因此，一个事务是一个工作单位，也是一个恢复单位。事务越短，越便于对它进行撤销操作。如果一个应用程序运行时间较长，则应该把该应用程序分成多个事务，用明确的 COMMIT 语句结束各个事务。

2. 系统故障（System Failure）及其恢复

系统故障是指系统在运行过程中，由于某种原因，造成系统停止运转，致使所有正在运行的事务都以非正常方式终止，要求系统重新启动。引起系统故障的原因可能有：硬件错误（如 CPU 故障）、操作系统或 DBMS 代码错误、突然断电等。这时，内存中数据库缓冲区的内容全部丢失，存储在外部存储设备上的数据库并未破坏，但内容不可靠了。

系统故障发生后，对数据库的影响有两种情况：一种情况是一些未完成事务对数据库的更新已写入数据库，这样在系统重新启动后，要强行撤销（UNDO）所有未完成事务，清除这些事务对数据库所做的修改。这些未完成事务在日志文件中只有 BEGIN TRANSCATION 标记，而无 COMMIT 标记；另一种情况是有些已提交的事务对数据库的更新结果还保留在缓冲区中，尚未写到磁盘上的物理数据库中，这也使数据库处于不一致状态，因此，应将这些事务已提交的结果重新写入数据库。这类恢复操作称为事务的重做（REDO）。这种已提交事务在日志文件中既有 BEGIN TRANSCATION 标记，也有 COMMIT 标记。

因此，系统故障的恢复要完成两方面的工作，既要撤销所有未完成的事务，还需要重做所有已提交的事务，这样才能将数据库真正恢复到一致的状态。具体做法如下。

（1）正向扫描日志文件，查找尚未提交的事务，将其事务标识记入撤销队列。同时查找已经提交的事务，将其事务标识记入重做队列。

（2）对撤销队列中的各个事务进行撤销处理。方法与事务故障中所介绍的撤销方法相同。

（3）对重做队列中的各个事务进行重做处理。进行重做处理的方法是：正向扫描日志文件，按照日志文件中所登记的操作内容重新执行操作，使数据库恢复到最近的某个可用状态。

系统发生故障后，由于无法确定哪些未完成的事务已更新过数据库，哪些事务的提交结果尚未写入数据库，这样系统重新启动后，就要撤销所有的未完成事务，重做所有的已经提交的事务。但是，在故障发生前已经运行完毕的事务有些是正常结束的，有些是异常结束的，所以无需把它们全部撤销或重做。通常采用设立检查点（Checkpoint）的方法来判断事务是否正常结束。每隔一段时间，例如 5 分钟，系统就产生一个检查点，做下面一些事情。

（1）把仍保留在日志缓冲区中的内容写到日志文件中。

（2）在日志文件中写一个“检查点记录”。

（3）把数据库缓冲区中的内容写到数据库中，即把更新的内容写到物理数据库中。

（4）把日志文件中检查点记录的地址写到“重新启动文件”中。

每个检查点记录包含的信息有：在检查点时间的所有活动事务一览表，每个事务最近日志记录的地址。在系统重新启动时，恢复管理程序先从“重新启动文件”中获得检查点记录的地址，再从日志文件中找到该检查点记录的内容，通过日志往回找，就能决定哪些事务需要撤销，哪些事务需要重做。

3. **介质故障（Media Failure）及其恢复**

介质故障是指系统在运行过程中，由于辅助存储器介质受到破坏，使存储在外存中的数据部分丢失或全部丢失。这类故障比事务故障和系统故障发生的可能性要小，但这是最严重的一种故障，破坏性很大，磁盘上的物理数据和日志文件可能被破坏。解决此问题需要装入发生介质故障前最新的数据库后备副本，然后利用日志文件重做该副本所运行的所有事务。具体方法如下。

（1）装入最新的数据库后备副本，使数据库恢复到最近一次转储的可用状态。

（2）装入最新的日志文件副本，根据日志文件中的内容重做已完成的事务。装入方法如下。首先正向扫描日志文件，找出发生故障前已提交的事务，将其记入重做队列。再对重做队列中的各个事务进行重做处理，方法是：正向扫描日志文件，对每个重做事务重新执行登记的操作，即将日志文件中数据已更新后的值写入数据库。

通过以上对三类故障的分析，我们可以看出故障发生后对数据库的影响有以下两种可能性。

（1）数据库没有被破坏，但数据可能处于不一致状态。这是由事务故障和系统故障引起的，这种情况在恢复时，不需要重装入数据库副本，可直接根据日志文件，撤销故障发生时未完成的事务，并重做已完成的事务，使数据库恢复到正确的状态。这类故障的恢复是系统在重新启动时自动完成的，不需要用户干预。

（2）数据库本身被破坏。这是由介质故障引起的，这种情况在恢复时，把最近一次转储的数据装入，然后借助于日志文件，再在此基础上对数据库进行更新，从而重建数据库。这类故障的恢复不能自动完成，需要 DBA 的介入，方法是先由 DBA 重装最近转储的数据库副本和相应的日志文件的副本，再执行系统提供的恢复命令，具体的恢复操作由 DBMS 来完成。

数据库恢复的基本原理就是利用数据的冗余，实现的方法比较明确，但真正实现起来相当复杂，实现恢复的程序非常庞大，常常占整个系统代码的 10%以上。数据库系统所采用的恢复技术是否行之有效，不仅对系统的可靠程度起着决定性作用，而且对系统的运行效率也有很大的影响，它是衡量系统性能优劣的重要指标。

小　结

数据库的重要特征是它能为多个用户提供数据共享。在多个用户使用同一数据库系统时，要保证整个系统的正常运转，DBMS 必须具备一整套完整而有效的安全保护措施。本章从安全性控制、完整性控制、并发性控制和数据库恢复四方面讨论了数据库的安全保护功能。

数据库的安全性是指保护数据库，以防止因非法使用数据库，造成数据的泄露、更改或破坏。实现数据库系统安全性的方法有用户标识和鉴定、用户存取权限控制、定义视图、数据加密和审计等多种，其中，最重要的是用户存取权限控制技术和审计技术。

数据库的完整性是指保护数据库中数据的正确性、有效性和相容性。完整性和安全性是两个不同的概念，安全性措施的防范对象是非法用户和非法操作，完整性措施的防范对象是合法用户的不合语义的数据。这些语义约束构成了数据库的三条完整性规则，即触发条件、约束条件和违约响应。完整性约束条件按使用对象分为值的约束和结构的约束，按约束对象的状态又可分为静态约束和动态约束。实施数据完整性的方法有五种：约束、默认值、规则、存储过程和触发器。

并发控制是为了防止多个用户同时存取同一数据，造成数据库的不一致性。事务是数据库的逻辑工作单位，并发操作中只有保证系统中一切事务的原子性、一致性、隔离性和持久性，才能保证数据库处于一致状态。并发操作导致的数据库不一致性主要有丢失更新、污读和不可重读三种。实现并发控制的方法主要是封锁技术，基本的封锁类型有排他型封锁和共享封锁两种；三个级别的封锁协议可以有效解决并发操作的一致性问题。对数据对象施加封锁，会带来活锁和死锁问题，并发控制机制可以通过采取一次加锁法或顺序加锁法预防死锁的产生。死锁一旦发生，可以选择一个处理死锁代价最小的事务将其撤销。

数据库的恢复是指系统发生故障后，把数据从错误状态中恢复到某一正确状态的功能。对于事务故障、系统故障和介质故障三种不同的故障类型，DBMS 有不同的恢复方法。登记日志文件和数据转储是数据库恢复中常用的技术，数据库恢复的基本原理是利用存储在日志文件和数据库后备副本中的冗余数据来重建数据库。

习　　题

一、单项选择题

1. 视图机制提高了数据库系统的（　　）。

A）完整性　　B）安全性　　C）一致性　　D）并发控制

2. 完整性控制的防范对象是（　　）。

A）非法用户　　B）不合语义的数据　　C）非法操作　　D）不正确的数据

3. 安全性控制的防范对象主要是（　　）。

A）合法用户　　B）不合语义的数据　　C）非法操作　　D）不正确的数据

4. 一个事务在执行时，应该遵守“要么不做，要么全做”的原则，这是事务的（　　）。

A）原子性　　B）一致性　　C）隔离性　　D）持久性

5. 实现事务回滚的语句是（　　）。

A）GRANT　　B）COMMIT　　C）ROLLBACK　　D）REVOKE

6. 后备副本的作用是（　　）。

A）保障安全性　　B）完整性控制　　C）并发控制　　D）数据库恢复

7. 解决并发控制带来的数据不一致问题普遍采用的技术是（　　）。

A）封锁　　B）存取控制　　C）恢复　　D）协商

8. 如事务 T 对数据对象 R 实现 X 封锁，则 T 对 R（　　）。

A）只能读不能写　　B）只能写不能读　　C）既可读又可写　　D）不能读也不能写

9. 在数据库技术中，“脏数据”是指（　　）。

A）未回退的数据　　B）未提交的数据

C）回退的数据　　D）未提交随后又被撤销的数据

10. “日志”文件用于保存（　　）。

A）程序运行过程　　B）数据操作

C）程序执行结果　　D）对数据库的更新操作

11. 在数据库恢复时，对尚未做完的事务执行（　　）。

A）REDO 处理　　B）UNDO 处理　　C）ABORT 处理　　D）ROLLBACK 处理

12. 在事务依赖图中，如果两个事务的依赖关系形成一个循环，那么就会（　　）。

A）出现活锁现象　　B）出现死锁现象　　C）事务执行成功　　D）事务执行失败

13. 在数据库的安全性控制中，为了保证用户只能存取他有权存取的数据。在授权定义中，数据对象的（　　），授权子系统就越灵活。

A）范围越小　　B）范围越大　　C）约束越细致　　D）范围越灵活

14. 事务的一致性是指（　　）。

A）事务中包括的所有操作要么都做，要么都不做

B）事务一旦提交，对数据库的改变是永久的

C）一个事务内部的操作及使用的数据对并发的其他事务是隔离的

D）事务必须是使数据库从一个一致性状态变到另一个一致性状态

15. 保护数据库，防止未经授权的或不合法的使用造成的数据泄漏、更改破坏。这是指数据的（　　）。

A）安全性　　B）完整性　　C）并发控制　　D）恢复

二、填空题

1. DBMS 对数据库的安全保护功能是通过________、________、________和________四个方面实现的。

2. 存取权限由________和________两个要素组成。

3. 衡量授权机制的两个重要指标是________和________。

4. 加密的基本思想是根据一定的算法将________加密成为________，数据以________的形式存储和传输。

5. ________是数据库系统中执行的一个工作单位，它是由用户定义的一组操作序列。它具有________、________、________和________四个特征。

6. 并发操作导致的数据库不一致性主要有________、________和________三种。

7. 实现并发控制的方法主要是________技术，基本的封锁类型有________和________两种。

8. 数据库恢复的基本原理是________。

9. 生成冗余数据最常用的技术是________和________。

10. 数据库运行过程中可能出现________、________和________三类故障。

11. 按照转储方式，数据转储可以分为________和________。

12. 按照转储状态，数据转储又可分为________和________。

13. 规则和默认用来帮助用户实现数据的________。

14. 根据 SQL Server 的安全性要求，当某一用户要访问 SQL Server 中的数据库时，必须在 SQL Server 上创建________和________。

15. 在 SQL Server 数据库管理系统中，设用户 A 可以访问其中的数据库 MyDb，则用户 A 在数据库 MyDb 中必定属于________角色。

16. 在 SQL Server 数据库管理系统中，dbcreator 是一种________角色，而 dbowner 是一种________角色。

三、简答题

1. 什么是数据库保护？数据库的安全性保护功能包括哪几个方面？解释它们的含义。
2. 什么是数据库的安全性？试述 DBMS 提供的安全性控制功能包括哪些内容。
3. 什么是数据库的完整性？关系数据库中有哪些完整性规则，各包括哪些内容？
4. 什么是事务？事务的提交和回滚是什么意思？
5. 在数据库中为什么要有并发控制？
6. 并发操作会带来什么样的后果？
7. 什么是封锁？封锁的基本类型有几种，含义如何？
8. 试述发生死锁的条件和消除死锁的常用方法。
9. 数据库运行过程中可能产生的故障有哪几类，各类故障如何恢复？
10. 简述规则和 CHECK 约束的区别与联系。

本章实验

实验 1　数据库安全配置

一、实验目的

1. 能够创建数据库登录用户。
2. 能够设定数据库登录用户的数据库使用权限。
3. 能够使用新创建的用户登录数据库管理系统。

二、实验内容

1. 使用 Windows 身份验证的方式登录数据库管理系统。
2. 登录后，创建一个新的数据库，名称为 StudentTest。
3. 创建一个新的登录用户，用户名为 student，密码为 tneduts。
4. 取消用户建立过程中“强制实施密码策略”和“强制密码过期”的选项。
5. 将用户 student 的默认数据库设置为 StudentTest。
6. 将用户 student 的用户映射设定为 StudentTest 数据库，并赋予数据库的成员身份为 db_owner 和 public。
7. 注销当前登录状态，通过 SQLServer 身份验证的方式，利用新创建的 student 登录数据库管理系统。
8. 注销当前登录转台，再次以 Windows 身份验证的方式登录到数据库管理系统中。
9. 删除用户 student。

实验 2　数据库系统的备份和恢复

一、实验目的

1. 能够将目标数据库完整备份为单个文件。
2. 能够将目标数据库差异备份到文件中。
3. 能够从已经备份的文件中还原数据库。

二、实验内容

1. 将已经创建的数据库 StudentTest 完整备份到桌面的 testbak.bak 文件中。
2. 向数据库 StudentTest 中添加一张测试表，表结构和表的内容自拟。
3. 将已经建立的数据库 StudentTest 差异备份到桌面的 testbakdif.bak 文件中。
4. 删除已经创建的数据库 StudentTest。
5. 单纯使用 testbak.bak 文件还原数据库到第一次备份的状态。
6. 观察还原后的数据库中是否具有刚刚建立的测试表。删除已经创建的数据库 StudentTest。
7. 使用差异备份文件和完整备份文件恢复数据库到最新的状态。
8. 观察还原后的数据库是否包含刚刚建立的测试表。

06

第6章　数据库设计

数据库是现代各种计算机应用系统的核心，数据库设计是数据库应用系统设计与开发的关键性工作。第 4 章介绍了关系数据库规范化理论基础，根据数据依赖和规范化要求来设计关系模式是数据库逻辑设计方面的一个重要内容，但这并不是数据库设计的全部内容。本章将比较系统地讨论数据库的设计问题。学习本章后，读者应了解数据库设计的阶段划分和每个阶段的主要工作；掌握概念设计的意义、原则和方法；熟练掌握 E-R 模型设计的方法和原则，以及从 E-R 模型转换为关系模型的方法。

本章共分为 7 节，6.1 节对数据库设计作一个整体的概述，6.2 节到 6.7 节分别详细介绍数据库设计的六个阶段。其中 6.3 节的概念结构设计和 6.4 节的逻辑结构设计是本章的重点，也是掌握本章的难点所在。

为便于读者掌握数据库设计的过程和方法，本章采用本科教学管理的核心业务——“任课和选课”作为教学案例，在 6.1 节 ~ 6.4 节中展示了使用需求分析、概念结构设计和逻辑结构设计进行数据库设计的具体过程。通过学习本章的内容，读者不仅要掌握书中介绍的基本方法，还要能在实际工作中运用这些思想，设计符合应用需求的数据库系统。

6.1　数据库设计概述

6.1.1　数据库设计的任务、内容和特点

1. 数据库设计的任务

数据库设计是指根据用户需求研制数据库结构的过程。具体地说，数据库设计是指对于一个给定的应用环境，构造最优的数据库模式，建立数据库及其应用系统，使之能有效地存储数据，满足用户的信息要求和处理要求，也就是把现实世界中的数据，根据各种应用处理的要求，加以合理组织，使之满足硬件和操作系统的特性，利用已有的 DBMS 来建立能够实现系统目标的数据库。数据库设计的任务如图 6-1 所示。

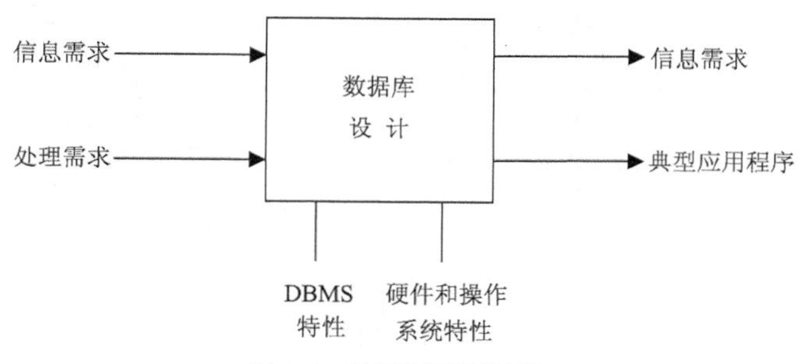

图 6-1　数据库设计的任务

2. 数据库设计的内容

数据库设计包括数据库的结构设计和数据库的行为设计两方面的内容。

（1）数据库的结构设计。

数据库的结构设计是指根据给定的应用环境，进行数据库的子模式或模式的设计。它包括数据库的概念设计、逻辑设计和物理设计。数据库模式是各应用程序共享的结构，是静态的、稳定的，一经形成后通常情况下是不容易改变的，所以结构设计又称为静态模型设计。

（2）数据库的行为设计。

数据库的行为设计是指确定数据库用户的行为和动作。在数据库系统中，用户的行为和动作指用户对数据库的操作，这些要通过应用程序来实现，所以数据库的行为设计就是应用程序的设计。用户的行为总是使数据库的内容发生变化，所以行为设计是动态的，行为设计又称为动态模型设计。

3. 数据库设计的特点

在 20 世纪 70 年代末 80 年代初，人们为了研究数据库设计方法学的便利，曾主张将结构设计和行为设计两者分离，随着数据库设计方法学的成熟和结构化分析、设计方法的普遍使用，人们主张将两者作一体化的考虑，这样可以缩短数据库的设计周期，提高数据库的设计效率。

现代数据库的设计特点是强调结构设计与行为设计相结合，是一种“反复探寻，逐步求精”的过程。首先从数据模型开始设计，以数据模型为核心进行展开，将数据库设计和应用系统设计相结合，建立一个完整、独立、共享、冗余小和安全有效的数据库系统。图 6-2 给出了数据库设计的全过程。

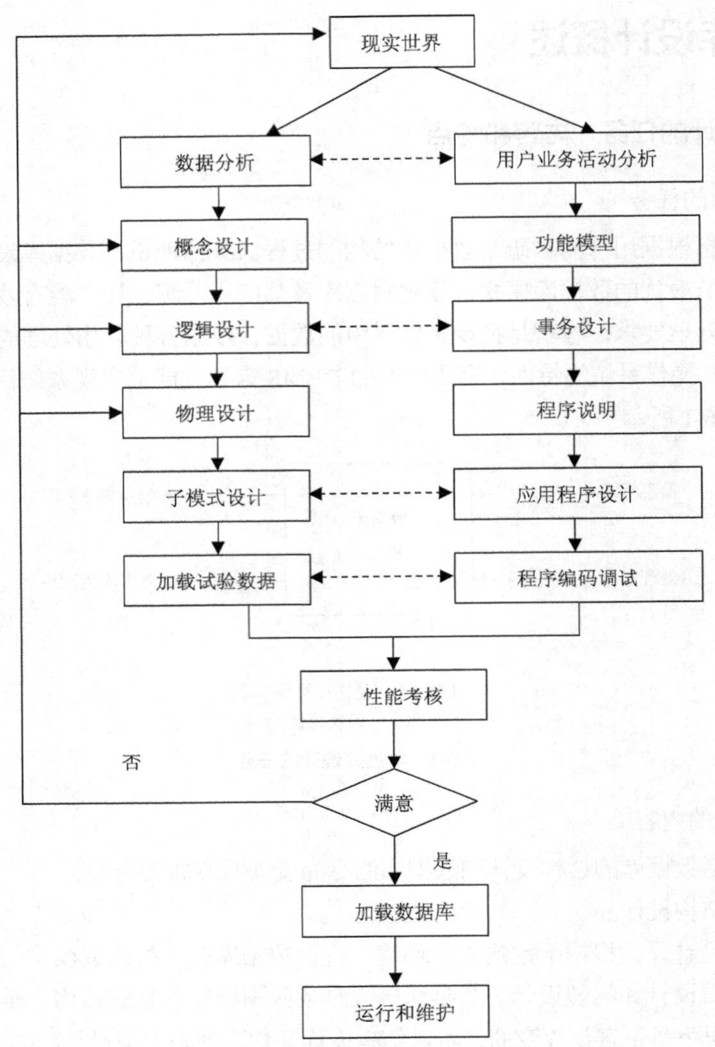

图 6-2　数据库设计的全过程

6.1.2　数据库设计方法简述

数据库设计方法目前可分为四类：直观设计法、规范设计法、计算机辅助设计法和自动化设计法。直观设计法也称为手工试凑法，它是最早使用的数据库设计方法。这种方法依赖于设计者的经验和技巧，缺乏科学理论和工程原则的支持，设计的质量很难保证，常常是数据库运行一段时间后又发现各种问题，这样再重新进行修改，增加了系统维护的代价。因此，这种方法越来越不适应信息管理发展的需要。

为了改变这种情况，1978 年 10 月，来自三十多个国家的数据库专家在美国新奥尔良（New Orleans）市专门讨论了数据库设计问题，他们运用软件工程的思想和方法，提出了数据库设计的规范，这就是著名的新奥尔良法，它是目前公认的比较完整和权威的一种规范设计法。新奥尔良法将数据库设计分成需求分析（分析用户需求的数据及数据的联系）、概念结构设计（信息分析和定义）、逻辑结构设计（设计实现）和物理结构设计（物理数据库设计）。目前，常用的规范设计方法大多起源于新奥尔良法，并在设计的每一阶段采用一些辅助方法来具体实现。下面简单介绍几种常用的规范设计方法。

1. **基于 E–R 模型的数据库设计方法**

基于 E-R 模型的数据库设计方法是由 P.P.S.Chen 于 1976 年提出的数据库设计方法，其基本思想是在需求分析的基础上，用 E-R（实体-联系）图构造一个反映现实世界实体之间联系的企业模式，即概念模式，并进而将此企业模式转换成基于某一特定的 DBMS 的物理模式。

2. **基于 3NF 的数据库设计方法**

基于 3NF 的数据库设计方法是由 S · Atre 提出的结构化设计方法，其基本思想是在需求分析的基础上，确定数据库模式中的全部属性和属性间的依赖关系，将它们组织在一个单一的关系模式中，然后再分析模式中不符合 3NF 的约束条件，将其进行投影分解，规范成若干个 3NF 关系模式的集合。其具体设计步骤分为五个阶段。

（1）设计企业模式，利用规范化得到的 3NF 关系模式画出企业模式。

（2）设计数据库的概念模式，把企业模式转换成与具体 DBMS 独立的概念模式，并根据概念模式导出各个应用的外模式。

（3）设计与具体 DBMS 相关的物理模式（存储模式）。

（4）对物理模式进行评价。

（5）数据库实现。

3. **基于视图的数据库设计方法**

基于视图的数据库设计方法先从分析各个应用的数据着手，并为每个应用建立自己的视图，然后再把这些视图汇总起来合并成整个数据库的概念模式。合并过程中要解决以下问题。

（1）消除命名冲突。

（2）消除冗余的实体和联系。

（3）进行模式重构，在消除了命名冲突和冗余后，需要对整个汇总模式进行调整，使其满足全部完整性约束条件。

除了以上三种方法外，规范化设计方法还有实体分析法、属性分析法和基于抽象语义的设计方法等，这里不再详细介绍。

规范设计法从本质上来说仍然是手工设计方法，其基本思想是过程迭代和逐步求精。

计算机辅助设计法是指在数据库设计的某些过程中模拟某一规范化设计的方法，并以人的知识或经验为主导，通过人机交互方式实现设计中的某些部分。目前许多计算机辅助软件工程（Computer Aided Software Engineering，CASE）工具可以自动或辅助设计人员完成数据库设计过程中的很多任务，如 Sybase 公司的 PowerDesigner 和 Premium 公司的 Navicat 等。

现代数据库设计方法是上述设计方法相互融合的产物。围绕软件工程的思想和方法，通常以 E-R 图设计为主体，辅以 3NF 设计和视图设计实现模式的评价和模式的优化，从而吸收各种设计方法的优势。同时，为提高设计的协同效率和规范化程度，现代数据库设计过程还会通过计算机辅助设计工具（如 PowerDesigner 等）获得规范的数据库设计结果。

6.1.3　数据库设计的步骤

和其他软件一样，数据库的设计过程可以使用软件工程中的生存周期的概念来说明，称为“数据库设计的生存期”，它是指从数据库研制到不再使用它的整个时期。按规范设计法可将数据库设计分为六个阶段，如图 6-3 所示。

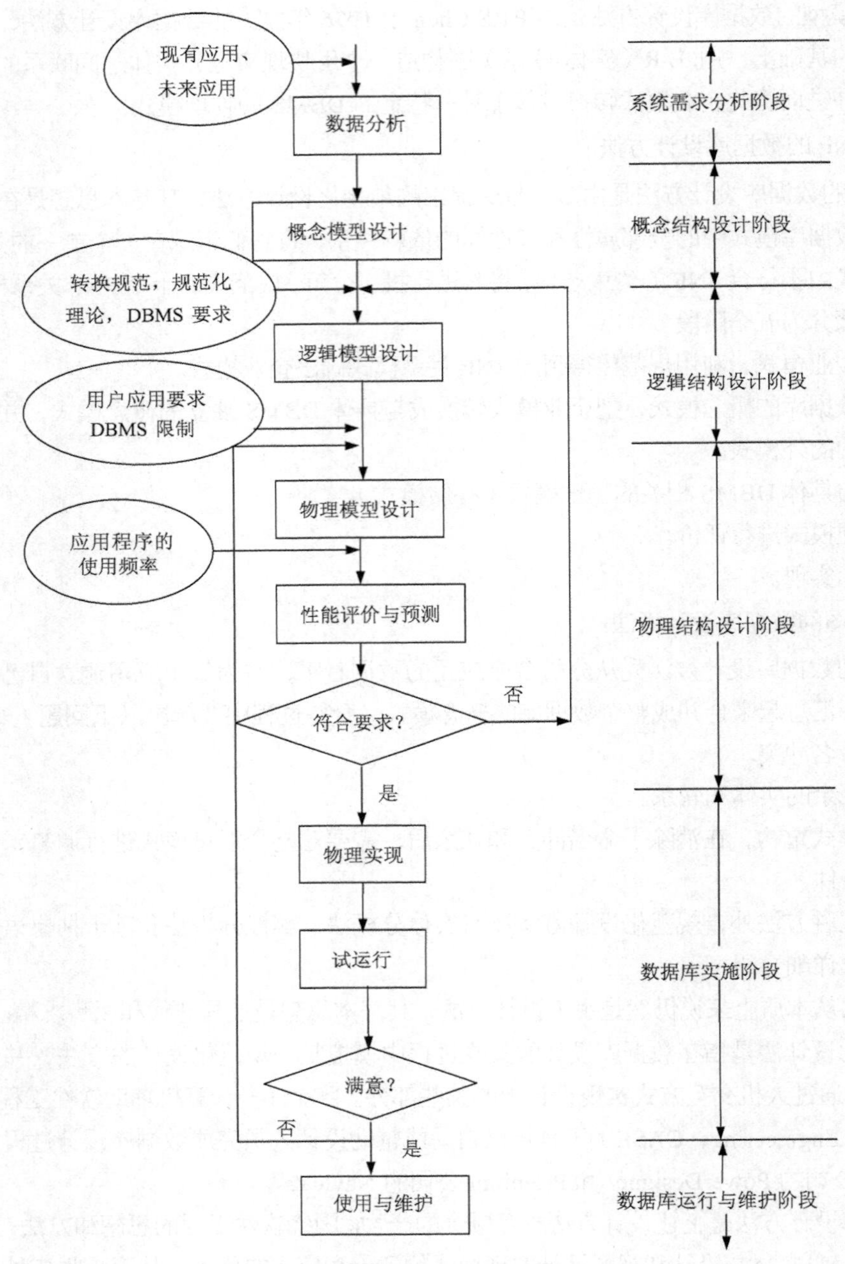

图 6-3　数据库设计的步骤

该方法是分阶段完成的，每完成一个阶段，都要进行设计分析，评价一些重要的设计指标，把设计阶段产生的文档组织评审，与用户进行交流。如果设计的数据库不符合要求则进行修改，这种分析和修改可能要重复若干次，以求最后实现的数据库能够比较精确地模拟现实世界，且能较准确地反映用户的需求。设计一个完善的数据库系统往往是这六个阶段的不断反复的过程。

数据库设计中，前两个阶段是面向用户的应用要求和面向具体的问题；中间两个阶段是面向数据库管理系统；最后两个阶段是面向具体的实现方法。前四个阶段可统称为“分析和设计阶段”，后两个阶段统称为“实现和运行阶段”。

这六个阶段的主要工作各有不同。

1. 系统需求分析阶段

需求分析是整个数据库设计过程的基础，要收集数据库所有用户的信息内容和处理要求，并加以规格化和分析。这是最费时、最复杂的一步，但也是最重要的一步，相当于待构建的数据库大厦的地基，它决定了以后各步设计的速度与质量。需求分析做得不好，可能会导致整个数据库设计返工重做。在分析用户需求时，要确保用户目标的一致性。

2. 概念结构设计阶段

概念结构设计是把用户的信息要求统一到一个整体逻辑结构中，此结构能够表达用户的要求，是一个独立于任何 DBMS 软件和硬件的概念模型。

3. 逻辑结构设计阶段

逻辑结构设计是将上一步所得到的概念模型转换为某个 DBMS 所支持的数据模型，并对其进行优化。

4. 物理结构设计阶段

物理结构设计是为逻辑数据模型建立一个完整的、能实现的数据库结构，包括存储结构和存取方法。上述分析和设计阶段是很重要的，如果做出的分析或设计不恰当，则会设计出一个不恰当或反应迟钝的数据库系统。

5. 数据库实施阶段

此阶段可根据物理结构设计的结果把原始数据装入数据库，建立一个具体的数据库并编写和调试相应的应用程序。应用程序的开发目标是开发一个可依赖的有效的数据库存取程序，来满足用户的处理要求。

6. 数据库运行与维护阶段

这一阶段主要是收集和记录实际系统运行的数据，数据库运行的记录用来提供用户要求的有效信息，用来评价数据库系统的性能，并进一步调整和修改数据库。在运行中，必须保持数据库的完整性，且能有效地处理数据库故障和进行数据库恢复。在运行和维护阶段，可能要对数据库结构进行修改或扩充。

可以看出，以上六个阶段是从数据库应用系统设计和开发的全过程来考察数据库设计的问题。因此，它既是数据库也是应用系统的设计过程。在设计过程中，努力使数据库设计和系统其他部分的设计紧密结合，把数据和处理的需求收集、分析、抽象、设计和实现在各个阶段同时进行、相互参照、相互补充，以完善两方面的设计。按照这个原则，数据库各个阶段的设计可用图 6-4 描述。

在图 6-4 有关处理特性的描述中，采用的设计方法和工具属于软件工程和管理信息系统等课程中的内容，本书不再讨论，这里重点介绍数据特性的设计描述以及满足数据特性的数据模型的设计。

设 计 阶 段	设 计 描 述	
	数　据	处　理
需求分析	数据字典、全系统中数据项、 数据流、数据存储的描述	数据流图和判定表（判定树） 数据字典中处理过程的描述
概念结构设计	概念模型（E-R 图） 数据字典	系统说明书。包括： （1）新系统要求、方案和概图 （2）反映新系统信息的数据流图
逻辑结构设计	某种数据模型 关系模型	系统结构图 非关系模型（模块结构图）
物理结构设计	存储安排 存取方法选择 存取路径建立	模块设计 IPO 表
实施	编写模式 装入数据 数据库试运行	程序编码 编译连接 测试
运行与维护	性能测试，转储/恢复数据库 重组和重构	新旧系统转换、运行、维护（修正性、适应性、改善性维护）

图 6-4　数据库各个设计阶段的描述

以后各节将依据一个实际案例介绍数据库的设计过程。

6.1.4　数据库系统的设计案例描述

为便于读者理解具体数据库系统的设计过程，本章将使用案例驱动模式，介绍数据库设计的操作过程。案例将围绕本科教学环节中的核心业务——任课和选课。

任课业务是将大纲中指定的课程分配给相关学院的教师进行授课。实际教学环节中，还需要指明该课程授课的教学楼、教室、任课周次、任课节次、是否由多人任课等更加复杂的业务信息，但在学习初期，为便于读者更加清晰地理解数据库的设计过程，不便于将各种复杂的业务信息引入到设计过程中。因此，本章仅考虑与任课相关的必要信息，即任课业务仅关心教师教授课程情况，读者可在熟练掌握数据库设计方法后进一步完善现有数据。

选课业务主要记录哪些学生选择了哪些课程，以及这门课程的最终得分，教学环节中的平时成绩、教学评价等其他信息不在本次设计的考虑范围内。

综合上述案例描述，本章后续内容将通过需求分析、概念结构设计和逻辑结构设计所提供的手段，设计一套合理的本科教学管理的数据库，支撑本科教学管理过程中的任课和选课业务。

6.2　系统需求分析

需求分析是数据库设计的起点，为以后的具体设计做准备。需求分析的结果是否准确地反映了用户的实际要求，将直接影响到后面各个阶段的设计，并影响到设计结果是否合理和实用。经验表明，系统需求分析的不正确或误解，直到系统测试阶段才发现许多错误，纠正起来要付出很大代价。因此，必须高度重视系统的需求分析。

6.2.1　需求分析的任务

从数据库设计的角度来看，需求分析的任务是：对现实世界要处理的对象（组织、部门、企业）等进行详细的调查，通过对原系统的了解，收集支持新系统的基础数据并对其进行处理，在此基础上确定新系统的功能。

具体地说，需求分析阶段的任务包括下述三项。

1. 调查分析用户活动

该过程通过对新系统运行目标进行研究，对现行系统存在的主要问题以及制约因素进行分析，明确用户总的需求目标，确定这个目标的功能域和数据域。具体做法如下。

（1）调查组织机构情况，包括该组织的部门组成情况，各部门的职责和任务等。

（2）调查各部门的业务活动情况，包括各部门输入和输出的数据与格式、所需的表格与卡片、加工处理这些数据的步骤、输入/输出的部门等。

2. 收集和分析需求数据，确定系统边界

在熟悉业务活动的基础上，协助用户明确对新系统的各种需求，包括用户的信息需求、处理需求、安全性和完整性的需求等。

（1）信息需求是指目标范围内涉及的所有实体、实体的属性以及实体间的联系等数据对象，也就是用户需要从数据库中获得信息的内容与性质。由信息需求可以导出数据需求，即在数据库中需要存储哪些数据。

（2）处理需求指用户为了得到需求的信息而对数据进行加工处理的要求，包括对某种处理功能的响应时间、处理的方式（批处理或联机处理）等。

（3）安全性和完整性的需求。在定义信息需求和处理需求的同时必须确定相应的安全性和完整性约束。

在收集各种需求数据后，对前面调查的结果进行初步分析，确定新系统的边界，确定哪些功能由计算机完成或将来准备让计算机完成，哪些活动由人工完成。由计算机完成的功能就是新系统应该实现的功能。

3. 编写系统分析报告

系统需求分析阶段的最后是编写系统分析报告，通常称为需求规范说明书（或称需求规格说明书）。需求规范说明书是对需求分析阶段的一个总结。编写系统分析报告是一个不断反复、逐步深入和逐步完善的过程，系统分析报告应包括如下内容。

（1）系统概况，系统的目标、范围、背景、历史和现状。

（2）系统的原理和技术，对原系统的改善。

（3）系统总体结构与子系统结构说明。

（4）系统功能说明。

（5）数据处理概要、工程体制和设计阶段划分。

（6）系统方案及技术、经济、功能和操作上的可行性。

完成系统的分析报告后，在项目单位的领导下要组织有关技术专家评审系统分析报告，这是对需求分析结果的再审查。审查通过后由项目方和开发方领导签字认可。

随系统分析报告提供下列附件。

（1）系统的硬件、软件支持环境的选择及规格要求（所选择的数据库管理系统、操作系统、汉字平台、计算机型号及其网络环境等）。

（2）组织机构图、组织之间联系图和各机构功能业务一览图。

（3）数据流程图、功能模块图和数据字典等图表。

如果用户同意系统分析报告和方案设计，在与用户进行详尽商讨的基础上，最后签订技术协议书。

系统分析报告是设计者和用户一致确认的权威性文件，是今后各阶段设计和工作的依据。

6.2.2 需求分析的方法

用户参加数据库设计是数据系统设计的特点，是数据库设计理论不可分割的一部分。在数据需求分析阶段，任何调查研究没有用户的积极参加是寸步难行的，设计人员应和用户取得共同的语言，帮助不熟悉计算机的用户建立数据库环境下的共同概念，所以这个过程中不同背景的人员之间互相了解与沟通是至关重要的，同时方法也很重要。用于需求分析的方法有多种，主要方法有自顶向下和自底向上两种，如图 6-5 所示。

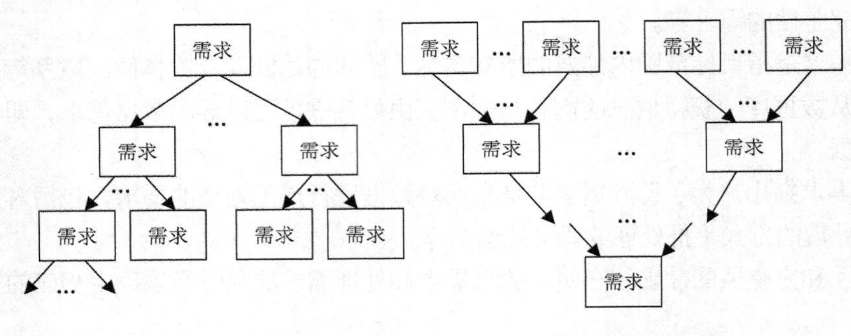

（a）自顶向下的需求分析　　（b）自底向上的需求分析

图 6-5　需求分析的方法

其中自顶向下的分析方法（又称结构化分析方法，Structured Analysis，SA）是最简单实用的方法。SA 方法从最上层的系统组织机构入手，采用逐层分解的方式分析系统，用数据流图（Data Flow Diagram，DFD）和数据字典（Data Dictionary，DD）描述系统。下面对数据流图和数据字典作些简单的介绍。

1. 数据流图

使用 SA 方法，任何一个系统都可抽象为图 6-6 所示的数据流图。

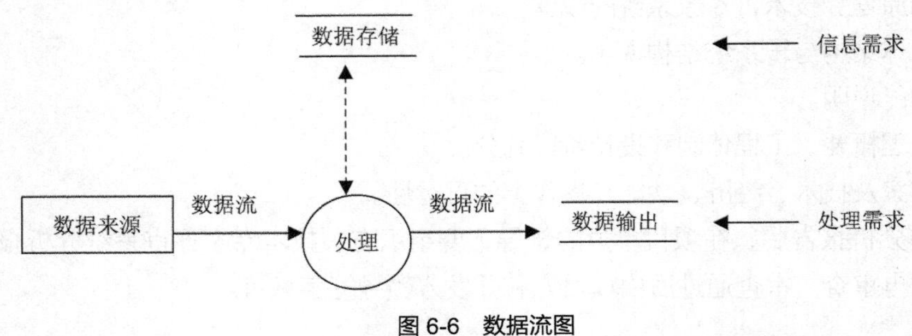

图 6-6　数据流图

在数据流图中，用命名的箭头表示数据流，用圆圈表示处理，用不封闭的矩形或其他形状表示存储，使用封闭的矩形表示数据来源和输出。图 6-7 是一个简单的数据流图。一个简单的系统可用一张数据流图来表示。当系统比较复杂时，为了便于理解，控制其复杂性，可以采用分层描述的方法。一般用第一层描述系统的全貌，第二层分别描述各子系统的数据流。如果系统结构还比较复杂，那么，可以继续细化，直到表达清楚为止。在处理功能逐步分解的同时，它们所用的数据也逐级分解，形成若干层次的数据流图。数据流图表达了数据和处理过程的关系。

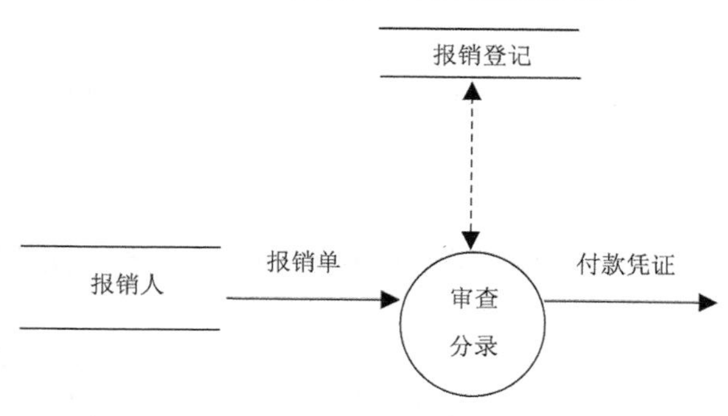

图 6-7　数据流图示例

在 SA 方法中，处理过程的处理逻辑常常借助判定表或判定树来描述，而系统中的数据则是借助数据字典来描述。

2. 数据字典

数据字典是对系统中数据的详细描述，是各类数据结构和属性的清单。它与数据流图互为注释。数据字典贯穿于系统需求分析到数据库运行的全过程，在不同的阶段其内容和用途各有区别。在需求分析阶段，它通常包含以下五部分内容。

（1）数据项。

数据项是数据的最小单位，其具体内容包括数据项名、含义说明、别名、类型、长度、取值范围、与其他数据项的关系。

其中，取值范围、与其他数据项的关系这两项内容定义了完整性约束条件，是设计数据检验功能的依据。

（2）数据结构。

数据结构是有意义的数据项集合。内容包括：数据结构名、含义说明，这些内容组成数据项名。

（3）数据流。

数据流可以是数据项，也可以是数据结构，它表示某一处理过程中数据在系统内传输的路径。内容包括：数据流名、说明、流出过程、流入过程，这些内容组成数据项或数据结构。

其中，流出过程说明该数据流由什么过程而来；流入过程说明该数据流到什么过程。

（4）数据存储。

处理过程中数据的存放场所也是数据流的来源和去向之一。可以是手工凭证、手工文档或计算机文件。内容包括数据存储名、说明、输入数据流、输出数据流，这些内容组成数据项或数据结构、数据量、存取频度、存取方式。

其中，存取频度是指每天（或每小时、或每周）存取几次，每次存取多少数据等信息。存取方法指的是批处理还是联机处理，是检索还是更新，是顺序检索还是随机检索等。

（5）处理过程。

处理过程的处理逻辑通常用判定表或判定树来描述，数据字典只用来描述处理过程的说明性信息。处理过程包括处理过程名、说明、输入（数据流）、输出（数据流）和处理（简要说明）。

最终形成的数据流图和数据字典为系统分析报告的主要内容，这是下一步进行概念结构设计的基础。

6.2.3 案例的需求分析

本节将首先根据业务需求，通过 DFD 抽象描述 6.1.4 案例中任课和选课业务。其次根据 DFD，分析各业务所涉及的数据字典。

1. 案例的数据流图

根据 DFD 的绘制要素，结合任课和选课业务所涉及的业务流程，绘制相关 DFD 图，如图 6-8 和图 6-9 所示。

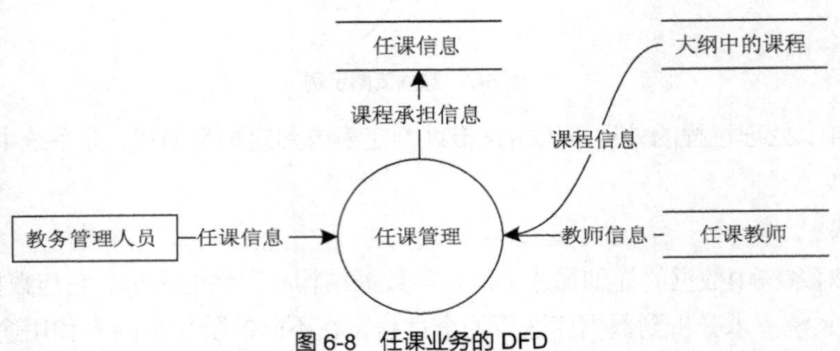

图 6-8 任课业务的 DFD

图 6-8 所示为任课业务的 DFD。它抽象的实际业务为：教学管理人员在任课安排的过程中，需要依据大纲中的课程信息和教授该课程的教师信息，将大纲中的课程安排给相关教师，并将安排后的情况保存为任课信息。

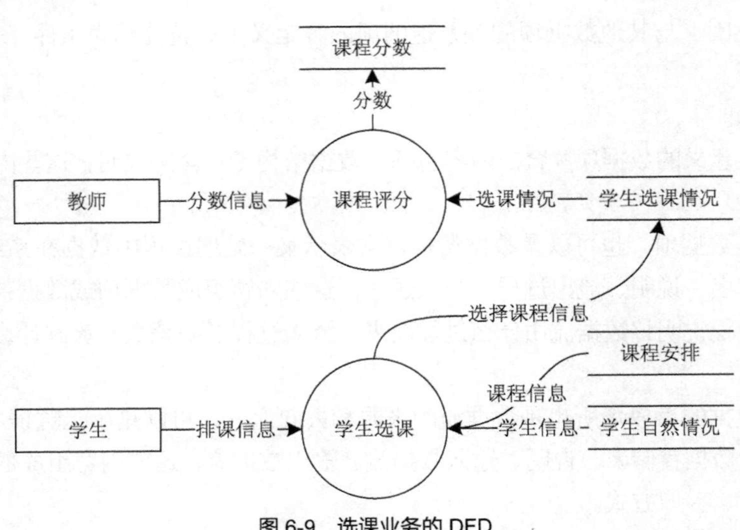

图 6-9 选课业务的 DFD

图 6-9 所示为选课业务的 DFD。它抽象的实际业务为：学生在选择课程中，需要依据本学期的

课程安排情况和学生自然情况（年级等）进行课程的选取，课程选取结果将保存到课程选课信息中。在课程结束后，任课教师会根据学生选课情况，为学生评分，并将评分结果保存下来。

由于本书仅关心数据库设计，因此，根据任课业务和选课业务的 DFD，本科教学管理系统运行需要的数据结构包括：学生自然情况信息、课程信息、教师信息、课程分数信息、任课信息和学生选课信息等。

2. 案例的数据字典

依据 DFD，各数据结构的数据项定义如下。

学生自然情况信息：学生的学号、学生的姓名、学生的年龄和学生的院系等。

课程信息：课程的编号、课程的名字和授课教师等。

教师的信息：教师的编号、教师的名字、教师的性别、教师的职称和教授课程等。

任课信息：课程名和授课教师名等。

学生选课信息：学生名、课程名和教师名等。

课程分数信息：学生名、课程名和分数等。

除上述信息外，还需进一步分析该系统中是否还有隐含的数据结构。实际调研结果表明高校的管理通常以系别为单位，如果不划分系别，则各院系学生和教师的信息将混杂在一起，不便于开展各项业务。因此，还需要对系的数据项进行定义。

系别：系的编号、系的名称、系的老师和系的学生。

在进行数据项的定义过程中，有两方面注意事项：一方面是每一个数据结构在实际生活中都存在诸多数据项，不会将所有内容都定义为数据项，仅会根据业务需求，选择适量的数据项；另一方面，除定义数据结构和数据项外，还需定义数据流、数据存储和数据处理过程。鉴于篇幅原因，本节不再赘述，感兴趣的读者可以查阅软件工程相关章节的介绍。

6.3 概念结构设计

6.3.1 概念结构设计的必要性

在需求分析阶段，设计人员充分调查并描述了用户的需求，但这些需求只是现实世界的具体要求，应把这些需求抽象为信息世界的信息结构，才能更好地实现用户的需求。

概念结构设计就是将需求分析得到的用户需求抽象为信息结构，即概念模型。

在早期的数据库设计中，概念结构设计并不是一个独立的设计阶段。当时的设计方式是在需求分析之后，接着就进行逻辑设计。这样设计人员在进行逻辑设计时，考虑的因素太多，既要考虑用户的信息，又要考虑具体 DBMS 的限制，使得设计过程复杂化，难以控制。为了改善这种状况，P.P.S.Chen 设计了基于 E-R 模型的数据库设计方法，即在需求分析和逻辑设计之间增加了一个概念设计阶段。在这个阶段，设计人员仅从用户角度看待数据及处理要求和约束，产生一个反映用户观点的概念模型，然后再把概念模型转换成逻辑模型。这样做有以下三个优点。

（1）从逻辑设计中分离出概念设计以后，各阶段的任务相对单一化，设计复杂程度大大降低，便于组织管理。

（2）概念模型不受特定的 DBMS 的限制，也独立于存储安排和效率方面的考虑，因而比逻辑模型更为稳定。

（3）概念模型不含具体的 DBMS 所附加的技术细节，更容易为用户所理解，因而更有可能准确反映用户的信息需求。

设计概念模型的过程称为概念设计。概念模型在数据库的各级模型中的地位如图 6-10 所示。

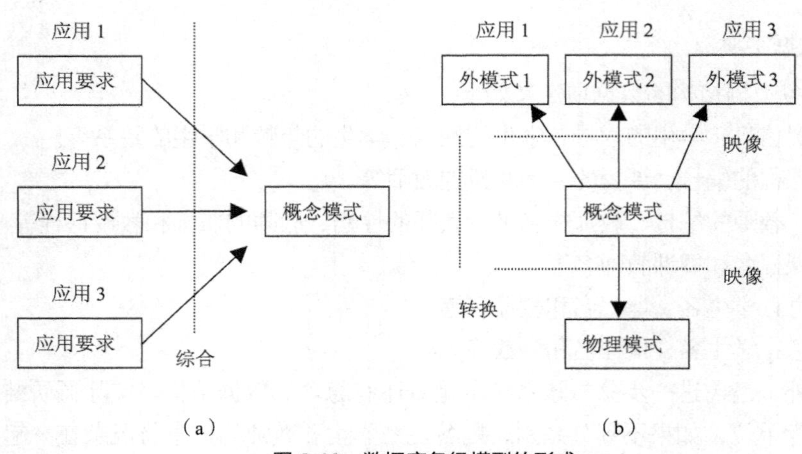

图 6-10　数据库各级模型的形成

6.3.2　概念模型的特点

概念模型作为概念结构设计的表达工具，为数据库提供一个说明性结构，是设计数据库逻辑结构即逻辑模型的基础。因此，概念模型必须具备以下特点。

（1）语义表达能力丰富。概念模型能表达用户的各种需求，充分反映现实世界，包括事物和事物之间的联系、用户对数据的处理要求，它是现实世界的一个真实模型。

（2）易于交流和理解。概念模型是 DBA、设计人员和用户之间的主要界面，因此，概念模型的表达要自然、直观和容易理解，以便和不熟悉计算机的用户交换意见。

（3）易于修改和扩充。概念模型要能灵活地加以改变，以反映用户需求和现实环境的变化。

（4）易于向各种数据模型转换。概念模型独立于特定的 DBMS，因而更加稳定，能方便地向关系模型、网状模型或层次模型等各种数据模型转换。

人们提出了许多概念模型，其中最著名、最实用的一种是 E-R 模型，它将现实世界的信息结构统一用属性、实体以及它们之间的联系来描述。

6.3.3　概念模型的 E-R 表示方法

在概念模型中，比较著名的是由 P.P.Chen 于 1976 年提出的实体联系模型（Entity Relationship Model），简称 E-R 模型。E-R 模型是广泛应用于数据库设计工作中的一种概念模型，它利用 E-R 图来表示实体及其之间的联系。

E-R 图的基本成分包含实体型、属性和联系，它们的表示方式如下。

（1）实体型：用矩形框表示，框内标注实体名称，如图 6-11（a）所示。

（2）属性：用椭圆形框表示，框内标注属性名称，并用无向边将其与相应的实体相连，如图 6-11

（b）所示。

（3）联系：联系用菱形框表示，框内标注联系名称，并用无向边与有关实体相连，同时在无向边旁标上联系的类型，即 1:1、1:n 或 m:n，如图 6-11（c）所示。

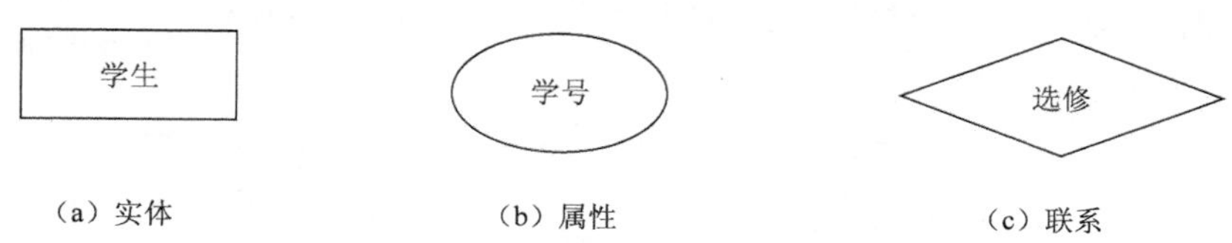

图 6-11　E-R 图的三种基本成分及其图形的表示方法

实体之间的联系有一对一（1:1）、一对多（1:n）和多对多（m:n）三种联系类型。例如，系主任领导系、学生属于某个系、学生选修课程、工人生产产品，这里"领导""属于""选修""生产"表示实体间的联系，可以作为联系名称。

现实世界的复杂性导致实体联系的复杂性，表现在 E-R 图上可以归结为图 6-12 所示的几种基本形式。

① 两个实体型之间的联系，如图 6-12（a）所示。

② 两个以上实体型间的联系，如图 6-12（b）所示。

③ 同一实体集内部各实体之间的联系，例如一个部门内的职工有领导与被领导的联系，即某一职工（干部）领导若干名职工，而一个职工（普通员工）仅被另外一个职工直接领导，这就构成了实体内部的一对多的联系，如图 6-12（c）所示。

需要注意的是，因为联系本身也是一种实体型，所以联系也可以有属性。如果一个联系具有属性，则这些联系也要用无向边与该联系的属性连接起来。例如，学生选修的课程有相应的成绩。这里的"成绩"既不是学生的属性，也不是课程的属性，只能是学生选修课程的联系的属性，如图 6-12（a）所示。

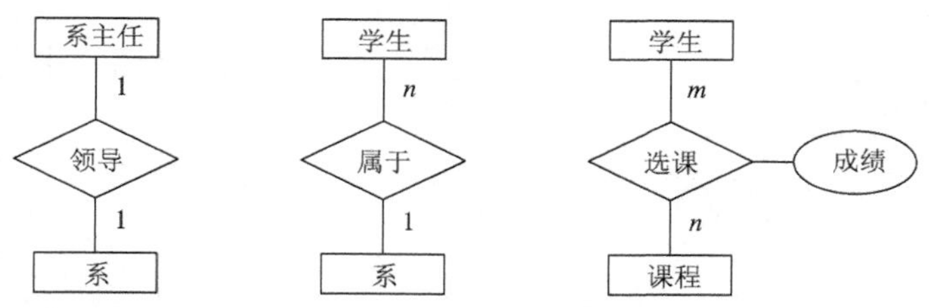

（a）两个实体型之间的联系

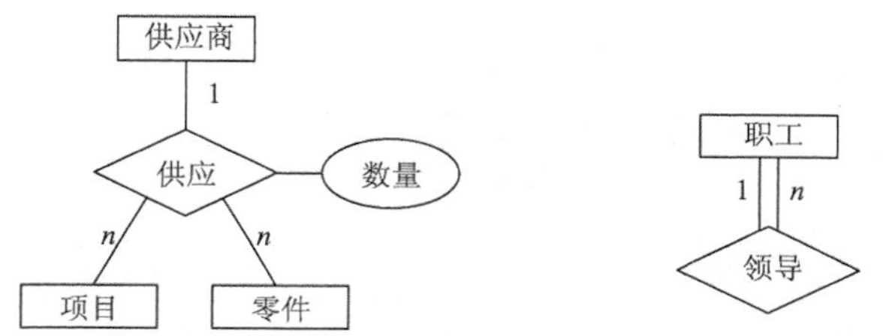

（b）多个实体型之间的联系　　（c）同一实体集内部的联系

图 6-12　实体及其联系图

E-R 图的基本思想就是分别用矩形框、椭圆形框和菱形框表示实体型、属性和联系，使用无向边将属性与其相应的实体连接起来，并将联系和有关实体相连接，注明联系类型。图 6-12 所示为几个 E-R 图的例子，只给出了实体及其 E-R 图，省略了实体的属性。图 6-13 所示为一个描述学生与课程联系的完整的 E-R 图。

概念模式的 E-R 图表示方法

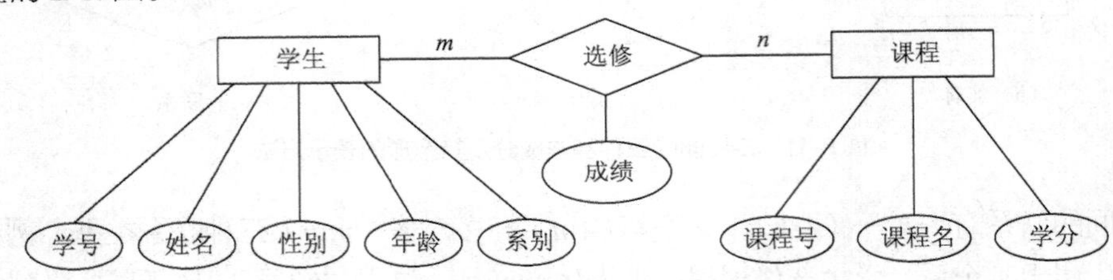

图 6-13　学生与课程联系的完整的 E-R 图

6.3.4　概念结构设计的方法与步骤

1. 概念结构设计的方法

设计概念结构的 E-R 模型可采用以下四种方法。

（1）自顶向下。先定义全局概念结构 E-R 模型的框架，再逐步细化，如图 6-14（a）所示。

（2）自底向上。先定义各局部应用的概念结构 E-R 模型，然后将它们集成，得到全局概念结构 E-R 模型，如图 6-14（b）所示。

（3）逐步扩张。先定义最重要的核心概念结构 E-R 模型，然后向外扩充，以滚雪球的方式逐步生成其他概念结构 E-R 模型，如图 6-14（c）所示。

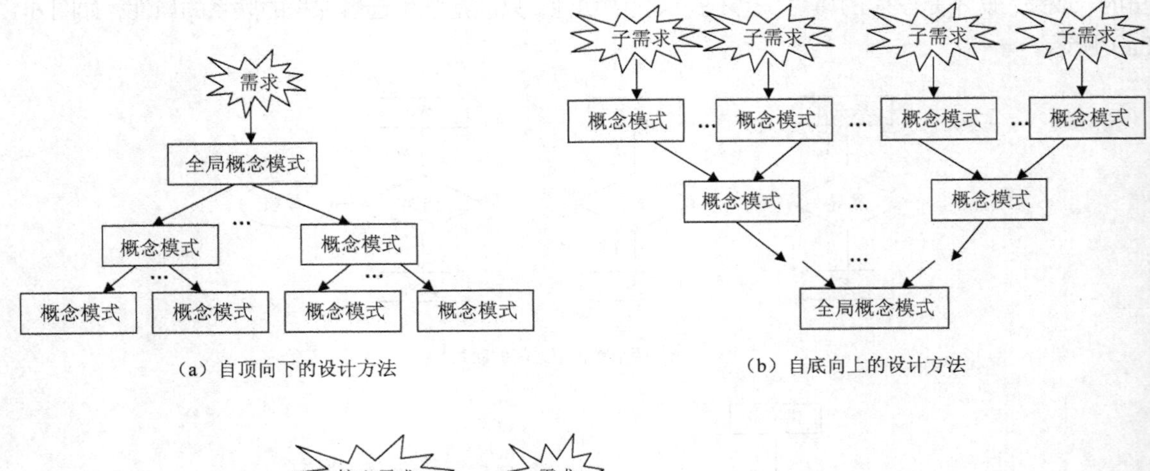

（a）自顶向下的设计方法　　（b）自底向上的设计方法

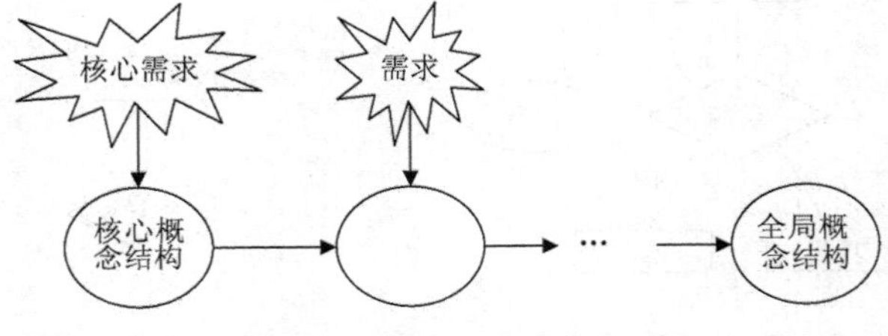

（c）逐步扩张的设计方法

图 6-14　概念结构设计的方法

（4）混合策略。该方法采用自顶向下和自底向上相结合的方法，先自顶向下定义全局框架，再以它为骨架集成自底向上方法中设计的各个局部概念结构。其中最常用的概念结构设计方法是自底向上，即自顶向下地进行需求分析，再自底向上地设计概念结构。

2. 概念结构设计的步骤

自底向上的设计方法可分为以下两步（如图 6-15 所示）。

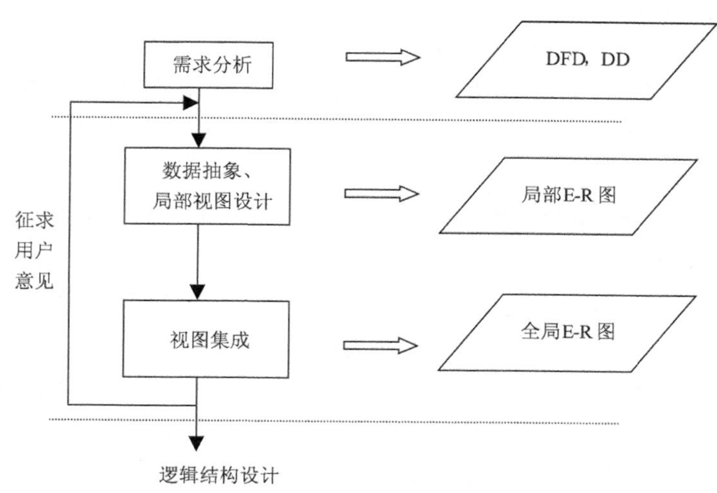

图 6-15　自底向上方法的设计步骤

（1）进行数据抽象，设计局部 E-R 模型，即设计用户视图。

（2）集成各局部 E-R 模型，形成全局 E-R 模型，即视图集成。

3. 数据抽象与局部 E–R 模型设计

概念结构是对现实世界的一种抽象。所谓抽象是对实际的人、物、事和概念进行人为处理，它抽取人们关心的共同特性，忽略非本质的细节，并把这些特性用各种概念精确地加以描述，这些概念组成了某种模型。概念结构设计首先要根据需求分析得到的结果（数据流图、数据字典等）对现实世界进行抽象，设计各个局部 E-R 模型。

（1）E-R 方法。

E-R 方法是实体-联系方法（Entity-Relationship Approach）的简称。它是描述现实世界概念结构模型的有效方法。用 E-R 方法建立的概念结构模型称为 E-R 模型，或称为 E-R 图。

（2）数据抽象。

在系统需求分析阶段，最后得到了多层数据流图、数据字典和系统分析报告。建立局部 E-R 模型，就是根据系统的具体情况，在多层的数据流图中选择一个适当层次的数据流图，作为设计 E-R 图的出发点，让这组图中每一部分对应一个局部应用。在前面选好的某一层次的数据流图中，每个局部应用都对应了一组数据流图，局部应用所涉及的数据存储在数据字典中。现在就是要将这些数据从数据字典中抽取出来，参照数据流图，确定每个局部应用包含哪些实体，这些实体又包含哪些属性，以及实体之间的联系及其类型。

设计局部 E-R 模型的关键就是正确划分实体和属性。实体和属性之间在形式上并无可以明显区分的界限，通常是按照现实世界中事物的自然划分来定义实体和属性，将现实世界中的事物进行数据抽象，得到实体和属性。一般有两种数据抽象：分类和聚集。

① 分类（Classification）。

分类定义某一类概念作为现实世界中一组对象的类型，将一组具有某些共同特性和行为的对象抽象为一个实体。对象和实体之间是“is member of”的关系。例如，在教学管理中，“赵亦”是一名学生，表示“赵亦”是学生中的一员，她具有学生们共同的特性和行为。

② 聚集（Aggregation）。

聚集定义某一类型的组成成分，将对象类型的组成成分抽象为实体的属性。组成成分与对象类型之间是“is part of”的关系。例如，学号、姓名、性别、年龄和系别等可以抽象为学生实体的属性，其中学号是标识学生实体的主码。

（3）局部 E-R 模型设计。

数据抽象后得到了实体和属性，实际上实体和属性是相对而言的，往往要根据实际情况进行必要的调整。在调整中要遵循以下两条原则。

① 实体具有描述信息，而属性没有。即属性必须是不可分的数据项，不能再由另一些属性组成。

② 属性不能与其他实体具有联系，联系只能发生在实体之间。

例如，学生是一个实体，学号、姓名、性别、年龄和系别等是学生实体的属性。这时，系别只表示学生属于哪个系，不涉及系的具体情况，换句话说，没有需要进一步描述的特性，即是不可分的数据项，则根据原则①可以作为学生实体的属性。但如果考虑一个系的系主任、学生人数、教师人数、办公地点等，则系别应作为一个实体，如图 6-16 所示。

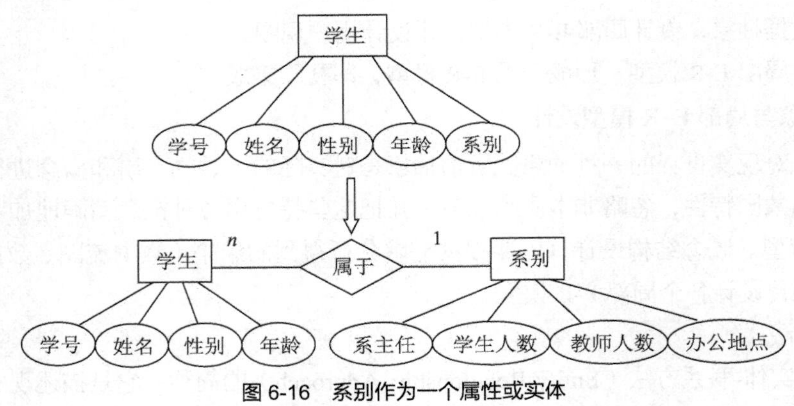

图 6-16　系别作为一个属性或实体

又如，职称为教师实体的属性，但在涉及住房分配时，由于分房与职称有关，即职称与住房实体之间有联系，则根据原则②，职称应作为一个实体，如图 6-17 所示。

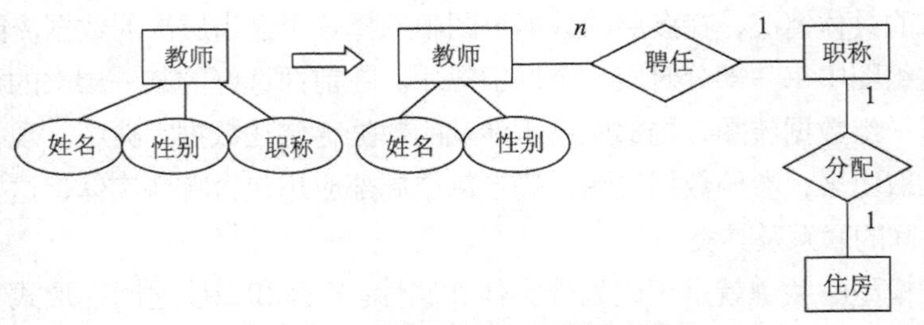

图 6-17　职称作为一个属性或实体

此外，可能会遇到这样的情况，同一数据项可能由于环境和要求的不同，有时作为属性，有时则作为实体，此时必须根据实际情况而定。一般情况下，凡能作为属性对待的，应尽量作为属性，以简化 E-R 图的处理。

形成局部 E-R 模型后，应该返回去征求用户意见，以求改进和完善，使之如实地反映现实世界。E-R 图的优点就是易于被用户理解，便于交流。

需要注意的是，图 6-16 所示的数据库设计方法仅用于数据库设计的教学环节。在实际生产环境中，数据库并不会存储学生的年龄信息，仅会存储学生的出生日期。原因在于年龄每年都会递增，为保障数据库的真实性，必须每年对数据库中所有学生的年龄进行递增操作，这对大型数据库系统来说是不现实的。通常数据库中仅会存储反映学生年龄的静态信息，即出生日期，然后在需要年龄的时候，通过系统当前时间和数据库中存储的出生日期做差获得学生当前的年龄。

4. 全局 E–R 模型设计

局部 E-R 模型设计完成之后，下一步就是集成各局部 E-R 模型，形成全局 E-R 模型，即视图集成。视图集成的方法有以下两种。

（1）多元集成法，一次性将多个局部 E-R 图合并为一个全局 E-R 图，如图 6-18（a）所示。

（2）二元集成法，首先集成两个重要的局部 E-R 图，以后用累加的方法逐步将一个新的 E-R 图集成进来，如图 6-18（b）所示。

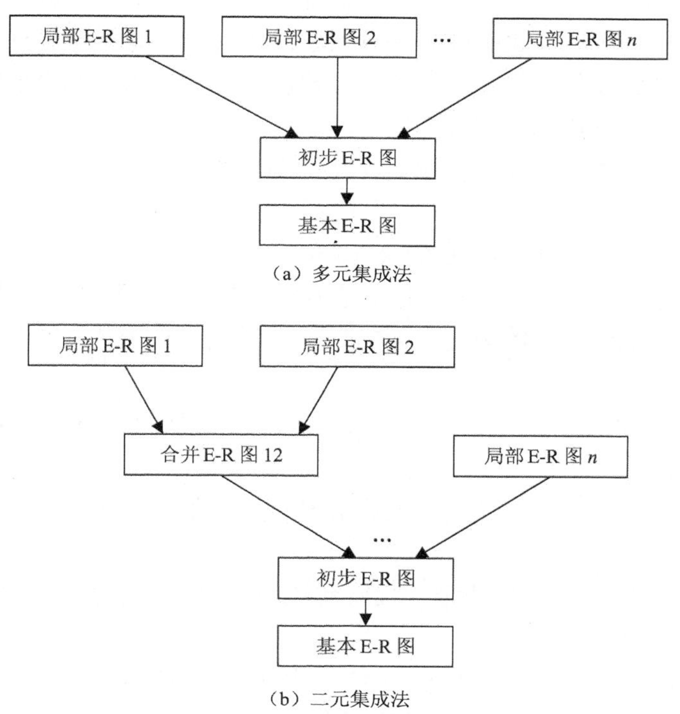

（a）多元集成法

（b）二元集成法

图 6-18 局部 E-R 图合并成全局 E-R 图

在实际应用中，可以根据系统复杂性选择这两种方案。一般采用二元集成法，如果局部 E-R 图比较简单，可以采用多元集成法。一般情况下，采用二元集成法，即每次只综合两个 E-R 图，这样可降低难度。无论使用哪一种方法，视图集成均分成两个步骤，如图 6-19 所示。

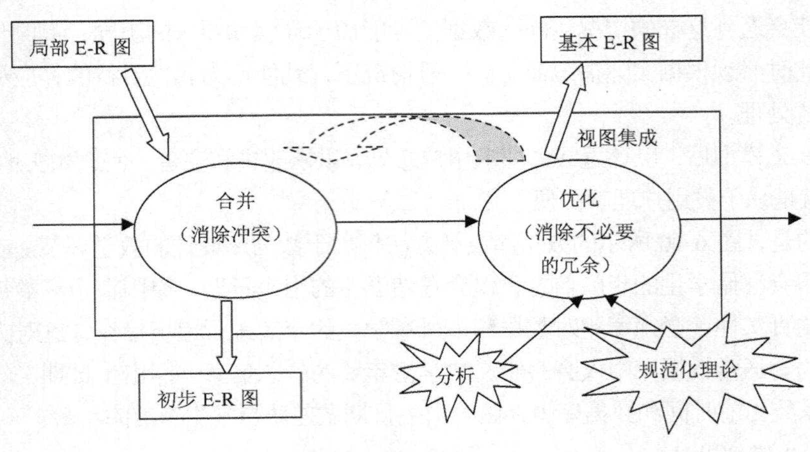

图 6-19 视图集成

（1）合并。合并局部 E-R 图，消除局部 E-R 图之间的冲突，生成初步 E-R 图。

这个步骤将所有的局部 E-R 图综合成全局概念结构。全局概念结构不仅要支持所有的局部 E-R 模型，而且必须合理地表示一个完整的、一致的数据库概念结构。

由于各个局部应用不同，通常由不同的设计人员进行局部 E-R 图设计，因此，各局部 E-R 图不可避免地会有许多不一致的地方，称之为冲突。合并局部 E-R 图时并不能简单地将各个 E-R 图画到一起，而必须消除各个局部 E-R 图中的不一致，使合并后的全局概念结构不仅支持所有的局部 E-R 模型，而且必须是一个能被全系统中所有用户共同理解和接受的完整的概念模型。合并局部 E-R 图的关键就是合理消除各局部 E-R 图中的冲突。

E-R 图中的冲突有三种：属性冲突、命名冲突和结构冲突。

① 属性冲突。

属性冲突又分为属性值域冲突和属性的取值单位冲突。

- 属性值域冲突，即属性值的类型、取值范围或取值集合不同。例如学号，有些部门将其定义为数值型，而有些部门将其定义为字符型。又如年龄，有的可能用出生年月表示，有的则用整数表示。
- 属性的取值单位冲突。例如零件的重量，有的以公斤为单位，有的以斤为单位，有的则以克为单位。
- 属性冲突属于用户业务上的约定，必须与用户协商后解决。

② 命名冲突。

命名不一致可能发生在实体名、属性名或联系名之间，其中属性的命名冲突更为常见。一般表现为同名异义或异名同义。

- 同名异义，即同一名字的对象在不同的部门中具有不同的意义。例如，“单位”在某些部门表示为人员所在的部门，而在某些部门可能表示物品的重量、长度等属性。
- 异名同义，即同一意义的对象在不同的部门中具有不同的名称，例如对于“房间”这个名称，在教学管理部门中对应为教室，而在后勤管理部门对应为学生宿舍。

命名冲突的解决方法同属性冲突相同，也需要与各部门用户协商、讨论后加以解决。

③ 结构冲突。

- 同一对象在不同应用中有不同的抽象，可能为实体，也可能为属性。例如，教师的职称在某一局部应用中被当作实体，而在另一局部应用中被当作属性。

这类冲突在解决时，就是使同一对象在不同应用中具有相同的抽象，或把实体转换为属性，或把属性转换为实体。但都要符合局部 E-R 模型设计中所介绍的调整原则。

- 同一实体在不同应用中属性组成不同，可能是属性个数或属性次序不同。

解决办法是合并后实体的属性组成为各局部 E-R 图中的同名实体属性的并集，然后再适当调整属性的次序。

- 同一联系在不同应用中呈现不同的类型。例如 E1 与 E2 在某一应用中可能是一对一联系，而在另一应用中可能是一对多或多对多联系，也可能是在 E1、E2、E3 三者之间有联系。

这种情况应该根据应用的语义对实体联系的类型进行综合或调整。

（2）优化。消除不必要的冗余，生成基本 E-R 图。

冗余是指冗余的数据和实体之间冗余的联系。冗余的数据是指可由基本的数据导出的数据，冗余的联系是由其他的联系导出的联系。在上面消除冲突合并后得到的初步 E-R 图中，可能存在冗余的数据或冗余的联系。冗余的存在容易破坏数据库的完整性，给数据库的维护增加困难，应该消除。把消除了冗余的初步 E-R 图称为基本 E-R 图。

通常采用分析的方法消除冗余。数据字典是分析冗余数据的依据，还可以通过数据流图分析出冗余的联系。

通过合并和优化过程所获得的最终 E-R 模型是企业的概念模型，它代表了用户的数据要求，是沟通“要求”和“设计”的桥梁。它决定数据库的总体逻辑结构，是成功建立数据库的关键。如果设计不好，就不能充分发挥数据库的功能，无法满足用户的处理要求。因此，用户和数据库设计人员必须对这一模型反复讨论，在用户确认这一模型已正确无误地反映了他们的要求后，才能进入下一阶段的设计工作。

6.3.5 案例的概念结构设计

根据概念结构设计的步骤，依据案例的 DFD 和数据字典，首先建立局部 E-R 模型，然后通过合并和优化的方法获得全局 E-R 模型。

1. 案例的局部 E–R 模型设计

分析任课和选课所涉及数据结构和数据结构间的联系，可得到如下实体间的语义约定。

（1）一个学生可选修多门课程，一门课程可为多个学生选修，因此，学生和课程是多对多的联系。

（2）一个教师可讲授多门课程，一门课程可为多个教师讲授，因此，教师和课程也是多对多的联系。

（3）一个系可有多个教师，一个教师只能属于一个系，因此，系和教师是一对多的联系，同样系和学生也是一对多的联系。

将上述约定中提及的数据结构转换为 E-R 图中的实体，联系转换为 E-R 图中的联系，建立图 6-20 所示的学生选课局部 E-R 图和图 6-21 所示的教师任课局部 E-R 图。

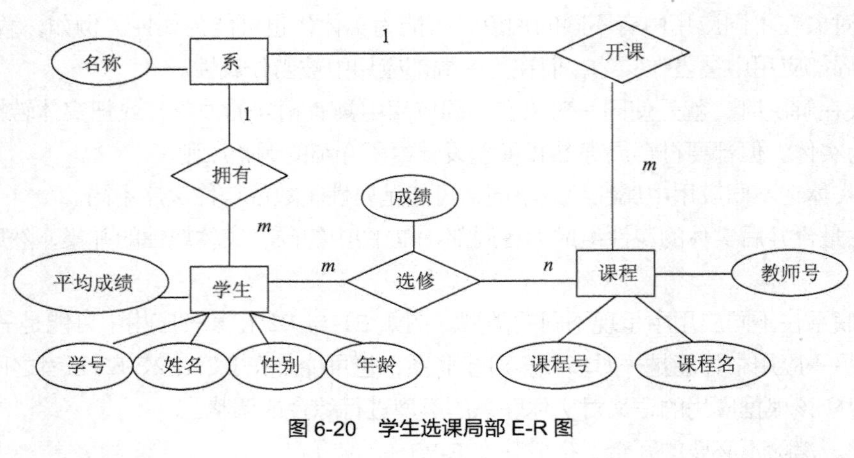

图 6-20　学生选课局部 E-R 图

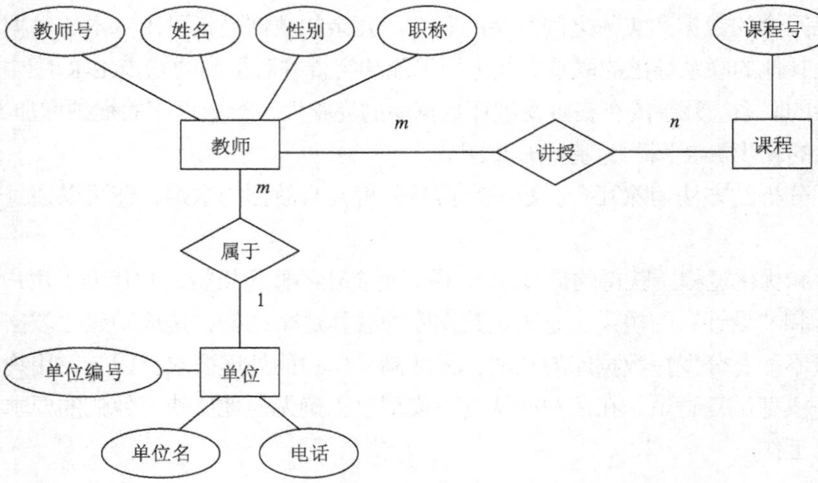

图 6-21　教师任课局部 E-R 图

2. 案例的全局 E–R 模型设计

在局部 E-R 模型设计基础上，进行局部 E-R 模型的合并，生成初步 E-R 图。

首先，这两个局部 E-R 图中存在着命名冲突，学生选课局部 E-R 图中的实体“系”与教师任课局部 E-R 图中的实体“单位”，都是指“系”，即所谓的异名同义，合并后统一改为“系”，这样属性“名称”和“单位名”即可统一为“系名”。

其次，还存在着结构冲突，实体“系”和实体“课程”在两个不同应用中的属性组成不同，合并后这两个实体的属性组成为原来局部 E-R 图中的同名实体属性的并集。解决上述冲突后，合并两个局部 E-R 图，生成如图 6-22 所示的初步 E-R 图。

再次，对初步 E-R 图进行优化，消除冗余数据。在图 6-22 所示的初步 E-R 图中，“课程”实体中的属性“教师号”可由“讲授”这个教师与课程之间的联系导出，而学生的平均成绩可由“选修”联系中的属性“成绩”计算出来，所以“课程”实体中的“教师号”与“学生”实体中的“平均成绩”均属于冗余数据。冗余实体的情况：“系”和“课程”之间的联系“开课”，可以由“系”和“教师”之间的“属于”联系与“教师”和“课程”之间的“讲授”联系推导出来，所以“开课”属于冗余联系。

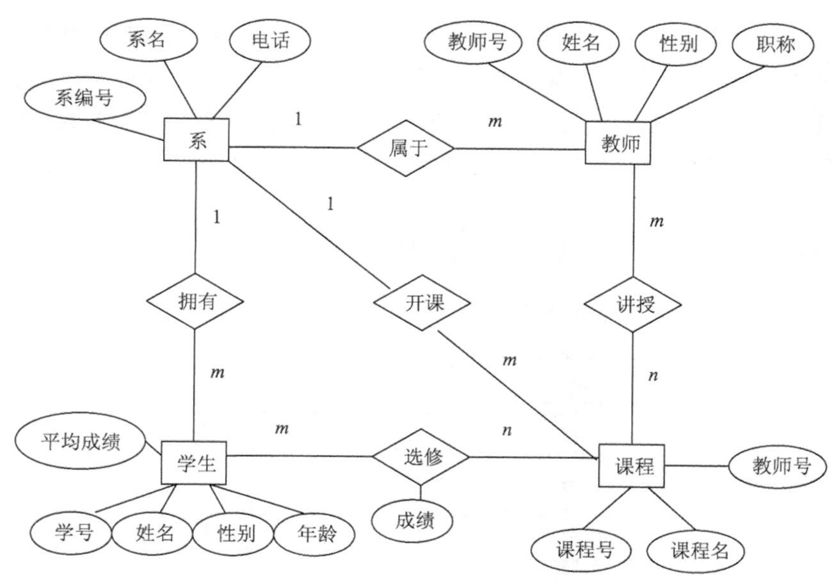

图 6-22　教学管理系统的初步 E-R 图

最后，图 6-22 的初步 E-R 图在消除冗余数据和冗余联系后，便可得到基本 E-R 图，如图 6-23 所示。

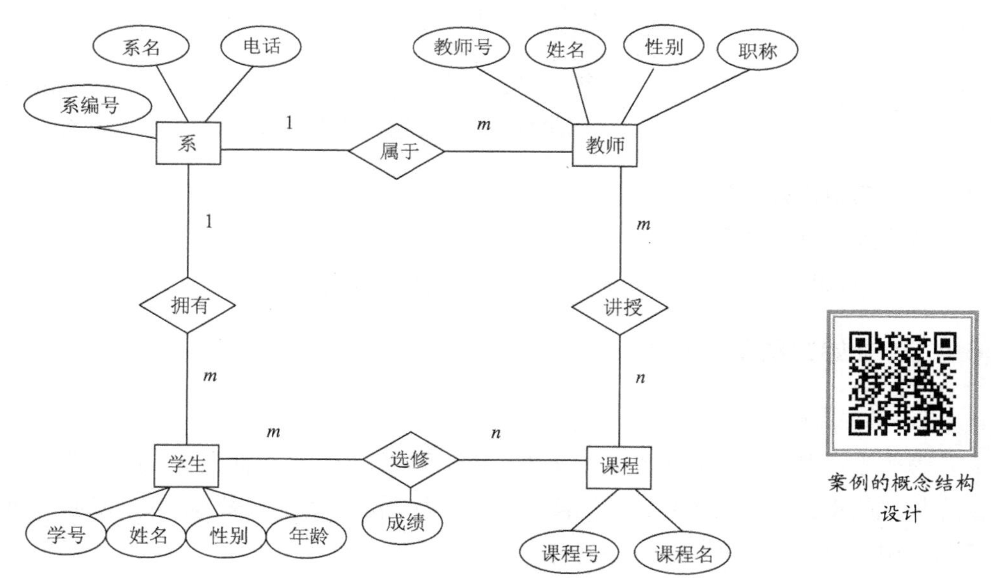

图 6-23　教学管理系统的基本 E-R 图

6.4　逻辑结构设计

6.4.1　逻辑结构设计的任务和步骤

概念结构设计阶段得到的 E-R 模型是用户的模型，它独立于任何数据模型，独立于任何一个具体的 DBMS。为了建立用户所要求的数据库，需要把上述概念模型转换为某个具体的 DBMS 所支持的数据模型。数据库逻辑设计的任务是将概念模型转换成特定 DBMS 所支持的数据模型的过程。从此开始便进入了“实现设计”阶段，需要考虑到具体的 DBMS 的性能、具体的数据模型特点。

从 E-R 图所表示的概念模型可以转换成任何一种具体的 DBMS 所支持的数据模型，如网状模型、层次模型和关系模型。这里只讨论关系数据库的逻辑设计问题，所以只介绍 E-R 图如何向关系模型进行转换。

一般的逻辑结构设计分为以下三步（如图 6-24 所示）。

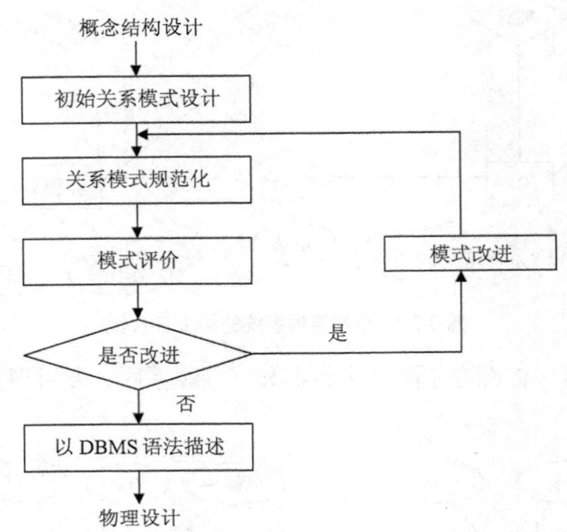

图 6-24　关系数据库的逻辑结构设计

（1）初始关系模式设计。

（2）关系模式规范化。

（3）模式的评价与改进。

6.4.2　初始关系模式设计

1. 转换原则

概念设计中得到的 E-R 图是由实体、属性和联系组成的，而关系数据库逻辑设计的结果是一组关系模式的集合。所以将 E-R 图转换为关系模型实际上就是将实体、属性和联系转换成关系模式。在转换中要遵循以下原则。

（1）一个实体转换为一个关系模式，实体的属性就是关系的属性，实体的码就是关系的主码。

（2）一个联系转换为一个关系模式，与该联系相连的各实体的主码以及联系的属性均转换为该关系的属性。该关系的主码有三种情况。

① 如果联系为 1:1，则每个实体的主码都可以是关系的候选码。

② 如果联系为 1:*n*，则 *n* 端实体的主码是关系的主码。

③ 如果联系为 *n*:*m*，则每个实体的主码的组合是关系的主码。

2. 具体做法

（1）把每一个实体转换为一个关系。首先分析各实体的属性，从中确定其主码，然后分别用关系模式表示。

（2）把每一个联系转换为关系模式。由联系转换得到的关系模式中，包含联系本身的属性和联系的关系的主码，其关系的主码确定与联系的类型有关。

（3）特殊情况的处理。三个或三个以上实体间的一个多元联系在转换为一个关系模式时，与该多元联系相连的各实体的主码及联系本身的属性均转换成为关系的属性，转换后所得到的关系的主码为各实体主码的组合。

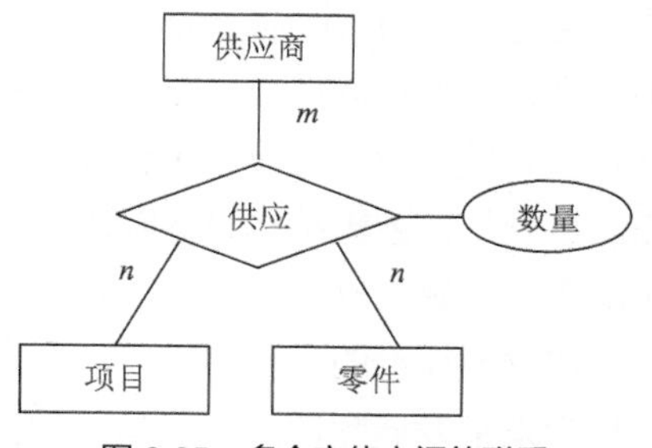

图 6-25 多个实体之间的联系

【例 6-1】图 6-25 表示供应商、项目和零件三个实体之间的多对多联系，如果已知三个实体的主码分别为“供应商号”，“项目号”与“零件号”，则它们之间的联系“供应”可转换为以下关系模式，其中供应商号、项目号、零件号为此关系的组合关系的主码。

供应（供应商号，项目号，零件号，数量）

6.4.3 关系模式规范化

应用规范化理论对上述产生的关系的逻辑模式进行初步优化，以减少乃至消除关系模式中存在的各种异常，改善完整性、一致性和存储效率。规范化理论是数据库逻辑设计的指南和工具，规范化过程可分为两个步骤：确定范式级别和实施规范化处理。

1. **确定范式级别**

考察关系模式的函数依赖关系，确定范式等级。逐一分析各关系模式，考查主码和非主属性之间是否存在部分函数依赖、传递函数依赖等，确定它们分别属于第几范式。

2. **实施规范化处理**

利用第 4 章的规范化理论，逐一考察各个关系模式，根据应用要求，判断它们是否满足规范要求，可用已经介绍过的规范化方法和理论将关系模式规范化。

实际上，数据库规范化理论可用于整个数据库开发生命周期中。在需求分析阶段、概念结构设计阶段和逻辑结构设计阶段，数据库规范化理论的应用如下。

（1）在需求分析阶段，用函数依赖的概念分析和表示各个数据项之间的联系。

（2）在概念结构设计阶段，以规范化理论为指导，确定关系的主码，消除初步 E-R 图中冗余的联系。

（3）在逻辑结构设计阶段，从 E-R 图向数据模型转换过程中，用模式合并与分解方法达到指定的数据库规范化级别（至少达到 3NF）。

6.4.4 模式评价与改进

关系模式的规范化不是目的而是手段，数据库设计的目的是最终满足应用需求。因此，为了进一步提高数据库应用系统的性能，还应该对规范化后产生的关系模式进行评价、改进，经过反复多次的尝试和比较，最后得到优化的关系模式。

1. 模式评价

模式评价的目的是检查所设计的数据库模式是否满足用户的功能要求、效率要求，从而确定加以改进的部分。模式评价包括功能评价和性能评价。

（1）功能评价。

功能评价指对照需求分析的结果，检查规范化后的关系模式集合是否支持用户所有的应用要求。关系模式必须包括用户可能访问的所有属性。在涉及多个关系模式的应用中，应确保连接后不丢失信息。如果发现有的应用不被支持，或不完全被支持，则应进行关系模式的改进。发生这种问题的原因可能是在逻辑结构设计阶段，也可能是在系统需求分析或概念结构设计阶段。是哪个阶段的问题就返回到哪个阶段去改进，因此有可能对前两个阶段再进行评审，解决存在的问题。

在功能评价的过程中，可能会发现冗余的关系模式或属性，这时应对它们加以区分，搞清楚它们是为未来发展预留的，还是某种错误造成的，比如名字混淆。如果属于错误造成的，进行改正即可，而如果这种冗余来源于前两个设计阶段，则也要返回改进，并重新进行评审。

（2）性能评价。

对于目前得到的数据库模式，由于缺乏物理结构设计所提供的数量测量标准和相应的评价手段，所以性能评价是比较困难的，只能对实际性能进行估计，包括逻辑记录的存取数、传送量以及物理结构设计算法的模型等。同时，可根据模式改进中关系模式合并的方法，提高关系模式的性能。

2. 模式改进

根据模式评价的结果，对已生成的模式进行改进。如果因为系统需求分析、概念结构设计的疏漏导致某些应用不能得到支持，则应该增加新的关系模式或属性。如果因为性能考虑而要求改进，则可采用合并或分解的方法。

（1）合并。

如果有若干个关系模式具有相同的主码，并且对这些关系模式的处理主要是查询操作，而且经常是多关系的连接查询，那么可对这些关系模式按照组合使用频率进行合并。这样便可以减少连接操作而提高查询效率。

（2）分解。

为了提高数据操作的效率和存储空间的利用率，最常用和最重要的模式优化方法就是分解，根据应用的不同要求，可以对关系模式进行垂直分解和水平分解。

水平分解是把关系的元组分为若干个子集合，将分解后的每个子集合定义为一个子关系。对于经常进行大量数据的分类条件查询的关系，可进行水平分解，这样可以减少应用系统每次查询需要访问的记录数，从而提高了查询性能。

例如，有学生关系（学号，姓名，类别，……），其中类别包括大专生、本科生和研究生。如果多数查询一次只涉及其中的一类学生，就应该把整个学生关系水平分解为大专生、本科生和研究生三个关系。

垂直分解是把关系模式的属性分解为若干个子集合，形成若干个子关系模式，每个子关系模式的主码为原关系模式的主码。垂直分解的原则是把经常一起使用的属性分解出来，形成一个子关系模式。

例如，有教师关系（教师号，姓名，性别，年龄，职称，工资，岗位津贴，住址，电话），如果经常查询的仅是前六项，而后三项很少使用，则可以将教师关系进行垂直分解，得到两个教师关系：

教师关系 1（教师号，姓名，性别，年龄，职称，工资）

教师关系 2（教师号，岗位津贴，住址，电话）

这样，便减少了查询的数据传递量，提高了查询速度。

垂直分解可以提高某些事务的效率，但也有可能使另一些事务不得不执行连接操作，从而降低了效率。因此是否要进行垂直分解要看分解后的所有事务的总效率是否得到了提高。垂直分解要保证分解后的关系具有无损连接性和函数依赖保持性。相关的算法在第 4 章已经进行了详细介绍。

经过多次的模式评价和模式改进之后，最终的数据库模式得以确定。逻辑结构设计阶段的结果是全局逻辑数据库结构。对于关系数据库系统来说，就是一组符合一定规范的关系模式组成的关系数据库模式。

数据库系统的数据物理独立性特点消除了由于物理存储改变而引起的对应程序的修改。数据库的逻辑结构设计完成后，就可以开展物理结构设计。

6.4.5　案例的逻辑结构设计

依据概念结构设计得到的全局 E-R 模型，首先进行初始关系模式的设计，然后对关系模式进行规范化处理，最后进行模式的评价和改进。

1. 案例的初始关系模式设计

首先，依据 6.4.2 中介绍的转换原则，将全局 E-R 模型（图 6-23）中四个实体分别转换成四个关系模式：

学生（<u>学号</u>，姓名，性别，年龄）

课程（<u>课程号</u>，课程名）

教师（<u>教师号</u>，姓名，性别，职称）

系（<u>系编号</u>，系名，电话）

其中，下划线表示主码。

然后，依据 6.4.2 中介绍的联系转换原则，将全局 E-R 模型（图 6-23）中四个联系也分别转换成四个关系模式：

属于（<u>教师号</u>，系编号）

讲授（<u>教师号，课程号</u>）

选修（<u>学号，课程号</u>，成绩）

拥有（系编号，<u>学号</u>）

2. 案例关系模式的规范化

由于上述转换基于的是全局 E-R 模型，因此，上述转换得到的模式满足 3NF。在实际生产环境下，3NF 和 BCNF 的数据库设计已经满足大部分数据库系统的设计要求，仅在一些特殊的情况下，如第 4 章所介绍的多值依赖，才需要继续对模式进行规范化处理，将 3NF 和 BCNF 转换为 4NF。

3. 案例关系模式的评价和改进

对关系模式进行合并处理，合并具有相同主码的关系模式。在案例的模式中，教师实体与属于联系具有相同的主码——教师号，因此，可以将属于联系中的系名属性添加到教师实体中，形成新的教师实体并删除属于联系。同理，学生实体和拥有联系具有相同的主码——学号，因此，可以将拥有联系中的系编号属性添加到学生实体中，形成新的学生实体并删除拥有联系。经过上述合并处理后，本科教学管理系统的关系模式为：

学生（学号，姓名，性别，年龄，系编号）

课程（课程号，课程名）

教师（教师号，姓名，性别，职称）

系（系编号，系名，电话）

讲授（教师号，课程号）

选修（学号，课程号，成绩）

案例的逻辑结构设计

根据实际业务需求，还可通过其他分解手段，进一步改进上述关系模式。

6.5 物理结构设计

数据库最终要存储在物理设备上。对于给定的逻辑数据模型，选取一个最适合应用环境的物理结构的过程，称为数据库物理结构设计。物理结构设计的任务是为了有效地实现逻辑模式，确定所采取的存储策略。此阶段是以逻辑设计的结果作为输入，结合具体 DBMS 的特点与存储设备特性进行设计，选定数据库在物理设备上的存储结构和存取方法。

数据库的物理结构设计可分为如下两步。

（1）确定物理结构，在关系数据库中主要指存取方法和存储结构。

（2）评价物理结构，评价的重点是时间和空间效率。

6.5.1 确定物理结构

设计人员必须深入了解给定的 DBMS 的功能，DBMS 提供的环境和工具、硬件环境，特别是存储设备的特征。另一方面也要了解应用环境的具体要求，如各种应用的数据量、处理频率和响应时间等。只有“知己知彼”才能设计出较好的物理结构。

1. **存储记录结构的设计**

在物理结构中，数据的基本存取单位是存储记录。有了逻辑记录结构以后，就可以设计存储记录结构，一个存储记录可以和一个或多个逻辑记录相对应。存储记录结构包括记录的组成、数据项的类型和长度，以及逻辑记录到存储记录的映射。某一类型的所有存储记录的集合称为“文件”，文件的存储记录可以是定长的，也可以是变长的。

文件组织或文件结构是组成文件的存储记录的表示法。文件结构应该表示文件格式、逻辑次序、物理次序、访问路径和物理设备的分配。物理数据库就是指数据库中实际存储记录的格式、逻辑次序、物理次序、访问路径和物理设备的分配。

决定存储结构的主要因素包括存取时间、存储空间和维护代价三个方面。设计时应当根据实际情况对这三个方面进行综合权衡。一般 DBMS 也提供一定的灵活性可供选择，包括聚集和索引。

（1）聚集（Cluster）。

聚集就是为了提高查询速度，把在一个（或一组）属性上具有相同值的元组集中地存放在一个物理块中。如果存放不下，可以存放在相邻的物理块中。其中，这个（或这组）属性称为聚集码。

为什么要使用聚集呢？聚集有以下两个作用。

① 使用聚集以后，聚集码相同的元组集中在一起了，因而聚集值不必在每个元组中重复存储，只要在一个元组中存储一次即可，因此，可以节省存储空间。

② 聚集功能可以大大提高按聚集码进行查询的效率。例如，要查询学生关系中计算机系的学生名单，设计算机系有 300 名学生。在极端情况下，这些学生的记录会分布在 300 个不同的物理块中，这时如果要查询计算机系的学生，就需要做 300 次 I/O 操作，这将影响系统查询的性能。如果按照系别建立聚集，使同一个系的学生记录集中存放，则每做一次 I/O 操作，就可以获得多个满足查询条件的记录，从而显著地减少了访问磁盘的次数。

（2）索引。

存储记录是属性值的集合，主码可以唯一确定一个记录，而其他属性的一个具体值不能唯一确定是哪个记录。在主码上应该建立唯一索引，这样不但可以提高查询速度，还能避免主码重复值的录入，确保了数据的完整性。

在数据库中，用户访问的最小单位是属性。如果对某些非主属性的检索很频繁，可以考虑建立这些属性的索引文件。索引文件对存储记录重新进行内部连接，从逻辑上改变了记录的存储位置，从而改变了访问数据的入口点。关系中数据越多索引的优越性也就越明显。

建立多个索引文件可以缩短存取时间，但是增加了索引文件所占用的存储空间以及维护的开销。因此，应该根据实际需要综合考虑。

2. 访问方法的设计

访问方法是为存储在物理设备上的数据提供存储和检索能力的方法。一个访问方法包括存储结构和检索机构两个部分。存储结构限定了可能访问的路径和存储记录；检索机构定义了每个应用的访问路径，但不涉及存储结构的设计和设备分配。

存储记录是属性的集合，属性是数据项类型，可用作主码或候选码。主码唯一地确定了一个记录。辅助码是用作记录索引的属性，可能并不唯一确定某一个记录。

访问路径的设计分成主访问路径与辅访问路径的设计。主访问路径与初始记录的装入有关，通常是用主码来检索的。首先利用这种方法设计各个文件，使其能最有效地处理主要的应用。一个物理数据库很可能有几套主访问路径。辅访问路径是通过辅助码的索引对存储记录重新进行内部连接，从而改变访问数据的入口点。用辅助索引可以缩短访问时间，但增加了存储空间和索引维护的开销。设计人员应根据具体情况作出权衡。

3. 数据存放位置的设计

为了提高系统性能，应该根据应用情况将数据的易变部分、稳定部分、经常存取部分和存取频率较低部分分开存放。

例如，目前许多计算机都有多个磁盘，因此，可以将表和索引分别存放在不同的磁盘上，在查询时，由于两个磁盘驱动器并行工作，可以提高物理读写的速度。在多用户环境下，可能将日志文件和数据库对象（表、索引等）放在不同的磁盘上，以加快存取速度。另外，数据库的数据备份、日志文件备份等，只在数据库发生故障进行恢复时才使用，而且数据量很大，可以存放在磁带上，以改进整个系统的性能。

4. 系统配置的设计

DBMS 产品一般都提供了一些系统配置变量、存储分配参数，供设计人员和 DBA 对数据库进行物理优化。系统为这些变量设定了初始值，但是这些值不一定适合每一种应用环境，在物理结构设计阶段，要根据实际情况重新对这些变量赋值，以满足新的要求。

系统配置变量和存储分配参数很多，例如，同时使用数据库的用户数、同时打开的数据库对象数、内存分配参数、缓冲区分配参数（使用的缓冲区长度、个数）、存储分配参数、数据库的大小、时间片的大小、锁的数目等，这些参数值影响存取时间和存储空间的分配，在进行物理结构设计时要根据应用环境确定这些参数值，以使系统的性能达到最优。

6.5.2 评价物理结构

和前面几个设计阶段一样，在确定了数据库的物理结构之后，要进行评价，评价重点是时间效率和空间效率。如果评价结果满足设计要求，则可进行数据库实施。实际上，往往需要经过反复测试才能优化数据库物理结构。

6.6 数据库实施

数据库实施是指根据逻辑设计和物理设计的结果，在计算机上建立起实际的数据库结构、装入数据、进行测试和试运行的过程。数据库实施主要包括：建立实际数据库结构、装入数据、应用程序编码与调试、数据库试运行和整理文档。

6.6.1 建立实际数据库结构

DBMS 提供的数据定义语言（DDL）可以定义数据库结构。可使用第 3 章所讲的 CREATE TABLE 语句定义所需的基本表，使用 CREATE VIEW 语句定义视图。

6.6.2 装入数据

装入数据又称为数据库加载（Loading），是数据库实施阶段的主要工作。在数据库结构建立好之后，就可以向数据库中加载数据了。

由于数据库的数据量一般都很大，它们分散于一个企业（或组织）中各个部门的数据文件、报表或多种形式的单据中，存在着大量的重复，并且其格式和结构一般都不符合数据库的要求，必须把这些数据收集起来加以整理，去掉冗余并转换成数据库所规定的格式，这样处理之后才能装入数据库，该过程称为数据的清洗和转换。数据的清洗和转换需要耗费大量的人力、物力，是一种非常单调乏味而又意义重大的工作。

由于应用环境和数据来源的差异，所以不可能存在普遍通用的清洗和转换规则，现有的 DBMS 并不提供通用的数据清洗和转换软件来完成这一工作。

对于一般的小型系统，装入的数据量较少，可以采用人工方法来完成。首先将需要装入的数据从各个部门的数据文件中筛选出来，清洗并转换成符合数据库要求的数据格式，然后输入到计算机中，最后进行数据校验，检查输入的数据是否有误。但是，人工方法不仅效率低，而且容易产生差错。对于数据量较大的系统，应该由计算机来完成这一工作。通常是设计一个数据输入子系统，其主要功能是从大量的原始数据文件中清洗、分类、综合和转换数据库所需的数据，把它们加工成数据库所要求的结构形式，最后装入数据库中，同时还要采用多种检验技术检查输入数据的正确性。

为了保证装入数据库中数据的正确无误，必须高度重视数据的校验工作。在输入子系统的设计中应该考虑多种数据检验技术，在数据转换过程中应使用不同的方法进行多次检验，确认正确后方可入库。

如果在数据库设计时，原来的数据库系统仍在使用，则数据的转换工作是将原来老系统中的数据转换成新系统中的数据结构。同时还要转换原来的应用程序，使之能在新系统下有效地运行。

数据的清洗、分类、综合和转换常常需要多次才能完成，因而输入子系统的设计和实施是很复杂的，需要编写许多应用程序。由于这一工作需要耗费较多的时间，为了保证数据能够及时入库，应该在数据库物理设计的同时编制数据输入子系统，而不能等物理设计完成后才开始。

6.6.3　应用程序编码与调试

数据库应用程序的设计属于一般的程序设计范畴，但数据库应用程序有自己的一些特点。例如，大量使用屏幕显示控制语句、形式多样的输出报表、数据的有效性和完整性检查、有灵活的交互功能等。

为了加快应用系统的开发速度，一般选择集成开发环境，利用代码辅助生成、可视化设计、代码错误检测和代码优化技术，实现高效的应用程序编写和调试，如 Microsoft 的 Visual Studio、Jetbrains 的 IntelliJ IDEA 和开源的 Eclipse 等。这些工具一般还支持数据库访问的插件，方便在统一开发环境中进行程序编码和数据库调试工作。

数据库结构建立好之后，就可以开始编制与调试数据库的应用程序，这时由于数据入库尚未完成，调试程序时可以先使用模拟数据。

6.6.4　数据库试运行

应用程序编写完成，并有了一小部分数据装入后，应该按照系统支持的各种应用分别试验应用程序在数据库上的操作情况，这就是数据库的试运行阶段，或者称为联合调试阶段。在这一阶段要完成两方面的工作。

（1）功能测试。实际运行应用程序，测试它们能否完成各种预定的功能。

（2）性能测试。测试系统的性能指标，分析是否符合设计目标。

系统的试运行对于系统设计的性能检验和评价是很重要的，因为有些参数的最佳值只有在试运行后才能找到。如果测试的结果不符合设计目标，则应返回到设计阶段，重新修改设计和编写程序，有时甚至需要返回到逻辑结构设计阶段，调整逻辑结构。

重新设计物理结构甚至逻辑结构，会导致数据重新入库。由于数据装入的工作量很大，所以可分期分批的组织数据装入，先输入小批量数据做调试用，待试运行基本合格后，再大批量输入数据，逐步增加数据量，逐步完成运行评价。

数据库的实施和调试不是几天就能完成的，需要有一定的时间。在此期间由于系统还不稳定，随时可能发生硬件或软件故障，加之数据库刚刚建立，操作人员对系统还不熟悉，对其规律缺乏了解，容易发生操作错误，这些故障和错误很可能破坏数据库中的数据，这种破坏又很可能在数据库中引起连锁反应，破坏整个数据库。因此，必须做好数据库的转储和恢复工作，要求设计人员熟悉 DBMS 的转储和恢复功能，并根据调试方式和特点首先加以实施，尽量减少对数据库的破坏，并简化故障恢复。

6.6.5 整理文档

在程序的编码调试和试运行中，应该将发现的问题和解决方法记录下来，将它们整理存档作为资料，供以后正式运行和改进时参考。全部的调试工作完成之后，应该编写应用系统的技术说明书和使用说明书，在正式运行时随系统一起交给用户。完整的文件资料是应用系统的重要组成部分，但这一点常被忽视。必须强调这一工作的重要性，引起用户与设计人员的充分注意。

6.7 数据库运行和维护

数据库试运行结果符合设计目标后，数据库就投入正式运行，进入运行和维护阶段。数据库系统投入正式运行，标志着数据库应用开发工作的基本结束，但并不意味着设计过程已经结束。由于应用环境不断发生变化，用户的需求和处理方法不断发展，数据库在运行过程中的存储结构也会不断变化，从而必须修改和扩充相应的应用程序。数据库运行和维护阶段的主要任务包括以下三项内容。

（1）维护数据库的安全性与完整性。

（2）监测并改善数据库性能。

（3）重新组织和构造数据库。

6.7.1 维护数据库的安全性与完整性

按照设计阶段提供的安全规范和故障恢复规范，DBA 要经常检查系统的安全，根据用户的实际需要授予用户不同的操作权限。数据库在运行过程中，由于应用环境发生变化，对安全性的要求可能发生变化，DBA 要根据实际情况及时调整相应的授权和密码，以保证数据库的安全性。同样，数据库的完整性约束条件也可能会随应用环境的改变而改变，这时 DBA 也要对其进行调整，以满足用户的要求。

另外，为了确保系统在发生故障时，能够及时地进行恢复，DBA 要针对不同的应用要求制定不同的转储计划，定期对数据库和日志文件进行备份，以使数据库在发生故障后恢复到某种一致性状态，保证数据库的完整性。

6.7.2 监测并改善数据库性能

目前许多 DBMS 产品都提供了监测系统性能参数的工具，DBA 可以利用这些工具，经常对数据库的存储空间状况及响应时间进行分析评价；结合用户的反应情况确定改进措施；及时改正运行中发现的错误；按用户的要求对数据库的现有功能进行适当的扩充。但要注意在增加新功能时应保证原有功能和性能不受损害。

6.7.3 重新组织和构造数据库

数据库建立后，除了数据本身是动态变化以外，随着应用环境的变化，数据库本身也必须变化以适应应用要求。

数据库运行一段时间后，由于记录的不断增加、删除和修改，会改变数据库的物理存储结构，使数据库的物理特性受到破坏，从而降低数据库存储空间的利用率和数据的存取效率，使数据库的性能下降。因此，需要对数据库进行重新组织，即重新安排数据的存储位置，回收垃圾，改进数据库的响应时间和空间利用率，提高系统性能。这与操作系统对“磁盘碎片”的处理的概念相类似。数据库的重组只是使数据库的物理存储结构发生变化，而数据库的逻辑结构不变，根据数据库的三级模式，可以知道数据库重组对系统功能没有影响，只是为了提高系统的性能。

数据库应用环境的变化可能导致数据库的逻辑结构发生变化，例如，要增加新的实体，增加某些实体的属性，实体之间的联系发生了变化，这样使原有的数据库设计不能满足新的要求，必须对原来的数据库重新构造，适当调整数据库的模式和内模式，例如，增加新的数据项，增加或删除索引，修改完整性约束条件等。

DBMS 一般都提供了重新组织和构造数据库的应用程序，以帮助 DBA 完成数据库的重组和重构工作。

只要数据库系统在运行，就需要不断地进行修改、调整和维护。一旦应用变化太大，数据库重新组织也无济于事，这就表明数据库应用系统的生命周期结束，应该建立新系统，重新设计数据库。从头开始数据库设计工作，标志着一个新的数据库应用系统生命周期的开始。

小　　结

本章介绍了数据库设计的六个阶段，包括：系统需求分析、概念结构设计、逻辑结构设计、物理结构设计、数据库实施、数据库运行与维护。对于每一阶段，都详细讨论了其相应的任务、方法和步骤。

需求分析是整个设计过程的基础，如果做得不好，可能会导致整个数据库设计返工重做。

将需求分析所得到的用户需求抽象为信息结构即概念模型的过程就是概念结构设计，概念结构设计是整个数据库设计的关键所在，这一过程包括设计局部 E-R 图、综合成初步 E-R 图和 E-R 图的优化。

将独立于 DBMS 的概念模型转化为相应的数据模型，这是逻辑结构设计所要完成的任务。一般的逻辑设计分为三步：初始关系模式设计、关系模式规范化、模式的评价与改进。

物理结构设计就是为给定的逻辑模型选取一个适合应用环境的物理结构，物理结构设计包括确定物理结构和评价物理结构两步。

根据逻辑设计和物理设计的结果，在计算机上建立起实际的数据库结构，装入数据，进行应用程序的设计，并试运行整个数据库系统，这是数据库实施阶段的任务。

数据库设计的最后阶段是数据库的运行与维护，包括维护数据库的安全性与完整性，监测并改善数据库性能，必要时需要进行数据库的重新组织和构造。

习 题

一、选择题

1.（ ）表达了数据和处理过程的关系。

A）数据字典 B）数据流图 C）逻辑设计 D）概念设计

2. E-R 图的基本成分不包含（ ）。

A）实体 B）属性 C）元组 D）联系

3. 规范化理论是数据库（ ）阶段的指南和工具。

A）需求分析 B）概念设计 C）逻辑设计 D）物理设计

4. 下列因素中，（ ）不是决定存储结构的主要因素。

A）实施难度 B）存取时间 C）存储空间 D）维护代价

5. 建立实际数据库结构是（ ）阶段的任务。

A）逻辑设计 B）物理设计 C）数据库实施 D）运行和维护

6. 当局部 E-R 图合并成全局 E-R 图时可能出现冲突，不属于合并冲突的是（ ）。

A）属性冲突 B）语法冲突 C）结构冲突 D）命名冲突

7. 从 E-R 模型向关系模型转换时，一个 *M:N* 联系转换为关系模式时，该关系模式的码是（ ）。

A）*M* 端实体的主码

B）*N* 端实体的主码

C）*M* 端实体主码与 *N* 端实体主码组合

D）重新选取其他属性

8. 数据库设计人员和用户之间沟通信息的桥梁是（ ）。

A）程序流程图 B）实体联系图 C）模块结构图 D）数据结构图

9. 概念结构设计的主要目标是产生数据库的概念结构，该结构主要反映（ ）。

A）应用程序员的编程需求 B）DBA 的管理信息需求

C）数据库系统的维护需求 D）企业组织的信息需求

10. 设计子模式属于数据库设计的（ ）。

A）需求分析 B）概念设计 C）逻辑设计 D）物理设计

11. 需求分析阶段设计数据流图（DFD）通常采用（ ）。

A）面向对象的方法 B）回溯的方法

C）自底向上的方法 D）自顶向下的方法

12. 在数据库设计中，用 E-R 图来描述信息结构但不涉及信息在计算机中的表示，它是数据库设计的（ ）阶段。

A）需求分析 B）概念设计 C）逻辑设计 D）物理设计

13. 数据库物理设计完成后，进入数据库实施阶段，下列各项中不属于实施阶段的工作是（ ）。

A）建立库结构 B）扩充功能 C）加载数据 D）系统调试

14. 在数据库的概念设计中，最常用的数据模型是（ ）。

A）形象模型 B）物理模型 C）逻辑模型 D）实体联系模型

15. 下列活动不属于需求分析阶段工作的是（ ）。

A）分析用户活动　B）建立 E-R 图　C）建立数据字典　D）建立数据流图

16. 数据库物理设计完成后，进入数据库实施阶段，下列各项中不属于实施阶段的工作是（　　）。

A）建立数据库　B）扩充功能　C）加载数据　D）系统调试

17. 将一个一对多关系转换为一个独立模式时，应取（　　）为主码。

A）一个实体型的主码　B）多端实体型的主码

C）两个实体型的主码属性组合　D）联系型的全部属性

18. 在 E-R 模型中，如果有 3 个不同的实体集、3 个 $m:n$ 联系，根据 E-R 模型转换为关系模型的规则，转换（　　）个关系模式。

A）4　B）5　C）6　D）7

二、填空题

1. 数据库设计包括________和________两方面的内容。
2. ________是目前公认的比较完整和权威的一种规范设计法。
3. 数据库设计中，前四个阶段可统称为________，后两个阶段统称为________。
4. ________是数据库设计的起点，为以后的具体设计做准备。
5. ________就是将需求分析得到的用户需求抽象为信息结构，即概念模型。
6. ________地进行需求分析，再________地设计概念结构。
7. 合并局部 E-R 图时可能会发生三种冲突，它们是：________、________和________。
8. 将 E-R 图向关系模型进行转换是________阶段的任务。
9. 数据库的物理结构设计主要包括________和________。
10. ________是数据库实施阶段的主要工作。
11. 重新组织和构造数据库是________阶段的任务。
12. “为哪些表，在哪些字段上，建立什么样的索引”这一设计内容应该属于数据库设计中的________设计阶段。
13. 在数据库设计中，把数据需求写成文档，它是各类数据描述的集合，包括数据项、数据结构、数据流、数据存储和数据加工过程的描述，通常称为________。
14. 数据流图（DFD）是用于描述结构化方法中________阶段的工具。
15. 在数据库实施阶段包括两项重要的工作，一项是数据的________，另一项是应用程序的编码和调试。

三、设计题

1. 一个图书管理系统中有如下信息。

图书：书号、书名、数量、位置

借书人：借书证号、姓名、单位

出版社：出版社名、邮编、地址、电话、E-mail

其中约定：

任何人可以借多种书，任何一种书可以被多个人借，借书和还书时，要登记相应的借书日期和还书日期；一个出版社可以出版多种书籍，同一本书仅为一个出版社所出版，出版社名具有唯一性。

根据以上情况，完成如下设计。

（1）设计该系统的 E-R 图。

（2）将 E-R 图转换为关系模式。

（3）指出转换后的每个关系模式的主码。

2. 图 6-26（a）、（b）和（c）给出某企业管理系统三个不同的局部 E-R 图，将其合成一个全局 E-R 图，并设置各个实体以及联系的属性（允许增加必要的属性，也可将实体的属性改为联系的属性）。

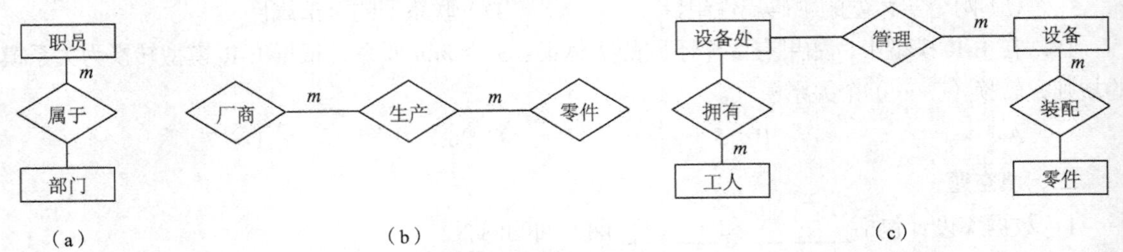

图 6-26 局部 E-R 图

各实体的属性如下。

部门：部门号、部门名、电话、地址

职员：职员号、职员名、职务、年龄、性别

设备处：单位号、电话、地址

工人：工人编号、姓名、年龄、性别

设备：设备号、名称、规格、价格

零件：零件号、名称、规格、价格

厂商：单位号、名称、电话、地址

3. 经过需求分析可知，某医院病房计算机管理系统中需要管理以下信息。

科室：科室名、科室地址、科室电话、医生姓名

病房：病房号、床位号、所属科室

医生：工作证号、姓名、性别、出生日期、联系电话、职称、所属科室名

病人：病历号、姓名、性别、出生日期、诊断记录、主管医生、病房号

其中，一个科室有多个病房、多名医生，一个病房只属于一个科室，一个医生只属于一个科室，但可负责多个病人的诊治，一个病人的主管医生只有一个。

根据以上需求分析的情况，完成以下有关的设计。

（1）画出该计算机管理系统中有关信息的 E-R 图。

（2）将该 E-R 图转换为对应的关系模式。

（3）指出转换以后的各关系模式的范式等级和对应的候选码。

4. 排课是教学环节中的重要过程，该过程包括以下实体。

课程实体：course（cid，cname，chour，ctype）。其中，cid 唯一标识每一个课程，cname 为课程名，chour 为课程学时，ctype 为课程类别（0 表示选修课，1 表示必修课）。

教室实体：classroom（crid，crname，crbuilding）。其中，crid 用于标识每一个教室，crbuilding 为教室的楼宇，crname 为教室的名称。

教师实体：teacher（tid，tname）。其中，tid 唯一标识每一名教师，tname 为教师姓名。

各实体的关系是：每一个教师可以教授多门课程，一门课程可以被多个教师教授，一个教室可以承载多门课程，一个课程可以被安排在多个教室中。当课程安排在指定教室的时候，需指明安排的日期（cdata）以及当天的第几节课程（carrange）。

请根据上述需求，回答以下问题。

（1）设计该系统的 E-R 图。

（2）将 E-R 图转换成关系模式，并指出主码。

（3）根据关系模式，使用 SQL 创建课程实体，要求 SQL 语句中包含主码约束和非空约束，各属性的类型及长度自选。

5. 图书管理系统是一类常见的信息管理系统。分析图书管理系统后，初步获得的实体信息如下。

图书：book（bookid，bookname，num）。其中，bookid 用于标识每一本图书，bookname 为图书名称，num 为图书数量。

借阅用户：bookuser（tid，username，age）。其中，tid 用于标识每一个借书用户，username 为借书用户姓名，age 为借书用户年龄。

图书实体与借阅用户实体间的关系是：借阅用户可以借阅多本图书，同时，一本图书可以被多个借阅用户借阅。借阅过程产生借书日期（borrow_time）和还书日期（return_time）等属性。

请根据上述需求，回答以下问题。

（1）设计该系统的 E-R 图。

（2）将 E-R 图转换成关系模式，并指出主码。

（3）根据关系模式，使用 SQL 创建借书用户实体，要求 SQL 语句中包含主码约束和非空约束。

四、简答题

1. 数据库设计分为哪几个阶段？每个阶段的主要工作是什么？
2. 在数据库设计中，需求分析阶段的任务是什么？主要包括哪些内容？
3. 数据输入在实施阶段的重要性是什么？如何保证输入数据的正确性？
4. 什么是数据库的概念结构？试述概念结构设计的步骤。
5. 用 E-R 图表示概念模式有什么好处？
6. 试述实体、属性划分的原则，并举例说明。
7. 局部 E-R 图的集成主要解决什么问题？
8. 试述逻辑设计的步骤及把 E-R 图转换为关系模式的转换原则，并举例说明。
9. 试述数据库实施阶段的工作要点。
10. 规范化理论对数据库设计有什么指导意义？

本章实验

电子商务系统是目前使用最为广泛的一类数据库系统，它的数据库设计难度与一般规模的数据库系统相当。应用本章所学的数据库设计内容进行一个简单的电子商务原型系统的概要设计、逻辑设计和物理设计对日后开发同等规模或更加复杂的数据库系统具有积极意义。

围绕电子商务的案例，本章的实验由三个部分构成，分别是数据库系统的概要设计、数据库系统的逻辑设计和数据库系统的物理设计。

实验 1　数据库系统的概要设计

一、实验目的

1. 能够根据实际业务需求抽象出实体、实体的属性和实体的联系。
2. 能够抽象业务所涉及的 E-R 图。
3. 能够优化 E-R 图并形成用于数据库系统逻辑设计的全局 E-R 图。

二、实验内容

某公司因业务扩展需要开发一套电子商务系统，用于在线销售各类商品。作为数据库设计人员，通过走访与跟班作业的方式，从商品销售部和商品管理部获得了如下业务信息。

1. 商品管理部的业务信息

商品管理部负责管理销售的各类商品。目前公司所有可供销售的商品都记录在 Excel 表格中。

Excel 表格中每条记录的主要内容包括：商品名称、商品类别、商品价格、生产厂家、上一次购入时间、商品的详细信息、商品的缩略图。其中，商品类别包括图书、手机、数码影像和电脑等。商品的缩略图为 jpg 或 png 类型的图片。生产厂家根据商品类型表达的含义略有差异。如果是图书类型的商品，则生产厂家表示出版社。如果是其他类型商品，生产厂家即为实际生产机构。Excel 中商品记录的示例信息如图 6-27 所示。

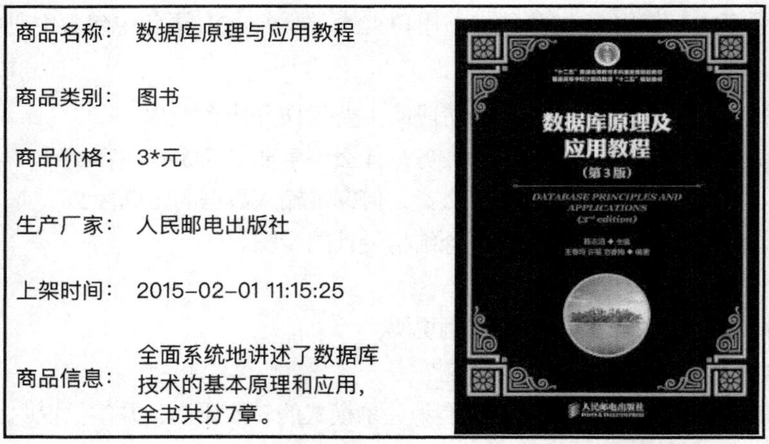

商品名称：数据库原理与应用教程

商品类别：图书

商品价格：3*元

生产厂家：人民邮电出版社

上架时间：2015-02-01 11:15:25

商品信息：全面系统地讲述了数据库技术的基本原理和应用，全书共分7章。

图 6-27　商品记录的示意信息

2. 商品销售部的业务信息

商品销售部负责销售各类商品并对每次销售的结果进行记录。目前公司所有销售结果都记录 Excel 表格中。

Excel 表格中每条记录由三部分内容构成，分别是订单的基本信息、订单的购买人信息和订单中购买的商品信息。

订单的基本信息包括：订单编号、订单的提交时间和订单的当前状态。其中，订单编号为 17 位数字，前 8 位为当前日期，后 9 位为按订单提交顺序生成的编码，该编号能够唯一标识每一条销售记录；订单提交时间精确到秒；订单状态包括：已提交、已发货、已完成等。

订单的购买人信息包括：购买人的姓名、购买人的性别、购买人的联系方式、购买人的电子邮箱。其中，购买人的联系方式统一存储了购买者的送货位置、邮政编码和购买人的手机号码。

订单的购买商品信息包括：商品的名称、商品的类别、商品的缩略图、商品的购买数量、商品的单价（元）。上述信息需与商品管理部所记录的商品信息对应。

Excel 中购买记录的示例信息如图 6-28 所示。

订单号：20170410140000001　　提交时间：2014-02-08 17:03:28

会员姓名：吴*　　性别：女

联系方式：北京市海淀区成府路**号，100083。手机：138****2876

电子邮箱：Wu****@126.com

商品名称	商品类别	商品图片	商品数量	单价
华为荣耀畅玩6X	手机		1	1***
数据库原理与应用教程	图书		3	3*

状态：已完成

图 6-28　购买记录的示例信息

请完成如下实验。

1. 根据商品管理部提供的业务信息，抽象电子商务系统中该部门的局部 E-R 图。要求绘制 E-R 图中实体、属性和实体的联系，并使用中文标注实体、属性和实体联系。

2. 根据商品销售部提供的业务信息，抽象电子商务系统中该部门的局部 E-R 图。要求绘制 E-R 图中实体、属性和实体的联系，并使用中文标注实体、属性和实体联系。

3. 审查已经绘制的 E-R 图，分析是否可以进行 E-R 图的优化工作。重点关注绘制的 E-R 图是否存在数据冗余、插入异常、删除异常和更新异常。

4. 将两个局部 E-R 图整合成描述该公司电子商务系统的全局 E-R 图。重点关注合并过程中的各类冲突。

实验 2　数据库系统的逻辑设计

一、实验目的

1. 能够将 E-R 图转换为对应的关系模式。
2. 能够对关系模式进行规范化的分析和验证。
3. 能够在业务需求发生变化时正确调整关系模式。

二、实验内容

根据概要设计所得的全局 E-R 图，完成如下实验。

1. 根据已经绘制的全局 E-R 图，通过 E-R 图到关系模式的转换方法，将全局 E-R 图转换为关系模式，并注明每个模式的主键和外键。

2. 对转换后的关系模式进行优化。

3. 使用数据规范化分析方法，分析转换后的模式属于第几范式。

4. 在与客户进行数据库的确认工作时，商品管理部门发现现有设计中遗漏了商品的库存信息。需要在现有商品中添加库存信息。添加库存后的商品记录如图 6-29 所示。请修改现有 E-R 图，并调整转换后的关系模式。

商品名称：数据库原理与应用教程

商品类别：图书

商品价格：3*元

生产厂家：人民邮电出版社

上架时间：2015-02-01 11:15:25

商品库存：10本

商品信息：全面系统地讲述了数据库技术的基本原理和应用，全书共分7章。

图 6-29　添加库存后的商品记录信息

实验 3　数据库系统的物理设计

一、实验目的

1. 能够将关系模式图转换为相关数据库管理系统的 DDL 语句。

2. 能够向建立好的数据库中添加测试数据。

3. 能够根据业务需求建立相关的视图。

二、实验内容

根据数据库系统逻辑设计所得的关系模式，完成如下实验。

1. 以 SQL Server 2012 为系统将要部署的数据库管理系统，把逻辑设计所得的关系模式转换成数据库系统的 DDL 语句，具体包括：数据库创建的 DDL、各种实体创建的 DDL 和多对多联系创建的 DDL 等。

2. 向已经创建好的数据中添加测试数据，添加记录的数量不限，只需有代表性即可。

3. 创建视图，显示每个订单的总价。

07

第7章　SQL Server 2012 高级应用

SQL Server 2012 在支持标准 SQL 语言的同时，对其进行了扩充，引入了 Transact-SQL（简称 T-SQL）。T-SQL 是使用 SQL Server 2012 的核心，通过它可以定义变量、使用流控制语句、自定义函数、自定义存储过程等，极大地扩展了 SQL Server 2012 的功能。在 SQL Server 2012 数据库管理系统中，存储过程和触发器具有重要的作用。存储过程和触发器都是 SQL 语句和流程控制语句的集合。

本章首先介绍 Transact-SQL 基本语法、运算符和表达式，以及基本语句和函数的使用；接着介绍存储过程和触发器的概念、使用方法；最后讲述数据库备份及还原的具体方法。

7.1 Transact-SQL 程序设计

在前面的学习过程中，我们所用到的 SQL 是关系型数据库系统的标准语言，标准的 SQL 语句几乎可以在所有的关系型数据库系统上不加修改地使用。但是，标准的 SQL 不支持流程控制，仅仅是一些简单的语句，使用起来有时不方便。为此，大型的关系型数据库系统都在标准 SQL 的基础上，结合自身的特点推出了可以编程的、结构化的 SQL 编程语言。例如，SQL Server 2012 的 Transact-SQL、Oracle 11g 的 PL/SQL 等。

Transact-SQL 就是在标准 SQL 的基础上进行扩充而推出的 SQL Server 专用的结构化 SQL，引入了程序设计的思想、增强了程序的流程控制语句等。因此，在 Transact-SQL 中，标准的 SQL 语句可畅通无阻。Transact-SQL 最主要的用途是设计服务器端的能够在后台执行的程序块，如存储过程、触发器等。在第 3 章中，我们曾介绍了标准 SQL 的语法及其基本使用方法，在此只介绍 Transact-SQL 中的其他部分。

7.1.1 变量

变量是可以对其赋值并参与运算的一个实体，其值在运行过程中可以发生改变。变量可以分为全局变量和局部变量两类，其中全局变量由系统定义并维护，局部变量由用户定义并赋值。局部变量的用法非常广泛，除了可以参加运算构成表达式之外，还可以在程序中保存中间结果、控制循环执行次数、保存存储过程的输出结果和函数的返回值等。

1. 全局变量

全局变量是 SQL Server 2012 系统内部使用的变量，其作用范围并不局限于某一程序，而是任何程序均可随时调用。全局变量通常存储一些 SQL Server 2012 的配置设定值和效能统计数据。用户可在程序中用全局变量来测试系统的设定值或 Transact-SQL 命令执行后的状态值。

全局变量不是由用户的程序定义的，而是由系统定义和维护的，用户只能使用预先说明及定义的全局变量。因此，全局变量对用户而言是只读的，用户只能读取全局变量的值，而不能对它们进行修改或管理。使用全局变量时必须以“@@”开头。

2. 局部变量

局部变量是用户可自定义的变量，其名称命名规则同标识符的命名规则，不区分大小写。但局部变量的名称不能与全局变量的名称相同，否则会在应用中出错。它的作用范围仅在其声明的批处理、存储过程或触发器中。局部变量在程序中通常用来储存从表中查询到的数据，或当作程序执行过程中的暂存变量。

（1）局部变量的声明方式。

局部变量必须先用 DECLARE 命令声明后才可使用，且局部变量名前必须以@为前缀。其声明形式如下：

```
DECLARE  @变量名  变量类型[, @变量名  变量类型, …]
```

其中，变量类型可以是 SQL Server 2012 支持的所有数据类型。

（2）局部变量的赋值。

在 T-SQL 中，不能像在一般的程序语言中一样使用“变量=变量值”来给变量赋值，必须使用

SELECT 或 SET 命令来给局部变量赋值。其语法如下：

```
SELECT @变量名=变量值
或
SET @变量名=变量值
```

【例 7-1】声明一个长度为 8 个字符的局部变量 id，并将其赋值为'10010001'。

```
DECLARE @id char(8)
SELECT @id='10010001'
```

在某些时候，我们需要在程序中使用查询的结果，如在编写存储过程或触发器时，这时就需要将查询结果存储到变量中去。

【例 7-2】从数据表 S 中查询学号为“S7”的学生的学号与姓名，并将查询到的学号与姓名分别存储到局部变量@sno 和@sn 中。

```
DECLARE @sno varchar(10), @sn varchar(10)
SELECT @sno = SNo, @sn = SN FROM S WHERE SNo = 'S7'
```

3. 注释符

利用注释符可以在程序代码中添加注释。注释的作用有两个：第一，对程序代码的功能及实现方式进行简要的解释和说明，以便于将来对程序代码进行维护；第二，可以把程序中暂时不用的语句加以注释，使它们暂时不被执行，等需要这些语句时，再将它们恢复。在 T-SQL 中可以使用两类注释符。

（1）ANSI 标准的注释符“--”用于单行注释。

（2）与 C 语言相同的程序注释符，即“/*……*/”，“/*”用于注释文字的开头，“*/”用于注释文字的结尾，可在程序中标识多行文字为注释。

7.1.2　运算符

运算符是一种符号，用来指定要在一个或多个表达式中执行的操作。SQL Server 2012 提供了算术运算符、赋值运算符、字符串连接运算符、比较运算符、逻辑运算符、按位运算符、一元运算符等运算符。

1. 算术运算符

算术运算符对两个表达式执行数学运算，参与运算的表达式必须是数值数据类型或能够进行算术运算的其他数据类型。SQL Server 2012 提供的算术运算符如表 7.1 所示。加（+）和减（−）运算符也可用于对 datetime、smalldatetime、money 和 smallmoney 类型的值执行算术运算。

表 7.1　算术运算符

运　算　符	含　　义
+	加
−	减
*	乘
/	除
%	求余数

2. 赋值运算符

等号 (=) 是唯一的 Transact-SQL 赋值运算符。在以下示例中，将创建一个 @MyCounter 局部变量，然后赋值运算符将 @MyCounter 的值赋为 1。

```
DECLARE @MyCounter INT
SET @MyCounter = 1
```

3. 字符串连接运算符

加号 (+) 是字符串连接运算符，可以用它将字符串连接起来。其他所有字符串操作都使用字符串函数进行处理。例如'good' + ' ' + 'morning'的结果是'good morning'。

4. 比较运算符

比较运算符用来比较两个表达式值之间的大小关系，可以用于除了 text、ntext 和 image 数据类型之外的所有数据类型。运算的结果为 TRUE（真）或 FALSE（假），通常用来构造条件表达式。表 7.2 列出了 Transact-SQL 的比较运算符。

表 7.2 比较运算符

运算符	含义
=	等于
>	大于
<	小于
>=	大于或等于
<=	小于或等于
<>	不等于
!=	不等于（非 SQL-92 标准）
!<	不小于（非 SQL-92 标准）
!>	不大于（非 SQL-92 标准）

5. 逻辑运算符

逻辑运算符用来对多个条件进行运算，运算的结果为 TRUE（真）或 FALSE（假），通常用来表示复杂的条件表达式。表 7.3 列出了 Transact-SQL 的逻辑运算符。

表 7.3 逻辑运算符

运算符	含义
ALL	如果一组比较中都为 TRUE，运算结果就为 TRUE
AND	如果两个表达式都为 TRUE，运算结果就为 TRUE
ANY	如果一组的比较中任何一个为 TRUE，运算结果就为 TRUE
BETWEEN	如果操作数在某个范围之内，运算结果就为 TRUE
EXISTS	如果子查询包含一些行，运算结果就为 TRUE
IN	如果操作数等于表达式列表中的一个，运算结果就为 TRUE
LIKE	如果操作数与一种模式相匹配，运算结果就为 TRUE
NOT	对逻辑值取反，即如果操作数的值为 TRUE，运算结果为 FALSE，否则为 TRUE
OR	如果两个布尔表达式中的一个为 TRUE，运算结果就为 TRUE
SOME	如果一系列操作数中有些值为 TRUE，运算结果为 TRUE

6. 按位运算符

按位运算符对两个表达式进行二进制位操作，这两个表达式必须是整型或与整型兼容的数据类型。SQL Server 2012 提供的按位运算符如表 7.4 所示。

表 7.4 按位运算符

运算符	含义	运算规则
&	按位与	两个数对应的二进制位上都为 1 时，该位上的运算结果为 1，否则为 0
|	按位或	两个数对应的二进制位上有一个为 1 时，该位上的运算结果为 1，否则为 0
^	按位异或	两个数对应的二进制位上不同时，该位上的运算结果为 1，否则为 0

如：表达式 7 & 4 的值为 4。运算过程如下，7 对应的二进制数为 00000111，4 对应的二进制数为 00000100，二者进行“&”运算，对它们的对应二进制位进行按位与运算，如下所示：

```
   00000111
&
   00000100
-----------
   00000100
```

可见运算结果为 4。同理，表达式 7 | 4 的运算结果为 7，表达式 7 ^ 4 的运算结果为 3。

7. 一元运算符

一元运算符只对一个表达式进行运算，SQL Server 2012 提供的一元运算符如表 7.5 所示。

表 7.5 一元运算符

运 算 符	含 义
+	正号，数值为正
-	负号，数值为负
~	按位取反，对操作数进行按二进制位取反运算，即二进制位上原来为 1，运算结果为 0，否则为 1

8. 运算符优先级和结合性

当一个复杂的表达式中有多个运算符时，运算符的优先级决定着运算的先后次序，执行的顺序会影响所得到的运算结果。具有高优先级的运算符先于低优先级的运算符进行计算。如果表达式包含多个具有相同优先级的运算符，则按照从左到右或从右到左的方向进行运算。

SQL Server 2012 中运算符的优先级顺序如表 7.6 所示。

表 7.6 运算符的优先级

优先级（从高到低）	运 算 符	说 明
1	()	小括号
2	+、-、~	正、负、按位取反
3	*、/、%	乘、除、求余数
4	+、-、+	加、减、字符串连接
5	=、>、<、>=、<=、<>、!=、!>、!<	各种比较运算符
6	^、&、|	位运算符
7	NOT	逻辑非
8	AND	逻辑与
9	ALL、ANY、BETWEEN、IN、LIKE、OR、SOME	逻辑运算符
10	=	赋值运算符

7.1.3 批处理

批处理是包含一个或多个 T-SQL 语句的组，批处理的所有语句被整合成一个执行计划。一个批处理内的所有语句要么被放在一起通过解析，要么没有一句能够执行。

批处理是使用 GO 语句将多条 SQL 语句进行分隔，其中每两个 GO 之间的 SQL 语句就是一个批处理单元。

每个批处理被单独地处理，所以一个批处理中的错误不会阻止另一个批处理的运行。

例如：

```
CREATE TABLE dbo.T3(a int)
INSERT INTO dbo.T3 VALUES (1)
INSERT INTO dbo.T3 VALUES (1,1)
INSERT INTO dbo.T3 VALUES (3)
GO
```

```
SELECT * FROM dbo.T3
```

首先，对批处理进行编译。对 CREATE TABLE 语句进行编译，但由于表 dbo.T3 尚不存在，因此，未编译 INSERT 语句。

然后，批处理开始执行。表已创建，编译第一条 INSERT，然后立即执行。表 T3 现在具有一个行。接下来编译第二条 INSERT 语句，编译失败，批处理终止。SELECT 语句返回一个行。

【例 7-3】执行批处理程序，依次查询学生选课表 SC、学生总数。

```
USE Teach   /*将教学管理数据库 Teach 置为当前数据库*/
GO
SELECT * FROM SC
SELECT COUNT(*) FROM S
GO
```

7.1.4 流程控制语句

流程控制语句采用了与程序设计语言相似的机制，使其能够产生控制程序执行及流程分支的作用。通过使用流程控制语句，用户可以完成功能较为复杂的操作，并且使得程序获得更好的逻辑性和结构性。

T-SQL 使用的流程控制语句与常见的程序设计语言类似，主要有以下几种控制语句。

1. BEGIN…END 语句

BEGIN…END 的语法格式如下：

```
BEGIN
    <命令行或程序块>
END
```

BEGIN…END 用来设定一个程序块，将在 BEGIN…END 内的所有程序视为一个单元执行。BEGIN…END 经常在条件语句（如 IF…ELSE）、WHILE 语句等中使用。在 BEGIN…END 中可嵌套另外的 BEGIN…END 来定义另一个程序块。

2. IF…ELSE 语句

IF…ELSE 语句的语法格式如下：

```
IF <条件表达式>
    <命令行或程序块>
[ELSE
    <命令行或程序块>]
```

其中，<条件表达式>可以是各种表达式的组合，但表达式的值必须是逻辑值“真”或“假”。ELSE 子句是可选的，最简单的 IF 语句没有 ELSE 子句部分。IF…ELSE 用来判断当某一条件成立时执行某段程序，条件不成立时执行另一段程序。如果不使用程序块，IF 或 ELSE 只能执行一条命令。IF…ELSE 可以进行嵌套，在 T-SQL 中最多可嵌套 32 级。

【例 7-4】从数据库 Teach 中的 SC 数据表求出学号为 S1 同学的平均成绩，如果此平均成绩大于或等于 60 分，则输出“Pass!”信息。

```
USE Teach
GO
IF (SELECT AVG(Score) FROM SC WHERE SNo='S1')>=60
  PRINT 'Pass!'
ELSE
  PRINT 'Fail!'
GO
```

3. IF [NOT] EXISTS 语句

IF [NOT] EXISTS 语句的语法格式如下：

```
IF [NOT] EXISTS (SELECT 子查询)
    <命令行或程序块>
[ELSE
    <命令行或程序块>]
```

IF Exists 语句用于检测数据是否存在，如果 EXISTS 后面的“SELECT 子查询”的结果不为空，即检测到有数据记录存在时，就执行其后面的程序块，否则执行 Else 后面的程序块。当采用 NOT 关键字时，则与上面的功能正好相反。

【例 7-5】从数据库 Teach 中的 S 数据表读取学号为 S1 同学的数据记录。如果存在，则输出“存在学号为 S1 的学生”；否则输出“不存在学号为 S1 的学生”。

```
USE Teach
GO
DECLARE @message VARCHAR(255) /*定义变量 message */
IF EXISTS (SELECT * FROM S WHERE SNo='S1')
   SET @message='存在学号为 S1 的学生'
ELSE
   SET @message='不存在学号为 S1 的学生'
PRINT @message
GO
```

4. CASE 语句

CASE 语句有两种语句格式。

（1）格式 1：

```
CASE <表达式>
   WHEN <表达式> THEN <表达式>
   …
   WHEN <表达式> THEN <表达式>
   [ELSE <表达式>]
END
```

该语句的执行过程是：将 CASE 后面表达式的值与各 WHEN 子句中的表达式的值进行比较，如果二者相等，则返回 THEN 后的表达式的值，然后跳出 CASE 语句，否则返回 ELSE 子句中的表达式的值。ELSE 子句是可选项。当 CASE 语句中不包含 ELSE 子句时，如果所有比较失败时，CASE 语句将返回 NULL。

【例 7-6】从数据库 Teach 中的学生表 S 选取 SNo 和 Sex，如果 Sex 字段值为“男”，则输出“M”；如果为“女”则输出“F”。

```
USE Teach
GO
SELECT SNo,
     Sex=
     CASE Sex
        WHEN '男' THEN 'M'
        WHEN '女' THEN 'F'
     END
FROM S
GO
```

（2）格式 2：

```
CASE
  WHEN <表达式> THEN <表达式>
  …
  WHEN <表达式> THEN <表达式>
  [ELSE <表达式>]
END
```

该语句的执行过程是：首先测试第一个 WHEN 子句后的表达式的值，如果其值为“真”，则返回 THEN 后面的表达式的值；否则测试下一个 WHEN 子句中的表达式的值。如果所有 WHEN 子句后的表达式的值都为“假”，则返回 ELSE 后的表达式的值。如果在 CASE 语句中没有 ELSE 子句，则返回 NULL。

注意 CASE 命令可以嵌套到 SQL 命令中。

【例 7-7】从数据库 Teach 中的 SC 表查询所有同学选课的成绩情况，凡成绩为空的输出“未考”，小于 60 分的输出“不及格”，60 分至 70 分的输出“及格”，70 分至 90 分的输出“良好”，大于或等于 90 分的输出“优秀”。

```
USE Teach
GO
SELECT SNo,CNo, Score=
     CASE
       WHEN Score IS NULL THEN '未考'
       WHEN Score<60 THEN '不及格'
       WHEN Score>=60 AND Score<70 THEN '及格'
       WHEN Score>=70 AND Score<90 THEN '良好'
       WHEN Score>=90 THEN '优秀'
     END
FROM SC
GO
```

5. WHILE…CONTINUE…BREAK 语句

WHILE…CONTINUE…BREAK 语句的语法格式如下：

```
WHILE <条件表达式>
BEGIN
   <命令行或程序块>
   [BREAK]
   [CONTINUE]
   [命令行或程序块]
END
```

WHILE 语句在设定的条件成立时会重复执行命令行或程序块。CONTINUE 语句可以让程序跳过 CONTINUE 语句之后的语句，回到 WHILE 循环的第一行，继续进行下一次循环。BREAK 语句则让程序完全跳出循环，结束 WHILE 语句的执行。WHILE 语句也可以嵌套。

【例 7-8】以下程序计算并输出 1～100 之间所有能被 3 整除的数的总和及个数。

```
DECLARE @s SMALLINT,@i SMALLINT,@nums SMALLINT
SET @s=0
SET @i=1
SET @nums=0
WHILE (@i<=100)
    BEGIN
       IF (@i%3=0)
          BEGIN
             SET @s=@s+@i
             SET @nums=@nums+1
          END
       SET @i=@i+1
    END
PRINT @s
PRINT @nums
```

6. WAITFOR 语句

WAITFOR 的语法格式如下：

```
WAITFOR {DELAY <'时间'> | TIME <'时间'>
                          | ERROREXIT | PROCESSEXIT | MIRROREXIT}
```

WAITFOR 命令用来暂时停止程序执行，直到所设定的等待时间已过或所设定的时间已到才继续往下执行。其中“时间”必须为 DATETIME 类型的数据，但不能包括日期。

各关键字含义如下。

（1）DELAY：用来设定等待的时间，最多可达 24 小时。

（2）TIME：用来设定等待结束的时间点。

（3）ERROREXIT：直到处理非正常中断。

（4）PROCESSEXIT：直到处理正常或非正常中断。

（5）MIRROREXIT：　直到镜像设备失败。

【例 7-9】等待 1 小时 2 分零 3 秒后才执行 SELECT 语句。

```
WAITFOR DELAY '01:02:03'
SELECT * FROM S
```

【例 7-10】指定在 11:24:00 时间点时开始执行 SELECT 语句。

```
WAITFOR TIME '11:24:00'
SELECT * FROM S
```

7. GOTO 语句

GOTO 语句的语法格式如下：

```
GOTO 标识符
```

GOTO 命令用来改变程序执行的流程，使程序跳到标有标识符指定的程序行再继续往下执行。作为跳转目标的标识符可以为数字与字符的组合。但必须以“:”结尾。在 GOTO 命令行，标识符后不必跟“:”。

【例 7-11】求 1+2+3+…+10 的总和。

```
DECLARE @s SMALLINT,@i SMALLINT
SET @i=1
SET @s=0
BEG:
IF (@i<=10)
  BEGIN
```

```
        SET @s=@s+@i
        SET @i=@i+1
        GOTO BEG    /*使程序跳转到标号为 BEG 的地方执行*/
    END
PRINT @s
```

8. RETURN 语句

RETURN 语句的语法格式如下：

```
RETURN ( [整数值] )
```

RETURN 语句用于使程序从一个查询、存储过程或批处理中无条件返回，其后面的语句不再执行。在 RETURN 后面的括号内可指定一个整数值，该值可以返回给调用应用程序、批处理或过程；如果没有为 RETURN 指定整数值，则将返回 0。

RETURN 语句不能返回 NULL 值。SQL Server 保留-1～-99 之间的返回值作为系统使用。常用的返回值及对应的含义如表 7.7 所示。

表 7.7　常用 RETURN 语句返回值及其对应的含义

返回值	含义	返回值	含义
0	程序执行成功	-8	非致命的内部错误
-1	找不到对象	-9	达到系统配置参数极限
-2	数据类型错误	-10	内部一致性致命错误
-3	死锁错误	-11	内部一致性致命错误
-4	违反权限原则	-12	表或索引崩溃
-5	语法错误	-13	数据库破坏
-6	用户造成的一般错误	-14	硬件错误
-7	资源错误		

7.1.5 常用命令

1. BACKUP

BACKUP 命令用于将数据库内容或其事务处理日志备份到存储介质上（如软盘、硬盘、磁带等），有关该命令的讲解，详见 7.4 节。

2. CHECKPOINT

CHECKPOINT 命令用于将当前工作的数据库中被更改过的数据页或日志页从数据缓冲区中强制写入硬盘。CHECKPOINT 的语法格式如下：

```
CHECKPOINT [ checkpoint_duration ]
```

其中，checkpoint_duration 是个 int 类型的整数值且必须大于零，单位是秒，表示 SQL Server 数据库引擎会在请求的持续时间内尝试执行检查点。如果省略该参数，SQL Server 数据库引擎将自动调整检查点持续时间，以便最大程度地降低对数据库应用程序性能的影响。

例如，使用 CHECKPOINT 命令检查 Teach 数据库中被更改过的数据页或日志页，命令如下：

```
USE Teach
CHECKPOINT
```

3. DBCC

数据库一致性检查程序（Database Consistency Checker，DBCC），该命令用于验证数据库完整性、查找错误、分析系统使用情况等。其语法格式是：

```
DBCC 子命令
```

DBCC 命令后必须加上子命令，系统才知道要做什么，DBCC 中可以使用的子命令很多，由于篇幅所限，本书不对有关子命令的使用展开讲解，读者可以查看有关的帮助和说明文档。在此只给出一些实例说明 DBCC 的用法，如下所示。

利用 DBCC HELP('?') 可以查询 DBCC 使用的所有子命令。

利用 DBCC HELP('子命令') 可以查询指定的 DBCC 子命令的语法说明，比如，执行 DBCC HELP('CHECKALLOC')可以查询子命令 CHECKALLOC 使用的语法格式。

DBCC CHECKALLOC('Teach')可以检查 Teach 数据库的磁盘空间分配结构的一致性情况。

4. DECLARE

DECLARE 的语法格式如下：

```
DECLARE {{ @local_variable data_type }
| { @cursor_variable_name CURSOR }
| { table_type_definition }
} [, ...n]
```

DECLARE 命令用于声明一个或多个局部变量、游标变量或表变量。在用 DECLARE 命令声明之后，所有的变量都被赋予初值 NULL。需要用 SELECT 或 SET 命令来给变量赋值。变量类型可为系统定义的类型或用户定义的类型，但不能为 TEXT、NTEXT 和 IMAGE 类型。CURSOR 指明变量是局部的游标变量。

如果变量为字符型，那么，在 data_type 表达式中应指明其最大长度，否则系统认为其长度为 1。如：

```
DECLARE @x CHAR, @y CHAR(10)
SELECT @x ='123', @y ='data_type'
PRINT @x
PRINT @y
```

则运行结果为：

```
1
data_type
```

5. EXECUTE

EXECUTE 或 EXEC 命令用来执行存储过程。

6. KILL

KILL 命令用于终止某一过程的执行。

7. PRINT

PRINT 的语法格式如下：

```
PRINT 'any ASCII text' | @local_variable | @@FUNCTION | string_expression
```

PRINT 命令向客户端返回一个用户自定义的信息，即显示一个字符串、局部变量或全局变量。如果变量值不是字符串的话，必须先用数据类型转换函数 CONVERT() 将其转换为字符串。其中，string_expression 是可返回一个字符串的表达式。表达式的长度可以超过 8000 个字符，但超过 8000 的字符将不会显示。

8. RAISERROR

RAISERROR 命令用于在 SQL Server 系统返回错误信息时，同时返回用户指定的信息。

9. RESTORE

RESTORE 命令用来将数据库或其事务处理日志备份文件由存储介质存储到 SQL Server 系统中，有关该命令的讲解，详见 7.4 节。

10. SELECT

SELECT 命令用于给局部变量赋值，其语法格式如下：

```
SELECT {@local_variable = expression } [, ...n]
```

SELECT 命令可以一次给多个变量赋值。当表达式 expression 为列名时，SELECT 命令可利用其查询功能一次返回多个值，变量中保存的是其返回的最后一个值。如果 SELECT 命令没有返回值，则变量值仍为原来的值。当表达式 expression 是一个子查询时，如果子查询没有返回值，则变量被设为 NULL。

例如，以下代码利用 SELECT 命令同时对声明的变量@SNo 和@SN 赋值。

```
DECLARE @SNo varchar(6), @SN nvarchar(10)
SELECT @SNo='S10',@SN='吴伟'
GO
```

11. SET

SET 命令有两种用法。

（1）用于给局部变量赋值。其语法格式如下：

```
SET { {@local_variable = expression} | { @cursor_variable =
        { @cursor_variable1 cursor_name
                 | { CURSOR
                 [FORWARD_ONLY | SCROLL]
                 [STATIC | KEYSET | DYNAMIC | FAST_FORWARD]
                 [READ_ONLY | SCROLL_LOCKS | OPTIMISTIC]
                 [TYPE_WARNING]
                 FOR select_statement
                 [FOR {READ ONLY
                 | UPDATE [OF column_name [,...n]] } ] } } } }
```

在用 DECLARE 命令声明之后，所有的变量都被赋予初值 NULL。需要用 SET 命令来给变量赋值，但与 SELECT 命令不同的是，SET 命令一次只能给一个变量赋值，不过由于 SET 命令功能更强且更严密，因此，SQL Server 推荐使用 SET 命令来给变量赋值。

（2）用于用户执行 SQL 命令时，SQL Server 处理选项的设定。有以下几种设定方式。

SET：选项 ON。

SET：选项 OFF。

SET：选项值。

12. SHUTDOWN

SHUTDOWN 的语法格式如下：

```
SHUTDOWN [WITH NOWAIT]
```

SHUTDOWN 命令用于停止 SQL Server 的执行。当使用 NOWAIT 参数时，SHUTDOWN 命令立即停止 SQL Server，在终止所有的用户过程并对每一个现行的事务发生一个回滚后，退出 SQL Server。当没有用 NOWAIT 参数时，SHUTDOWN 命令将按以下步骤执行。

（1）阻止任何用户登录 SQL Server。

（2）等待尚未完成的 Transact-SQL 命令或存储过程执行完毕。

（3）在每个数据库中执行 CHECKPOINT 命令。

（4）停止 SQL Server 的执行。

13. USE

USE 的语法格式如下：

```
USE {database}
```

USE 命令用于改变当前使用的数据库为指定的数据库。用户必须是目标数据库的用户，或者在目标数据库中建有 GUEST 用户账号时，使用 USE 命令才能成功切换到目标数据库。

例如，USE Teach 命令用于将 Teach 数据库指定为当前使用的数据库。

7.1.6 常用函数

函数是能够完成特定功能并返回处理结果的一组 T-SQL 语句，处理结果称为"返回值"，处理过程称为"函数体"。函数可以用来构造表达式，可以出现在 SELECT 语句的选择列表中，也可以出现在 WHERE 子句的条件中。SQL Server 提供了许多系统内置函数，同时也允许用户根据需要自己定义函数。

SQL Server 提供的常用的内置函数主要有以下几类：统计函数、算术函数、字符串函数、日期函数、convert 函数和聚合函数等。

1. 统计函数

在 SQL Server 2012 中，除第 3 章中所讲述的统计函数外，还提供以下函数。

（1）STDEV 函数。

STDEV 函数的语法格式如下：

```
STDEV (expression)
```

STDEV 函数返回表达式中所有数据的标准差。表达式通常为表中某一数据类型为 NUMERIC 的列，或近似 NUMERIC 类型的列，如 MONEY 类型，但 BIT 类型除外。表达式中的 NULL 值将被忽略，其返回值为 FLOAT 类型。

（2）STDEVP 函数。

STDEVP 函数的语法格式如下：

```
STDEVP (expression)
```

STDEVP 函数返回表达式中所有数据的总体标准差。表达式及返回值类型同 STDEV 函数。

（3）VAR 函数。

VAR 函数的语法格式如下：

```
VAR (expression)
```

VAR 函数返回表达式中所有数据的统计变异数。表达式及返回值类型同 STDEV 函数。

（4）VARP 函数。

VARP 函数的语法格式如下：

```
VARP (expression)
```

VARP 函数返回表达式中所有数据的总体变异数。表达式及返回值类型同 STDEV 函数。

2. 算术函数

算术函数可对数据类型为整型、浮点型、实型、货币型和 SMALLMONEY 型的列进行操作。它的返回值是 6 位小数，如果使用出错，则返回 NULL 值，并显示警告信息。可以在 SELECT 语句的 SELECT 和 WHERE 子句以及表达式中使用算术函数。Transact-SQL 中的算术函数如表 7.8 所示。

表 7.8　Transact-SQL 的算术函数

函数类别	函　数　名	功　　能	示　　例
三角函数	SIN(表达式) COS(表达式) TAN(表达式) COT(表达式)	返回以弧度表示的表达式的正弦 返回以弧度表示的表达式的余弦 返回以弧度表示的表达式的正切 返回以弧度表示的表达式的余切	SIN(0)的值为 0 COS(0)的值为 1 TAN(3.14159/4) 的值为 0.999998 SELECT COT(1)的值为 0.642092
反三角函数	ASIN(表达式) ACOS(表达式) ATAN(表达式)	返回以表达式的值为正弦值的角（弧度） 返回以表达式的值为余弦值的角（弧度） 返回以表达式的值为正切值的角（弧度）	ASIN(0)的值为 0 ACOS(1)的值为 0 ATAN(0)的值为 0
角度弧度转换	DEGREES(表达式) RADIANS(表达式)	把弧度转换为角度 把角度转换为弧度	DEGREES(1)的值为 57 RADIANS(90.0)的值为 1.570796
指数函数	EXP(表达式)	返回以 e 为底、以表达式为指数的幂值	EXP(1)的值为 2.718282
对数函数	LOG(表达式) LOG10(表达式)	返回表达式的以 e 为底的自然对数值 返回表达式的以 10 为底的对数值	LOG(1)的值为 0 LOG10(10)的值为 1
平方根函数	SQRT(表达式)	返回表达式的平方根	SQRT(1)的值为 1
取近似值函数	CEILING(表达式) FLOOR(表达式) ROUND(表达式,n)	返回大于等于表达式的最小整数 返回小于等于表达式的最大整数 将表达式四舍五入为指定的精度 n	CEILING(-5.6)的值为-5 FLOOR(-5.2) 的值为-6 ROUND(5.6782,2) 的值为 5.6800
符号函数	ABS(表达式) SIGN(表达式)	返回表达式的绝对值 测试表达式的正负号，返 0、1 或 − 1	ABS(-3.4) 的值为 3.4 SIGN(-3.4) 的值为-1
其他函数	PI( ) RAND( )	返回值为π，即 3.1415926535897936 返回 0～1 之间的随机浮点数	

3. 字符串函数

字符串函数作用于 CHAR、VARCHAR、BINARY 和 VARBINARY 数据类型以及可以隐式转换为 CHAR 或 VARCHAR 的数据类型。可以在 SELECT 语句的 SELECT 和 WHERE 子句以及表达式中使用字符串函数。常用的字符串函数如下所示。

（1）字符串转换函数。

① ASCII 函数。

ASCII 函数返回字符表达式最左端字符的 ASCII 码值。ASCII 函数语法如下：

```
ASCII(character_expression)
```

例如，SELECT ASCII('ABCD')的结果为 65，即输出字符串“ABCD”中首字符“A”的 ASCII 码 65。

② CHAR 函数。

CHAR 函数用于将 ASCII 码转换为对应的字符，其语法格式如下：

```
CHAR(integer_expression)
```

如果参数不是 0～255 之间的整数值，则 CHAR 函数会返回一个 NULL 值。

例如，SELECT CHAR(97)的结果为字符“a”，即输出 ASCII 码为 97 对应的字符“a”。

③ LOWER 函数。

LOWER 函数用于把字符串全部转换为小写，而字符串中非字母的字符保持不变，其语法格式如下：

```
LOWER(character _expression)
```

例如，SELECT LOWER('ABCDE123')的结果为“abcde123”。

④ UPPER 函数。

UPPER 函数用于把字符串全部转换为大写，而字符串中非字母的字符保持不变，其语法格式如下：

```
UPPER(character _expression)
```

例如，SELECT UPPER('abcd123XYZ')的结果为“ABCD123XYZ”。

⑤ STR 函数。

STR 函数用于把数值型数据转换为字符型数据，其语法格式如下：

```
STR(float _expression [, length[, <decimal>]])
```

参数 length 和 decimal 必须是非负值，length 指定返回的字符串的长度，decimal 指定返回的小数位数。如果没有指定参数 length 的值，缺省的 length 值为 10，decimal 值为 0。实际小数位数大于 decimal 值时，STR 函数将其下一位四舍五入。指定长度应大于或等于数字的符号位数、小数点前的位数、小数点位数、小数点后的位数之和。如果<float _expression>小数点前的位数超过了指定的长度，则返回指定长度的‘*’。

例如，

SELECT STR(12.5678,6,1)的结果为“ 12.6”；

SELECT STR(12.5678,6,3)的结果为“12.568”；

SELECT STR(12.5678,1,2)的结果为“*”。

（2）去空格函数。

① LTRIM 函数。

LTRIM 函数用于把字符串头部的空格去掉。其语法格式如下：

```
LTRIM(character _expression)
```

SELECT LTRIM(' ABCD123')的结果为“ABCD123”。

② RTRIM 函数。

RTRIM 函数用于把字符串尾部的空格去掉，其语法格式如下：

```
RTRIM(character _expression)
```

在许多情况下，往往需要得到头部和尾部都没有空格字符的字符串，这时可将以上两个函数嵌套使用。

例如，SELECT RTRIM(LTRIM(' ABCD123   '))的结果为“ABCD123”。

（3）取子串函数。

① LEFT 函数。

LEFT 函数返回部分字符串，其语法格式如下：

```
LEFT(character_expression, integer_expression)
```

LEFT 函数返回的子串是从字符串最左边起到第 integer_expression 个字符的部分。若

integer_expression 为负值，则返回 NULL 值。

例如，SELECT LEFT('BEIJING',3)的结果为“BEI”，即从字符串 “BEIJING”的左端取出 3 个字符形成子串。

② RIGHT 函数。

RIGHT 函数返回部分字符串，其语法格式如下：

```
RIGHT(character_expression, integer_expression)
```

RIGHT 函数返回的子串是从字符串右边第 integer_expression 个字符起到最后一个字符的部分。若 integer_expression 为负值，则返回 NULL 值。

例如，SELECT RIGHT('BEIJING',4)的结果为“JING”，即从字符串 “BEIJING”的右端取出 4 个字符形成子串。

③ SUBSTRING 函数。

SUBSTRING 函数返回部分字符串，其语法格式如下：

```
SUBSTRING(expression, starting_ position, length)
```

SUBSTRING 函数返回的子串是从字符串左边第 starting_position 个字符起 length 个字符的部分。其中表达式可以是字符串或二进制串或含字段名的表达式。SUBSTRING 函数不能用于 TEXT 和 IMAGE 数据类型。

例如，SELECT SUBSTRING('ABCDEFGHI',2,3)的结果为“BCD”，即从字符串“ABCDEFGHI”中的第 2 个字符开始取出 3 个字符形成子串。

（4）字符串比较函数。

① CHARINDEX 函数。

CHARINDEX 函数返回字符串中某个指定的子串出现的开始位置，其语法格式如下：

```
CHARINDEX(substring_expression, expression)
```

其中，substring_expression 是所要查找的字符表达式，expression 可为字符串，也可为列名表达式。如果没有发现子串，则返回 0 值。此函数不能用于 TEXT 和 IMAGE 数据类型。

例如，SELECT CHARINDEX('BCD','ABCDEFGHI')的结果为 2，即在字符串“ABCDEFGHI”中查找字符串“BCD”出现的起始位置序号。

② PATINDEX 函数。

PATINDEX 函数返回字符串中某个指定的子串出现的开始位置，其语法格式如下：

```
PATINDEX('%substring_expression%', expression)
```

其中，子串表达式前后必须有百分号“%”，否则返回值为 0。

与 CHARINDEX 函数不同的是，PATINDEX 函数的子串中可以使用通配符，且此函数可用于 CHAR、VARCHAR 和 TEXT 数据类型。

例如，SELECT PATINDEX('%BCD%','ABCDEFGHI')的结果为 2，即在字符串“ABCDEFGHI”中查找子串“BCD”出现的位置，但字符串“BCD”两端必须用%括起来。

（5）字符串操作函数。

① QUOTENAME 函数。

QUOTENAME 函数返回被特定字符括起来的字符串。其语法格式如下：

```
QUOTENAME(character_expression [, quote_ character])
```

其中，quote_ character 标明括字符串所用的字符，如“' ”、“(”、“[” 等，缺省值为 “[”。

例如，SELECT QUOTENAME('China')的结果为[China]，即返回由 “[]” 括起来的字符串[China]；SELECT QUOTENAME('China','[')的结果为[China]，即返回由 “[]” 括起来的字符串[China]；SELECT QUOTENAME('China','(')的结果为(China)，即返回由 “()” 括起来的字符串(China)。

② REPLICATE 函数。

REPLICATE 函数返回一个重复指定次数的由 character_expression 指定的字符串。其语法格式如下：

```
REPLICATE(character_expression, integer_expression)
```

如果 integer_expression 值为负值，则 REPLICATE 函数返回 NULL 串。

例如，SELECT REPLICATE('AB',5)的结果为字符串 “ABABABABAB”，即返回由字符串 “AB” 5 次重复后形成的字符串 “ABABABABAB”。

③ REVERSE 函数。

REVERSE 函数将指定的字符串的字符排列顺序颠倒。其语法格式如下：

```
REVERSE(character_expression)
```

其中，character_expression 可以是字符串常数或一个列的值。

例如，SELECT REVERSE('abcd')的结果为字符串 “dcba”，即将字符串 “abcd” 倒置。

④ REPLACE 函数。

REPLACE 函数返回被替换了指定子串的字符串。其语法格式如下：

```
REPLACE(string_expression1, string_expression2, string_expression3)
```

REPLACE 函数用 string_expression3 替换在 string_expression1 中的子串 string_expression2。

例如，SELECT REPLACE('ABCDABCEFXABCD','BC','bc')的结果为字符串 “AbcDAbcEFXAbcD”，即返回将字符串 “ABCDABCEFXABCD” 中出现的子串 “BC” 替换为字符串 “bc” 后的字符串。

⑤ SPACE 函数。

SPACE 函数返回一个由参数 integer_expression 所指定长度的空格字符串。其语法格式如下：

```
SPACE(integer_expression)
```

如果 integer_expression 值为负值，则 SPACE 函数返回 NULL 串。

例如，SELECT SPACE(5)的结果为 “   ”，即返回由 5 个空格字符所组成的字符串。

⑥ STUFF 函数。

STUFF 函数用另一子串替换字符串中指定位置长度的子串。其语法格式如下：

```
STUFF(character_expression1, start_position, length, character_expression2)
```

其中，参数 character_expression1 为源字符串；参数 start_position 为一整数，表示替换操作的起始位置；参数 length 为一整数，表示被替换的字符串长度；参数 character_expression2 表示为目标字符串。

如果参数起始位置 start_position 或长度 length 的值为负，或者起始位置大于 character_expression1 的长度，则 STUFF 函数返回 NULL 值。如果 length 长度大于 character_expression1 的长度，则 character_expression1 只保留首字符。

例如，SELECT STUFF('123456789',5,2,'ABCD') 的结果为字符串 “1234ABCD789”，即从源字符串 “123456789” 中的第 5 个字符开始，将第 5、6 两个字符替换成目标字符串 “ABCD”。

4. 数据类型转换函数

当不同数据类型的数据一起参加运算时，对于数据类型相近的数据，SQL Server 会自动进行隐式类型转换。例如，当表达式中用了 INTEGER、SMALLINT 或 TINYINT 时，SQL Server 可将 INTEGER 数据类型或表达式转换为 SMALLINT 数据类型或表达式，这称为隐式转换。

如果不能确定 SQL Server 是否能完成隐式转换或者使用了不能隐式转换的其他数据类型，就需要使用数据类型转换函数做显式转换了，此类数据类型转换函数有两个。

（1）CAST 函数。

CAST 函数的语法格式如下：

```
CAST(<expression> AS <data_type>[ length ])
```

其中，expression 为指定的需要进行类型转换的表达式，AS 为参数分隔符，data_type 为目标数据类型，length 用于指定数据的长度。

例如，SELECT CAST('20170210' AS DATE)的结果是将字符类型的数据“20170210”转换为日期类型的数据“2017-02-10”。

再如，SELECT CAST(100 AS CHAR(5))的结果是将整数 100 转换为带有 5 个显示宽度的字符串类型“100”。

（2）CONVERT 函数。

CONVERT 函数的语法格式如下：

```
CONVERT(<data_type>[（length）], <expression> [, style])
```

其中，参数 data_ type 为 SQL Server 系统定义的数据类型，表示转换后的目标数据类型；参数 length 用于指定数据的长度，缺省值为 30；参数 style 是将 DATATIME 和 SMALLDATETIME 数据转换为字符串时所选用的由 SQL Server 系统提供的转换样式编号，不同的样式编号用不同的格式显示日期和时间，如表 7.9 所示。

表 7.9 DATATIME 和 SMALLDATETIME 类型数据的转换格式

参数 style 取值（不带世纪位，年份为两位 YY）	参数 style 取值（带世纪位，年份为四位 YYYY）	标　准	输出格式
	0 或 100	缺省	mon dd yyyy hh:mi Am/Pm
1	101	USA	mm/dd/yy
2	102	ANSI	yy.mm.dd
3	103	UK/French	dd/mm/yy
4	104	German	dd.mm.yy
5	105	Italian	dd-mm-yy
6	106		dd mon yy
7	107		mon dd yy
8	108		hh:mi:ss
	9 或 109		mon dd yyyy hh:mi:sss Am/Pm
10	110	USA	mm–dd-yy
11	111	Japan	yy/mm/dd
12	112	ISO	yymmdd
	13 或 113	Europe	dd mon yyyy hh:mi:ss:mmm（24h）
14	114		hh:mi:ss:mmm（24h）
	20 或 120	ODBC1	yyyy-mm-dd hh:mi:ss（24h）
	21 或 121	ODBC2	yyyy-mm-dd hh:mi:ss:mmm（24h）

例如，假设系统当前日期时间为 2017 年 2 月 22 日下午 1 点 34 分，则：

SELECT CONVERT(CHAR,GETDATE(),0)的结果为字符串“02 22 2017 1:34PM”，SELECT CONVERT(CHAR,GETDATE(),100)的结果也为字符串“02 22 2017 1:34PM”，可见参数 style 的取值为 0 或 100 的效果是一样的。

再如，SELECT CONVERT(CHAR,GETDATE(),1)的结果为字符串“02/22/17”（年份为两位），而 SELECT CONVERT(CHAR,GETDATE(),101)的结果为字符串“02/22/2017”（年份为四位）。

5. 日期函数

日期函数用来操作 DATETIME 和 SMALLDATETIME 类型的数据。与其他函数一样，可以在 SELECT 语句的 SELECT 和 WHERE 子句以及表达式中使用日期函数。常用的日期函数有以下几种。

（1）DAY 函数。

DAY 函数的语法格式如下：

```
DAY(<date_expression>)
```

DAY 函数返回 date_expression 中的日期值。

（2）MONTH 函数。

MONTH 函数的语法格式如下：

```
MONTH(<date_expression>)
```

MONTH 函数返回 date_expression 中的月份值。

与 DAY 函数不同的是，MONTH 函数的参数为整数时，一律返回整数值 1。

（3）YEAR 函数。

YEAR 函数的语法格式如下：

```
YEAR(<date_expression>)
```

YEAR 函数返回 date_expression 中的年份值。

例如，SELECT '年'=YEAR(GETDATE()), '月'=MONTH(GETDATE()), '日'=DAY(GETDATE())的结果为显示系统当前日期的年份、月份和日子。

（4）DATEADD 函数。

DATEADD 函数的语法格式如下：

```
DATEADD(<datepart>, <number>, <date>)
```

DATEADD 函数返回指定日期 date 加上指定的额外日期间隔 number 产生的新日期。参数“datepart”在日期函数中经常被使用，它用来指定构成日期类型数据的各组件，如年、季、月、日、星期等。其取值如表 7.10 所示。

例如，假设系统当前日期是 2017 年 2 月 22 日，则：

SELECT DATEADD(MONTH,1,CONVERT(DATE,GETDATE(),101))或 SELECT DATEADD(MM,1, CONVERT(DATE,GETDATE(),101))的结果为日期“2017-03-22”，即输出当前日期加上 1 个月以后的日期。

SELECT DATEADD(YEAR,1,CONVERT(DATE,GETDATE(),101))或 SELECT DATEADD(YYYY, 1,CONVERT(DATE,GETDATE(),101)) 的结果为日期“2018-02-22”，即输出当前日期加上 1 年以后的日期。

SELECT DATEADD(DAY,15,CONVERT(DATE,GETDATE(),101)) 或 SELECT DATEADD(DD,15, CONVERT(DATE,GETDATE(),101))的结果为日期“2017-03-09”，即输出当前日期加上 15 天以后的日期。

表 7.10　日期函数中 datepart 参数的取值及含义

参数 datepart 取值	参数 datepart 取值缩写	含　义
YEAR	YY 或 YYYY	年
QUARTER	QQ 或 Q	季度
MONTH	MM 或 M	月
DAYOFYEAR	DY 或 Y	一年内的天
DAY	DD 或 D	天
WEEK	WK 或 WW	星期
WEEKDAY	DW	一个星期内的天
HOUR	HH	小时
MINUTE	MI 或 N	分钟
SECOND	SS 或 S	秒
MILLISECOND	MS	毫秒

（5）DATEDIFF 函数。

DATEDIFF 函数语法如下：

```
DATEDIFF(<datepart>,<date1>,<date2>)
```

DATEDIFF 函数返回两个指定日期在 datepart 方面的不同之处，即 date2 超过 date1 的差距值，其结果值是一个带有正负号的整数值。

例如，SELECT DATEDIFF(DAY, '2017-01-01', '2017-02-01')的结果为 31，即两个日期之间相差 31 天，而 SELECT DATEDIFF(WEEK, '2017-01-01', '2017-02-01')的结果为 4，即两个日期之间相差 4 个星期。

（6）DATENAME 函数。

DATENAME 函数的语法格式如下：

```
DATENAME(<datepart>,<date>)
```

DATENAME 函数以字符串的形式返回日期的指定部分，此部分由 datepart 来指定。

例如，SELECT DATENAME(YEAR,'2017-02-22')的结果为“2017”，即输出指定日期“2017-02-22”中的年度值。

（7）DATEPART 函数。

DATEPART 函数的语法格式如下：

```
DATEPART(<datepart>,<date>)
```

DATEPART 函数以整数值的形式返回日期的指定部分，此部分由 datepart 来指定。

DATEPART(dd,date)等同于 DAY(date)。

DATEPART（mm，date）等同于 MONTH（date）。

DATEPART（yy，date）等同于 YEAR（date）。

例如，SELECT DATEPART(DAY,'2017-02-22')的结果为 22，即输出日期“2017-02-22”中的日子值。

（8）GETDATE()。

GETDATE 函数的语法格式如下：

```
GETDATE()
```

GETDATE 函数以 DATETIME 的缺省格式返回系统当前的日期和时间，它常作为其他函数或命令的参数使用。

6. 用户自定义函数

在 SQL Server 2012 中，用户可以自定义函数，并将其作为一个数据库对象来管理，可以利用 T-SQL 命令来创建（CREATE FUNCTION）、修改（ALTER FUNCTION）和删除（DROP FUNCTION）。

根据函数返回值的类型，可以把 SQL Server 用户自定义函数分为标量值函数（数值函数）和表值函数（内联表值函数和多语句表值函数）。数值函数返回结果为单个数据值，表值函数返回结果集（table 数据类型）。

（1）创建标量值函数。

标量值函数的函数体由一条或多条 T-SQL 语句组成，这些语句以 BEGIN 开始，以 END 结束。创建标量值函数的语法为：

```
CREATE  FUNCTION  function_name
([ { @parameter_name [ As ] parameter_data_type  [ = default ] [ READONLY ] }
 [ ,...n ]
 ]
)
RETURNS return_data_type
[ WITH ENCRYPTION ]
[ AS ]
BEGIN
function_body
Return scalar_expression
END
```

说明：

- function_name：函数名。
- @parameter_name：参数名，必须以@开头，可以定义多个参数，中间以逗号分开。
- parameter_data_type：参数的数据类型。
- [= default]：参数的默认值。如果定义了 default 值，则无需指定此参数的值即可执行函数。
- READONLY：指示函数定义中不能更新或修改参数。如果参数类型为用户定义的表类型，则应指定 READONLY。
- return_data_type：函数返回值的类型，不能是 text、ntext、image 和 timestamp 等类型。
- WITH ENCRYPTION:，当使用 ENCRYPTION 选项时，函数被加密，函数定义的文本将以不可读的形式存储在 Syscomments 表中，任何人都不能查看该函数的定义，包括函数的创建者和系统管理员在内。
- BEGIN...END 语句块之间的语句是函数体，其中必须有一条 RETURN 语句返回函数值。

【例 7-12】自定义一个标量函数 Fun1，判断一个整数是否为素数，如果为素数，则函数返回 1，否则返回 0，待判断的数通过参数传给函数。

```
CREATE FUNCTION dbo.Fun1(@n AS INT)
RETURNS INT
AS
BEGIN
    DECLARE @i INT
    DECLARE @sign INT
```

```
    SET @sign=1
    SET @i=2
    WHILE  @i<=SQRT(@n)
       BEGIN
          IF @n % @i=0
             BEGIN
                SET @sign=0
                BREAK
             END
           SET @i=@i+1
       END
    RETURN @sign
END
```

用户可以通过执行命令 SELECT dbo.Fun1(13)调用函数 Fun1，判断 13 是否为素数，可见执行结果为 1，表明 13 为素数。

（2）创建内联表值函数。

创建内联表值函数的语法如下：

```
CREATE  FUNCTION  function_name
( [ { @parameter_name [ AS ] parameter_data_type  [ = default ] [ READONLY ] }
   [ ,...n ]
   ]
)
Returns Table
[ With Encryption ]
[ AS ]
RETURN  (select_statement)
```

说明：

- 内联表值函数没有函数体。
- RETURNS TABLE 子句指明该用户自定义函数的返回值是一个表。
- RETURN 子句中的 SELECT 语句决定了返回表中的数据。

【例 7-13】内嵌表值函数示例。

```
CREATE FUNCTION dbo.Fun2()
RETURNS TABLE
AS
return select SNo,SN from S
```

以上自定义函数 Fun2 能返回表 S 中所有记录的 Sno 和 Sname 两个字段的值(返回结果集为 table 类型)。

（3）多语句表值函数。

与内联表值函数不同的是，多语句表值函数在返回语句之前还有其他的 Transact-SQL 语句，具体的语法如下：

```
CREATE  FUNCTION  function_name
( [ { @parameter_name [ AS ] parameter_data_type  [ = default ] [ READONLY ] }
   [ ,...n ]
   ]
)
RETURNS @return_variable Table <table_type_definition>
[ With Encryption ]
[ AS ]
Begin
```

```
function_body
Return
End
```

说明：

- RETURNS @return_variable 子句指明该函数的返回值是一个局部变量，该变量的数据类型是 table，而且在该子句中还需要对返回的表进行表结构的定义。
- BEGIN…END 语句块之间的语句是函数体，该函数体中必须包括一条不带参数的 RETURN 语句用于返回表，在函数体中可以通过 INSERT 语句往表中添加记录。

【例 7-14】创建返回 table 的函数，通过学号作为实参调用该函数，显示该学生不及格的课程名及成绩。

```
CREATE FUNCTION Score_Table
(@student_id CHAR(6))
RETURNS @T_score TABLE
(Cname VARCHAR(20),
Grade INT
)
AS
BEGIN
   INSERT INTO @T_score
   SELECT CN,Score
   FROM SC,C
   WHERE  SC.CNo=C.CNo and SC.SNo=@student_id and Score<60
  RETURN
END
```

以上自定义函数定义完成后，可以执行命令 SELECT * FROM Score_Table('S2')对函数 Score_Table 进行调用，结果返回学号为“S2”同学所有不及格课程的课程名和成绩。

7.2　存储过程

在大型数据库系统中，存储过程和触发器具有很重要的作用。无论是存储过程还是触发器，都是 SQL 语句和流程控制语句的集合。就本质而言，触发器也是一种存储过程。

7.2.1　存储过程的概念、优点及分类

1．存储过程概述

人们利用 SQL Server 数据库存储数据的最终目的是开发各种应用系统来对这些数据进行处理和管理。我们知道，能够对 SQL Server 数据库执行操作的只有 Transact-SQL 语句，所以各种前台开发工具，如 VB、C#、Java 等都是通过调用 Transact-SQL 语句来执行对数据库的操作的，其本身的编程语法要素是用来完成输入/输出和编程逻辑的。

程序中的 Transact-SQL 语句最终是由 SQL Server 服务器上的执行引擎来编译执行。程序每调用一次 Transact-SQL 语句，执行引擎就要先进行编译，然后执行。此时，如果有很多并发的用户同时对 SQL Server 数据库进行操作，这样的 Transact-SQL 语句的执行效率是非常低下的。

造成 Transact-SQL 语句执行效率低下的原因有以下两个方面。

（1）应用程序中存储 Transact-SQL 语句，SQL Server 服务器被动执行 Transact-SQL 语句，它事

先并不知道客户机程序到底要执行什么 Transact-SQL 语句，所以只能是每次都进行编译，然后执行。

（2）应用程序执行 Transact-SQL 语句只能是逐句进行，所以有比较复杂的 Transact-SQL 程序时网络上会产生大量的流量，这样执行的效率也会很低。

为此，SQL Server 提出了存储过程的概念，存储过程的提出引发了数据库应用开发技术的革命。目前主流的网络数据库系统如 SQL Server、Oracle 等都支持存储过程技术。

2. 存储过程的概念

存储过程（Stored Procedure）是存储在 SQL Server 数据库中的一种编译对象。它是一组为了完成特定功能的 SQL 语句集，这些 SQL 语句集经编译后存储在数据库中，可以被客户机管理工具、应用程序和其他存储过程调用，同时可以传递参数。用户通过指定存储过程的名字并给出参数（如果该存储过程带有参数）来执行它。

SQL Server 中的存储过程与其他编译语言中的过程类似，原因是存储过程可以：接受输入参数并以输出参数的形式将多个值返回至调用过程或批处理、包含执行数据库操作（包括调用其他过程）的编译语句、向调用过程或批处理返回状态值，以表明成功或失败（以及失败的原因）。

3. 存储过程的优点

（1）模块化的程序设计。

创建好的存储过程被存储在其隶属的数据库中，以后在应用程序中可以随意调用。存储过程一般由数据库编程技术人员创建，并可独立于程序源代码而单独修改。

（2）高效率的执行。

存储过程在创建时，SQL Server 就对其进行编译、分析和优化。在第一次被执行后存储过程就存储在服务器的内存中，这样客户机应用程序再执行时就可以直接调用内存中的代码直接执行，无须再次进行编译，这就大大加快了执行速度。而客户机应用程序的 Transact- SQL 代码每次运行时，都要从客户端重复发送，并且在 SQL Server 每次执行这些语句时，都要对其进行编译和优化。

（3）减少网络流量。

一个需要数百行 Transact-SQL 代码的操作由一条执行存储过程代码的单独语句就可实现，而不需要在网络中发送数百行代码。

（4）可以作为安全机制使用。

即使对于没有直接执行存储过程中语句权限的用户，也可授予他们执行该存储过程的权限。这样用户可以执行存储过程，而不必拥有访问数据库的权限。

4. 存储过程的分类

按照存储过程定义的主体可将存储过程分为以下三类。

（1）系统存储过程。

系统存储过程是由 SQL Server 系统默认提供的存储过程，主要存储在 master 数据库中并以“sp_”为命名前缀，并且系统存储过程主要是从系统表中获取信息，从而为系统管理员管理 SQL Server 提供支持。通过系统存储过程，SQL Server 中的许多管理性或信息性的活动（如了解数据库对象、数据库信息）都可以被顺利有效地完成。尽管这些系统存储过程被放在 master 数据库中，但是仍可以在其他数据库中对其进行调用，在调用时不必在存储过程名前加上数据库名。当创建一个新数据库时，一些系统存储过程会在新数据库中被自动创建。

（2）用户自定义存储过程。

用户自定义存储过程是由用户（程序开发人员或 DBA）创建并能完成某一特定功能的存储过程。在本节中所涉及的存储过程主要是指用户自定义存储过程。

（3）扩展存储过程。

用以扩展 SQL Server 服务器功能的存储过程，其名称以“xp_”为命名前缀进行标识。

7.2.2 创建存储过程

在 SQL Server 2012 中，既可以通过对象资源管理器，也可以通过使用 CREATE PROCEDRUE 语句的方式来创建存储过程。

当创建存储过程时，需要确定存储过程的三个组成部分。

（1）所有的输入参数以及传给调用者的输出参数。

（2）被执行的针对数据库的操作语句，包括调用其他存储过程的语句。

（3）返回给调用者的状态值以指明调用是成功还是失败。

1. 用 CREATE PROCEDURE 命令创建存储过程

用 CREATE PROCEDURE 命令能够创建存储过程，在创建存储过程之前应该考虑到以下几个方面。

（1）在一个批处理中，CREATE PROCEDURE 语句不能与其他 SQL 语句合并在一起。

（2）数据库所有者具有默认的创建存储过程的权限，它可把该权限传递给其他的用户。

（3）存储过程作为数据库对象，其命名必须符合标识符的命名规则。

（4）只能在当前数据库中创建属于当前数据库的存储过程。

用 CREATE PROCEDURE 创建存储过程的语法规则如下：

```
CREATE PROCEDURE procedure_name [ ; number ]
    [ { @parameter data_type }
      [ VARYING ] [ = default ] [ OUTPUT ]
    ] [ ,...n ]
[ WITH
    { RECOMPILE | ENCRYPTION | RECOMPILE , ENCRYPTION } ]
[ FOR REPLICATION ]
AS sql_statement [ ,...n ]
```

各参数的含义如下。

（1）procedure_name 是要创建的存储过程的名字。它后面跟一个可选项 number，number 是一个整数，用来区分一组同名的存储过程。存储过程的命名必须符合标识符的命名规则。在一个数据库中或对其所有者而言，存储过程的名字必须唯一。

（2）@parameter 是存储过程的参数。在 CREATE PROCEDURE 语句中，可以声明一个或多个参数，当有多个参数时，各参数间用逗号隔开。当调用该存储过程时，用户必须给出所有的参数值，除非定义了参数的缺省值。若参数的形式以@parameter=value 出现，则参数的次序可以不同，否则用户给出的参数值必须与参数列表中参数的顺序保持一致。若某一参数以@parameter= value 形式给出，那么其他参数也必须以该形式给出。一个存储过程至多有 1024 个参数。

（3）data_type 是参数的数据类型。在存储过程中，所有的数据类型（包括 TEXT 和 IMAGE）都可被用作参数的类型；但是，游标 CURSOR 数据类型只能被用作 OUTPUT 参数。当定义游标数据类型时，也必须对 VARING 和 OUTPUT 关键字进行定义。对可能是游标型数据类型的 OUTPUT 参数而言，参数的最大数目没有限制。

（4）VARYING 指定由 OUTPUT 参数支持的结果集，仅应用于游标型参数。

（5）default 是指参数的缺省值。如果定义了缺省值，那么，即使不给出参数值，则该存储过程仍可被调用，缺省值必须是常数或者是空值。

（6）OUTPUT 表明该参数是一个返回参数。用 OUTPUT 参数可以向调用者返回信息。TEXT 类型参数不能用作 OUTPUT 参数。

（7）RECOMPILE 指明 SQL Server 并不保存该存储过程的执行计划，该存储过程每执行一次都要重新编译。

（8）ENCRYPTION 表明 SQL Server 加密了 syscomments 表，该表的 text 字段是包含有 CREATE PROCEDURE 语句的存储过程文本。使用该关键字无法通过查看 syscomments 表来查看存储过程内容。

（9）FOR REPLICATION 选项指明为复制创建的存储过程不能在订阅服务器上执行，只有在创建过滤存储过程时（仅当进行数据复制时过滤存储过程才被执行），才使用该选项。FOR REPLICATION 与 WITH RECOMPILE 选项是互不兼容的。

（10）AS 指明该存储过程将要执行的动作。

（11）sql_statement 是包含在存储过程中的 SQL 语句（数量和类型不限）。

另外，一个存储过程的最大尺寸为 128MB，用户定义的存储过程必须创建在当前数据库中。

【例 7-15】在 Teach 数据库中，创建一个名称为 MyProc 的不带参数的存储过程，该存储过程的功能是从数据表 S 中查询所有男同学的信息。

```
USE Teach
GO
CREATE PROCEDURE MyProc AS
SELECT * FROM S WHERE Sex='男'
```

【例 7-16】定义具有参数的存储过程。在 Teach 数据库中，创建一个名称为 InsertRecord 的存储过程，该存储过程的功能是向 S 数据表中插入一条记录，新记录的值由参数提供。

```
USE Teach
GO
CREATE PROCEDURE InsertRecord
(   @sno VARCHAR(6),
    @sn NVARCHAR(10),
    @sex NCHAR(1),
    @age INT,
    @dept NVARCHAR(20)
)
AS
INSERT INTO S VALUES(@sno,@sn,@sex,@age, @dept)
```

【例 7-17】定义具有参数默认值的存储过程。在 Teach 数据库中，创建一个名称为 Insert RecordDefa 的存储过程，该存储过程的功能是向 S 数据表中插入一条记录，新记录的值由参数提供，如果未提供系别 Dept 的值时，由参数的默认值代替。

```
USE Teach
GO
CREATE PROCEDURE InsertRecordDefa
(   @sno VARCHAR(6),
```

```
    @sn NVARCHAR(10),
    @sex NCHAR(1),
    @age INT,
    @dept NVARCHAR(20)= '无'
)
AS
INSERT INTO S VALUES(@sno, @sn, @sex, @age, @dept)
```

【例 7-18】定义能够返回值的存储过程。在 Teach 数据库中，创建一个名称为 QueryTeach 的存储过程。该存储过程的功能是从数据表 S 中根据学号查询某一同学的姓名和系别，查询的结果由参数@sn 和@dept 返回。

```
USE Teach
GO
CREATE PROCEDURE QueryTeach
(   @sno VARCHAR(6),
    @sn NVARCHAR(10) OUTPUT,
    @dept NVARCHAR(20) OUTPUT
)
AS
SELECT @sn=SN,@dept=Dept
FROM S
WHERE SNo=@sno
```

2. 利用对象资源管理器创建存储过程

使用对象资源管理器创建存储过程

具体操作步骤如下。

（1）在选定的数据库下打开“可编程性”节点。

（2）找到“存储过程”节点，单击鼠标右键，在弹出的快捷菜单中选择“新建存储过程”。

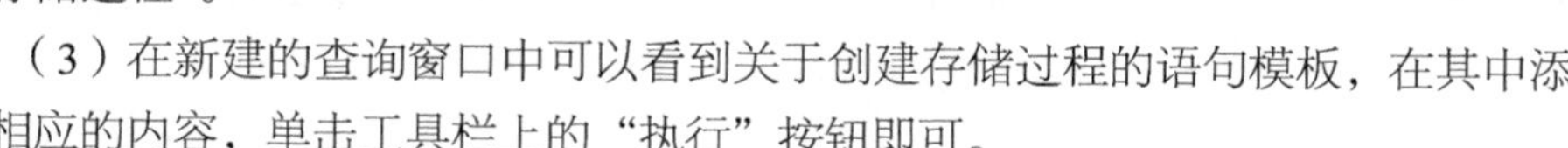

（3）在新建的查询窗口中可以看到关于创建存储过程的语句模板，在其中添上相应的内容，单击工具栏上的“执行”按钮即可。

7.2.3 查看存储过程

在 SQL Server 2012 中，既可以使用系统存储过程，也可以通过对象资源管理器查看存储过程及其有关内容。

1. 利用系统存储过程查看存储过程

存储过程被创建以后，它的名字存储在系统表 sysobjects 中，它的源代码存放在系统表 syscomments 中。可以通过 SQL Server 提供的系统存储过程 sp_helptext 来查看关于用户创建的存储过程信息，其命令格式如下：

```
sp_helptext 存储过程名称
```

【例 7-19】查看数据库 Teach 中存储过程 MyProc 的源代码。

```
USE Teach
GO
EXEC sp_helptext MyProc
```

如果在创建存储过程时使用了 WITH ENCRYPTION 选项，那么无论是使用对象资源管理器还是使用系统存储过程 sp_helptext 都无法查看到存储过程的源代码。

2. 利用对象资源管理器查看存储过程

使用对象资源管理器查看存储过程

通过对象资源管理器查看存储过程的具体步骤如下。

（1）在对象资源管理器中，依次展开“数据库”、存储过程所属的数据库以及“可编程性”。

（2）展开“存储过程”，可以看到在当前数据库中已经创建的所有存储过程的名称。

7.2.4 重新命名存储过程

使用对象资源管理器重新命名存储过程

通过对象资源管理器很容易实现重命名存储过程。具体步骤如下。

（1）在对象资源管理器中，依次展开“数据库”、存储过程所属的数据库以及“可编程性”。

（2）展开“存储过程”，右键单击要重命名的存储过程名称，在弹出的快捷菜单中选择“重命名”。

（3）键入新的存储过程的名称。

7.2.5 删除存储过程

在 SQL Server 2012 中，既可以使用 DROP PROCEDURE 命令，也可以通过对象资源管理器删除存储过程。

1. 利用 DROP PROCEDURE 命令删除存储过程

DROP PROCEDURE 命令可将一个或多个存储过程或者存储过程组从当前数据库中删除。其语法规则为：

```
DROP PROCEDURE {procedure}} [,…n]
```

【例 7-20】从数据库 Teach 中删除存储过程 MyNewProc（假设数据库 Teach 中已创建了存储过程 MyNewProc）。

```
USE Teach
GO
DROP PROCEDURE MyNewProc
```

2. 利用对象资源管理器删除存储过程

使用对象资源管理器删除存储过程

通过对象资源管理器删除存储过程的具体步骤如下。

（1）在对象资源管理器中，依次展开“数据库”、存储过程所属的数据库以及“可编程性”。

（2）展开“存储过程”，可以看到在当前数据库中已经创建的所有存储过程的名称。

（3）在某个存储过程的名称上右键单击，在出现的快捷菜单中单击“删除”，则可以删除该存储过程。

7.2.6 执行存储过程

执行已创建的存储过程可以使用 EXECUTE 命令（可简写为 EXEC），其语法如下：

```
[EXECUTE]
  {[[@return_status=]
    {procedure_name[;number] | @procedure_name_var}
  [[@parameter=] {value | @variable [OUTPUT] | [DEFAULT]}][,…n]
    [WITH RECOMPILE]}
```

各参数的含义如下。

（1）@return_status 是可选的整型变量，用来保存存储过程向调用者返回的值。

（2）@procedure_name_var 是一变量名，用来代表存储过程的名字。

其他参数和保留字的含义与 CREATE PROCEDURE 中介绍的一样。

【例 7-21】执行数据库 Teach 中已定义的不带参数的存储过程 MyProc。

```
USE Teach
GO
EXEC MyProc
```

【例 7-22】执行数据库 Teach 中的带参数的存储过程 InsertRecord，调用时向存储过程中传递 5 个参数值，存储过程在执行过程中利用这 5 个参数的值组成一条新记录，并插入到学生表 S 中。

```
USE Teach
GO
EXEC InsertRecord @sno='S7', @sn='王大利', @sex='男', @age=18, @dept='计算机系'
```

【例 7-23】执行数据库 Teach 中的带默认参数值的存储过程 InsertRecordDefa，调用时向存储过程中传递 4 个参数值，而未给第 5 个参数@dept 传递值，这样存储过程 InsertRecordDefa 在执行过程中，将利用参数@dept 的默认值"无"进行运算。

```
USE Teach
GO
EXEC InsertRecordDefa @sno='S10', @sn='高平', @age=18, @sex='女'
```

【例 7-24】执行数据库 Teach 中的带输出参数的存储过程 QueryTeach，存储过程 QueryTeach 执行完毕后，所需结果保存到输出参数@sn 和@dept 中。

```
USE Teach
GO
DECLARE @sn NVARCHAR(10)
DECLARE @dept NVARCHAR(20)
EXEC QueryTeach 'S10',@sn OUTPUT,@dept OUTPUT
SELECT '姓名'=@sn, '系别'=@dept
```

以上代码的功能是执行存储过程 QueryTeach，执行结束后，能从学生表 S 中查找学号为"S10"同学的信息，并将查到的该同学的姓名和系别信息存储到局部变量 sn 和 dept 中，然后将结果显示出来。

7.2.7 修改存储过程

1. 利用 ALTER PROCEDURE 命令修改存储过程

修改用 CREATE PROCEDURE 命令已创建的存储过程，并且不改变权限的授予情况以及不影响任何其他的独立的存储过程或触发器，常使用 ALTER PROCEDURE 命令。其语法规则是：

```
ALTER PROCEDURE procedure_name [;number]
   [ {@parameter data_type } [VARYING] [= default] [OUTPUT]] [,...n]
[WITH
   {RECOMPILE | ENCRYPTION | RECOMPILE , ENCRYPTION}]
[FOR REPLICATION]
```

```
AS
    sql_statement [,...n]
```

使用对象资源管理器修改存储过程

其中，各参数和保留字的具体含义请参看 CREATE PROCEDURE 命令。

2. **利用对象资源管理器修改存储过程**

通过对象资源管理器修改存储过程的具体步骤如下。

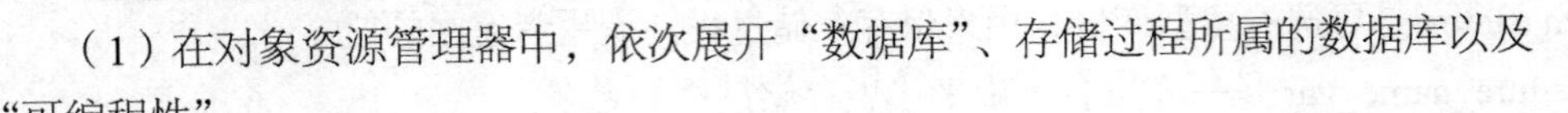

（1）在对象资源管理器中，依次展开“数据库”、存储过程所属的数据库以及“可编程性”。

（2）展开“存储过程”，可以看到在当前数据库中已经创建的所有存储过程的名称。

（3）在某个存储过程的名称上右键单击，在出现的快捷菜单中单击“修改”，则可以看到该存储过程中定义的代码。

（4）对存储过程代码进行修改，修改完成后，单击工具栏中的“执行”按钮，即可完成存储过程的修改。

7.3 触发器

7.3.1 触发器概述

1. **触发器的概念**

触发器是一种特殊的存储过程，其中包含一系列的 T-SQL 语句，但它的执行不是用 EXECUTE 命令显式调用，而是在满足一定条件下自动激活而执行，如向表中插入记录、更新记录或者删除记录时被系统自动地激活并执行。

触发器与存储过程的区别在于触发器能够自动执行并且不含有参数。

使用触发器主要有以下优点。

（1）触发器是在某个事件发生时自动激活而执行的。如，在数据库中定义了某个对象之后，或对表中的数据做了某种修改之后立即被激活并自动执行。

（2）触发器可以实现比约束更为复杂的完整性要求，比如 CHECK 约束中不能引用其他表中的列，而触发器可以引用；CHECK 约束只是由逻辑符号连接的条件表达式，不能完成复杂的逻辑判断功能。

（3）触发器可以根据表数据修改前后的状态，根据其差异采取相应的措施。

（4）触发器可以防止恶意的或错误的 INSERT、UPDATE 和 DELETE 操作。

2. **触发器的种类**

SQL Server 2012 提供了三种类型的触发器：DML 触发器、DDL 触发器和登录触发器。

（1）DML 触发器。

DML 触发器是在执行数据操纵语言（DML）事件时被激活而自动执行的触发器。即当数据库服务器发生对数据表中的数据进行插入（INSERT）、修改（UPDATE）和删除（DELETE）操作（即数据操纵 DML）事件时自动运行的存储过程。根据触发器代码执行的时机，DML 触发器可以分为两种：After 触发器和 Instead of 触发器。

After 触发器是在执行了 INSERT、UPDATE 或 DELETE 语句操作之后激活执行的触发器，即在记录已经改变完之后（After），才会被激活执行，因此，它主要是用于记录数据变更后的处理或检查。

这种触发器只能在表上定义，不能在视图上定义。

Instead of 触发器用来代替激活触发器的 DML 操作（INSERT、UPDATE、DELETE）的执行，即在记录变更之前，不去执行原来 SQL 语句里的 INSERT、UPDATE、DELETE 操作，而去执行触发器中的代码所定义的操作。Instead of 触发器可以定义在表上和视图上。

（2）DDL 触发器。

DDL 触发器是在响应各种数据定义语言（DDL）事件时而激活执行的存储过程，这些事件主要与以关键字 CREATE、ALTER 和 DROP 开头的 T-SQL 语句对应。DDL 触发器一般用于执行数据库中的管理任务，如审核和规范数据库操作、防止数据库表结构被修改等。

（3）登录触发器。

登录触发器是由登录（LOGON）事件而激活的触发器，与 SQL Server 实例建立用户会话时将引发此事件。登录触发器将在登录的身份验证阶段完成之后且用户会话实际建立之前激发。

7.3.2 触发器的工作原理

从以上的介绍中可以看出触发器具有强大的功能，那么 SQL Server 是如何用触发器来完成这些任务呢？下面我们将对其工作原理及实现做详细介绍。

SQL Server 为每个触发器都创建了两个特殊的表：插入表（Inserted 表）和删除表（Deleted 表）。这两个表实际上是系统在线生成的、动态驻留在内存中的临时表，是由系统管理的逻辑表。这两个表的结构总是与被该触发器作用的表的结构相同，Deleted 表存放由于执行 DELETE 或 UPDATE 语句而要从表中删除的所有行。Inserted 表存放由于执行 INSERT 或 UPDATE 语句而要向表中插入的所有行，参见表 7.11。这两个表都不允许用户直接对其修改，触发器工作完成后系统自动删除这两个表。

表 7.11 Inserted 表和 Deleted 表的存储内容

对表的操作	Inserted 表	Deleted 表
增加记录（INSERT）	存放增加的记录	无
删除记录（DELETE）	无	存放被删除的记录
修改记录（UPDATE）	存放更新后的记录	存放更新前的记录

由表 7.11 可以看出，如果表中定义了针对 INSERT 操作的触发器（INSERT 触发器），则 Inserted 表存储了向表中插入的记录内容；如果表中定义了针对 DELETE 操作的触发器（DELETE 触发器），Deleted 表用来存储所有的被删除的记录；如果表中定义了针对 UPDATE 操作的触发器，由于 UPDATE 操作包括删除原记录、插入新记录两步操作，因此，当对表执行 UPDATE 操作时，在 Deleted 表中存放原来的记录，而在 Inserted 表中存放新的记录。

1. INSERT 触发器的工作原理

INSERT 触发器的工作过程如图 7-1 所示。

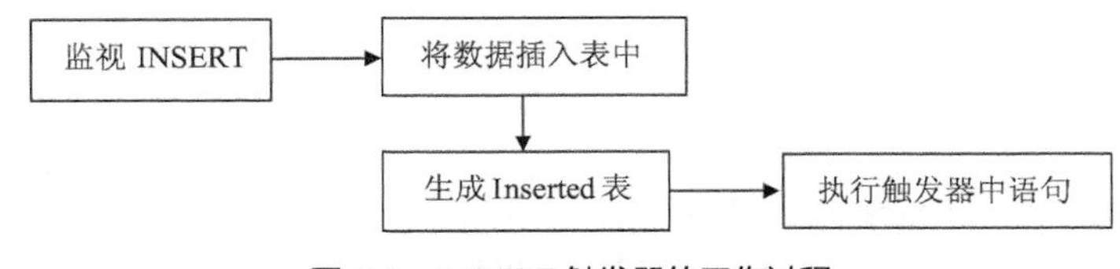

图 7-1 INSERT 触发器的工作过程

当对表进行 INSERT 操作时，INSERT 触发器被激发，新的数据行被添加到创建触发器的表和 Inserted 表。Inserted 表是一个临时的逻辑表，含有插入行的副本。

2. DELETE 触发器的工作原理

DELETE 触发器的工作过程如图 7-2 所示。

当试图删除触发器保护的表中的一行或多行记录时，即对表进行 DELETE 操作时，DELETE 触发器被激发，系统从被影响的表中将删除的行放入到一个特殊的 Deleted 表中。Deleted 表是一个临时的逻辑表，含有被删除行的副本。

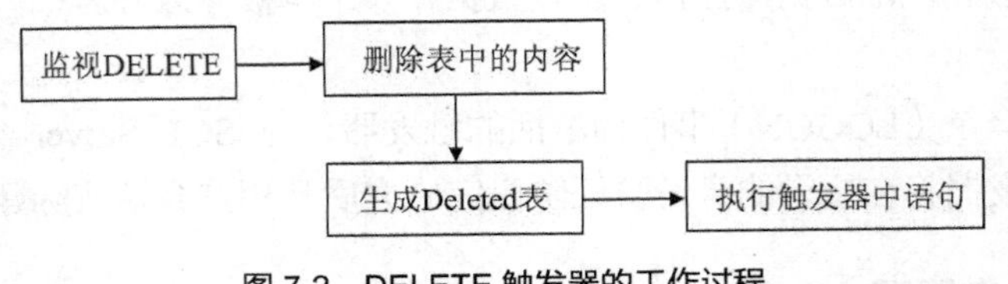

图 7-2　DELETE 触发器的工作过程

3. UPDATE 触发器的工作原理

UPDATE 触发器的工作过程如图 7-3 所示。

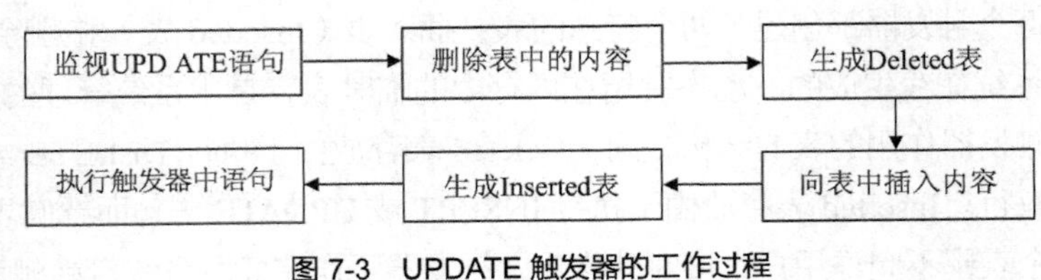

图 7-3　UPDATE 触发器的工作过程

当试图更新定义有 UPDATE 触发器的表中的数据时，即当执行 UPDATE 操作时触发器被激活。UPDATE 触发器将原始行移入 Deleted 表中，把更新行插入到 Inserted 表中。触发器将检查 Deleted 表和 Inserted 表以及被更新的表，确定是否更新多行及如何执行触发器动作。

7.3.3　创建触发器

上面介绍了有关触发器的概念、作用及其工作原理，下面我们将介绍在 SQL Server 2012 中如何使用 T-SQL 语句和对象资源管理器创建触发器。

1. 创建 DML 触发器

（1）使用 CREATE TRIGGER 创建 DML 触发器。

使用 CREATE TRIGGER 创建 DML 触发器的语法格式为：

```
CREATE TRIGGER trigger_name
ON {table | view}
[With Encryption]
{For | After | Instead Of}
{ [ INSERT ] [ , ] [ UPDATE ] [ , ] [ DELETE] }
AS sql_statement [;]
```

参数说明如下。

- trigger_name：触发器名称，必须遵守标识符命名规则，并且不能以#或##开头。
- table | view：对其执行触发器的表或视图，视图上不能定义 FOR 和 AFTER 触发器，只能定

义 INSTEAD OF 触发器。

- WITH ENCRYPTION：指定对触发器进行加密处理。
- FOR | AFTER：指定触发器中在相应的 DML 操作（INSERT、UPDATE、DELETE）成功执行后才触发。
- Instead Of：指定执行 DML 触发器而不是 INSERT、UPDATE 或 DELETE 语句。在使用了 With Check Option 语句的视图上不能定义 Instead of 触发器。
- [INSERT] [,] [UPDATE] [,] [DELETE]：指定能够激活触发器的操作，必须至少指定一个操作。
- sql_statement：触发器代码，根据数据修改或定义语句来检查或更改数据，通常包含流程控制语句，一般不应向应用程序返回结果。

【例 7-25】设计一个触发器，该触发器的作用为：当在学生表 S 中删除某一个学生时，在学生选课表 SC 中的选课记录也全部被删除。

提示：在此例中，由于涉及了学生表的删除操作，因而需要设计一个 DELETE 类型的触发器。

在新建的查询窗口中输入下面的语句，然后单击工具栏上的“执行”按钮，执行结束后，则在表 S 上创建了一个针对 DELETE 操作的 AFTER 触发器，触发器的名称为 del_S。这样，当对表 S 进行 DELETE 操作时，触发器将被激发而自动执行 AS 子句后面的语句块。

```
USE Teach
GO
CREATE TRIGGER del_S ON S
AFTER DELETE
AS
     DELETE FROM SC
     WHERE SC.SNo
     IN (SELECT SNo FROM DELETED)
GO
```

该触发器建立完毕后，当执行如下的 DELETE 操作语句时，系统将会自动激活触发器 del_S，从而执行 AS 子句后面的语句，将对应地删除 SC 表中 S1 学生的选课全部记录。

```
DELETE FROM S WHERE SNo='S1'
```

【例 7-26】设计一个触发器，该触发器能够保证在学生选课表 SC 表中添加新的记录时，新学生的学号 SNo 必须已经存在于学生基本信息表 S 中。

提示 设计该触发器有助于实现选课信息的完整性。在此例中由于涉及了学生选课表中的添加操作，因而需要设计一个 INSERT 类型的触发器。

在新建的查询窗口中输入下面的语句，然后单击工具栏上的“执行”按钮，执行结束后，则在表 SC 上创建了一个针对 INSERT 操作的 AFTER 触发器，触发器的名称为 insert_sc。这样，当对表 SC 进行 INSERT 操作时，触发器将被激发而自动执行 AS 子句后面的语句块。

```
USE Teach
GO
CREATE TRIGGER insert_sc ON SC
AFTER INSERT
AS
  IF EXISTS (SELECT * FROM INSERTED WHERE Sno IN (SELECT Sno FROM S))
     PRINT '添加成功！'
  ELSE
```

```
    BEGIN
       PRINT '学生表 S 中没有该学生的基本信息。拒绝插入！'
       ROLLBACK TRANSACTION
    END
```

该触发器建立完毕后，当在 SC 表中插入一条在 S 表中并不存在的一个学生的选课记录时，将会给出如图 7-4 所示的提示信息，说明该同学的选课记录无法插入到选课表 SC 中。

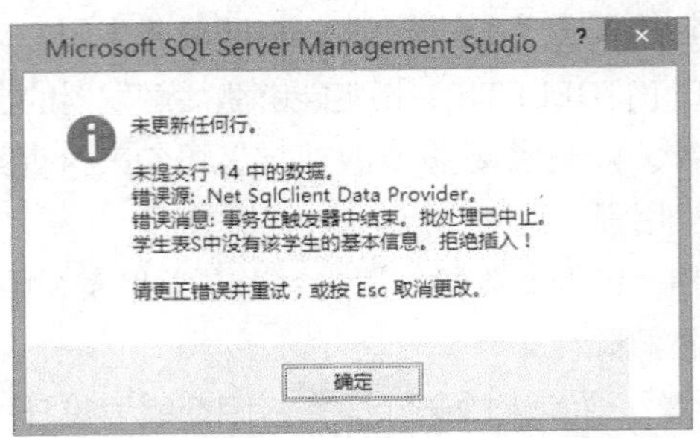

图 7-4　添加操作被取消

（2）使用对象资源管理器创建 DML 触发器。

使用对象资源管理器创建 DML 触发器的具体步骤如下。

① 打开对象资源管理器，找到希望创建 DML 触发器的表并将其展开。

② 找到“触发器”节点，单击鼠标右键，在弹出的快捷菜单中选择“新建触发器”。

使用对象资源管理器创建 DML 触发器

③ 在新建的查询窗口中可以看到关于创建 DML 触发器的语句模板，在其中添上相应的内容，单击工具栏上的“执行”按钮即可。

2. 创建 DDL 触发器

创建 DDL 触发器的 CREATE TRIGGER 语句的语法格式为：

```
CREATE TRIGGER trigger_name
On {All Server | Database}
[With Encryption]
{FOR | AFTER} {event_type | event_group } [,...n ]
AS sql_statement [; ]
```

参数说明如下。

- trigger_name：触发器名称，必须符合标识符命名规则。
- ALL SERVER：指定 DDL 触发器的作用域为当前服务器。如果指定了此参数，则只要当前服务器中的任何位置上出现 event_type 或 event_group，就会激活该触发器。
- DATABASE：指定 DDL 触发器的作用域为当前数据库。如果指定了此参数，则只要当前数据库中的任何位置上出现 event_type 或 event_group，就会激活该触发器。
- WITH ENCRYPTION：指定将触发器的定义文本进行加密处理。
- FOR | AFTER：指定 DDL 触发器仅在触发 SQL 语句中指定的所有操作都已成功执行时才被触发。
- event_type：将激活 DDL 触发器的 Transact-SQL 语言事件的名称，这些事件由 SQL_Server 定义，如：CREATE_TABLE（创建表）、DROP_TABLE（删除表）、ALTER_TABLE（修改表）等，具体请查阅 SQL Server 有关文档。

- event_group：预定义的 Transact-SQL 语言事件分组的名称。执行任何属于 event_group 的 Transact-SQL 语言事件之后，都将激活 DDL 触发器。
- sql_statement：触发器代码。

【例 7-27】创建一个 DDL 触发器 safety，禁止修改和删除当前数据库中的任何表。

```
USE Teach
GO
CREATE TRIGGER safety
ON DATABASE
FOR DROP_TABLE, ALTER_TABLE
AS  PRINT '不能删除或修改数据库表! '
ROLLBACK
GO
```

这样，每当数据库中发生 DROP TABLE 操作或 ALTER TABLE 操作，试图对表进行删除或对表结构进行修改时，都将触发 DDL 触发器 safety 执行，从而禁止相关操作。

7.3.4 查看触发器

1. 查看表中触发器

执行系统存储过程 sp_helptrigger 查看表中触发器的语法格式如下：

```
EXEC sp_helptrigger 'table'[,'type']
```

其中，table 是触发器所在的表名，type 指定列出某一操作类型的触发器，包括“INSERT”“DELETE”“UPDATE”，若不指定，则列出所有的触发器。

【例 7-28】查看数据表 S 中已创建的所有类型的触发器。

```
USE Teach
GO
EXEC sp_helptrigger 'S'
GO
```

如果只查看数据表 S 中已创建的“DELETE”类型的触发器，则可以用以下语句：

```
USE Teach
GO
EXEC sp_helptrigger 'S','DELETE'
GO
```

2. 查看触发器的定义文本

触发器的定义文本存储在系统表 syscomments 中，利用系统存储过程 sp_helptext 可查看某个触发器的内容，语法格式为：

```
EXEC sp_helptext 'trigger_name'
```

【例 7-29】查看已创建的触发器“insert_sc”的内容。

```
USE Teach
GO
EXEC sp_helptext 'insert_sc'
GO
```

3. 查看触发器的所有者和创建时间

系统存储过程 sp_help 可用于查看触发器的所有者和创建日期，语法格式如下：

```
EXEC sp_help 'trigger_name'
```

【例 7-30】查询已创建的触发器“insert_sc”的有关信息。

```
USE Teach
GO
EXEC sp_help 'insert_sc'
GO
```

7.3.5 修改触发器

1. 利用对象资源管理器修改触发器

利用对象资源管理器修改触发器，可以在已有的触发器的基础上进行修改，不需要重新编写，具体的步骤如下。

（1）打开对象资源管理器，找到希望修改触发器的表，并将其展开。

（2）找到“触发器”节点展开，在要修改的触发器名称节点上单击鼠标右键，在弹出的快捷菜单中选择“修改”。

（3）这时将弹出修改触发器的窗口，显示触发器所有的内容，用户可以在原有的基础上进行修改。修改完成后，单击工具栏上的“执行”按钮，即可完成触发器的修改。

使用对象资源管理器修改触发器

2. 利用 Alter Trigger 语句修改触发器

（1）修改 DML 触发器的 ALTER TRIGGER 语句的语法格式如下：

```
ALTER TRIGGER schema_name.trigger_name
ON ( table | view )
[ With Encryption ]
{ For | After | Instead Of }
{ [ Delete ] [ , ] [ Insert ] [ , ] [ Update] }
AS sql_statement [ ; ]
```

（2）修改 DDL 触发器的 ALTER TRIGGER 语句的语法格式如下：

```
ALTER TRIGGER trigger_name
ON { All Server | Database }
[ With Encryption ]
{ FOR | AFTER } { event_type | event_group } [ ,...n ]
AS sql_statement  [ ; ]
```

相关参数的含义和前面介绍的 CREATE TRIGGER 语句中的参数相同，不再赘述。

3. 使触发器无效

在有些情况下,用户希望暂停触发器的作用,但并不删除它,这时就可以通过 DISABLE TRIGGER 语句使触发器无效，语法格式如下：

```
DISABLE TRIGGER { [ schema.] trigger_name [ ,...n ] | ALL }
ON object_name
```

其中各参数的含义如下。

- schema_name：触发器所属架构的名称。
- trigger_name：要禁用的触发器的名称。
- ALL：指示禁用在 ON 子句作用域中定义的所有触发器。
- object_name：在其上创建 DML 触发器的对象名称。

【例 7-31】将例 7-27 中在数据库上已创建的触发器“safety”失效并进行验证。

```
SELECT * INTO TS FROM S  -- 产生一个临时表 TS
DROP TABLE TS            -- 删除表 TS 失败
```

```
GO
DISABLE TRIGGER safety ON DATABASE  --使 safety 触发器无效
DROP TABLE TS             -- 成功删除表 TS
GO
```

4. 使触发器重新有效

要使 DML 触发器重新有效，可使用 ENABLE TRIGGER 语句，语法格式如下：

```
ENABLE TRIGGER {[ schema_name.] trigger_name [ ,...n ] | ALL }
ON object name
```

其中，参数含义与 DISABLE TRIGGER 语句中各参数的含义相同。

7.3.6 删除触发器

当不再需要某个触发器时，可以将其删除。删除了触发器后，它所基于的表和数据不会受到影响。删除表则将自动删除其上的所有触发器。

1. 利用对象资源管理器删除触发器

在对象资源管理器中删除触发器的步骤如下。

使用对象资源管理器删除触发器

（1）在对象资源管理器中，找到需要删除触发器的表节点，并将其展开。

（2）找到“触发器”节点展开，在要删除的触发器名称节点上单击鼠标右键，在弹出的快捷菜单中选择“删除”。

（3）这时将弹出确认删除窗口，单击“确定”按钮即可删除触发器。

2. 使用 DROP TRIGGER 语句删除触发器

使用 DROP TRIGGER 语句可以删除触发器，根据要删除的触发器的类型不同，DROP TRIGGER 语句的语法格式也有所不同。

删除 DML 触发器的 DROP TRIGGER 语句的语法格式为：

```
DROP TRIGGER trigger_name [ ,...n ] [ ; ]
```

7.4 备份和还原

数据库的备份和还原是数据库管理员维护数据库安全性和完整性必不可少的操作，合理地进行备份和还原可以将可预见的和不可预见的问题对数据库造成的伤害降到最低。当运行 SQL Server 的服务器出现故障，或者数据库遭到某种程度的破坏时，可以利用以前对数据库所做的备份重建或还原数据库。因此，为了防止因软硬件故障而导致数据的丢失或数据库的崩溃，数据备份和还原工作就成了一项不容忽视的系统管理工作。

7.4.1 备份和还原概述

1. 备份和还原

备份和还原组件是 SQL Server 的重要组成部分。备份是对 SQL Server 数据库或事务日志进行复制，数据库备份记录了在进行备份这一操作时数据库中所有数据的状态，如果数据库因意外而损坏，这些备份文件将在数据库还原时用来还原数据库。

由于 SQL Server 支持在线备份，所以通常情况下可一边进行备份，一边进行其他操作，但是，在备份过程中不允许执行以下操作。

（1）创建或删除数据库文件。

（2）创建索引。

（3）执行非日志操作。

（4）自动或手工缩小数据库或数据库文件大小。

如果以上各种操作正在进行当中，且准备进行备份，则备份处理将被终止；如果在备份过程中，打算执行以上任何操作，则操作将会失败而备份继续进行。

还原就是把遭受破坏、丢失的数据或出现错误的数据库还原到原来的正常状态。这一状态是由备份决定的，但是为了维护数据库的一致性，在备份中未完成的事务并不进行还原。

进行备份和还原的工作主要是由数据库管理员来完成的。实际上，数据库管理员日常比较重要和频繁的工作就是对数据库进行备份和还原。

如果在备份或还原过程中发生中断，则可以重新从中断点开始执行备份或还原。这在备份或还原一个大型数据库时极有价值。

2. 数据库备份的类型

数据备份的范围可以是完整的数据库、部分数据库或者一组文件或文件组。对此，SQL Server 2012 提供四种备份方式，以满足不同数据库系统的备份需求。

（1）数据库完整备份。

数据库完整备份（Database Backup）是指对数据库内的所有对象都进行备份，包括事务日志。该备份类型需要比较大的存储空间来存储备份文件，备份时间也比较长，在还原数据时，也只要还原一个备份文件。

如果数据库不是很大，而且不是 24 小时运行的应用系统，也不是一个变化频繁的系统，就可以采用这种备份方式。如果数据库很大，采用这种方式将很费时间，甚至造成系统访问缓慢。虽然完整备份比较费时间，但是对于数据库还是需要定期做完整备份，如一周一次。

（2）差异备份。

数据库差异备份（Differential Database Backup）是完整备份的补充，只备份自从上次数据库完整备份后（注意：不是上一次差异备份后）数据库变动的部分。相对于完整备份来说，差异备份的数据量比完整备份小，备份的速度也比完整备份要快。因此，差异备份通常作为常用的备份方式。

在还原数据时，要先还原前一次做的完整备份，然后再还原最近一次的差异备份就可以了，而不需要依次还原每一次的差异备份，这样就能让数据库里的数据还原到与最后一次差异备份时的内容相同。

（3）事务日志备份。

事务日志备份（Transaction Log Backup）只备份数据库的事务日志内容。事务日志备份是以事务日志文件作为备份对象，相当于将数据库里的每一个操作都记录下来了。

事务日志记录的是某一段时间内的数据库变动情况，因此在进行事务日志备份之前，必须要进行完整备份。与差异备份类似，事务日志备份生成的文件较小、占用时间较短，但是在还原数据时，除了先要还原完整备份之外，还要依次还原每个事务日志备份，而不是只还原最后一个事务日志备份（这是与差异备份的区别）。

当数据库很大时，每次完整备份需要花费很多时间，并且系统可能需要 24 小时运行，不允许让过长的备份时间影响在线运行，这时可以采用事务日志备份方式。但是，事务日志备份在数据库还原时无法单独运行，它必须和一次完整备份一起才可以还原数据库，而且事务日志备份在还原时有一定的时间顺序，不能搞错。

（4）文件及文件组备份。

文件及文件组备份是针对单一数据库文件或者是文件组做备份，它的好处是便利和具有弹性，而且在还原时可以仅仅针对受损的数据库文件做还原。

虽然文件及文件组备份有其方便性，但是这类备份必须搭配事务日志备份，因为在还原部分数据库文件或者文件组后必须还原自数据库文件或者文件组备份后所做的所有事务日志备份，否则会造成数据库的不一致性。因此在做完文件或者文件组备份后最好立刻做一个事务日志备份。

如果在创建数据库时，为数据库创建了多个数据库文件或文件组，可以使用该备份方式。使用文件和文件组备份方式可以只备份数据库中的某些文件，该备份方式在数据库文件非常庞大时十分有效，由于每次只备份一个或几个文件或文件组，可以分多次来备份数据库，避免大型数据库备份的时间过长。另外，由于文件和文件组备份只备份其中一个或多个数据文件，当数据库中的某个或某些文件损坏时，可能只还原损坏的文件或文件组备份。

3. 备份和还原的策略

通常而言，我们总是依赖所要求的还原能力（如将数据库还原到失败点）、备份文件的大小（如完整数据库备份、只进行事务日志的备份或差异数据库备份）以及留给备份的时间等来决定该使用哪种类型的备份。常用的备份选择方案有：仅进行完整数据库备份，或在进行完整数据库备份的同时进行事务日志备份，或使用完整数据库备份和差异数据库备份。

选用何种备份方案将对备份和还原产生直接影响，而且也决定了数据库在遭到破坏前后的一致性水平。所以在做出该决策时，必须认识到以下几个问题。

（1）如果只进行完整数据库备份，那么将无法还原自最近一次完整数据库备份以来数据库中所发生的所有事务。这种方案的优点是简单，而且在进行数据库还原时操作也很方便。

（2）如果在进行完整数据库备份时也进行事务日志备份，那么可以将数据库还原到失败点。那些在失败前未提交的事务将无法还原，但如果您在数据库失败后立即对当前处于活动状态的事务进行备份，则未提交的事务也可以还原。

从以上问题可以看出，对数据库一致性的要求程度成为我们选择备份方案的主要的普遍性原因。但在某些情况下，对数据库备份应提出更为严格的要求，例如在处理重要业务的应用环境中，常要求数据库服务器连续工作，至多只留有一小段时间来执行系统维护任务，在这种情况下一旦出现系统失败，则要求数据库在最短时间内还原到正常状态，以避免丢失过多的重要数据，由此可见，备份或还原所需时间往往也成为我们选择何种备份方案的重要影响因素。

那么如何才能减少备份和还原所花费时间呢？SQL Server 提供了几种方法来减少备份或还原操作的执行时间。

（1）使用多个备份设备来同时进行备份处理。同理，可以从多个备份设备上同时进行数据库还原操作处理。

（2）综合使用数据库完整备份、差异备份或事务日志备份来减少每次需要备份的数据量。

（3）使用文件或文件组备份和事务日志备份，这样可以只备份或还原那些包含相关数据的文件，而不是整个数据库。

另外需要注意的是，在备份时我们也要决定应使用哪种备份设备，如磁盘或磁带，并且决定如何在备份设备上创建备份，例如将备份添加到备份设备上或将其覆盖。

在 SQL Server 中有三种数据库还原模式，分别是简单还原、完全还原和批日志还原。

简单还原(Simple Recovery)是指在进行数据库还原时仅使用了完整数据库完整备份或差异备份，而不涉及事务日志完整备份。简单还原模式可使数据库还原到上一次备份的状态，但由于不使用事务日志备份来进行还原，所以无法将数据库还原到失败点状态。当选择简单还原模式时，常使用的备份策略是：首先进行数据库完整备份，然后进行差异备份。

完全还原（Full Recovery）是指通过使用数据库完整备份和事务日志备份，将数据库还原到发生失败的时刻。因此完全还原模式下，数据库几乎不造成任何数据丢失，这成为应对因存储介质损坏而使数据丢失的最佳方法。为了保证数据库的这种还原能力，所有的批数据操作，例如 SELECT INTO、创建索引都被写入日志文件。选择完全还原模式时常使用的备份策略是：首先进行数据库完整备份，然后进行差异备份，最后进行事务日志备份。

如果准备让数据库还原到失败时刻，必须对数据库失败前正处于运行状态的事务进行备份。

批日志还原（Bulk-logged Recovery）在性能上要优于简单还原和完全还原模式，它能尽最大努力减少批操作所需要的存储空间。这些批操作主要有：SELECT INTO、批装载操作（如 bcp 操作或批插入操作）、创建索引和针对大文本或图像的操作（如 WRITETEXT、UPDATETEXT）。选择批日志还原模式所采用的备份策略与完全还原所采用的还原策略基本相同。

从以上的论述中我们可以看到，在实际应用中，备份策略和还原策略的选择不是孤立的，而是有着紧密的联系。我们不能仅仅因为数据库备份为数据库还原提供了"原材料"这一事实，就根据某种数据库还原模式考虑该怎样进行数据库备份，而更多是考虑选择使用哪种备份类型，能把遭到损坏的数据库"带"到所需的状态（是数据库失败的时刻，还是最近一次备份的时刻）。但有一点必须强调，即备份类型的选择和还原模式的确定都应服从于这样一个目标：尽最大可能、以最快速度减少或消灭数据丢失。

7.4.2 创建备份设备

在备份一个数据库之前，需要先创建一个备份设备，比如磁带、硬盘等，然后再去复制有备份的数据库、事务日志、文件/文件组。

SQL Server 2012 可以将本地主机或者远端主机上的硬盘作为备份设备，数据备份在硬盘上是以文件的方式被存储的。

对数据库进行备份时，备份设备可以采用物理设备名称和逻辑设备名称两种方式。

（1）物理设备名称：即操作系统文件名，直接采用备份文件在磁盘上以文件方式存储的完整路径名，例如"D:\backup\data_full.bak"。

（2）逻辑设备名称：为物理备份设备指定的可选的逻辑别名。使用逻辑设备名称可以简化备份路径。逻辑设备名称永久性地存储在 SQL Server 内的系统表中。

1. 使用对象资源管理器创建备份设备

创建逻辑备份设备的过程如下。

（1）打开“对象资源管理器”，在“服务器对象”节点下找到“备份设备”，单击鼠标右键，弹出右键菜单，如图 7-5 所示。

（2）选择“新建备份设备”菜单，弹出新建备份设备窗口。

（3）输入备份设备逻辑名称，并指定备份设备的物理路径，单击“确定”按钮即可。

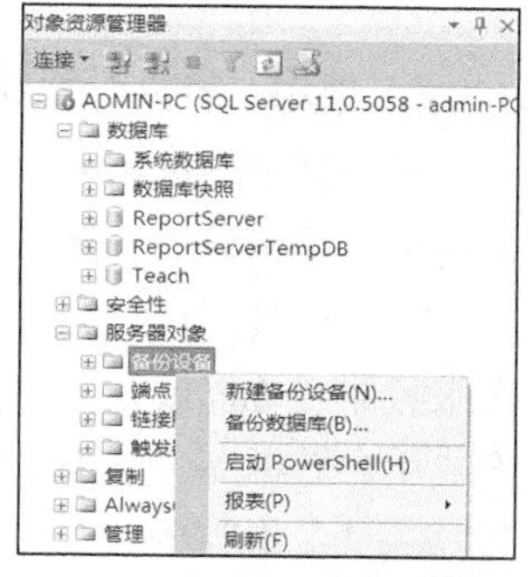

图 7-5　备份设备菜单

2. 使用系统存储过程 sp_addumpdevice 创建备份设备

也可以使用系统存储过程 sp_addumpdevice 来创建逻辑备份设备，语法格式为：

```
sp_addumpdevice  [ @devtype = ] 'device_type' , [ @logicalname = ] 'logical_name' ,
[ @physicalname = ] 'physical_name'
```

参数说明如下。

- [@devtype =] 'device_type'：备份设备的类型，可以是 disk 或 tape。
- [@logicalname =] 'logical_name'：备份设备的逻辑名称。
- [@physicalname =] 'physical_name'：　备份设备的物理名称。物理名称必须遵从操作系统文件名规则或网络设备的通用命名约定，并且必须包含完整路径。

【例 7-32】为数据库 Teach 创建一个磁盘备份设备。

```
USE Teach
GO
EXEC sp_addumpdevice 'disk','pubss','c:\backdev\backdevpubs.bak'
```

以上命令创建了一个逻辑名称为 pubss 的备份设备，设备类型为磁盘，对应的物理位置在“c:\backdev\backdevpubs.bak”。

【例 7-33】为数据库 Teach 创建远程磁盘备份设备。

```
USE Teach
GO
EXEC sp_addumpdevice 'disk','networkdevice','\\servername\sharename\path\filename. ext'
```

以上命令创建了一个逻辑名称为 networkdevice 的备份设备，设备类型为磁盘，对应的物理位置在“\\servername\sharename\path\filename. ext”。

3. 使用 sp_dropdevice 来删除备份设备

sp_dropdevice 用来删除备份设备，其语法格式为：

```
sp_dropdevice [@logicalname =] 'device' [, [@delfile =] 'delfile']
```

其中，@logicalname 表示备份设备逻辑名；@delfile 表示相对应的实体文件。

当执行该存储过程时，@delfile 选项值必须给出，否则备份设备相对应的实体文件仍旧存在。

【例 7-34】删除数据库 Teach 中创建的备份设备 pubss。

```
USE Teach
GO
EXEC sp_dropdevice 'pubss', 'c:\backdev\backdevpubs.bak'
```

以上命令删除了例 7-32 创建的备份设备 pubss，同时，删除对应的备份文件 c:\backdev\backdevpubs.bak。

7.4.3 备份数据库

1. 使用对象资源管理器备份数据库

在 SQL Server 2012 中，无论是数据库完整备份，还是事务日志备份、差异备份、文件和文件组备份都执行相似的步骤。使用对象资源管理器进行备份有如下几个步骤。

使用对象资源管理器备份数据库

（1）连接到相应的 SQL Server 服务器实例之后，在“对象资源管理器”中，单击服务器名称以展开服务器树。找到“数据库”节点展开，选择要备份的系统数据库或用户数据库（如 Teach 数据库），单击鼠标右键，在弹出的快捷菜单中选择“任务”→“备份”命令。

（2）单击“备份”命令后，出现“备份数据库”对话框，如图 7-6 所示。

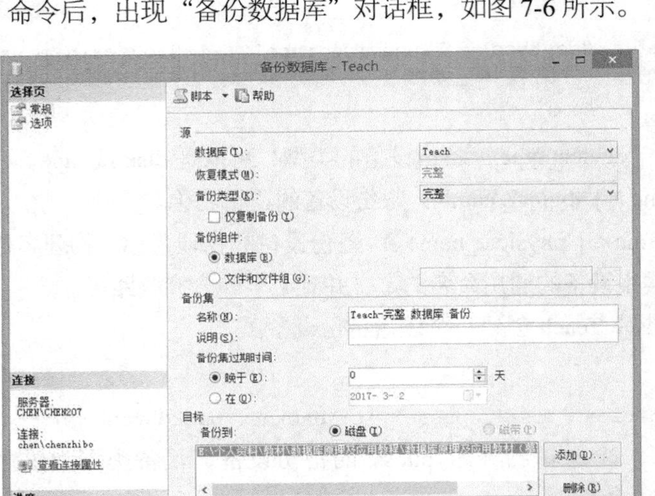

图 7-6 备份数据库对话框

（3）在“数据库”下拉列表中将出现刚选择的数据库名，也可以从列表中选择其他数据库。

（4）在“恢复模式”下拉列表中选择恢复模式。

（5）在“备份类型”下拉列表中选择备份类型：完整、差异或事务日志。在“备份组件”选项中选择“数据库”或“文件和文件组”，每种组件都支持三种备份类型。如果选择备份“文件和文件组”，则出现“选择文件和文件组”对话框，从中选择要备份的文件或文件组即可。

（6）在“名称”文本框中输入备份集的名称，也可以接受系统默认的备份集名称。在“说明”文本框中输入备份集的说明。

（7）在“备份集过期时间”选项中指定备份集在特定天数后过期或特定日期过期。

（8）在“目标”中选择“磁盘”或“磁带”，同时添加相应的备份设备到“目标”列表框中。

（9）在“选择页”窗格中，可以单击“选项”，打开数据库备份的高级选项，进行有关的设置。

以上的设置完成之后，单击“确定”按钮，系统将按照所选的设置对数据库进行备份，如果没有发生错误，将出现备份成功的对话框。

2. 使用 T-SQL 语句备份数据库

BACKUP 命令用来对指定数据库进行完整备份、完整差异备份、文件和文件组备份、文件差异备份、部分备份、部分差异备份和事务日志备份。

（1）完整备份和差异备份。

实现完整备份和差异备份的语法格式为：

```
BACKUP DATABASE { database_name | @database_name_var }
TO <backup_device> [ ,...n ]
[ WITH { Differential | <general_WITH_options> [ ,...n ] }]
[;]
```

参数说明如下。

- database_name 是要备份的数据库名称，@database_name_var 是存储要备份的数据库名称的变量，二者选其一即可。
- backup_device：指定用于备份操作的逻辑备份设备或物理备份设备。如果使用逻辑备份设备，应该使用下列格式：{ logical_device_name | @logical_device_name_var }，指定逻辑备份设备的名称。如果使用物理备份设备，则使用下列格式：{ Disk | Tape } = { 'physical_device_name' | @physical_device_name_var }，指定磁盘文件或磁带。
- Differential：指定只备份上次完整备份后更改的数据库部分，即差异备份。必须执行过一次完整备份之后，才能做差异备份。
- general_WITH_options：备份操作的 WITH 选项，包含备份选项、介质集选项、错误处理选项、数据传输选项等，这里只对几个常用的选项进行说明。Expiredate={date|@date_var}指定备份集到期的时间；Retaindays={days|@days_var}指定备份集经过多少天之后到期；如果同时使用这两个选项，Retaindays 的优先级别将高于 Expiredate。Password={password|@password_variable}为备份集指定密码，如果为备份集设置了密码，则必须提供该密码才能对该备份集执行任何还原操作；{ Noinit | Init } 控制备份操作是追加还是覆盖备份介质中的现有备份集。默认为追加到介质中最新的备份集 (Noinit)。{ Noskip| Skip }控制备份操作是否在覆盖介质中的备份集之前检查它们的过期日期和时间。Noskip 为默认设置，指示 Backup 语句在可以覆盖介质上的所有备份集之前先检查它们的过期日期。

（2）事务日志备份。

实现事务日志备份的 Backup 语句的语法格式为：

```
BACKUP LOG { database_name | @database_name_var }
TO <backup_device> [ ,...n ]
[ WITH { <general_WITH_options>}
[;]
```

其中，参数的含义与完整备份和差异备份中的参数含义相同。

（3）文件和文件组备份。

```
BACKUP DATABASE { database_name | @database_name_var }
<file_or_filegroup> [ ,...n ]
TO <backup_device> [ ,...n ]
[ WITH { Differential | <general_WITH_options> [ ,...n ] }]
[;]
```

参数说明如下。

- file_or_filegroup：指定要进行备份的文件或文件组名。如果要对文件进行备份，可以使用下列格式 FILE = { logical_file_name | @logical_file_name_var }，指定要备份的文件的逻辑名称；如果要对文件组进行备份，可以使用 FILEGROUP = { logical_filegroup_name | @logical_filegroup_name_var }，指定要备份的文件组的名称。
- 其他参数的含义与完整备和差异备份中的参数含义相同。

7.4.4 还原数据库

在对象资源管理器中使用备份文件还原数据库

使用对象资源管理器可以很方便地实现对数据库的还原操作。具体步骤如下。

（1）连接到相应的服务器实例之后，在“对象资源管理器”中单击服务器名称以展开服务器节点。

（2）用鼠标右键单击“数据库”节点，在弹出的快捷菜单中选择“还原数据库”命令。

（3）单击菜单命令之后将打开“还原数据库”对话框，如图 7-7 所示。

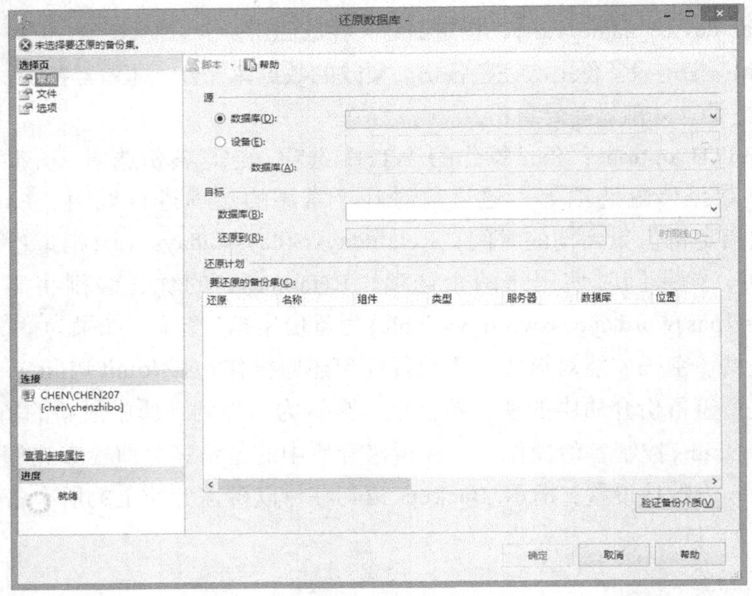

图 7-7　还原数据库对话框

（4）在“源”选项对应的“设备”栏右侧，单击“浏览”按钮，打开“选择备份设备”对话框。在“备份介质”列表框中，从列出的设备类型中选择一种，或者单击“添加”按钮可以将一个或多个备份设备添加到“备份位置”列表框中，单击“确定”按钮返回到图 7-7 所示的对话框。

（5）在图 7-7 所示的对话框中，在“目标”对应的“数据库”列表中，输入目标数据库的名称。

（6）如果要查看或选择高级选项，可以单击“选择页”中的“选项”，将切换到“选项”选项卡进行有关设置。

（7）以上的设置完成之后，单击“确定”按钮，系统将按照所选的设置对数据库进行还原，如果没有发生错误，将出现还原成功的对话框。

小　　结

本章主要讲述了在 SQL Server 2012 中运用 Transact-SQL 语句和命令进行程序设计，其中包括局部变量、全局变量、注释符、流程控制命令、一些常用命令和常用函数；Transact-SQL 是 SQL Server 对原有标准 SQL 的扩充，可以帮助我们完成更为强大的数据库操作功能，尤其是在存储过程的设计、触发器的设计方面应用更为广泛。

备份和还原是维护数据库安全性和完整性的主要方法，在 SQL Server 2012 中有四种备份类型，分别为：完整数据库备份、事务日志备份、差异备份、文件和文件组备份，它们的联合使用可以获取较好的备份和效用。还原就是把遭受破坏、丢失的数据或出现错误的数据库，还原到原来的正常状态，在 SQL Server 2012 中有三种数据库还原模式，它们分别是简单还原、完全还原和批日志还原。

习　　题

一、选择题

1. 在 SQL Server 中不是对象的是（　　）。

A）用户　　B）数据　　C）表　　D）数据类型

2. 声明了变量：DECLARE @i int,@c char(4)，现在为@i 赋值 10，为@c 赋值'abcd'，正确的语句是（　　）。

A）SET @i=10, @c='abcd'　　B）SET @i=10, SET　@c='abcd'

C）SELECT @i=10, @c='abcd'　　D）SELECT @i=10, SELECT　@c='abcd'

3. 在 SQL Server 服务器上，存储过程是一组预先定义并（　　）的 Transact-SQL 语句。

A）保存　　B）编译　　C）解释　　D）编写

4. 可以用（　　）来声明游标。

A）CREATE CURSOR　　B）ALTER CURSOR

C）SET CURSOR　　D）DECLARE CURSOR

5. 当以下代码中的【 】位置分别为 BREAK，CONTINUE 或 RETURN 时，输出的值为（　　）。

```
DECLARE @n int
SET @n=3
WHILE @n>0
  BEGIN
    SET @n=@n-1
    IF @n=1 【 】
  END
PRINT @n
```

A）1，0，不输出　　B）1，1，_　　C）0，0，0　　D）0，1，2

二、填空题

1. Transact-SQL 中可以使用________和________两种变量。

2. 在 Transact-SQL 中可以使用两类注释符：单行注释________和多行注释________。

3. 用于声明一个或多个局部变量的命令是________。

4. 无论是存储过程还是触发器，都是________语句和________语句的集合。

5. SQL Server 2012 支持________、________和________三种类型的触发器。
6. 每个触发器有________和________两个特殊的表在数据库中。
7. 在 SQL Server 2012 中有________、________、________和________四种备份类型。
8. 在 SQL Server 2012 中有________、________和________三种数据库还原模式。
9. 备份设备可以是________、________或________。

三、简答题

1. 什么是触发器？触发器的作用有哪些？
2. 简述在 SQL Server 2012 中进行数据备份的 4 种类型。
3. SQL Server 提供了哪几种方法来减少备份或还原操作的执行时间。

本章实验

实验 1 T-SQL 程序设计

一、实验目的

1. 能够使用流程控制语句完成简单程序的编写。
2. 能够使用系统函数。
3. 能够自定义简单地函数，并调用函数。

二、实验要求

1. 了解流程控制语句的基本语法格式。
2. 能够用流程控制语句编写简单程序，实现功能。

三、实验内容

针对第 6 章设计的电子商务系统，做如下操作。

1. 如果商品表中有价格在 6000 元以上的商品，把该商品的商品名称、商品类别、商品价格、生产厂家、商品的详细信息和商品的缩略图查询出来，否则输出“没有价格在 6000 元以上的商品”。

2. 在商品表中，查询某种商品，如果有，就修改该商品的名称，并输出商品的信息，否则输出“没有该商品！”

3. 查询商品购买信息，将商品的购买数量都加 1（提示：使用流程控制语句 while）。

4. 定义一个用户自定义的函数，能够根据订单号，查询商品的购买数量，如果购买数量>2，输出订单号、商品名称和购买数量。

实验 2 存储过程设计

一、实验目的

1. 能够使用简单的系统存储过程。
2. 能够创建和执行用户自定义存储过程。
3. 能够完成存储过程的修改、删除等管理任务。

二、实验要求

充分了解存储过程的创建和调用。

三、实验内容

针对第 6 章设计的电子商务系统，做如下操作。

1. 创建存储过程 proc_1，显示购买人信息表中性别为“男”的用户信息，并调用此存储过程，显示执行结果。

2. 使用 sp_helptext 查看存储过程 proc_1 的文本。

3. 创建存储过程 proc_2，实现为购买人信息表添加一条记录，记录内容自己定义，并调用此存储过程，显示执行结果。

4. 创建存储过程 proc_3，实现根据商品编号查询某一商品的名称和价格，并调用此存储过程，显示执行结果。

5. 修改存储过程 proc_1，改为显示购买人信息表中性别为“女”的用户信息。

6. 删除存储过程 proc_1。

实验 3　触发器设计

一、实验目的

1. 能够理解触发器调用的机制。
2. 能够使用 SQL 命令创建 DML 触发器。
3. 能够完成触发器的修改、删除等管理任务。

二、实验要求

充分了解触发器设计的原理与过程。

三、实验内容

针对第 6 章设计的电子商务系统，做如下操作。

1. 创建触发器 tr1，实现当修改商品表中的数据时，显示提示信息“商品表信息被修改了。”

2. 使用触发器 tr2，实现当修改商品表中某种商品的商品编号时，对应购买信息表中的商品编号也要修改。

3. 创建一个 DDL 触发器 tr3，禁止修改和删除当前数据库中的任何表。

4. 查看商品表中已创建的触发器。

5. 查看已创建的触发器 tr1 的内容。

6. 删除商品表上的触发器 tr1。

SQL Server 2012 综合练习

1. 创建数据库和数据表

（1）利用资源管理器，在 D 盘建立以自己的姓名为名称的文件夹，以便保存数据库。

（2）登录并连接到 SQL Server 2012 服务器。

（3）利用对象资源管理器建立名称为 Study 的数据库文件，主文件名为 Study.mdf，日志文件名为 Study.ldf，它们的保存路径在第（1）步中建立的文件夹。

（4）利用对象资源管理器在已经建立的 Study 数据库中分别建立以下六个数据表。

① 学生基本情况数据表 Student，结构如下：

字 段 名	字 段 类 型	约 束 控 制	字段含义说明
s_no	char(6)	primary key	学号
class_no	char(6)	not null	班级号
s_name	varchar(10)	not null	学生姓名
s_sex	char(2)	‘男’或‘女’	性别
s_birthday	datetime		出生日期

② 班级数据表 Class，结构如下：

字 段 名	字 段 类 型	约 束 控 制	字段含义说明
class_no	char(6)	primary key	班级号
class_name	char(20)	not null	班级名称
class_special	varchar(20)		所属专业
class_dept	char(20)		系别

③ 课程数据表 Course，结构如下：

字 段 名	字 段 类 型	约 束 控 制	字段含义说明
course_no	char(5)	primary key	课程号
course_name	char(20)	not null	课程名称
course_score	numeric(6,2)		学分

④ 选修课程情况数据表 Choice，结构如下：

字 段 名	字 段 类 型	约 束 控 制	字段含义说明
s_no	char(6)		学号
course_no	char(5)		课程号
score	numeric(6,1)		成绩

⑤ 教师数据表 Teacher，结构如下：

字 段 名	字 段 类 型	约 束 控 制	字段含义说明
t_no	char(6)	primary key	教师号
t_name	varchar(10)	not null	教师姓名

续表

字 段 名	字 段 类 型	约 束 控 制	字段含义说明
t_sex	char(2)	'男' 或 '女'	性别
t_birthday	datetime		出生日期
t_title	char(10)		职称

⑥ 教师任课情况表 Teaching，结构如下：

字 段 名	字 段 类 型	约 束 控 制	字段含义说明
couse_no	char(5)		课程号
t_no	char(6)		教师号

（5）利用企业管理器，在 Study 数据库中，向以上建立的六个数据表中分别输入以下内容。

① 学生基本情况数据表 Student 的内容如下：

s_no	class_no	s_name	s_sex	s_birthday
991101	js9901	张彬	男	1981-10-1
991102	js9901	王蕾	女	1980-8-8
991103	js9901	李建国	男	1981-4-5
991104	js9901	李平方	男	1981-5-12
991201	js9902	陈东辉	男	1980-2-8
991202	js9902	葛鹏	男	1979-12-23
991203	js9902	藩桃芝	女	1980-2-6
991204	js9902	姚一峰	男	1981-5-7
001101	js0001	宋大方	男	1980-4-9
001102	js0001	许辉	女	1978-8-1
001201	js0002	王一山	男	1980-12-4
001202	js0002	牛莉	女	1981-6-9
002101	xx0001	李丽丽	女	1981-9-19
002102	xx0001	李王	男	1980-9-23

② 班级数据表 Class 的内容如下：

class_no	class_name	class_special	class_dept
js9901	计算机 99-1	计算机	计算机系
js9902	计算机 99-2	计算机	计算机系
js0001	计算机 00-1	计算机	计算机系
js0002	计算机 00-2	计算机	计算机系
xx0001	信息 00-1	信息	信息系
xx0002	信息 00-2	信息	信息系

③ 课程数据表 Course 的内容如下：

course_no	course_name	course_score
01001	计算机基础	3
01002	程序设计语言	5

续表

course_no	course_name	course_score
01003	数据结构	6
02001	数据库原理与应用	6
02002	计算机网络	6
02003	微机原理与应用	8

④ 选修课程情况数据表 Choice 的内容如下：

s_no	course_no	score
991101	01001	88.0
991102	01001	
991103	01001	91.0
991104	01001	78.0
991201	01001	67.0
991101	01002	90.0
991102	01002	58.0
991103	01002	71.0
991104	01002	85.0

⑤ 教师数据表 Teacher 的内容如下：

t_no	t_name	t_sex	t_birthday	t_title
000001	李英	女	1964-11-3	讲师
000002	王大山	男	1955-3-7	副教授
000003	张朋	男	1960-10-5	讲师
000004	陈为军	男	1970-3-2	助教
000005	宋浩然	男	1966-12-4	讲师
000006	许红霞	女	1951-5-8	副教授
000007	徐永军	男	1948-4-8	教授
000008	李桂菁	女	1940-11-3	教授
000009	王一凡	女	1962-5-9	讲师
000010	田峰	男	1972-11-5	助教

⑥ 教师任课情况表 Teaching 的内容如下：

course_no	t_no
01001	000001
01002	000002
01003	000002
02001	000003
02002	000004
01001	000005
01002	000006
01003	000007
02001	000007
02002	000008

（6）利用对象资源管理器的数据库备份功能，将以上建立的数据库 Study 备份到所建立的文件夹中，并将备份文件拷贝到 U 盘中，以备下面的题目使用。

2. 简单的数据查询

本题中所用的数据库是第 1 题中所建立的 Study 数据库。

（1）查询所有同学的基本信息，包括：学号 s_no、班级号 class_no、姓名 s_name、性别 s_sex、出生日期 s_birthday。

（2）查询所有同学，要求显示其学号 s_no、姓名 s_name。

（3）查询所有男同学，要求显示其学号 s_no、姓名 s_name、出生日期 s_birthday。

（4）查询所有出生日期在“1980－01－01”前的女同学，要求显示其学号 s_no、姓名 s_name、性别 s_sex、出生日期 s_birthday。

（5）查询所有姓“李”的男同学，要求显示其学号 s_no、姓名 s_name、性别 s_sex、出生日期 s_birthday。

（6）查询所有姓名中含有“一”字的同学，要求显示其学号 s_no、姓名 s_name。

（7）查询所有职称不是“讲师”的教师，要求显示其教师号 t_no、姓名 t_name、职称 t_title。

（8）查询虽选修了课程，但未参加考试的所有同学，要求显示出这些同学的学号 s_no。

（9）查询所有考试不及格的同学，要求显示出这些同学的学号 s_no、成绩 score，并按成绩降序排列。

（10）查询出课程号为 01001、02001、02003 的所有课程，要求显示出课程号 course_no、课程名称 course_name。（要求用 in 运算符）。

（11）查询所有在 1970 年出生的教师，要求显示其教师号 t_no、姓名 t_name、出生日期 t_birthday。

（12）查询出各个课程号 course_no 及相应的选课人数。

（13）查询出教授两门以上课程的教师号 t_no。

（14）查询出选修了 01001 课程的学生平均分数、最低分数及最高分数。

（15）查询 1960 年以后出生的，职称为讲师的教师的姓名 t_name、出生日期 t_birthday，并按出生日期升序排列。

3. 复杂数据查询

本题中所用的数据库是第 1 题中所建立的 Study 数据库。

（1）查询所有同学的选课及成绩情况，要求显示学生的学号 s_no、姓名 s_name、课程号 course_no 和课程的成绩 score。

（2）查询所有同学的选课及成绩情况，要求显示学生的姓名 s_name、课程名称 course_ name、课程的成绩 score，并将查询结果存放到一个新的数据表 new_table 中。

（3）查询“计算机 99-1”班的同学的选课及成绩情况，要求显示学生的学号 s_no、姓名 s_name、课程号 course_no、课程名称 course_name、课程的成绩 score。

（4）查询所有同学的学分情况（假设课程成绩≥60 分时可获得该门课程的学分），要求显示学生的学号 s_no、姓名 s_name、总学分（将该列定名为：total_score）。（用 JOIN）

（5）查询所有同学的平均成绩及选课门数，要求显示学生的学号 s_no、姓名 s_name、平均成绩（将该列定名为 average_score）、选课的门数（将该列定名为：choice_num）。

（6）查询所有选修了课程但未参加考试的所有同学及相应的课程，要求显示学生的学号 s_no、姓名 s_name、课程号 course_no、课程名称 course_name。

（7）查询所有选修了课程但考试不及格（假设＜60 分为不及格）的所有同学及相应的课程，要求显示学生的学号 s_no、姓名 s_name、课程号 course_no、课程名称 course_name、学分 course_score。

（8）查询选修了课程名为“程序设计语言”的所有同学及成绩情况，要求显示学生的姓名 s_name、课程的成绩 score。（使用 ANY）

（9）查询“计算机系”的所有同学及成绩情况，要求显示学生的学号 s_no、姓名 s_name、班级名称 class_name、课程号 course_no、课程名称 course_name、课程的成绩 score。

（10）查询所有教师的任课情况，要求显示教师姓名 t_name、担任课程的名称 course_name。

（11）查询所有教师的任课门数，要求显示教师姓名 t_name、担任课程的门数（将该列定名为 course_number）。

（12）查询和“李建国”是同一班级的同学的姓名。（使用子查询）

（13）查询没有选修“计算机基础”课程的学生姓名。（用 NOT EXISTS）

（14）查询主讲“数据库原理与应用”和主讲“数据结构”的教师姓名。（用 UNION）

（15）查询讲授了所有课程的教师的姓名。

4. 用 Transact-SQL 语句定义存储过程

（1）创建一个能向学生表 Student 中插入一条记录的存储过程 Insert_student，该过程需要五个参数，分别用来传递学号、姓名、班级、姓名、性别、出生日期六个值。

（2）写出执行存储过程 Insert_student 的 SQL 语句，向数据表 Student 中插入一个新同学，并提供相应的实参值（实参值由用户自己给出）。

（3）创建一个向课程表 Course 中插入一门新课程的存储过程 Insert_course，该存储过程需要三个参数，分别用来传递课程号、课程名、学分，但允许参数“学分”的默认值为 2，即当执行存储过程 Insert_course 时，未给第三个参数“学分”提供实参值时，存储过程将按默认值 2 进行运算。

（4）执行存储过程 Insert_course，向课程数据表 Course 中插入一门新课程。分两种情况写出相应的 SQL 命令。

第一种情况：提供三个实参值执行存储过程 Insert_course（三个实参值由用户提供）。

第二种情况：只提供两个实参值执行存储过程 Insert_course，即不提供与参数“学分”对应的实参值。

执行完毕后，查询两种执行存储过程的结果并比较差别。

（5）创建一个名称为 query_student 的存储过程，该存储过程的功能是从数据表 Student 中根据学号查询某一同学的姓名 s_name、班级 class_no、性别 s_sex、出生日期 s_birthday。

（6）执行存储过程 query_student，查询学号为“001101”的姓名 s_name、班级 class_no、性别 s_sex、出生日期 s_birthday。

5. Transact-SQL 语句自定义触发器

（1）创建一个向学生表 Student 中插入一新同学时能自动列出全部同学信息的触发器 Display_trigger。

（2）执行存储过程 Insert_student，向学生表中插入一新同学，看触发器 Display_trigger 是否被执行。

参 考 文 献

1. 崔巍. 数据库系统及应用. 3 版. 北京：高等教育出版社，2012.

2. 孟宪虎，马雪英，邓绪斌. 大型数据库管理系统技术、应用与实例分析——基于 SQL Server. 3 版. 北京：电子工业出版社，2016.

3. 王珊，萨师煊. 数据库系统概论. 5 版. 北京：高等教育出版社，2014.

4. 王珊，张俊. 数据库系统概论. 5 版. 北京：高等教育出版社，2015.

5. 王红，陈功平. 数据库开发案例教材. 北京：清华大学出版社，2013.

6. 高凯. 数据库原理与应用. 2 版. 北京：电子工业出版社，2016.

7. 马俊，袁暋. SQL Server 2012 数据库管理与开发（慕课版）. 北京：人民邮电出版社，2016.

8. 张红娟，傅婷婷. 数据库原理. 3 版. 西安：西安电子科技大学出版社，2014.

9. 唐好魁. 数据库技术及应用. 3 版. 北京：电子工业出版社，2015.

10. 郭东恩. 数据库原理与应用. 北京：科学出版社，2013.

11. 尹志宇，郭晴. 数据库原理与应用教程——SQL Server. 2 版. 北京：清华大学出版社，2015.

12. 何玉洁. 数据库原理与应用教程. 4 版. 北京：机械工业出版社，2017.

13. Silberschatz，Korth，Sudarshan. 数据库系统概念. 英文精编版. 6 版. 北京：机械工业出版社，2016.

14. C. J. Date. 数据库系统导论. 8 版. 孟小峰等译. 北京：机械工业出版社，2007.

15. 顾韵华，李含光. 数据库基础教程（SQL Server 平台）. 2 版. 北京：电子工业出版社，2014.

16. Tapio Lahdenmaki，Michael Leach. 数据库索引设计与优化. 曹怡倩，赵建伟译. 北京：电子工业出版社，2015.

17. 王珊，李盛恩. 数据库基础与应用. 2 版. 北京：人民邮电出版社，2014.

18. 杨海霞. 数据库原理与设计. 2 版. 北京：人民邮电出版社，2015.

19. 董志鹏，侯艳书. SQL Server 2012 中文版数据库管理、应用与开发实践教程. 北京：清华大学出版社，2016.

20. C. J. Date. 你不可不知的关系数据库理论. 张大华，方帅译. 北京：人民邮电出版社，2015.

21. 王秀英，张俊玲，籍淑丽，孙睿霞. 数据库原理与应用. 3 版. 北京：清华大学出版社，2016.

22. JeffreyD.Ullman. 数据库系统基础教程. 3 版. 岳丽华译. 北京：机械工业出版社，2016.

参考文献